河南省“十四五”普通高等教育规划教材

大学计算机基础

（思政版）（微课版）

张永新 王听忠 主编

赵秀英 伍临莉 孙亦博 副主编

郭晨睿 蒋姝婷 赵旭鸽 付苗苗 参编

清华大学出版社

北京

内容简介

本书为河南省“十四五”普通高等教育规划教材，主要介绍计算机基础概论、计算机系统、数据在计算机中的表示、操作系统基础、办公软件(文字处理软件、电子表格软件和演示文稿软件)、计算机网络基础与应用、计算机常用工具、多媒体技术基础、信息安全和计算机新技术(云计算、大数据、物联网和人工智能)。为了增加内容的时效性，本书基于 Windows 10＋Office 2019 进行编写。

本书根据日常教学内容，以应用为目的，基于国内相关案例编写而成，内容丰富、简明易懂、注重学生基本技能的培养，将思政教育融入教材内容，立德树人和知识能力培养并举。

本书可用作高等学校非计算机类专业计算机公共基础课程的教材，还可供参加计算机等级考试和学习办公自动化的相关人员学习参考。

为达到更好的学习效果，建议本书与《大学计算机基础实训》(思政版)(微课版)(ISBN 978-7-302-61655-9)共同使用。

图书在版编目(CIP)数据

大学计算机基础：思政版：微课版/张永新，王听忠主编. —北京：清华大学出版社，2022.9
ISBN 978-7-302-61712-9

Ⅰ. ①大… Ⅱ. ①张… ②王… Ⅲ. ①电子计算机－高等学校－教材 Ⅳ. ①TP3

中国版本图书馆 CIP 数据核字(2022)第 155930 号

责任编辑：汪汉友
封面设计：何凤霞
责任校对：申晓焕
责任印制：杨 艳

出版发行：清华大学出版社
网　　址：http://www.tup.com.cn，http://www.wqbook.com
地　　址：北京清华大学学研大厦 A 座　　**邮　　编**：100084
社 总 机：010-83470000　　**邮　　购**：010-62786544
投稿与读者服务：010-62776969，c-service@tup.tsinghua.edu.cn
质量反馈：010-62772015，zhiliang@tup.tsinghua.edu.cn
课件下载：http://www.tup.com.cn，010-83470236
印 装 者：北京嘉实印刷有限公司
经　　销：全国新华书店
开　　本：185mm×260mm　　**印　　张**：22.75　　**字　　数**：552 千字
版　　次：2022 年 9 月第 1 版　　**印　　次**：2022 年 9 月第1 次印刷
定　　价：69.00 元

产品编号：090872-01

前 言

“大学计算机基础”是高等学校非计算机类专业必修的一门公共基础课程。目前，国内针对该课程编写的教材很多，但是与信息技术的发展速度相比，教材的更新速度较慢，难以兼顾文科、理工科和艺术类等不同专业、不同起点的学生。为此我们根据教育部《关于进一步加强高等学校计算机基础教学的意见暨计算机基础课程教学基本要求》，参照教育部《高等学校非计算机专业计算机基础课程教学基本要求》和《高等学校课程思政建设指导纲要》，在计算机教育专家的指导下，经过我校具有公共计算机基础教学丰富经验的一线教师团队反复商讨，完成了本书的编写工作。

本书基于 Windows 10＋Office 2019 环境进行编写，内容分为 3 部分。第 1、2 章为第一部分，主要讲述计算机基础概论和操作系统，目的是让读者了解计算机的基本概念和计算机文件与设备的管理；第 3～8 章为第二部分，主要讲述如何用计算机进行文字处理、表格处理、演示文稿处理、网络信息处理、常用工具使用和图像处理，目的是让读者掌握计算机基本使用技能，熟练地使用计算机解决工作、学习中遇到的问题；第 9 章为第三部分，主要讲述网络空间安全相关知识。每章的“知识拓展”模块讲述了一些相关的计算机新技术，目的是让读者养成良好的用机习惯，注意网络安全，养成良好的职业道德，了解信息技术的发展，激发学习者对人工智能、大数据、物联网等新技术的兴趣。

本书每章均按照“案例分析、案例实践、案例训练”3 个层次展开，不但介绍计算机基础知识和操作技能，而且介绍计算机的新技术，具有内容先进、结构清晰、层次分明、内容合理、注重应用、强调实践的特点，适合高校非计算机类专业学生的学习使用。

为了方便学习，本书配有《大学计算机基础实训》(思政版)(微课版)(ISBN 978-7-302-61655-9)。此外，本书还配有视频等其他学习资源，通过扫码即可下载和观看。结合本书，学习者可充分利用“碎片化时间”随时观看，拓展学习时间和空间，特别适合“移动学习”。由于网上的电子学习资源不断更新，可以兼顾到复杂的学情，非常适合教师指导下的学生自主学习的教学模式。

本书由洛阳师范学院的张永新、王昕忠、赵秀英、伍临莉、孙亦博、郭晨睿、赵旭鸽、蒋姝婷和付苗苗共同编写。其中，张永新、王昕忠负责前期调研、教材结构的确定和统稿；第 1、5、8、9 章由赵秀英、伍临莉和孙亦博编写，第 2、7 章由蒋姝婷编写，第 3、6 章由赵旭鸽和付苗苗编写，第 4 章和每章中的“知识拓展”部分由郭晨睿编写。

在本书的撰写过程中，参考了大量相关书籍，从中得到很多的帮助和启发。在各级领导的精心指导以及清华大学出版社编校人员的帮助和支持下，经过编写团队的共同努力，才使本书得以顺利出版。在此一并深表感谢！

由于编者水平有限，书中难免存在疏漏之处，敬请读者提出宝贵意见。

编　者

2022 年 7 月

学习资源

目　　录

第一部分　基础理论

第二部分 技能应用

第三部分 网络空间安全与职业道德

第一部分
基 础 理 论

第 1 章　计算机基础概论

随着计算机和互联网的普及，人们已经习惯使用计算机生产、处理、交换和传播各种形式的信息。计算机技术是信息技术的核心，对人类的生产和社会活动产生了极其深刻的影响，广泛应用于信息社会的各个领域。

【本章要点】

- 国内外计算机技术的发展。
- 计算机的应用领域。
- 计算机的工作原理。
- 微型计算机软硬件系统。
- 数制的概念及数制之间的转换。
- 信息在计算机中的表示形式。

【本章目标】

- 了解国内外计算机的发展过程。
- 了解冯·诺依曼体系结构计算机的工作原理。
- 掌握微型计算机硬件系统的构成。
- 了解微型计算机软件系统的构成。
- 学会二进制数、八进制数、十六进制数和十进制数之间的转换。
- 学会如何选配一台性价比较高的微型计算机。
- 学会数字、字符和汉字在计算机中的编码。

1.1　计算机知识概述

计算机(computer)是一种电子计算设备，既可以进行高速的算术与逻辑计算，又具有存储记忆功能。目前，人们所说的计算机通常是指数字电子计算机(简称数字计算机)，它可按照预先编写的程序自动、高速地处理海量数据，是现代科学技术发展的结晶，是 20 世纪最重大的发明之一。随着微电子、光电、通信等相关技术以及计算数学和控制理论的迅速发展，计算机技术一直在不断进步。计算机按照所用电子信号的不同，可分为数字计算机、模拟计算机、数字模拟混合计算机；按照所用的操作系统不同，可分为单用户计算机、多用户计算机、网络计算机和实时计算机；按照指令的长度不同，可分为 4 位计算机、8 位计算机、16 位计算机、32 位计算机和 64 位计算机；按照规模不同，可分为巨型计算机、大型计算机、中型计算机、小型计算机和微型计算机。

1.2　购置个人计算机

【案例引导】　某同学是某高校软件工程专业大学一年级新生，入学后，欲购置一台个人计算机。为了购置最高性价比的个人计算机，需要详细了解个人计算机各部件功能和价格，因此老师建议先在“中关村在线”网站模拟攒机，然后确定微型计算机配置单，最后依据配置单选购微型计算机部件，组装成一台个人计算机。

具体要求如下：

尝试获取一个总价约4000元且性价比较高的台式机配置单，然后选购计算机的各个部件，动手组装出一台个人计算机。通过反复比较微型计算机的各个配件，不但可以认识这些部件，而且可为购置个人计算机提供理论依据。在组装个人计算机之前，需要先学习计算机的相关知识。

1.2.1 国内外计算机的发展

1. 外国计算机的发展

自1946年第一台电子数字计算机诞生以来，计算机的发展十分迅速，已经从开始的高科技军事应用渗透到人类社会的各个领域，对人类社会的发展产生了极其深刻的影响。

1）电子计算机的产生

1946年，美国宾夕法尼亚大学的莫奇利(J. W. Mauchly)成功研制出了电子数字积分计算机(electronic numerical integrator and calculator，ENIAC)。它是世界上第一台电子数字计算机。ENIAC共使用了1.8万只电子管，1500多个继电器，耗电150kW，占地170m^2，质量为30t，每秒能完成5000次加法运算。

同年，美籍匈牙利数学家约翰·冯·诺依曼(John von Neumann)通过进一步研究ENIAC，提出了以二进制和存储程序为基础的冯·诺依曼体系结构，该体系结构奠定了现代计算机的理论基础。

2）电子计算机的发展

按所用的逻辑元件的不同，现代大型计算机经历了4代变迁。

(1) 电子管时代(1946—1958年)。此时代的计算机，以ENIAC为代表，采用电子管作为逻辑元件，虽然体积大、功耗高、可靠性差，但是奠定了现代计算机的发展基础。

(2) 晶体管时代(1959—1964年)。此时代的计算机，采用晶体管和磁芯存储器作为主要逻辑元件，速度大大提高，体积减小，功耗降低，可靠性增强，提高了性价比；计算机应用范围进一步扩大，开始进入过程控制等领域。在此期间，计算机软件有了很大的发展，出现汇编语言和高级语言。

(3) 中小规模集成电路时代(1965—1970年)。此时代的计算机，采用中小规模集成电路(integrated circuit，IC)作为逻辑元件。半导体存储器代替了磁芯存储器，计算机体积更小、功耗更低、功能更强、可靠性更高。开始采用微程序技术，走向系列化、通用化、标准化。系统软件和应用软件都有了很大的发展；操作系统逐渐形成；出现了结构化程序设计思想。

(4) 大规模、超大规模集成电路时代(1972年至今)。此时代的计算机，采用超大规模集成电路(very large scale integrated circuities，VLSI)作为元器件，同时，并行处理、图像处理、人工智能、机器人、超级计算皆有了突飞猛进的发展，计算机科学进入一个辉煌的发展时期。超级计算机广泛应用于石油勘探、武器研发、密码破译、金融模拟计算等领域。

目前，计算机技术正朝着微型化、巨型化、网络化、智能化、多媒体化的方向发展。

未来计算机(future generation computer system，FGCS)是指具有人工智能的新一代计算机，运算速度极快，具有推理、联想、判断、决策、学习和人机交互等功能。从20世纪80年代开始，许多国家积极开展新一代计算机的研究，例如神经网络计算机、生物计算机、分子计算机、量子计算机、纳米计算机等，均取得了可喜的进展。

量子计算机是利用原子所具有的量子特性进行信息处理的一种全新概念的计算机。与传统计算机使用比特(bit)作为单位存储0、1信息不同，量子计算机使用量子比特(qubit)作为单位存储信息。量子比特存储的信息可能是0、可能是1，或者有可能既是0也是1。1量子比特可以存储两种状态的信息，也就是0和1；2量子比特可以存储4种状态的信息；以此类推。量子计算机的性能随着量子比特的增加呈指数增长，而传统计算机是按比特(bit)线性增长的。总有那么一个临界点，量子计算机的性能会超过传统计算机。2020年12月，我国成功构建了76个光子的“九章”量子计算机原型机，用其求解高斯玻色取样数学算法只需200s，而使用目前世界最快的超级计算机则要用6亿年。

3) 微型计算机的发展

微型计算机即个人计算机(personal computer，PC)，简称微机或微型机。微型计算机由微处理器和超大规模集成电路构成。微处理器(microprocessor)又称中央处理器(central processing unit，CPU)，是微型计算机的核心部件。

微型计算机的升级换代主要有两个标志：微处理器的更新和系统组成的变革。

微处理器发展方向为更高的频率、更小的制造工艺、更大的高速缓存。随着微处理器的不断发展，微型计算机的发展可分为6代。

(1) 第一代(1971—1973年)：4位和低档8位微处理器时代。这一时代典型的微处理器产品有Intel公司的4004、8008，每个芯片可集成2000个晶体管，时钟频率为1 MHz。

(2) 第二代(1974—1977年)：8位微处理器时代。典型微处理器产品有Intel公司的Intel 8080、Motorola公司的MC 6800、Zilog公司的Z80等，每个芯片可集成5000个晶体管，时钟频率为2MHz。同时指令系统得到完善，形成典型的体系结构，具备中断、DMA等控制功能。

(3) 第三代(1978—1984年)：16位微处理器时代。典型微处理器产品是Intel公司的8086、8088、80286，Motorola公司的MC68000，Zilog公司的Z8000等，每个芯片可集成25000个晶体管，时钟频率为5MHz。微型计算机的各种能性指标达到或超过中低档小型机的水平。

(4) 第四代(1985—1992年)：32位微处理器时代。每个芯片可集成100万个晶体管，时钟频率达到60MHz以上。典型32位CPU产品有Intel公司的80386、80486，Motorola公司的MC68020、68040，以及IBM公司、Apple公司和Motorola公司合作研发的PowerPC等。

(5) 第五代(1993—2005年)：64位奔腾(Pentium)系列微处理器时代。典型产品是Intel公司的奔腾系列芯片及与之兼容的AMD公司的K6系列微处理器芯片。其内部采用超标量指令流水线结构，并具有相互独立的指令和数据高速缓存。

(6) 第六代(2005年至今)：Intel公司的酷睿(Core)系列微处理器时代。“酷睿”是一款先进、节能的新型微架构。目前微型计算机市场上的主流是Intel酷睿i7系列处理器，并逐步采用第11代Intel酷睿处理器。Intel酷睿i9处理器是Intel公司在2017年发布的全新处理器，该处理器最多包含18个内核，主要面向游戏玩家和高性能需求者。

2. 中国计算机的发展

在1956年由周恩来总理主持制定的《十二年科学技术发展规划》中，就把计算机列为发展科学技术的重点，并在1957年筹建中国第一个计算技术研究所。2002年8月，我国成功制造出首枚高性能通用CPU——龙芯1号。龙芯的诞生，打破了国外的长期技术垄断，结束了中国近二十年的无“芯”历史。我国计算机的发展经历了4代的变迁。

(1) 第一代(1958—1964年):电子管计算机时代。1957年,中国科学院计算技术研究所开始研制通用数字电子计算机,并在北京有线电厂(现为北京兆维电子(集团)有限责任公司)少量生产,命名为103型计算机(即DJS-1型计算机)。1958年8月该机进行短程序运行,标志着我国第一台电子数字计算机诞生。1958年5月,我国开始了第一台大型通用电子数字计算机(104型计算机)的研制。1964年成功研制第一台自行设计的大型通用数字电子管计算机——119型计算机。

(2) 第二代(1965—1972年):晶体管计算机时代。1965年,中国科学院计算技术研究所成功研制了我国第一台大型晶体管计算机——109乙型计算机;经过对109乙型计算机加以改进,两年后推出了109丙型计算机,在我国两弹试制中发挥重要作用,被誉为“功勋机”。华北计算机系统工程研究所(中国电子信息产业集团公司第六研究所)先后研制成功了108、108乙(DJS-6)、121(DJS-21)和320(DJS-8)型计算机,并在北京有线电厂等五家单位生产。1965—1975年,北京有线电厂共生产320型计算机等第二代产品380余台。中国人民解放军军事工程学院(国防科技大学前身)于1965年2月成功推出了441B晶体管计算机并小批量生产了40多台。

(3) 第三代(1973—20世纪80年代初):中小规模集成电路计算机时代。1973年,北京大学与北京有线电厂等单位合作研制成功运算速度100万次每秒的大型通用计算机,1974年清华大学等单位联合设计、研制成功了DJS-130型小型计算机,以后又推DJS-140型小型计算机,形成了DJS-100系列产品。与此同时,以华北计算机系统工程研究所为主要基地,组织全国57个单位联合进行DJS-200系列计算机设计,同时设计开发DJS-180系列超级小型计算机。20世纪70年代后期,华东计算技术研究所(中国电子科技集团第三十二研究所)和国防科技大学分别研制成功655型和151型计算机,运算速度皆在百万次每秒级。进入20世纪80年代,我国的高速计算机,特别是向量计算机,已有了新的发展。

(4) 第四代(1980年至今):超大规模集成电路计算机时代。我国第四代计算机研制是从微型计算机开始的。1980年初,我国不少单位开始采用Z80、x86和6502芯片研制微型计算机。1983年12月,华北计算机系统工程研究所成功研制了与IBM PC兼容的DJS-0520微型计算机。目前自主品牌的国产微型计算机已占领大半国内市场。

1.2.2 计算机应用

计算机的发展对人类社会产生了深远的影响,已深入科学技术、国民经济、社会生活等各个领域。

1. 科学计算

科学计算是计算机应用的一个重要领域。计算机的发明和发展首先是为了高速完成科学研究和工程设计中大量的复杂数学运算。

2. 信息处理

信息是各类数据的总称。信息处理一般泛指非数值计算,例如,各类资料的管理、查询、统计等。

3. 实时过程控制

实时过程控制在国防建设和工业生产中有着广泛的应用。例如,防空控制系统、地铁指挥控制系统、自动化生产线等都需要在计算机的控制下运行。

4. 计算机辅助工程

计算机辅助工程包括计算机辅助设计(computer aided design,CAD)、计算机辅助制造(computer aided manufacture,CAM)、计算机辅助教学(computer assisted instruction,CAI)等多个领域。

5. 办公自动化

办公自动化(office automation,OA)指用计算机帮助办公室人员处理日常工作。例如,用计算机进行文字处理、文件管理、图像处理、声音处理和网络通信等。

6. 数据通信

数据通信是计算机应用的一个重要领域。信息高速公路就是利用通信卫星群和光导纤维构成的计算机网络实现信息的双向交流,利用多媒体技术扩大计算机应用范围,利用计算机把整个地球连起来,使"地球村"成为现实。总之,以计算机为核心的信息高速公路的实现,将进一步改变人们的生活方式。

7. 计算机新技术

随着计算机信息技术的飞速发展,计算机的应用范围已经突破传统领域,呈现出许多新的热点,例如虚拟现实技术、增强现实技术、人工智能和三维打印等。

(1) 虚拟现实技术。虚拟现实(virtual reality,VR)是计算机仿真技术与计算机图形学、人机接口技术、多媒体技术、传感技术、网络技术等多种技术的集合,是一个富有挑战性的前沿领域。虚拟现实技术主要包括模拟环境、感知、自然技能和三维交互传感设备等方面。国内的虚拟现实引擎已经非常成熟,通用的仿真软件包括 VRP、Quest 3D、Patchwork 3D、EON Reality 等。虚拟现实已被广泛应用于院校教育、旅游教学、工业仿真、应急救援、展览展示、地产营销、家装设计、军事仿真、交互艺术等众多领域。

(2) 增强现实技术。增强现实(augmented reality,AR)是一种将真实世界信息和虚拟世界信息"无缝"集成的新技术,包含多媒体、三维建模、实时视频显示及控制、多传感器融合、实时跟踪及注册、场景融合等新技术与新手段。增强现实技术为人工智能、CAD、图形仿真、虚拟通信、遥感、娱乐游戏、模拟训练等领域带来了革命性的变化。

(3) 人工智能。人工智能(artificial intelligence,AI)是研究、开发用于模拟、延伸和扩展人的智能的理论、方法、技术及应用系统的一门新兴技术科学。除了计算机科学以外,人工智能还涉及信息论、控制论、自动化、仿生学、生物学、心理学、数理逻辑、语言学、医学和哲学等领域。目前,人工智能的研究和应用主要包括机器视觉、指纹识别、人脸识别、视网膜识别、虹膜识别、掌纹识别、专家系统、自动规划、智能搜索、定理证明、博弈、自动程序设计、智能控制、机器人、语言和图像理解、遗传编程等。

(4) 三维打印。三维打印(three-dimensional printing,3D printing)又称 3D 打印,是快速成型技术的一种,是一种以数字模型文件为基础,运用粉末状金属或塑料等可黏合材料,通过逐层打印的方式来构造物体的技术。3D 打印机与普通打印机工作原理基本相同,只是打印材料有些不同。普通打印机的打印材料是墨水和纸张,而 3D 打印机内装有金属、陶瓷、塑料、砂等不同的打印材料,是实实在在的原材料。打印机与计算机连接后,通过计算机控制可以把打印材料层层叠加起来,最终把计算机上的模型变成实物。三维打印技术在珠宝、鞋类、工业设计、建筑、工程、施工、汽车、航空航天、医疗、教育、地理信息系统、土木工程、枪支等领域都有应用。

1.2.3 计算机工作原理

1946 年,美籍匈牙利科学家冯·诺依曼提出了一种程序存储式的计算机方案,并确定了计算机硬件体系结构的 5 个基本部件:输入设备、输出设备、控制器、运算器和存储器。人们把冯·诺依曼提出的这一理论称为冯·诺依曼体系结构,从第一代计算机至第四代计算机都没有突破冯·诺依曼体系结构。

计算机会根据人们预定的安排,自动进行数据的快速计算和加工处理。人们预定的安排是通过一连串指令(操作者的命令)来表达的,这条指令序列称为程序。

一条指令规定计算机执行一个基本操作。一个程序规定了计算机如何完成一个完整的任务。一种计算机所能识别的一组不同指令的集合,称为该种计算机的指令集合或指令系统。冯·诺依曼的思想可概括为以下 3 点。

1. 以二进制形式表示数据和指令

指令是人们对计算机发出的用来完成一个最基本操作的工作命令,由计算机硬件来执行。指令和数据都是由 1 和 0 组成的代码序列,只是各自约定的含义不同。采用二进制,使信息的数字化更容易实现,便于使用二值逻辑方法进行表示和处理。

2. 以存储程序的方式工作

程序是人们为解决某一实际问题而编写的有序指令的集合,编写程序的过程称为程序设计。将事先编写的程序存入主存储器后,计算机在运行程序时会自动、连续地从存储器中依次取出指令并执行。存储程序并按地址顺序执行,即为冯·诺依曼思想的核心内容。

3. 计算机的五大部件

计算机由运算器、存储器、控制器、输入设备和输出设备五大部件组成,其各部分关系如图 1-1 所示。

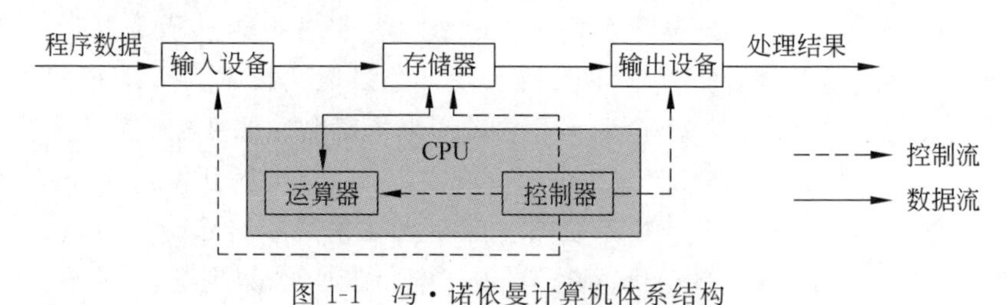

图 1-1 冯·诺依曼计算机体系结构

在冯·诺依曼体系结构中,计算机在执行程序时必须先将要执行的相关程序和数据放入内存储器中;在执行程序时,首先 CPU 根据当前程序指针寄存器的内容取出指令并执行指令,然后再取出下一条指令并执行;如此循环,直到程序结束才停止执行。

具体工作步骤如下。

(1) 将程序和数据通过输入设备送入存储器。

(2) 启动运行后,计算机从存储器中取出指令送到控制器,分析指令要完成的功能。

(3) 控制器根据指令的含义(如加法、减法)发出相应的命令,然后将存储单元中存放的操作数据取出送往运算器进行运算,再把运算结果送回存储器指定的单元中。

(4) 当运算任务完成后,将结果通过输出设备进行输出。

1.2.4　微型计算机系统

微型计算机系统由硬件系统和软件系统组成，如图 1-2 所示。硬件系统和软件系统相互配合，才能进行正常工作。

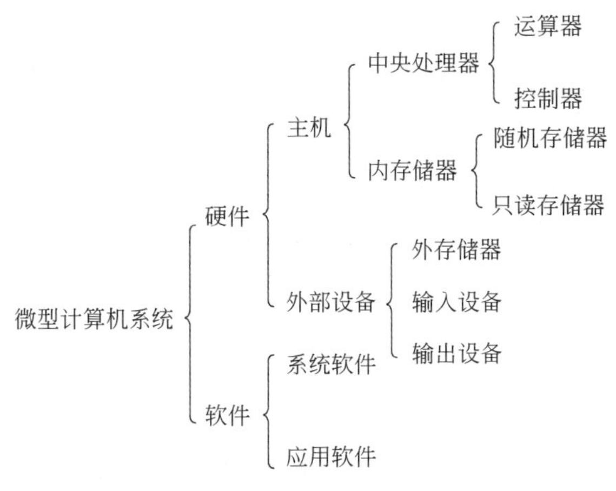

图 1-2　微型计算机系统的组成

1. 微型计算机的硬件系统

硬件是指构成计算机的物理设备，即由机械、电子器件构成的具有输入、存储、计算、控制和输出功能的实体部件，硬件系统是计算机的物质基础。按照功能组合、运算器和控制器构成计算机的中央处理器，中央处理器与内存储器构成主机，其他的外存储器、输入设备、输出设备统称为外部设备。

1）主机

主机是微型计算机的核心部分，微型计算机的运算速度、存储容量和字长等主要性能由主机决定。主机的外壳称为主机箱，主机箱内安装有主板、CPU、存储器、显卡、声卡和硬盘等部件。

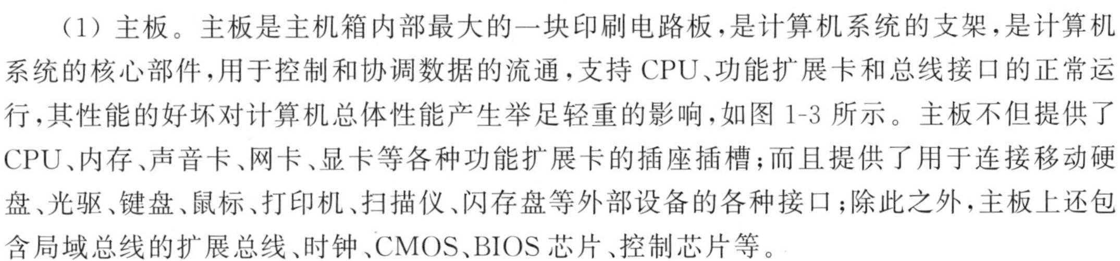

（1）主板。主板是主机箱内部最大的一块印刷电路板，是计算机系统的支架，是计算机系统的核心部件，用于控制和协调数据的流通，支持 CPU、功能扩展卡和总线接口的正常运行，其性能的好坏对计算机总体性能产生举足轻重的影响，如图 1-3 所示。主板不但提供了 CPU、内存、声音卡、网卡、显卡等各种功能扩展卡的插座插槽；而且提供了用于连接移动硬盘、光驱、键盘、鼠标、打印机、扫描仪、闪存盘等外部设备的各种接口；除此之外，主板上还包含局域总线的扩展总线、时钟、CMOS、BIOS 芯片、控制芯片等。

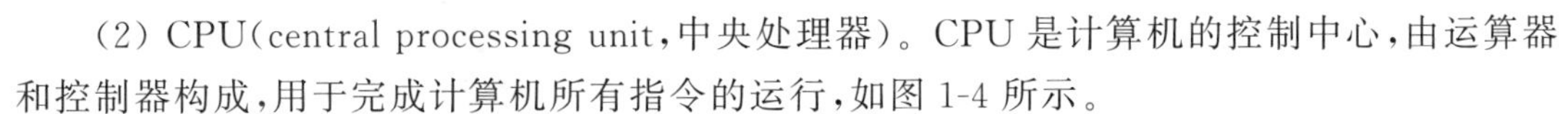

（2）CPU（central processing unit，中央处理器）。CPU 是计算机的控制中心，由运算器和控制器构成，用于完成计算机所有指令的运行，如图 1-4 所示。

图 1-3　主板

图 1-4　CPU

① 运算器(arithmetic logic unit,ALU)。运算器称为算术逻辑单元(arithmetic and logic unit,ALU),用来完成算术运算和逻辑运算,是计算机实现高速运算的核心。运算器在控制器的作用下,依照指令的要求对数据进行算术运算、逻辑运算等操作。

② 控制器(control unit)。控制器是计算机的管理机构和指挥中心,可以从存储器中取出指令,产生一系列控制信号,控制计算机各个部件的协调工作。

图 1-5 内存

(3) 内存储器。存储器(memory)是计算机的记忆部件,用来存放数据、程序和计算结果。微型计算机的存储器分为内存储器和外存储器两种。内存储器(简称内存),是计算机运算过程中主要使用的存储器,又称主存储器(简称主存)。微型计算机的内存如图 1-5 所示。内存容量小、速度快,包括只读存储器(ROM)和随机存储器(RAM)。

① 只读存储器(read only memory,ROM)。ROM 用于存放不常改变的程序和数据,断电后保存的信息不会丢失。ROM 存放的数据只能读出,不能写入。

② 随机存储器 RAM(read access memory)。RAM 提供系统程序和用户程序的运行空间,关机后保存的内容消失。RAM 中数据可随时读出和写入,又分为 DRAM(动态随机存储器)和 SRAM(静态随机存储器)两大类。DRAM 容量大、速度较慢、价格便宜,常做成内存条用于临时存储正在运行的程序和正在使用的数据,内存的容量和性能直接影响整机的性能,现在单条内存的容量可达 16GB。SRAM 速度快、价格较贵,常用作高速缓冲存储器。

2) 外部设备

外部设备是主机以外的其他设备,按照功能可分为外存储器、输入设备和输出设备。

(1) 外存储器。外存储器(简称外存),又称辅助存储器,具有容量大、价格低、存取速度慢的特点,常用于存放暂时不运行的程序和不使用的数据,外存不能直接与 CPU 进行数据交换,只能和内存交换数据。常见的外存储器有硬盘、光碟和优盘。优盘又称为闪存盘,具有容量大、携带方便的特点;由于计算机操作系统必需安装在硬盘上,硬盘已成为计算机必备的外存,如图 1-6 所示。

图 1-6 硬盘

(2) 输入设备(input equipment)。输入设备用于向计算机输入程序和数据,将数据从人类习惯的形式转换成计算机能够识别的二进制代码并保存在内存中。

常见的输入设备有键盘、鼠标、扫描仪、传声器(俗称麦克风)等。

① 键盘。键盘分为普通的 104 键键盘、笔记本计算机键盘、人体工程学键盘和适合上网的 Internet 键盘,各种键盘能够实现的功能大体上一致。

② 鼠标。常用的鼠标有机械式和光电式两种。机械鼠标通过内部橡皮球的滚动,带动两侧的转轮,改变光标的位置,使光标移动,现已被淘汰。光电式鼠标是内部有红外线或激光发射和接收装置,通过光的反射来确定鼠标的位置。灵敏度很高,光标控制较

精细。

③ 扫描仪。扫描仪可以将纸上的图像输入计算机,供计算机处理。扫描分辨率的高低是衡量扫描仪性能的重要指标。扫描仪的分辨率用点每英寸(dot per inch,dpi)表示,数值越高表示解析度越高。普通扫描仪的分辨率一般为 300～2400dpi。

④ 麦克风。麦克风是由声音的振动传到麦克风的振膜上,推动里边的磁铁形成变化的电流,变化的电流携带的声音信息经模数转换电路处理输入计算机。

⑤ 数字照相机。数字照相机(digital camera)俗称数码相机,可把拍摄到的图像进行数字化处理后存储在存储介质中。数字照相机的存储介质是各种存储卡,只要将存在数字照相机中的图片可通过打印机输出照片。

(3) 输出设备(output equipment)。输出设备用来将计算机处理结果从存储器中输出,将计算机内二进制形式的信息转换成人类习惯的文字、图形和声音等形式。常见的输出设备有显示器、打印机、绘图仪等。

① 显示器。显示器是计算机系统中最重要的输出设备,是实现人机对话的重要工具。显示器可以显示键盘输入的信息,也可以将计算机处理结果以文字或图形的形式显示出来。

② 打印机。打印机是计算机系统重要输出设备之一,用于将计算机中的文字、图形信息输出到纸张、胶片等介质上。目前,常见的打印机有针式打印机、喷墨打印机、激光打印机等。

针式打印机是通过打印头中的 24 根针击打复写纸得到字体点阵,其速度慢、效果差、噪声大、打印成本低。目前常见的喷墨打印机有采用连续式喷墨技术与随机式喷墨技术两种。早期的喷墨打印机和当前大幅面喷墨打印机皆采用连续式喷墨技术,而当前市面流行的喷墨打印机一般采用随机喷墨技术。喷墨打印机打印速度较慢、画质一般、噪声小、购置成本低、墨盒价格高、使用成本较高。激光打印机是利用激光扫描成像技术、计算技术、电子照相技术进行高质量打印的设备,其工作原理是将计算机传来的数字信息,通过视频控制器转换成视频信号,再由视频接口或控制系统把视频信号转换为激光驱动信号,然后由激光扫描系统产生载有字符信息的激光束,最后由电子照相系统使激光束成像并转印到纸上,打印速度快、效果好、噪声小、使用成本低、购置成本高。

2. 微型计算机软件系统

软件是为了运行、管理和维护计算机而编写的各种程序的集合,程序是计算任务的处理对象和处理规则的描述,文档是为了便于了解程序所需的阐明性资料。

计算机软件都是用各种计算机语言(又称程序设计语言)编写的。最底层的称为机器语言,由“0”和“1”组成,可以被计算机识别。上面一层称为汇编语言,只能由某种计算机的汇编器翻译成机器语言程序才能执行。人类编程用的最常用语言是更上一层的高级语言,例如 C、Java、FORTRAN、BASIC 等。这些语言编写的程序一般都能在多种计算机上运行,但必须先由编译器或解释器将高级语言程序翻译成特定的机器语言程序。由于机器语言程序是由一些“0”和“1”组成的,所以被称为二进制代码。汇编语言和高级语言程序也被称为源代码。

没有软件的计算机称为裸机。计算机软件可分为系统软件和应用软件两大类。

1) 系统软件

系统软件是指控制和协调计算机及外部设备,支持应用软件开发和运行的系统,是无需用户干预的各种程序的集合,主要功能是调度、监控和维护计算机系统,负责管理计算机系统中各种独立的硬件,使其可以协调工作。系统软件使得计算机使用者和其他软件将计算机当作一个整体而不需要顾及底层每个硬件是如何工作的。

系统软件包括各类操作系统和语言处理程序、数据库管理系统、硬件驱动程序、网络服务软件、故障诊断程序以及其他服务性程序等一系列基本的工具软件,是支持计算机系统正常运行并实现用户操作的软件。

(1) 操作系统。操作系统是控制和管理计算机的软、硬件资源,方便用户使用计算机的程序集合,是直接运行在裸机上的最基本的系统软件,其他的软件都必须在操作系统的支持下才能运行。操作系统是计算机中最重要、最基本的系统软件,是计算机裸机与应用程序及用户之间的桥梁,具有处理机管理、存储器管理、设备管理、文件管理等功能。微型计算机常用的操作系统有 DOS、Windows、UNIX、Linux、OS/2 等。

(2) 语言处理程序。CPU 执行每一条指令都只完成一项十分简单的操作,一个系统软件或应用软件,要由成千上万甚至上亿条指令组合而成。直接用基本指令来编写软件,是一件极其繁重而艰难的工作。

高级语言接近日常用语,对机器依赖性低,是适用于各种机器的计算机语言,所以高级语言是面向用户的语言。这种语言克服了低级语言在编程与阅读上的不便,与自然语言和数学语言比较接近。在使用高级语言编程时,不必熟悉指令系统,具有较强的通用性。高级语言又可分为面向过程的语言与面向对象的语言。目前,高级语言已开发出数十种,如 BASIC、C、Java、C++ 等。高级语言由语句组成,每条语句都对应一组机器指令,高级语言不能直接执行,必须经过翻译程序(编译程序或解释程序)翻译成机器语言目标代码才能执行。汇编语言汇编器、C 语言编译、连接器等翻译程序都是语言处理程序,用于把人们编制的高级语言和汇编语言源程序转换成机器能够解释执行的目标程序。

(3) 数据库管理系统。数据库管理系统可以有组织地、动态地存储大量数据,使人们能方便、高效地使用数据,一种操纵和管理数据库的大型软件,用于建立、使用和维护数据库。Visual FoxPro、Access、Oracle、Sybase、DB2 和 Informix 则是数据库系统。

(4) 辅助程序。系统辅助处理程序也称为软件研制开发工具、支持软件、软件工具,主要有编辑程序、调试程序、汇编程序、连接程序、调试程序。

2) 应用软件

应用软件是为了某种特定的用途而被开发的软件,可分为用户程序与应用软件包。它可以是一个图像浏览器这样的用户程序,可以是 Office 这样的一组功能联系紧密、互相协作的程序集合。

(1) 用户程序。用户程序是用户为了解决特定的具体问题而开发的软件。编制用户程序应充分利用计算机系统的各种现成软件,在系统软件和应用软件包的支持下可以更加方便、有效地研制用户专用程序,例如票务管理系统、人事管理系统和财务管理系统等。

(2) 应用软件包。应用软件包是为实现某种特殊功能而精心设计的、结构严密的独立系统,是一套满足同类应用的许多用户所需要的软件。例如,Open Office 办公套件中含 Writer(字处理)、Calk(电子表格)、Impress(电子演示文稿)等应用软件,是实现办公自动化的应用软件包。

3. 微型计算机的性能指标

微型计算机功能的强弱和性能的高低，是由其系统结构、指令系统、硬件组成、软件配置等多方面的因素决定的。对于大多数普通用户，可以从以下 7 个指标来评价计算机的性能。

(1) 运算速度。运算速度是衡量计算机性能的一项重要指标。同一台计算机，执行不同的运算所需时间可能不同，因而对运算速度的描述常采用不同的方法。微型计算机一般采用百万条指令每秒(million instruction per second，MIPS)和时钟频率(主频)来描述。一般情况下，主频越高，运算速度就越快。例如，酷睿双核 i3 处理器的主频为 3.1GHz，酷睿四核 i7 处理器的主频为 3GHz。

(2) 字长。CPU 一次处理的二进制数称为一个计算机的字，而一个字中的数位或字符的数量就是字长。在其他指标相同时，字长越大，计算机处理数据的速度越快。早期微型计算机的字长一般是 8 位和 16 位。例如，Pentium、Pentium Pro、Pentium Ⅱ、Pentium Ⅲ、Pentium 4 大多是 32 位的 CPU，目前的 CPU 大多是 64 位。

(3) 内存储器容量。内存储器是 CPU 可以直接访问的存储器，用于存储需要执行的程序与需要处理的数据。内存储器容量的大小反映了计算机即时存储信息的能力。随着操作系统的升级，应用软件的不断丰富及其功能的不断扩展，人们对计算机内存容量的需求也不断提高。例如，运行 Windows XP 需要 128MB 内存，Windows 7 需要 512MB 内存。目前主流个人计算机的内存为 16GB，内存容量越大，系统功能越强大，能处理的数据量也越庞大。

(4) 外存储器容量。外存储器容量越大，可存储的信息就越多，可安装的应用软件就越丰富。硬盘是最基本的外存，目前硬盘容量有 500GB、1TB、1.5TB、2TB、3TB 等。

(5) 接口标准与类型。接口是指设备与计算机或与其他设备连接端口，其实是一组电气连接和信号交换标准。系统中所选接口的标准和种类，直接影响着系统连接外设的能力和与外设间信息交换的速度。目前常用的接口主要包括 USB 接口、IEEE 1394 接口、RS-232 接口、SCSI 接口等。

(6) 系统的软件配置。系统的软件配置应考虑操作系统的功能、算法语言的种类、应用程序库等情况而定。

(7) 可靠性。可靠性指标通常用平均无故障时间来衡量。平均无故障时间是指系统两次故障之间平均正常运行的时间。可靠性评价方法是通过建立可靠性模型和收集大量现场数据，利用概率统计、集合论矩阵代数等数学分析方法获得系统故障的概率分布，进而得到可靠性指标的平均值和标准偏差。

1.2.5 个人计算机购置过程

1. 案例目标

(1) 熟悉微型计算机的主要部件。

(2) 学会衡量微型计算机的性能。

2. 操作步骤

(1) 登录“中关村在线”网站。在浏览器地址栏里输入“中关村在线”的网址(https://www.zol.com.cn/)，打开主页面。

(2) 打开模拟攒机页面。单击“中关村在线”网站主页右上角如图 1-7 所示的模拟攒机选项，则打开模拟攒机页面。

图 1-7　模拟攒机选项

(3) 选择 CPU。为了获得较高的性价比,首先确定 CPU,让 CPU 价格约占整机价格的 1/3。在模拟攒机页面中,选择希望配置 CPU 的限制条件,例如河南地区、酷睿 i5、500～1499 元、插槽类型不限、核心数量不限等,则符合条件的 CPU 按最热门排列显示在页面下方,如图 1-8 所示。也可以按照价格和最新两个选项,重新排列符合条件的 CPU。单击更多参数,可以查看选定的 CPU 更多详细参数。最后单击加入配置单选项,则添加到配置单。从而确定第一个部件。

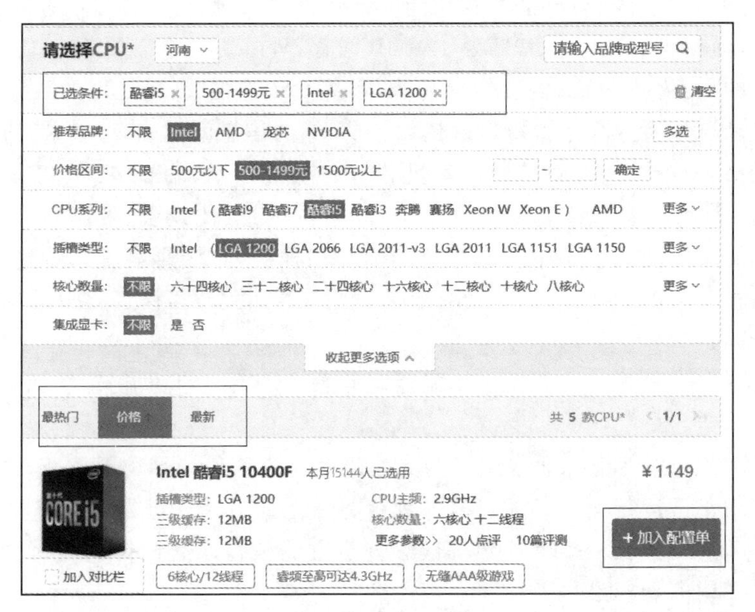

图 1-8　选择 CPU

(4) 选择主板。第二个要确定的部件是主板,在主板选项中选择主板条件,如河南地区、技嘉品牌、500～600 元、M-ATX 板型等,而主板的插槽选项则自动选择能支持 CPU 类型的选项 LGA1200。条件选好后,符合条件的主板按"最热门"依次显示在页面右下方,如图 1-9 所示,再选择合适的主板,添加到配置单。

同理,依次添加硬盘、显卡、机箱、电源、显示器、键盘和鼠标等计算机各部件,经过反复修改,形成一个合适的配置单,如图 1-10 所示。

(5) 调整配置单。依据模拟攒机的配置单,去实体店或网上商城考查和调整配置。然后按照配置单选购台式机各部件。

图 1-9　选择主板

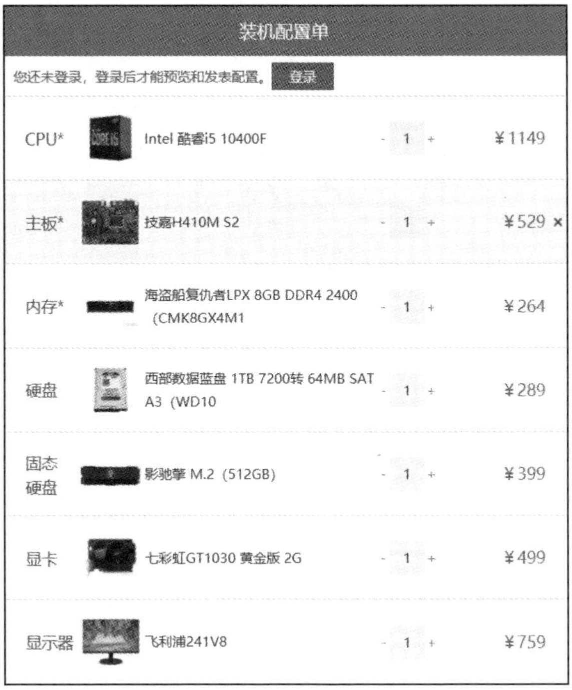

装机配置单

您还未登录，登录后才能预览和发表配置。 登录

部件	型号	数量	价格
CPU*	Intel 酷睿i5 10400F	- 1 +	¥1149
主板*	技嘉H410M S2	- 1 +	¥529 ×
内存*	海盗船复仇者LPX 8GB DDR4 2400（CMK8GX4M1	- 1 +	¥264
硬盘	西部数据蓝盘 1TB 7200转 64MB SATA3（WD10	- 1 +	¥289
固态硬盘	影驰擎 M.2（512GB）	- 1 +	¥399
显卡	七彩虹GT1030 黄金版 2G	- 1 +	¥499
显示器	飞利浦241V8	- 1 +	¥759

图 1-10　配置单

（6）组装个人计算机。将台式机的各个部件组装在一起，组装成一台个人计算机，具体组装过程查阅与本书配套的实训教材。

1.3 计算机中汉字的表示

【案例引导】 某同学在学习“大学计算机基础”课程时，了解到计算机中的所有信息都是以二进制数形式进行存储或运算的，因而想研究汉字在计算机中的存储形式。具体如下：

探究汉字“英”字在计算机中的表示形式。到底信息在计算机中是如何表示的？下面，先来学习数制与信息表示相关知识。

1.3.1 数制及转换

数制也称为“记数制”，是用一组固定的符号和统一的规则来表示数值的方法。数制包含基数和位权两个基本要素。一组用来表示某种数制的符号也称为数码。例如 1、2、3、4、A、B、C 等；数制所使用的数码个数称为基数，常用 R 表示，称 R 进制，例如十进制的数码是 0～9，基数则为 10；二进制的数码是 0 和 1，基数则为 2；在进位记数制中，处于不同数位的数码代表的数值不同，数码在不同位置上的权值，称为位权，位权是以 10 为底的幂，例如十进制数 111，个位数上的 1 权值为 10^0，十位数上的 1 权值为 10^1，百位数上的 1 权值为 10^2。以此推理，第 n 位的权值是 10^{n-1}，如果是小数点后面第 m 位，则其权值为 10^{-m}。

常用的计数制有十进制、二进制、八进制和十六进制。十进制是日常生活中最常用的计数制，二进制、八进制和十六进制是计算技术中广泛采用的数制。

1. 常用计数制

(1) 十进制(decimal)。由 0,1,2,…,9 这 10 个数码组成，基数为 10，计数规则为“逢十进一，借一当十”，用字母 D 表示(D 可以省略)，如 345D、56 等。

对于有 n 位整数、m 位小数的十进制数据，可以用加权系数展开式表示为

$$(a_{n-1}a_{n-2}\cdots a_1a_0.a_{-1}\cdots a_{-m})_{10}$$
$$=a_{n-1}\times 10^{n-1}+a_{n-2}\times 10^{n-2}+\cdots+a_1\times 10^1+a_0\times 10^0+a_{-1}\times 10^{-1}+\cdots+a_{-m}\times 10^{-m}$$

(2) 二进制(binary)。由 0、1 两个数码组成，基数为 2，二进制计数规则为“逢二进一，借一当二”，用字母 B 表示，其位权是以 2 为底的幂，例如，二进制数据 110.11B，其权的大小分别为 2^2、2^1、2^0、2^{-1}、2^{-2}等，对于有 n 位整数、m 位小数的二进制数据，用加权系数展开式表示为

$$(a_{n-1}a_{n-2}\cdots a_1a_0.a_{-1}\cdots a_{-m})_2$$
$$=a_{n-1}\times 2^{n-1}+a_{n-2}\times 2^{n-2}+\cdots+a_1\times 2^1+a_0\times 2^0+a_{-1}\times 2^{-1}+\cdots+a_{-m}\times 2^{-m}$$

二进制数据一般可书写为$(a_{n-1}a_{n-2}\cdots a_1a_0.a_{-1}\cdots a_{-m})_2$。

例如，将二进制数据 111.01 写成加权系数的形式。

$$(111.01)_2=1\times 2^2+1\times 2^1+1\times 2^0+0\times 2^{-1}+1\times 2^{-2}。$$

(3) 八进制(octal)。由 0,1,2,…,7 这 8 个数码组成，基数为 8，记数规则为“逢八进一，借一当八”，用字母 O 表示，其位权是以 8 为底的幂，例如 273O，$(653)_8$。

(4) 十六进制(hexadecimal)。由 0,1,2,…,9、A、B、C、D、E、F 这 16 个数码组成，基数为 16，计数规则为“逢十六进一，借一当十六”，用字母 H 表示，例如 28BH，$(653)_{16}$。

同一个数值，可以用不同的数制表示，如十进制数 0～17 的二进制、八进制和十六进制的表示如表 1-1 所示。

表 1-1　十进制数 0～17 的不同进制表示形式

十进制	二进制	八进制	十六进制	十进制	二进制	八进制	十六进制
0	0	0	0	9	1001	11	9
1	1	1	1	10	1010	12	A
2	10	2	2	11	1011	13	B
3	11	3	3	12	1100	14	C
4	100	4	4	13	1101	15	D
5	101	5	5	14	1110	16	E
6	110	6	6	15	1111	17	F
7	111	7	7	16	1 0000	20	10
8	1000	10	8	17	1 0001	21	11

2. 不同计数制的转换方法

1）二进制、八进制、十六进制数转化为十进制数

对于任何一个二、八、十六进制数，均可以先写出其加权系数展开式，然后再按十进制计算各项和即可转换为十进制数。例如：

$$(1111.11)_2 = 1\times2^3 + 1\times2^2 + 1\times2^1 + 1\times2^0 + 1\times2^{-1} + 1\times2^{-2} = 15.75$$

$$(\mathrm{A10B.8})_{16} = 10\times16^3 + 1\times16^2 + 0\times16^1 + 11\times16^0 + 8\times16^{-1} = 41227.5$$

2）十进制数转化为二进制数

十进制数整数和小数部分在转换时需要分别计算，再把求得的值进行组合。

整数部分采用除以 2 倒取余法，即逐次除以 2，直至商为 0，得出的余数倒序排列，即为二进制数码。例如，将十进制数 100 转化为二进制数的方法如下：

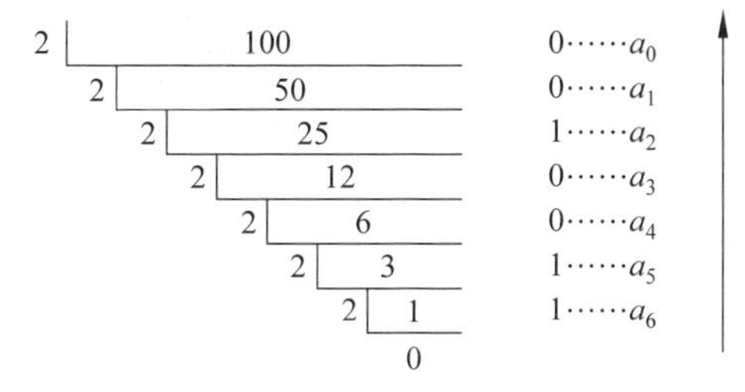

由上得出，100D=1100100B。

例如，将十进制数 0.125 转换为二进制，转换方法如下：

0.125×2 ＝ 0.250　　取出整数 0……0→a_{-1}

0.25×2 ＝ 0.5　　取出整数 0……0→a_{-2}

0.5×2 ＝ 1　　取出整数 1……1→a_{-3}

由上得出，0.125D ＝ 0.001B。

将十进制数 100.125 转化为二进制数时，十进制数的整数部分 100 和小数部分 0.125 分别转换，组合后得出 100.125D=1100100.001B。

3）二进制数与八进制数的相互转换

（1）二进制数转换成八进制数。

转换方法：将二进制数从小数点开始，对二进制整数部分向左每 3 位分成一组，不足

3 位向高位补 0 凑成 3 位；对二进制小数部分向右每 3 位分成一组，不足 3 位向低位补 0。把每一组 3 位二进制数，分别转换成八进制数码中的一个数字，连接起来即可。

例如，把二进制数 11111101.101 转化为八进制数。

把二进制数 11111101.101B 转化为八进制数，分组与转换情况如表 1-2 所示。

表 1-2　把二进制数转化为八进制数

二进制 3 位分组	011	111	101	101
转换为八进制数	3	7	5	5

所以，11111101.101B = 375.5O。

（2）八进制数转换成二进制数。

转换方法：只要将每一位八进制数转换成相应的 3 位二进制数，依次连接即可。

例如，把八进制数 263.4O 转换二进制数。

263.4O 每一位转换成 3 位二进制数，263.4O = 010 110 011.100B =10110011.1B。

4）二进制数与十六进制数的相互转换

（1）二进制数转换成十六进制数。将二进制数从小数点开始，每 4 位分成一组，不足 4 位分别向高位或低位补 0，把每一组 4 位二进制数分别转换成十六进制数码中的一个数码，然后连接即可。

例如，将 10110001.101B 转换为十六进制数。

把二进制数 10110001.101B 转化为十六进制数，分组与转换情况如表 1-3 所示。

表 1-3　把二进制数转化为十六进制数

二进制 4 位分组	1011	0001	1010
转换为十六进制数	B	1	A

所以，10110001.101 B = B1.AH。

（2）十六进制数转换成二进制数。只要将每一位十六进制数转换成相应的 4 位二进制数，依次连接即可。例如，把十六进制数 263.4H 转换二进制数：

263.4H = 0010 0110 0011.0100B =1001100011.01B

3. 二进制的运算规则

二进制计算的规则如下。

（1）算术运算规则。

加法规则：0 + 0 = 0；0 + 1 = 1；1 + 0 = 1；1 + 1 = 10（向高位有进位）。

减法规则：0− 0 = 0；10−1 = 1（向高位借位）；1−0 = 1；1−1 = 0。

乘法规则：0×0 = 0；0×1 = 0；1×0 = 0；1×1 = 1。

除法规则：0 / 1 = 0；1 / 1 = 1。

（2）逻辑运算规则。

与运算（AND）：0∧0 = 0；0∧1 = 0；1∧0 = 0；1∧1 = 1。

或运算（OR）：0∨0 = 0；0∨1 = 1；1∨0 = 1；1∨1 = 1。

异或运算（XOR）：0⊕0=0；0⊕1=1；1⊕0=1；1⊕1=0。

非运算(NOT)：$\bar{1}=0$；$\bar{0}=1$。

1.3.2 信息在计算机中的表示

日常生活中人们最熟悉十进制数据，而计算机处理的信息必须经过数字化处理，转换为电信号，才能成为计算机中可以识别和进一步处理的信号。电信号直接表示的最简单形式有高电位和低电位两种。这就要求在计算机中仅用两个符号“0”和“1”来表示一切信息，不论是数字、符号，还是声音、图形等多媒体信息，欲存入计算机处理，必须采用二进制编码形式，且不同信息需要采用不同的编码方案。

计算机外部的信息，需要转换为二进制编码信息，才能被计算机主机所接收；同样，计算机内部信息也必须转换后才能恢复信息的“真面目”。这种转换通常是由计算机输入输出设备来实现，有时还需软件参与转换过程。

1. 信息存储单位

计算机中信息以二进制的形式存储在存储器中，信息存储的单位主要有比特(位)、字节、千字节、兆字节、吉字节和太字节。

(1) 比特(位)(bit，b)。二进制编码 0 或者 1，称为一位，它是计算机中最小的信息单位。

(2) 字节(byte，B)。8 位二进制编码称为字节(byte，B)，即 1B=8b，字节是计算机中最小的存储单位。比字节大的单位还有千字节(KB)、兆字节(MB)、吉字节(GB)、太字节(TB)，各存储单位之间的关系如下：1B=8b，1KB=1024B，1MB=1024KB，1GB=1024MB，1TB=1024GB，1PB=1024TB。

(3) 字(Word)。字是计算机一次性处理事务的固定长度的位(bit)组。一个字的位数(即字长)是计算机系统结构中的一个重要特性，现代计算机的字长通常为 64 位。

2. 数值在计算机中的表示

数值型数据由数字组成，表示数量，用于算术操作。计算机中数值型的数据有两种表示方法：一种称为定点数，另一种称为浮点数。

定点数是小数点位置固定不变数，分为定点小数和定点整数。定点小数将小数点固定在最高数据位的左边，因此只能表示小于 1 的纯小数；定点整数将小数点固定在最低数据位的右边，因此表示的只是纯整数。定点数表示数的范围较小。

为了扩大计算机中数值数据的表示范围，将 12.34 表示为 0.1234×10^2，其中 0.1234 是尾数，10 是基数，2 是阶码，如果阶码大小改变，意味着实际数据小数点的移动，如 0.01234×10^3，把这种数据称为浮点数。由于基数在计算机中固定不变，因此可以用两个定点数分别表示尾数和阶码，从而表示这个浮点数。其中，尾数用定点小数表示，阶码用定点整数表示。在计算机中，无论是定点数还是浮点数，都有正负之分。在表示数据时，专门有 1 位或 2 位表示符号，对单符号位来讲，通常用“1”表示负号；用“0”表示正号。对双符号位而言，则用“11”表示负号；“00”表示正号。通常情况下，符号位都处于数据的最高位。

1) 定点数的表示

计算机中定点数可以用原码、反码和补码 3 种编码表示，分别记为 $[X]_{原}$、$[X]_{反}$、$[X]_{补}$，不论用什么编码表示，数据本身的值并不发生变化，数据本身所代表的值称为真值。

(1) 原码表示法。如果真值是正数，则最高位符号为 0，其他位保持不变；如果真值是负数，则最高位符号为 1，其他位保持不变即为原码。例如：

若 $X=+13$，则真值为 $X=+0001101B$，$[X]_{原}=00001101B$；

若 $Y=-13$，则真值为 $Y=-0001101B$，$[Y]_{原}=10001101B$。

原码表示法，真值与原码转换简单，根据正负号将最高位置“0”或置“1”即可。但是，原码表示在进行加减运算时符号位不能参与运算，所以计算机中一般不用原码。

(2) 反码表示法。如果真值是正数，则最高符号位为 0，其他位保持不变；如果真值是负数，则最高符号位为 1，数值位按位求反即为反码。例如：

若 $X=+13$，则真值为 $X=+0001101B$，$[X]_{反}=00001101B$；

若 $Y=-13$，则真值为 $Y=-0001101B$，$[Y]_{反}=11110010B$。

反码符号位虽然可以作为数值参与运算，但是计算完后，仍需要根据符号位进行调整。

(3) 补码表示法。若真值是正数，则最高符号位为 0，其他位保持不变；若真值是负数，则最高符号位为 1，其他位按位求反后再加 1 即为补码。例如：

若 $X=+13$，则真值为 $X=+0001101B$，$[X]_{补}=00001101B$；

若 $Y=-13$，则真值为 $Y=-0001101B$，$[Y]_{补}=11110011B$。

补码的符号可以作为数值参与运算，且计算完后，不需要根据符号位进行调整，所以现代计算机中一般采用补码来表示定点数。

2) 浮点数的表示

对于一个十进制小数，数学上可以使用科学记数法表示，即表示为一个纯小数乘以 10 的整数次幂的形式。例如，23.45 可以表示为 0.2345×10^2 形式。其中，0.2345 称为尾数，指数 2 称为阶码。尾数决定数字的精度，阶码确定小数点的位置。在二进制中也使用这种方法表示实数，称为浮点数。

对于不同的机器，阶码和尾数各占多少位，分别用什么码制表示有具体规定。在实际应用中，浮点数的表示首先要进行规格化，即转换成一个纯小数与 2^m 之积，并且小数点后的第一位是 1。

例如，−101.11101B 的机内表示(阶码用 4 位原码，数用 8 位补码表示，阶码在尾数之前：$-101.11101=-0.10111101\times2^3$，阶码为 3，用原码表示为 0011，尾数为 −0.10111101，用补码表示为 1.01000011，因此，该数在计算机内表示为 00111.01000011。

3. 字符在计算机中的表示

1) ASCII 码

ASCII(American standard code for information interchange)是美国国家信息交换标准字符编码的简称，是目前国际上最为流行的字符信息编码方案。它包括 0～9 共 10 个十进制数码，大小写英文字母以及专用符号(如 $、%、+、−)等 95 种可打印字符，还包括 33 种控制字符(如回车、换行等)。一个字符的 ASCII 码通常占 1B，用 7 位二进制数编码组成，所以 ASCII 码最多可表示 128 个不同的符号。常见的符号对应的 ASCII 码字符编码如表 1-4 所示。

2) ASCII 码的特点

ASCII 码具有如下特点。

(1) 每个字符的二进制编码为 7 位。每个字符的二进制编码为 7 位，因此一共有 2^7(即 128)种不同字符的编码。通常一个 ASCII 码占 1B(即 8b)，其最高位为“0”。例如，“Hello”

的 ASCII 码对应的字符如表 1-5 所示。

表 1-4　ASCII 对应的字符

$D_3D_2D_1D_0$	$D_6D_5D_4$							
	000	001	010	011	100	101	110	111
0000	NUL	DLE	SP	0	@	P	、	p
0001	SOH	DC1	!	1	A	Q	a	q
0010	STX	DC2	“	2	B	R	b	r
0011	ETX	DC3	#	3	C	S	c	s
0100	EOT	DC4	$	4	D	T	d	t
0101	ENQ	NAK	%	5	E	U	e	u
0110	ACK	SYN	&	6	F	V	f	v
0111	BEL	ETB	‘	7	G	W	g	w
1000	BS	CAN	(	8	H	X	h	x
1001	HT	EM	)	9	I	Y	i	y
1010	LF	SUB	*	:	J	Z	j	z
1011	VT	ESC	+	;	K	[	k	{
1100	FF	FS	,	<	L	\	l	|
1101	CR	GS	—	=	M	]	m	}
1110	SO	RS	.	>	N	^	n	～
1111	SI	US	/	?	O	_	o	DEL

表 1-5　“Hello”的 ASCII 码

字　　符	ASCII 码
H	0100 1000
e	0110 0101
l	0110 1100
l	0110 1100
o	0110 1111

（2）95 个图形字符。ASCII 码中有 95 个字符称为图形字符（或普通字符），为可打印或可显示字符，包括英文大小写字母共 52 个，0～9 的数字共 10 个和其他标点符号、运算符号共 33 个。其中 0～9、A～Z、a～z 都是顺序排列的，且小写比大写字母码值大 32。

（3）33 个非图形字符。ASCII 码中有 33 个字符称为非图形字符（或控制字符），为不可打印或不可显示字符，十进制码值为 0～31 和 127（NUL～US 和 DEL）。位于表 1-4 中左边两列和右下角位置上。主要用于打印或显示时的格式控制、对外部设备的操作控制、进行信息分隔和在数据通信时进行传输控制等。

4. 汉字编码

根据应用目的不同,汉字编码分为三大类：机内码、输入码和输出码。在进行汉字处理时,使用输入码通过键盘将汉字信息输入计算机内,转换为机内码,按机内码进行保存、传输、检索等处理,需要输出时,再将机内码转换成输出码输出。

(1) 输入码。汉字的输入码又称外码,是用户通过键盘输入汉字时使用的汉字编码。汉字的输入码种类较多,选择不同的输入码方案,则输入方法及按键次数、输入速度均不同。常用的输入码有数字编码如区位码、拼音编码(如全拼、双拼、微软拼音、自然码、智能ABC、搜狗)、字形编码(如五笔字型码、表形码、郑码等)。

(2) 机内码。1980年,我国颁布了汉字编码的国家标准《信息交换用汉字编码字符集》(GB 2312—1980),共为6763个常用汉字规定了二进制编码,每个汉字使用2B。GB 2312—1980将代码表分为94个区,对应第一字节;每个区94个位,对应第二字节,两个字节的值分别为区号值和位号值加32(20H),因此也称为区位码。01～09区为符号、数字区,16～87区为汉字区,10～15区、88～94区是有待进一步标准化的空白区。GB 2312—1980将收录的汉字分成两级：第一级汉字是常用汉字计3755个,置于16～55区,按汉语拼音字母/笔形顺序排列;第二级汉字是次常用汉字计3008个,置于56～87区,按部首/笔画顺序排列,从而GB 2312—1980最多能表示6763个汉字。

为了避免ASCII码和国标码同时使用时产生二义性问题,汉字的机内码采用变形国标码,其变换方法为,将国标码的每个字节都加上128,即将2B编码的最高位由0改1,其余7位不变,例如,“保”字的国标码为3123H,前字节为00110001B,后字节为00100011B,高位改1为10110001B和10100011B,即变形国标码GBK十六进制编码为B1A3H,因此,“保”字的机内码就是B1A3H。

汉字机内码,又称“汉字ASCII码”,简称“内码”,指计算机内部存储,处理加工和传输汉字时所用的由0和1符号组成的代码。输入码被接受后就由汉字操作系统的“输入码转换模块”转换为机内码,与所采用的键盘输入法无关。机内码是汉字最基本的编码,不管是什么汉字系统和汉字输入方法,输入的汉字外码到机器内部都要转换成机内码,才能被存储和处理。

(3) 输出码。汉字的输出码是用于汉字在显示屏或打印机输出的编码,又称汉字字型码或汉字字模。对每一个汉字,都有对应的字模,存储在计算机内,字模集合构成字模库,简称字库。汉字输出时,需要先根据内码找到字库中对应的字模,再根据字模输出汉字。

记录汉字字型有点阵法和矢量法两种方法,分别对应两种字型编码,即点阵码和矢量码。点阵码是用点阵表示汉字字型的编码,把汉字按字型排列成点阵,常用的点阵有16×16、24×24、32×32或更高。16×16点阵方式是最基础的汉字点阵,一个16×16点阵的汉字要占用16×16/8=32B,24×24点阵的汉字要占用72B。可见,汉字字型点阵的信息量很大,占用的存储空间也非常大。点阵规模越大,每个汉字存储的字节数就越多,字库也就越庞大。字型分辨率越好,字型也越美观。

5. 图形信息表示

计算机通过指定每个独立的点(或像素)在屏幕上的位置来存储图形,最简单的图形是单色图形。单色图形包含的颜色仅有黑色和白色两种。为了理解计算机怎样对单色图形进行编码,可以考虑把一个网格叠放到图形上。网格把图形分成许多单元,每个单元相当于计算机屏幕上的一个像素。对于单色图,每个单元(或像素)都标记为黑色或白色。如果图像单元对应的颜色为黑色,则在计算机中用“0”来表示;如果图像单元对应的颜色为白色,则在计算机中用“1”来表示。网格的每一行用一串“0”和“1”来表示,如图 1-11 所示。

对于单色图形来说,用来表示满屏图形的比特数和屏幕中的像素数正好相等。所以,用来存储图形的字节数等于比特数除以 8;若是彩色图形,其表示方法与单色图形类似,只不过需要使用更多的二进制位以表示出不同的颜色信息。

6. 音频信息表示

通常,声音是用一种模拟(连续的)波形来表示的,该波形描述了振动波的形状。如图 1-12 所示,表示一个声音信号有 3 个要素,分别是基线、周期和振幅。声音的表示方法是以一定的时间间隔对音频信号进行采样,并将采样结果进行量化,转化成数字信息的过程。声音的采样是在数字模拟转换时,将模拟波形分割成数字信号波形的过程,采样的频率越大,所获得的波形越接近实际波形,即保真度越高。

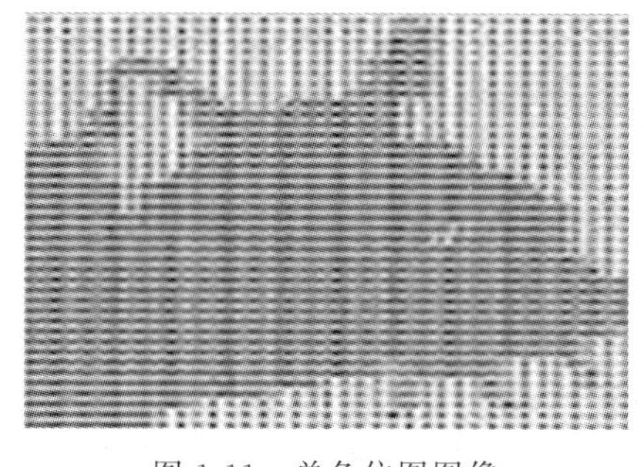

图 1-11　单色位图图像

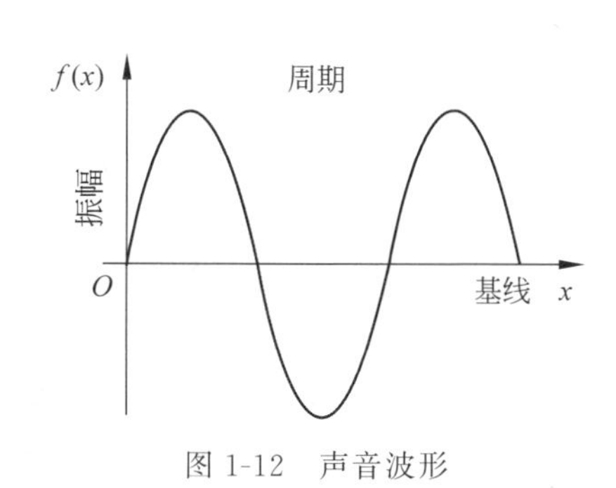

图 1-12　声音波形

1.3.3　汉字的编码

1. 输入码

汉字输入码方案不同,编码则不同。例如,汉字“英”的拼音编码包括全拼、微软拼音、智能 ABC 等输入编码都为“英”的拼音输入为 ying。“英”字的五笔字型码输入为 amd。

2. 机内码

GBK 机内码可以在线查询,也可以通过汉字内码查看器查看。例如,汉字“英”的国标码为 5322H,前字节为 01010011B,后字节为 00100010B,高位改 1 为 11010011B 和 10100010B ,即变形国标码为 D3A2H,因此,“英”字的机内码就是 D3A2H。

3. 输出码

例如,汉字“英”字的 16×16 点阵字模如图 1-13 所示,占用 16×16/8=32B。

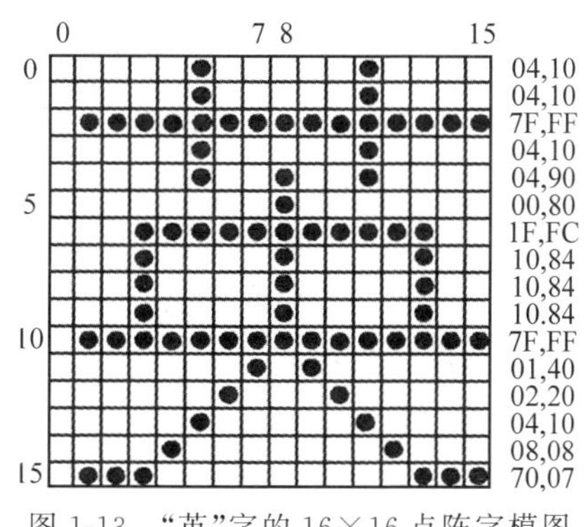

图 1-13　“英”字的 16×16 点阵字模图

本章小结

本章简单描述了国内外计算机发展、计算机应用领域和计算机类型；主要介绍了冯·诺依曼体系结构计算机的工作原理、微型计算机软硬件系统构成和数制及转换。通过本章的学习，读者可以了解国内外计算机的发展过程，了解冯·诺依曼体系结构计算机的工作原理；通过模拟攒机过程，能够熟练掌握微型计算机硬件系统的构成，学会配置个人计算机；学会不同数制的转换方法；通过汉字编码的学习，学会数字、字符和汉字在计算机中的表示方法。

知识拓展

人工智能

1. 人工智能的概念

人工智能(artificial intelligence，AI)是研究、开发用于模拟、延伸和扩展人的智能的理论、方法、技术及应用系统的一门新的技术科学。

“人工智能”这个词汇最早出现于1956年达特茅斯(Dartmouth)学会上，它是科学家们用来讨论机器模拟人类智能时提出的。人工智能是计算机科学的一个分支，旨在创造并运用算法构建动态计算环境来模拟人类智能过程的基础。简单地说，人工智能努力的目标是让计算机像人类一样思考和行动。

人工智能的创始人之一的尼尔逊教授对人工智能下的定义是“人工智能是关于知识的学科，即怎样表示知识以及怎样获得知识并使用知识的科学。”而美国麻省理工学院的温斯顿教授认为“人工智能就是研究如何使计算机去做过去只有人才能做的智能工作。”这些定义反映了人工智能学科的基本思想和基本内容，即人工智能是研究人类智能活动的规律，构造具有一定智能的人工系统，研究如何让计算机去完成以往需要人的智力才能胜任的工作，也就是研究如何应用计算机的软硬件来模拟人类某些智能行为的基本理论、方法和技术。

2. 人工智能的方法

人工智能可以模拟人在信息处理过程中的意识和思维，可以像人一样思考，也可能超过人的智能。人工智能学科研究的主要内容有专家系统、机器学习、深度学习、计算机视觉、自然语言处理和语音识别等。

(1) 专家系统。专家系统是一个智能计算机程序系统，其内部含有大量的某个领域专家水平的知识与经验，能够利用人类专家的知识和解决问题的方法来处理该领域问题。也就是说，专家系统是一个具有大量的专门知识与经验的程序系统，可应用人工智能和计算机技术，根据某领域中专家提供的知识和经验进行推理和判断，模拟人类专家的决策过程，以便解决那些需要人类专家处理的复杂问题。专家系统是一种模拟人类专家解决领域问题的计算机程序系统。

(2) 机器学习。机器学习是人工智能的核心，是使计算机具有智能的根本途径，专门研究怎样通过计算机模拟或实现人类的学习行为来获取新的知识或技能，以及重新组织已有的知识结构使之不断改善自身的性能。

(3) 深度学习。深度学习又称为人工神经网络,它是机器学习的一种,深度学习的概念源于人工神经网络的研究,含多个隐藏层的多层感知器就是一种深度学习结构。

(4) 计算机视觉。计算机视觉是研究如何使机器"看"的科学,即用摄影机和计算机代替人眼对目标进行识别、跟踪和测量等机器视觉,并进一步进行图形处理,使计算机处理成为更适合人眼观察或传送给仪器检测的图像。计算机视觉的主要任务是通过对采集的图片或者视频进行处理以获得相应场景的三维信息。涉及领域主要包括模式识别、图片处理和人脸识别等。

(5) 自然语言处理。自然语言处理是人工智能领域中的一个重要方向。它研究能实现人与计算机之间用自然语言进行有效通信的各种理论和方法。自然语言处理是一门融语言学、计算机科学、数学于一体的科学。涉及的领域主要包括机器翻译、机器阅读理解和问答系统等。

(6) 语音识别。与机器进行语音交流,让机器明白对方说什么,是人们梦寐以求的事情。有人形象地把语音识别比作"机器的听觉系统"。语音识别技术就是让机器通过识别和理解把语音信号转变为相应的文本或选项的技术。语音识别技术主要包括特征提取技术、模式匹配准则及模型训练技术等。

3. 人工智能的应用

人工智能的理论和技术日益成熟,应用领域日益增加,已经实际应用在安防、金融、医疗、交通、零售、工业制造、物流和城市系统等领域中。

(1) 安防。利用计算机视觉技术和大数据分析犯罪嫌疑人生活轨迹以及可能出现的场所。

(2) 金融。利用语音识别、语义理解和自然语言处理技术打造智能客服。

(3) 医疗。智能影像技术可以快速进行癌症早期筛查,帮助患者更早接受治疗;依靠人工智能技术和大数据,医院可以实现智能语音交互的知识问答和病历查询。

(4) 交通。无人驾驶技术可以通过传感器、计算机视觉等技术解放人的双手和感知。

(5) 零售。利用计算机视觉、语音语义识别和机器人等技术可以提升顾客的消费体验。

(6) 工业制造。使用机器人可以代替人类在危险场所完成工作,在流水线上高效完成重复工作。

(7) 物流。使用机器人和人工智能技术可以实现物流机器人。

(8) 城市系统。城市系统是将交通、能源、供水等基础设施数据化,将散落在城市各个角落的数据进行汇聚,再通过超强地分析、超大规模地计算,实现对整个城市的全局实时分析,让城市智能地运行起来。城市系统率先解决的问题就是堵车。例如,杭州市的城市大脑等项目。

习 题 1

一、单项选择题

1. 十进制数 27 对应的二进制数为(　　)。

A. 1011　　B. 1100　　C. 10111　　D. 11011

2. 以下软件中,(　　)不是操作系统软件。

A. Windows 10　B. UNIX　C. Linux　D. Microsoft Office

3. 用 1B 长度最多能编出(　　)不同的编码。

A. 8 个　B. 16 个　C. 128 个　D. 256 个

4. 下列设备中,属于输出设备的是(　　)。

A. 显示器　B. 键盘　C. 鼠标　D. 手写板

5. RAM 表示(　　)。

A. 只读存储器　B. 高速缓存器

C. 随机存储器　D. 软盘存储器

6. 组成计算机的 CPU 的两大部件是(　　)。

A. 运算器和控制器　B. 控制器和寄存器

C. 运算器和内存　D. 控制器和内存

7. 一个完整的计算机系统包括(　　)。

A. 计算机及其外部设备　B. 主机、键盘、显示器

C. 系统软件与应用软件　D. 硬件系统与软件系统

8. 在计算机领域中,通常用英文 Byte 来表示(　　)。

A. 字　B. 字长　C. 二进制位　D. 字节

9. 计算机所具有的存储程序和程序原理是(　　)提出来的。

A. 图灵　B. 布尔　C. 冯・诺依曼　D. 爱因斯坦

10. 计算机最主要的技术指标为(　　)。

A. 语言、外设和速度　B. 主频、字长和内存容量

C. 外设、内存容量和体积　D. 软件、速度和重量

二、填空题

1. 第二代电子计算机采用________作为主要的电子元器件。

2. 任何程序都必须加载到________中才能被 CPU 执行。

3. 汉字的拼音输入码是属于汉字的________码。

4. 字符串“大学 COMPUTER 文化基础”,在机器内占用的存储字节数是________。

5. 根据 ASCII 码编码原理,现要对 50 个字符进行编码,至少需要________个二进制位。

6. 现代微型计算机的内存储器都采用内存条,使用时把内存条插在________上的内存插槽中。

7. 计算机能直接识别和执行的语言是________。

8. 存储 32×32 点阵的汉字字模需要________ B。

9. 内存空间地址段为 2001H～7000H,则其存储空间________ KB。

10. 在计算机上插优盘的接口通常是________标准接口。

第 2 章　计算机的操作系统

操作系统是计算机最重要的系统软件,主要用于对计算机软件与硬件资源的管理,为用户提供一个操作计算机的平台。Windows 10 是由美国微软(Microsoft)公司开发的操作系统,广泛应用于个人计算机和平板计算机。与 Windows 以往的操作系统相比,Windows 10 具有更加易用、安全等特点,在很多方面进行了优化和完善。本章将从操作系统的概述开始,介绍 Windows 10 的特点、基本操作、文件与文件夹的管理、程序管理等。

【本章要点】

- 操作系统的概念和功能。
- Windows 10 的基本操作。
- Windows 10 中文件和文件夹的管理。
- Windows 10 中硬件的管理。
- Windows 10 控制面板的使用。
- Windows 10 系统工具的使用。

【本章目标】

- 掌握个性化桌面的定制过程。
- 掌握文件和文件夹的管理操作。
- 掌握控制面板的使用。
- 了解 Windows 10 系统的投屏方法。

2.1　操作系统概述

软件是计算机系统的灵魂,操作系统是软件的核心,计算机操作系统是随着计算机研究和应用的发展逐步形成并发展起来的,是计算机最重要的系统软件,主要用于对计算机软件与硬件资源的管理,为用户提供一个操作计算机的平台。

操作系统(operating system,OS)是指控制和管理整个计算机系统的硬件和软件资源,并合理地组织、调度计算机的工作和资源的分配,为用户提供一个方便、有效、可靠的工作环境的程序集合。计算机系统自下而上可分为硬件(裸机)、操作系统、应用程序和用户 4 部分。操作系统管理各种计算机硬件,为应用程序提供基础,并充当计算机硬件与用户之间的中介。操作系统、计算机软件和硬件之间的层次关系如图 2-1 所示。

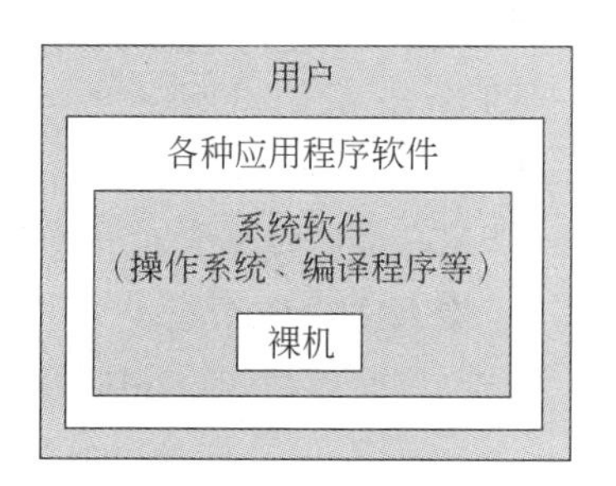

图 2-1　操作系统与计算机软件和硬件的层次关系

2.1.1　操作系统的功能

计算机系统的主要硬件资源有处理器、存储器、外部设备,软件资源以文件形式存在外存储器上。因此从资源管理和用户接口的观点上看，操作系统具有处理机管理、存储器管理、文件系统管理、设备管理和提供用户接口的功能。

1. 处理机管理

在多道程序环境下，处理机的分配和运行都以进程(或线程)为基本单位，因而对处理机的管理可归结为对进程的管理。在并发运行时，计算机内会同时运行多个进程，所以进程何时创建、何时撤销、如何管理、如何避免冲突、合理共享就是处理机管理的最主要的任务。

2. 存储器管理

存储器管理是对内存储器的管理。存储器管理是为了给多道程序的运行提供良好的环境，方便用户使用以及提高内存的利用率，主要任务包括分配内存空间，保证各作业占用的存储空间不发生矛盾，并使各作业在自己所属存储区中不互相干扰。

3. 文件系统管理

计算机中的信息都是以文件的形式存在的，在操作系统中，将负责存取管理信息的部分称为文件系统。文件是在逻辑上具有完整意义的一组相关信息的有序集合，每个文件都有文件名。文件管理支持文件的存储、检索、修改等操作以及文件的保护功能。

4. 设备管理

设备管理是指负责管理各类外部设备(简称外设)，包括分配、启动和故障处理等工作。主要任务是完成用户的I/O请求，方便用户使用各种设备，提高设备的利用率，主要包括缓冲管理、设备分配、设备处理和虚拟设备等工作。

5. 接口管理

为了方便使用，操作系统又向用户提供了用户与操作系统的接口。这些接口通常是以命令或系统调用的形式呈现在用户面前的，前者用于在终端的键盘使用，后者用于编程时使用。

2.1.2 操作系统的分类

按应用领域不同，操作系统分可分为桌面操作系统、服务器操作系统、嵌入式操作系统。

1. 桌面操作系统

桌面操作系统主要用于个人计算机，例如UNIX、Windows、macOS和Linux操作系统，目前微软的Windows操作系统市场占有率最高，有Windows 10等多个版本。

2. 服务器操作系统

服务器操作系统一般是指安装在Web服务器、应用服务器和数据库服务器等大型计算机上的操作系统。服务器操作系统有UNIX、Linux、NetWare和Windows等，其中Windows操作系列包括Windows NT Server、Windows Server 2003、Windows Server 2008、Windows Server 2008 R2、Windows Server 2012、Windows Server Technical等。

3. 嵌入式操作系统

嵌入式操作系统(embedded operating system，EOS)是指用于嵌入式系统的操作系统。从应用角度看，嵌入式操作系统可分为通用型和专用型两种。常见通用型嵌入式操作系统有Linux、VxWorks、Windows CE、QNX、Nucleus Plus等，常用专用型嵌入式操作系统有Android(安卓)和iOS等。

2.1.3 Windows 10 简介

Windows 是由微软公司开发的一种具有图形用户界面的操作系统，与 DOS 相比更为人性化，不用输入指令控制。自微软公司于 1985 年推出 Windows 1.0 以来，Windows 系统经历了 Windows 3.x、Windows 95、Windows NT、Windows 98、Windows 2000、Windows Me、Windows XP、Windows Server、Windows Vista、Windows 7、Windows 8、Windows 10 等各种版本，凭借其强大的功能和易用性，占据着全球操作系统 90%以上的份额。

Windows 10 是由微软公司开发的操作系统，可以应用于计算机和平板计算机。与 Windows 以往的操作系统相比，Windows 10 具有更易用、更安全等特点，在很多方面都进行了优化与完善。Windows 10 于 2015 年发布，相比之前的版本，在易用性和安全性方面有了极大的提升，在市场调研机构 Netmarketshare 公布的数据中，Windows 10 已成为全球第一大操作系统。

在计算机中安装 Windows 10 之后便可登录 Windows 10，并进行各种操作。

2.1.4 Linux 操作系统简介

Linux 全称 GNU/Linux，是一套免费使用和自由传播的类 UNIX 操作系统，是一种基于 POSIX 和 UNIX 的多用户、多任务、支持多线程和多 CPU 的操作系统。伴随着互联网的发展，Linux 得到了来自全世界软件爱好者、组织、公司的支持。除了在服务器方面保持着强劲的发展势头以外，Linux 在个人计算机、嵌入式系统上都有着长足的进步。使用者不仅可以直观地获取该操作系统的实现机制，而且可以根据自身的需要来修改完善 Linux，最大满足用户的需要。

Linux 不仅性能稳定，而且是开源的，其核心防火墙组件性能高效、配置简单，保证了系统的安全。在很多企业网络中，为了追求速度和安全，Linux 不仅仅是被当作服务器使用，而且被当作网络防火墙，这是 Linux 的一大亮点。

Linux 具有开放的源码、没有版权、技术社区用户多等特点，开放源码使得用户可以自由裁剪，灵活性高，功能强大，成本低。尤其系统中内嵌网络协议栈，经过适当的配置就可实现路由器的功能。这些特点使得 Linux 成为开发路由交换设备的理想开发平台。Linux 操作系统的诞生、发展和成长过程始终依赖着 5 个重要支柱：UNIX 操作系统、MINIX 操作系统、GNU 计划、POSIX 标准和 Internet 网络。

Linux 内核最初只是由芬兰人林纳斯·托瓦兹(Linus Torvalds)在赫尔辛基大学上学时出于个人爱好而编写的。Linux 是一套可以免费使用、自由传播的类 UNIX 操作系统，是一个基于 POSIX 和 UNIX 的多用户、多任务、支持多线程和多 CPU 的操作系统。Linux 能运行主要的 UNIX 工具软件、应用程序和网络协议，支持 32 位和 64 位指令集。Linux 继承了 UNIX 以网络为核心的设计思想，是一种性能稳定的多用户网络操作系统。

Linux 的基本思想有两点：第一，一切都是文件；第二，每个文件都有确定的用途。其中第一条可理解为系统中的命令、软件和硬件设备、操作系统、进程等对于操作系统内核而言，都被视为拥有各自特性或类型的文件。所谓 Linux 是基于 UNIX 的，很大程度上也是因为这两者的基本思想十分相近。除此之外，它还完全免费、完全兼容 POSIX 1.0 标准、支持多用户、支持多任务、拥有良好的界面、支持多种平台等特性。

2.1.5 国产操作系统

国产操作系统是指由中国本土软件公司开发的计算机操作系统。可分为国产桌面操作系统、国产服务器操作系统、国产移动终端操作系统等。随着 20 世纪 90 年代 Linux 的诞生和开源运动的兴起，Linux 凭借着先天的开源优势成为国产操作系统开发的主流，绝大部分国产计算机操作系统是以 Linux 为基础进行二次开发的操作系统。例如中标麒麟操作系统、深度操作系统等。

1. 中国主要的操作系统产品

国产操作系统经过几十年的发展，先后出现了许多国内企事业单位从事国产操作系统的研发。近年来，国家对信息安全领域的重视也催生了许多国产操作系统企业，以下将会简单介绍一部分。

(1) 深度 Linux(Deepin)。Deepin 是一个基于 Linux 的操作系统，Deepin 原名 Linux Deepin，在 2014 年 4 月改名 Deepin，是由武汉深之度科技有限公司开发的一款 Linux 发行版本。Deepin 团队基于 Qt/C++（用于前端）和 Go（用于后端）开发了的全新的深度桌面环境(DDE)，以及音乐播放器、视频播放器、软件中心等一系列特色软件。Deepin 专注于使用者对日常办公、学习、生活和娱乐的操作体验，适用于笔记本计算机、台式计算机和一体机。它包含了一般用户需要的几乎所有的应用程序，例如网页浏览器、幻灯片演示、文档编辑、电子表格、娱乐、声音和图片处理软件、即时通信软件等。

(2) 优麒麟（Ubuntu Kylin）。优麒麟（Ubuntu Kylin）是由中国 CCN（由 CSIP、Canonical、NUDT 三方联合组建）开源创新联合实验室与天津麒麟信息技术有限公司主导开发的全球开源项目，其宗旨是通过研发用户友好的桌面环境以及特定需求的应用软件，为全球 Linux 桌面用户带来非凡的全新体验。

(3) 中标麒麟(NeoKylin)。中标麒麟是银河麒麟与中标普华已在 2010 年 12 月 16 日宣布合并品牌。为了更好地推动国产操作系统的发展，中软 Linux 研发部门与母公司中国软件与技术服务股份有限公司脱离，并于 2003 年成立中标软件公司。发布中标普华 Linux 系列产品。在 2010 年中标普华与银河麒麟品牌合并后，中标普华 Linux 淡出历史舞台，中标麒麟操作系统正式诞生。中标麒麟操作系统采用强化的 Linux 内核，分成桌面版、通用版、高级版和安全版等。

2. 国产操作系统现状

我国操作系统经过多年的发展，特别是 2008 年“核高基”重大专项实施以来，在技术、产品、市场、应用等方面取得了明显进展，一些产品已经达到“可用、适用”的水平，并在国防、电信、能源、电子政务、电子商务、互联网、信息安全等领域得到较好应用。但是，国产操作系统软件和厂商与国际成熟软件和巨头之间仍然存在相当大的差距，尚不能满足经济和社会信息化的快速发展需求。特别是近期以云计算、物联网、大数据为代表的新一轮信息技术浪潮席卷而来，新兴操作系统不断涌现，“窗口期”稍纵即逝。为此，必须更加清醒地认识国产基础软件的“重要性、必要性、紧迫性、艰巨性、复杂性和长期性”。在很长的一段时期内，需要认清操作系统发展的新内涵、新趋势，把握新机遇、新挑战，制定新思路、新举措，形成可持续发展的操作系统发展生态。

尽管操作系统市场几乎被几家巨头公司垄断，但我国在过去十年间也取得了一定进展，操作系统软件产品收入平稳增长。2018 年全球企业基础设施软件市场规模 2100 亿美元左右，其中操作系统部分大约在 280 亿美元，中国市场约占 10%的份额，约 189 亿元。2018 年我国国产操作系统的市场规模约为 15.13 亿，则相当于约占销售市场份额的 8%左右。

目前，国家大力扶持发展以大数据、芯片、操作系统为主的高精尖产业，加大产业生态建设，国外对我国高新技术产业的封锁在一定程度上会加速国产自主可控的进程，我国操作系统产业面临相当大的挑战与机遇。中关村智能终端操作系统产业联盟已构建起完善的操作系统产业链和生态链，82 家成员单位覆盖产业生态链的各环节。

但是我国操作系统仍面临着以下亟待解决的问题。

(1) 内核不统一，软硬件无法自由搭配，应用适配困难，工程化能力不高。

(2) 整体性能不佳，作业碎片化、同质化，缺乏上下游联动。

(3) 产业基础薄弱，产业链供给上存在外设驱动，以及常用工具软件、行业应用软件等关键软件缺失问题。

(4) 面向云计算、工业控制、智能制造等新技术的创新能力不足，无法保证长远可持续发展。

(5) 操作系统厂商从业人员相对较少，力量分散，专业化水平不足。

2.2 定制个性化桌面案例

【案例引导】 某同学刚买了一台微型计算机，需要设置个性化桌面。通过本次对桌面的个性化设置，可以认识 Windows 10 桌面、“开始”菜单和 Windows 10 窗口。具体如下。

(1) 把桌面背景设置为“天安门广场”图片，Windows 模式调为深色、应用模式调为浅色，主题色设置为紫色。

(2) 将“计算机”图标添加到桌面上，创建 Edge 浏览器的快捷方式。

(3) 将画图工具固定在“开始”屏幕。

(4) 将任务栏从桌面下方移动到桌面的右侧。

在帮助该同学进行个性化桌面定制之前，先要学习 Windows 10 桌面的基本操作。

2.2.1 认识 Windows 10 桌面图标

Windows 10 操作系统启动并登录成功后显示的第一个界面，称为“桌面”，如图 2-2 所示。用于显示屏幕工作区域上对象。桌面上计算机、网络、回收站、个人文件夹、Edge 浏览器等安装 Windows 时系统自建的对象，称为系统对象；由用户建立的文件、文件夹、快捷方式等称为用户对象；每个对象都有一个名字和图形，以区别于其他对象，其中的图形也就是对象的图形标志，也称为图标，决定对象的类型。相同的图标代表是相同类型的对象。“桌面”是用户工作的平台，双击图标，就会在桌面上出现对应的窗口中打开程序或文件夹，可以进一步操作，这便是 Windows 的由来。

1. 认识桌面图标

图标是代表一个文件、文件夹、程序或者其他项目的小图形。桌面图标有助于用户快速运行程序打开文件。使用左键双击桌面图标可以启动对应的应用程序或打开文档、文件夹；右击桌面图标可以打开对象的属性操作菜单(即快捷菜单)。

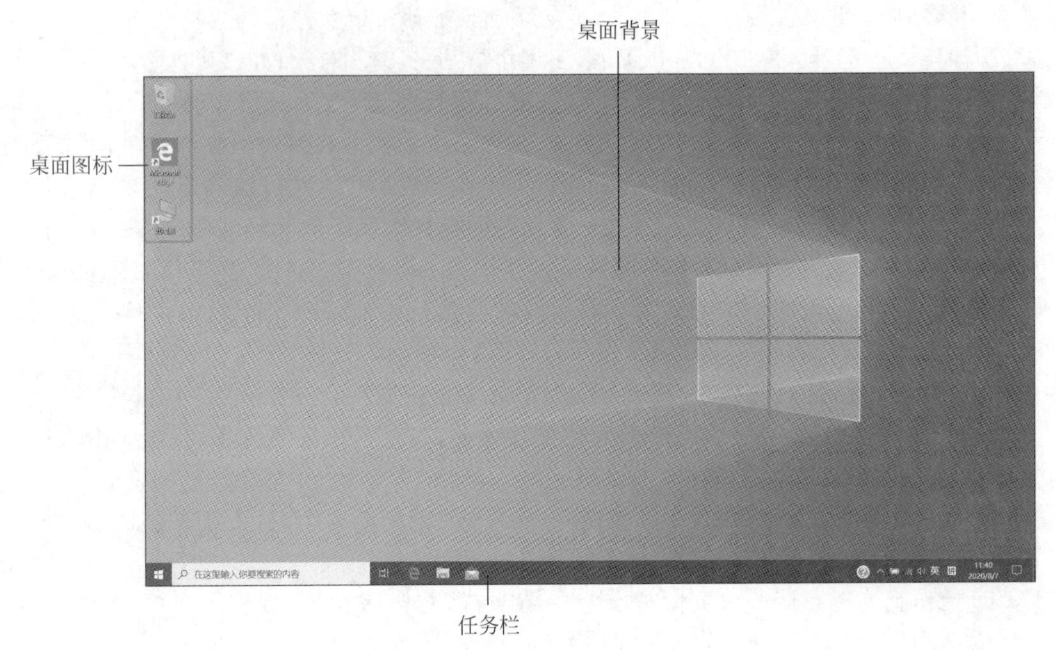

图 2-2　桌面及其元素

桌面上大片的空白称为工作区，上面可以放置各种图标、打开的窗口和对话框，桌面上一般放置几个固定的图标和带箭头的快捷方式图标。

2. 管理桌面图标

将图标放在桌面上，可以快速访问经常使用的程序、文件和文件夹，但是过多的桌面图标会使桌面显得凌乱，影响工作效率，因而要学会管理桌面。

1）添加或删除系统图标

桌面系统图标包括计算机、个人文件夹、回收站和网络对象的图标等。如果因误操作导致桌面上系统图标消失，则可以人工添加，具体步骤如下。

第 1 步，右击桌面空白区域，从弹出的快捷菜单中选中"个性化"选项，打开"个性化"文件夹窗口，如图 2-3 所示。

第 2 步，在"个性化"窗口中，选中"主题"选项，打开"桌面图标设置"话框，如图 2-4 所示。

第 3 步，在"桌面图标设置"对话框内"桌面图标"的选项卡内包含了计算机、回收站、网络、用户的文件、控制面板 5 个复选项，如图 2-5 所示。如果想要在桌面上显示某个图标，则需要选中对应的选项即可；如果想隐藏某个图标，则把取消选中对应的选项即可。

2）添加快捷方式

快捷方式是 Windows 提供的一种快速启动程序、打开文件或文件夹的方法。快捷方式是应用程序的快速连接，而不是应用程序本身。如果删除快捷方式图标，则只会删除这个快捷方式，对原始应用程序没有影响。每个快捷图标的左下角都有一个小箭头，如图 2-6 所示。添加快捷方式图标有如下 3 种操作方法。

方法 1：用"发送到"快捷菜单方式。进行添加步骤如下。

(1) 找到想要为其创建快捷方式的对象(程序或文件等)。

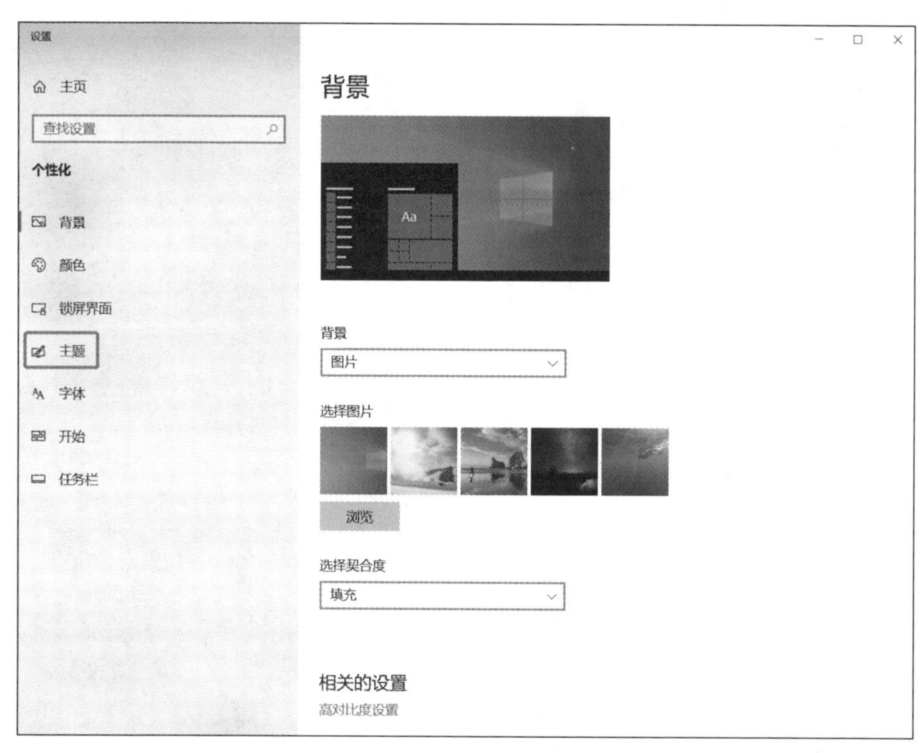

图 2-3 “个性化”文件夹窗口

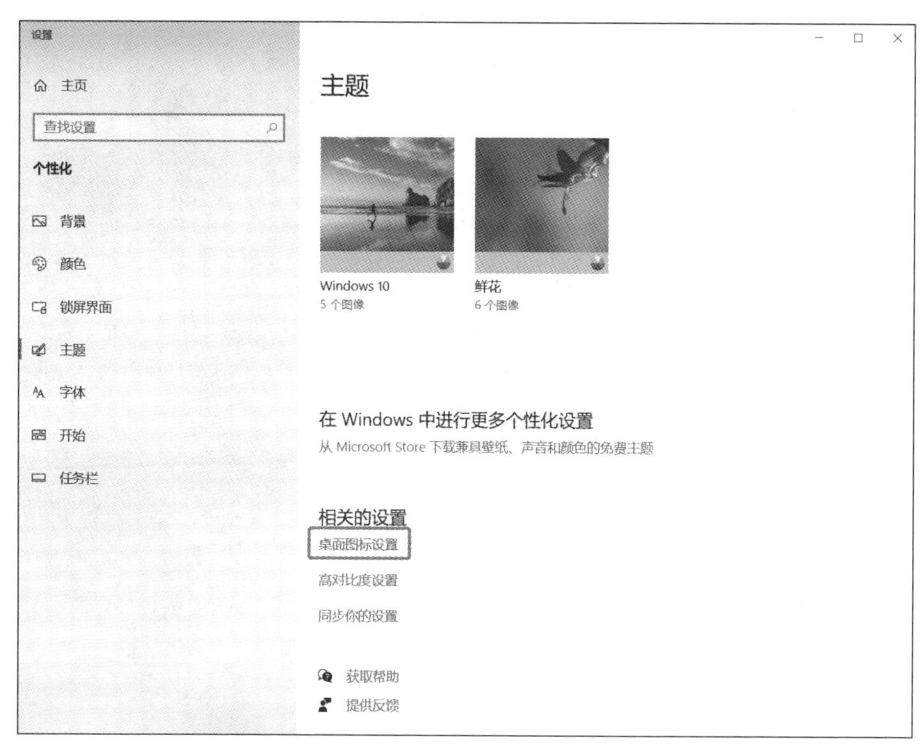

图 2-4 “个性化”主题窗口

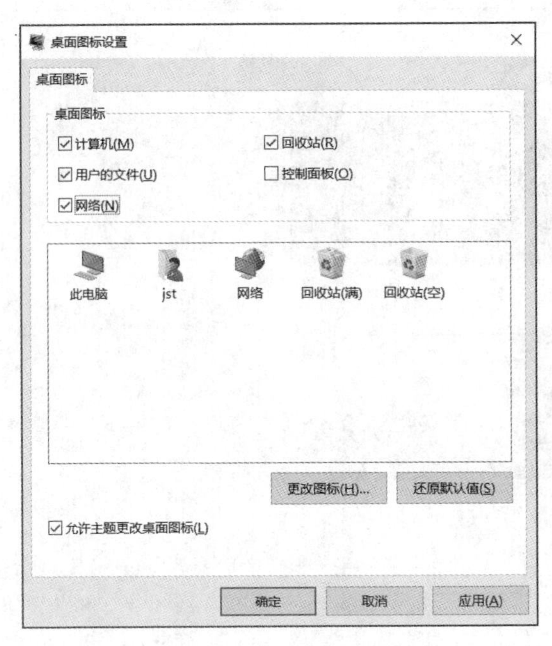

图 2-5　桌面图标设置

图 2-6　快捷方式图标

(2) 右击该对象的图标,在弹出的快捷菜单中选中"发送到"|"桌面快捷方式"选项,该对象的快捷方式便显示在桌面上,如图 2-7 所示。

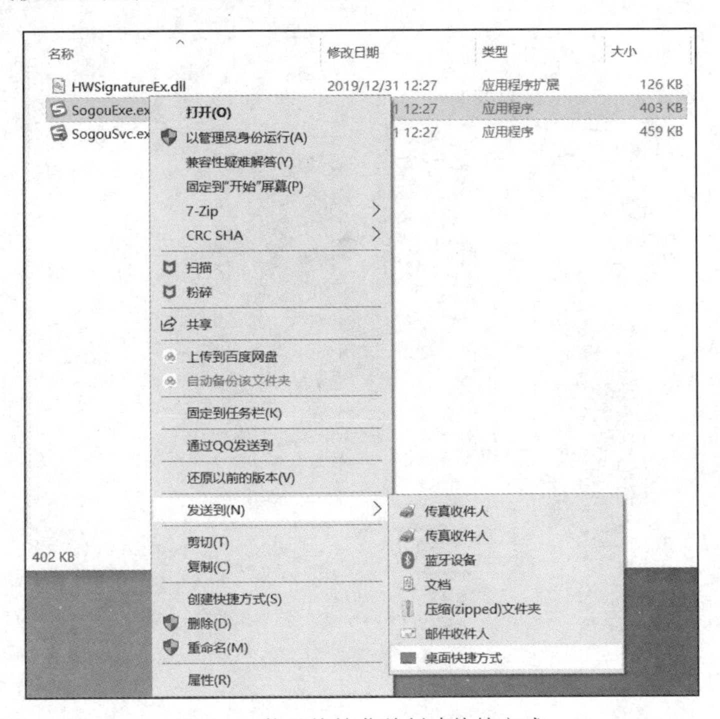

图 2-7　使用快捷菜单创建快捷方式

方法 2: 用"新建"|"快捷方式"快捷菜单方式进行添加,步骤如下。

（1）右击桌面空白区域，在弹出的快捷菜单中选中“新建”|“快捷方式”选项，出现创建快捷方式对话框，如图 2-8 所示。

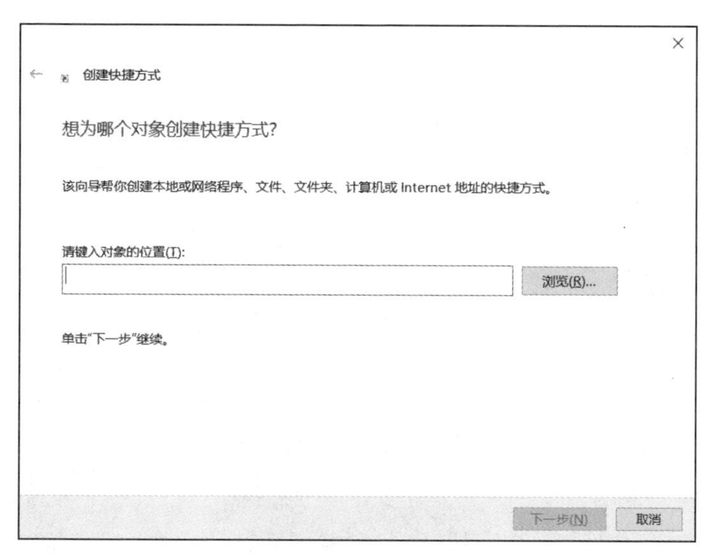

图 2-8　快捷方式向导

（2）在对话框的文本框中输入存放程序的路径和程序名称，或单击“浏览”按钮查找程序和文件。

（3）单击“下一步”按钮，为建立的快捷方式命名(不输入新名称，系统将默认原应用程序名为新建快捷方式名)，单击“完成”按钮即可完成操作。

方法 3：用“创建快捷方式”快捷菜单方式进行添加。步骤如下：找到想要为其创建快捷方式的文件或文件夹并右击，在弹出的快捷菜单中选中“创建快捷方式”选项，然后把新建的快捷方式直接拖到桌面的空白区域。

3）删除桌面图标

从桌面上删除图标的步骤如下：右击该桌面图标；在弹出的快捷菜单中选中“删除”选项。

4）选中多个桌面图标

若要一次性移动或删除多个桌面图标，可以先一次性选中多个图标，然后再进行操作，操作方法如下。

（1）选中不连续的图标。如果要选中的多个桌面图标比较分散，可先用单击图标，选定一个对象，然后按住 Ctrl 键，并单击选中其他想要选择的图标。

（2）选中连续的图标。如果要选择一行或一列的几个连续摆放的桌面图标，可以先单击第一个图标，然后按住 Shift 后单击最后的图标，即可直接选中一整行或一整列的对象。

（3）选中矩形区域内的图标。可以先单击桌面上空白的区域并拖曳鼠标，将出现的矩形框包围要选中的桌面图标，然后松开鼠标左键，即可对选中的一组对象进行操作。

5）排列桌面图标

将桌面上的图标按照一定的顺序进行排列方法如下：右击桌面空白区域，在弹出的快捷菜单中选中“排列方式”选项，然后从“名称”“大小”“项目类型”“修改日期”4 个子菜单中根据个人需要进行选中排列方式。

2.2.2 个性化设置

用户可以通过控制面板根据个人需求对系统进行个性化设置,例如改变计算机桌面背景、屏幕显示效果、窗口颜色与外观、字体设置等。

1. 设置桌面背景

桌面背景又称壁纸,用户可以选择 Windows 提供的图片,也可以设置个人收集的图片作为桌面背景。在"桌面"空白处右击,在弹出的快捷菜单中选中"个性化"选项,在弹出窗口中进行"背景"设置,如图 2-9 所示。

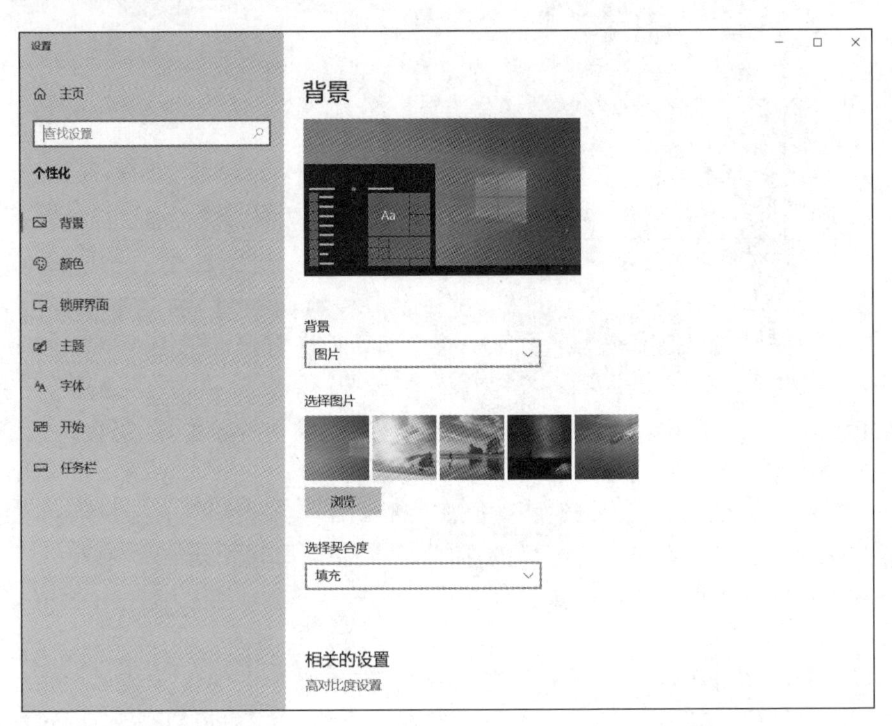

图 2-9 "背景"设置窗口

(1) 将图片设置为桌面背景。在"背景"窗口中选中要用于桌面背景的图片或颜色,如果要使用的图片不在桌面背景图片列表中,可以单击"浏览"按钮搜索计算机上的图片,找到所需图片后双击,即可将其设置为桌面背景。

(2) 使用幻灯片作为桌面背景。这里的"幻灯片"指的是一系列图片,按预先设置的时间间隔不停地变换。在"背景"窗口中的背景下拉框中选中"幻灯片放映"选项,浏览并选择要播放的图片组合。

2. 调整屏幕显示效果

调整屏幕显示效果,主要是指调整显示器的显示分辨率和刷新率。

显示分辨率就是屏幕上显示的像素个数。例如,分辨率 1600×1280,即是水平像素数为 1600,垂直像素数 1280。在屏幕尺寸一定的情况下,分辨率越高,像素的数目越多,显示效果就越精细和细腻。

刷新率就是每秒刷新屏幕的次数，刷新率越高，所显示的画面稳定性就越好。刷新率高低将直接决定其价格，但是由于刷新率与分辨率两者相互制约，因此只有在高分辨率下达到高刷新率的显示器才能称其为性能优秀。

（1）调整屏幕的分辨率。安装操作系统时，Windows 系统会自动为显示器设置正确的分辨率，如果需要检查或者手动更改当前屏幕分辨率，可在“桌面”空白处右击，选中“显示设置”，弹出如图 2-10 所示的窗口，在其中可选择当前显示器所支持的分辨率。

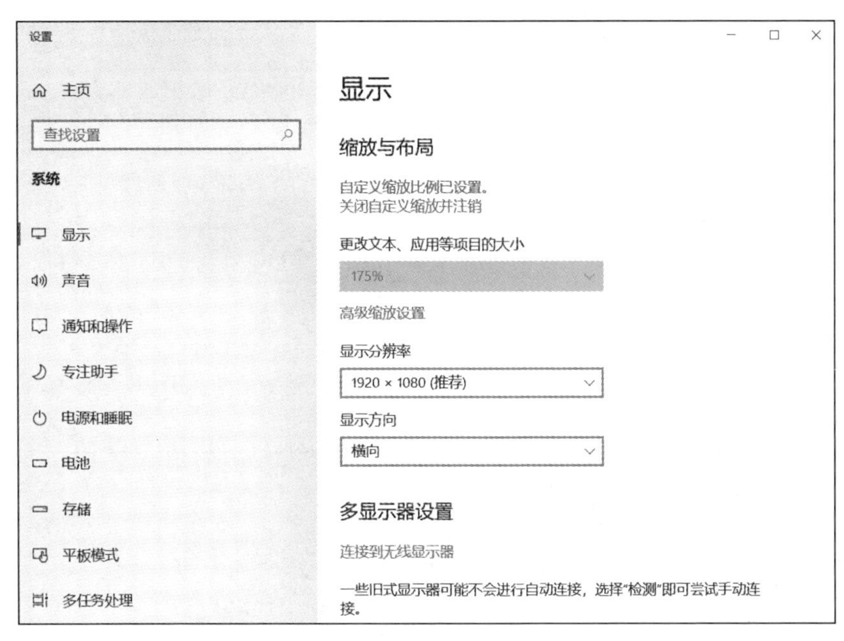

图 2-10　设置屏幕分辨率

（2）设置显示器的最高刷新率。液晶显示器的刷新率一般为 60Hz，而运动类 3D 游戏所需的最高帧数往往会高于液晶显示器的标准刷新率，因此用户可以适当提高刷新率，以保证游戏能流畅运行。打开“显示”窗口（步骤同上），单击窗口右侧的“高级显示设置”选项，打开显示器属性设置窗口，如图 2-11 所示。

在“监视器”选项卡的“屏幕刷新频率”下拉列表中选中最高刷新频率数值，单击“确定”完成设置。

3. 设置窗口颜色与外观

（1）更改主题。每个主题都包含不同的窗口颜色，所以更改主题时窗口颜色等外观被自动更改。

在“控制面板”中单击“个性化”选项，打开“个性化”窗口，单击“主题”选项，打开“主题”窗口，在列表中选中某个主题，例如在“基本和高对比度主题”下，单击自己喜欢的主题，如图 2-12 所示，单击“确定”按钮，完成设置。

（2）手动更改窗口颜色与外观。用户可以手动更改窗口颜色。在“个性化”窗口中，单击“颜色”按钮，在弹出的“颜色”对话框中选中要修改的 Windows 应用模式和主题色，即可

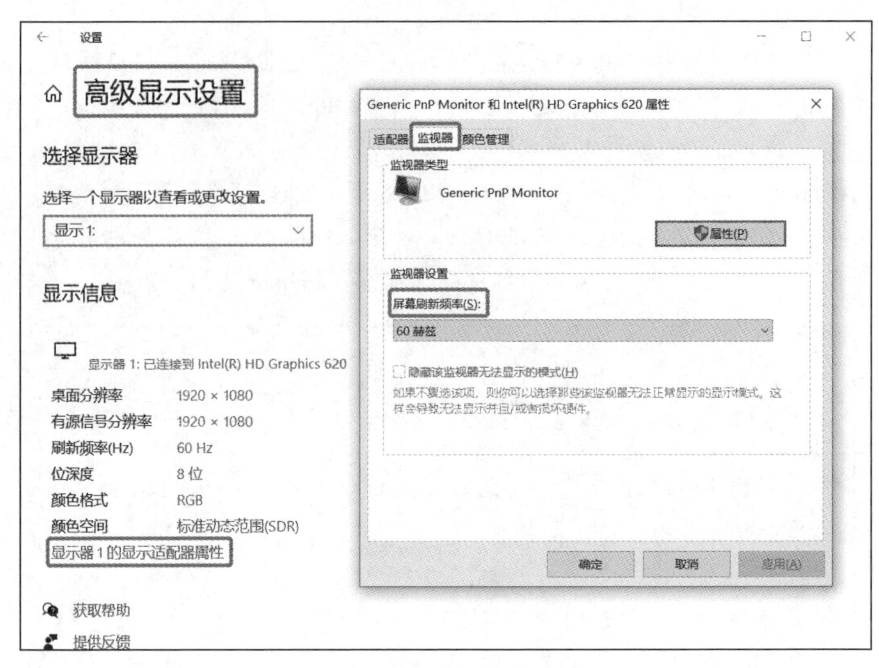

图 2-11　显示器属性设置窗口

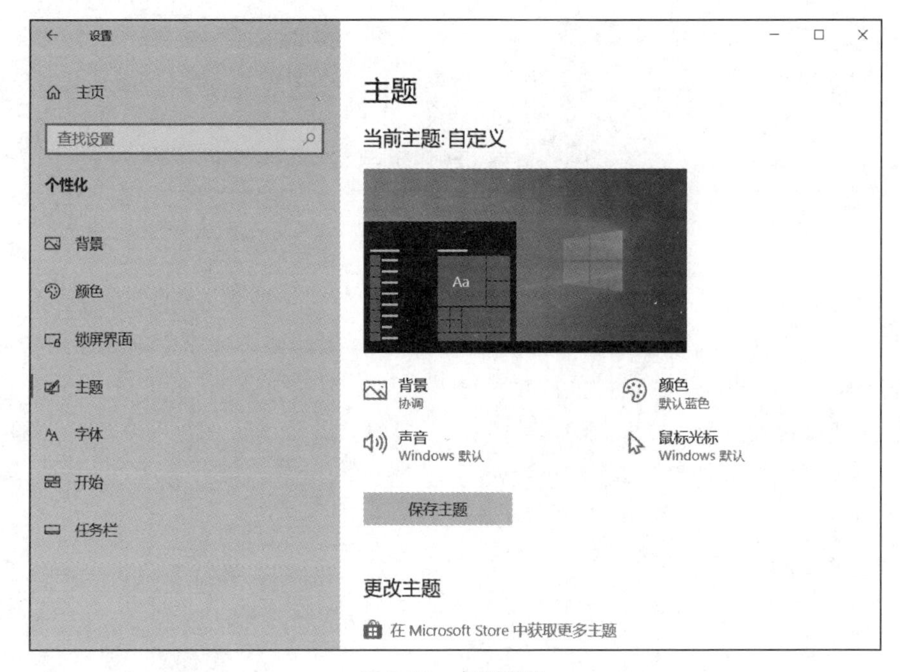

图 2-12　主题设置

进行修改，如图 2-13 所示。

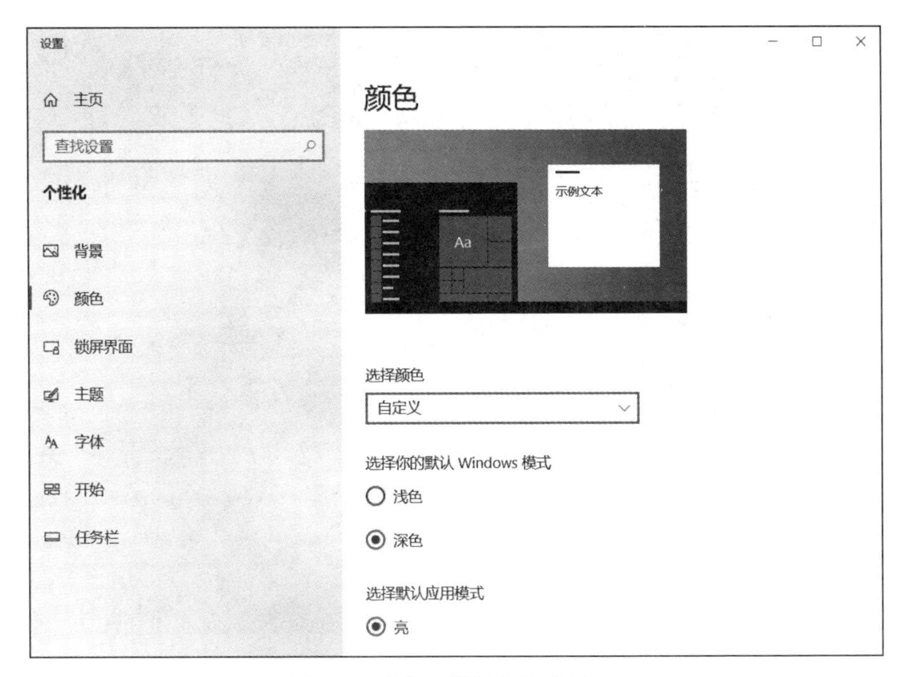

图 2-13 "窗口颜色和外观"窗口

2.2.3 认识任务栏

任务栏是指位于桌面最下方的水平长条，如图 2-14 所示。任务栏由 4 部分组成。从左至右依次为"开始"按钮、应用程序区、通知区域和"显示桌面"按钮。其中，"开始"按钮用于打开"开始"菜单；应用程序区包含已打开的应用程序和文件的图标，单击这个区域的图标可以快速切换当前窗口；通知区域包含扬声器、时钟以及一些告知特定程序和计算机设置状态的图标；"显示桌面"按钮，单击该按钮可立即显示桌面。

图 2-14 任务栏

1. "开始"菜单

"开始"菜单是 Windows 桌面的一个重要组成部分，用户对计算机所进行的系统的使用、管理和维护等各种操作，几乎都可通过"开始"菜单进行。使用"开始"菜单可以进行启动程序、打开常用文件夹、搜索文件、文件夹和程序、调整计算机设置、获取有关 Windows 操作系统的帮助信息、关闭计算机、注销 Windows 或切换到其他用户账户等操作。

单击"开始"按钮或按 Windows 键，可以打开"开始"菜单，Windows 10 的"开始"菜单由左侧的程序列表、右侧开始屏幕和搜索框 3 部分组成，如图 2-15 所示。

1）程序列表

单击"开始"按钮后，左边出现的大窗格是"开始"菜单常用程序列表，Windows 系统会根据文件首字母的顺序，把软件自动排列在此处，通过该部分可快速启动应用程序。

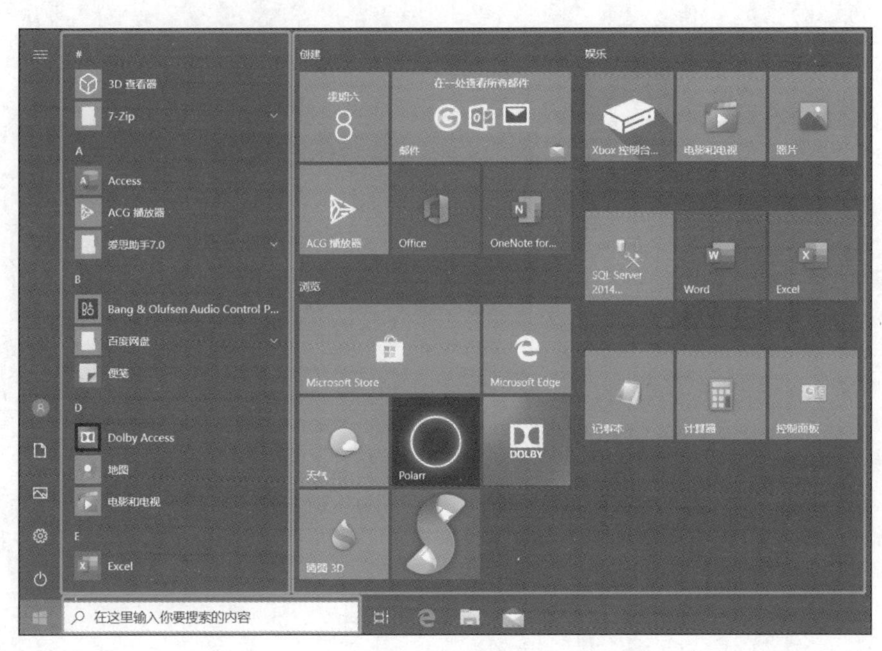

图 2-15 “开始”菜单

如果要打开的程序在“开始”菜单的程序列表中，单击程序列表的程序名称即可启动应用程序。可以把经常使用的应用程序固定在“开始”屏幕，以便于快速启动应用程序。下面，以启动“画图”程序为例，介绍打开程序的操作步骤。

图 2-16 启动“画图”程序

（1）打开“开始”按钮，在“开始”菜单中选中“所有程序”选项。

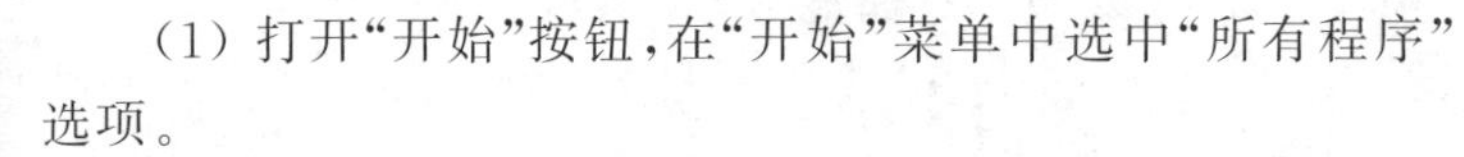

（2）如图 2-16 所示，选中“Windows 附件”子菜单，显示“Windows 附件”子菜单的内容，选中“画图”选项，即可启动“画图”程序。

2）左侧窗格

在“开始”菜单的右侧提供了用户常用的文件夹、计算机功能设置、帮助和支持的 Windows 链接，包括用户的个人文件夹、文档、图片、音乐、游戏、此电脑、控制面板、设备和打印机、默认程序以及帮助和支持等；左窗格的底部是“关机”按钮，用于关闭计算机，单击“关机”按钮侧边的箭头可显示一个下拉菜单，可用来切换用户、注销、重新启动或关闭计算机。

（1）个人文件夹。它是根据当前登录到 Windows 的用户命名的，其中包含特定用户的文件，例如“我的文档”“我的音乐”“我的图片”“我的视频”文件夹，如图 2-17 所示。

（2）文档。以“文档”命名的文件夹，可以在这里存储和打开文本文件、电子表格、演示文稿以及其他类型的文档。

（3）图片。以“图片”命名的文件夹，可以存储和查看数字图片及图形文件。

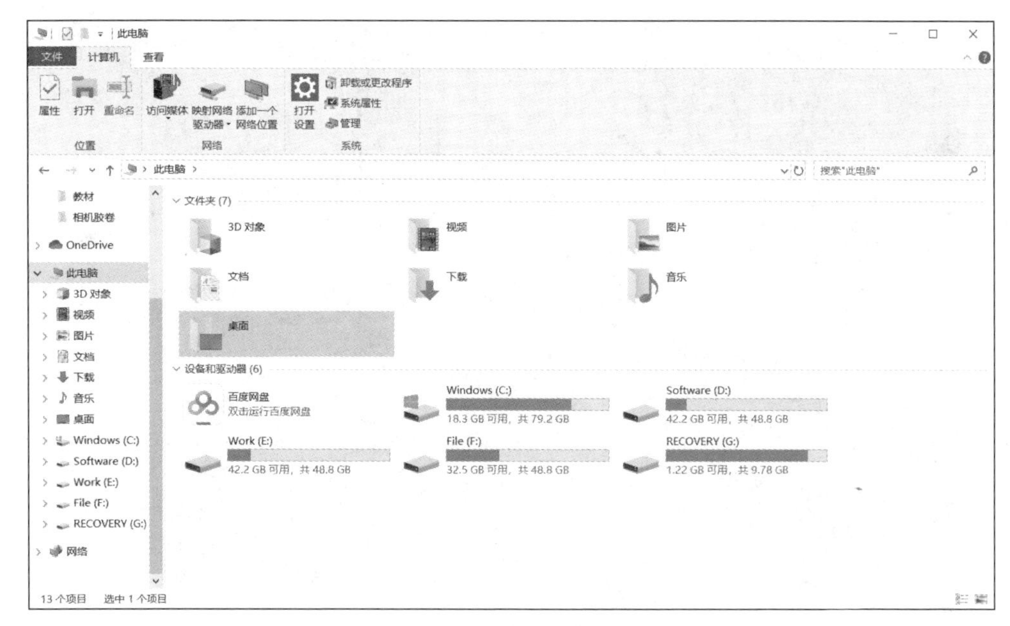

图 2-17　个人文件夹

（4）音乐。以“音乐”命名的文件夹，可以存储和播放音乐及其他音频文件。

（5）游戏。以“游戏”命名的文件夹，可以访问计算机上的所有游戏。

（6）此电脑。以“此电脑”命名的文件夹，单击将打开一个窗口，可以访问磁盘驱动器、照相机、打印机、扫描仪及其他连接到计算机的硬件。

（7）控制面板。以“控制面板”命名的文件夹，可以自定义计算机的外观和功能、安装或卸载程序、设置网络连接和管理用户账户。

（8）设备和打印机。以“设备和打印机”命名的文件夹，单击将打开一个窗口，可以查看有关打印机、鼠标和计算机上安装的其他设备的信息。

（9）默认程序。以“默认程序”命名的文件夹在单击后将打开一个窗口，可以选择要让 Windows 运行用于诸如 Web 浏览活动的程序。

（10）帮助和支持。单击将打开“Windows 帮助和支持”窗口，用户可以在这里浏览和搜索有关使用 Windows 和计算机的帮助主题，解决使用 Windows 10 过程中遇到的疑难问题。

3）搜索框

在搜索框中输入要查找的文件或文件夹的关键词，可快速查找系统中的文件、文件夹或程序，是在计算机中查询对象最便捷的方法之一。

4）自定义“开始”屏幕

（1）将程序图标添加到“开始”屏幕。具体操作方法为，右击想要固定到“开始”屏幕中的程序，在弹出的快捷菜单中选中“固定到‘开始’屏幕”选项，如图 2-18 所示。

（2）删除“开始”屏幕程序图标。在使用 Windows 10 的过程中，系统可以支持在“开始”屏幕中固定最近经常访问应用程序，大大方便了用户日常生活。如果想要删除已经固定在“开始”屏幕的应用程序，可以选择“从‘开始’屏幕取消固定”删除程序图标。

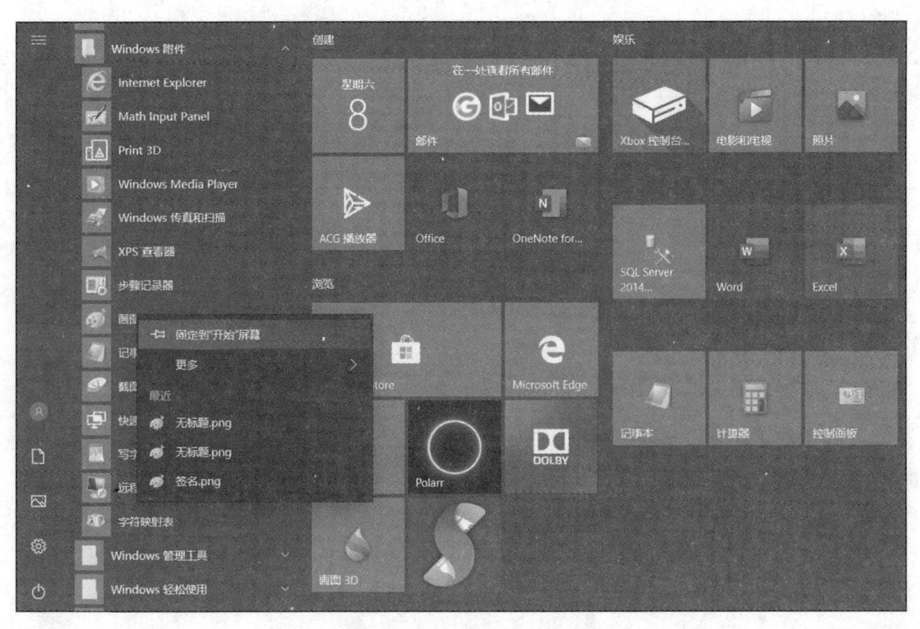

图 2-18　固定到"开始"屏幕

具体操作方法为，右击想删除的应用程序图标，如图 2-19 所示，在弹出的快捷菜单中选中"从开始屏幕取消固定"选项即可。此方法不会将程序从计算机中删除，仅删除其在"开始"屏幕中的图标。

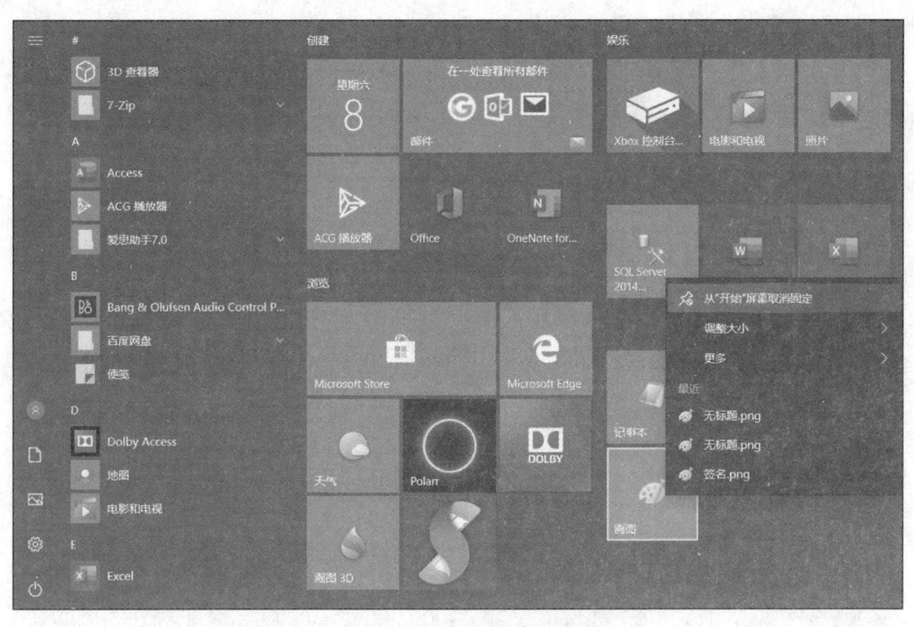

图 2-19　取消固定到"开始"屏幕

(3) 自定义"开始"菜单的左侧窗格的项目。操作方法是在"开始"菜单中单击"设置"按钮，在弹出窗口的"开始"选项卡中进行自定义操作，或者在桌面的空白处右击，在弹出的快捷菜单中选中"个性化"选项，在弹出窗口的"开始"选项卡中进行自定义操作，如图 2-20

所示。

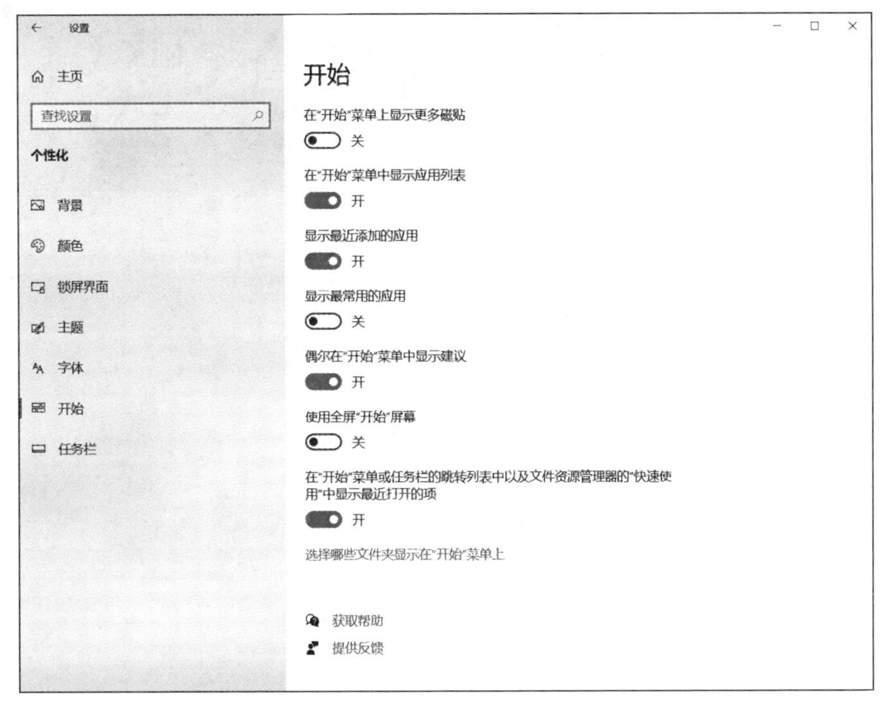

图 2-20　自定义"开始"菜单

2. 应用程序区

任务栏左端的"开始"按钮和右端"通知区域"之间的部分为应用程序区，如图 2-14 所示的第 2 部分，是任务栏中最为频繁使用的部分。这个区域包括左侧的快速启动程序区和右侧的活动程序区，快速启动程序区用于显示锁定到任务栏上的程序，活动程序区则用于显示已打开的程序和文件。应用程序区主要功能描述如下。

(1) 切换窗口。如果一次性打开多个程序或文件，在活动程序区，Windows 都会在任务栏活动程序区创建对应的按钮，单击任务栏对应的按钮可以切换窗口。

例如，当依次打开"画图"和"计算器"程序，每个程序在任务栏上都会出现按钮，最后打开的"计算器"程序对应的按钮显示突出，表示"计算器"程序窗口是"活动"窗口，它位于其他窗口的前面，可以与操作者进行直接交互。如图 2-21 所示为"计算器"的活动窗口。

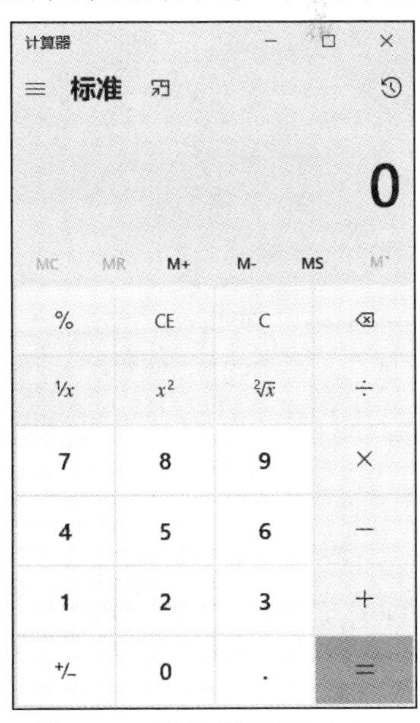

图 2-21　"计算器"的活动窗口

若要切换到"计算器"窗口，则需要单击任务栏中的"画图"按钮，"画图"窗口就会位于屏幕桌面前面，如图 2-22 所示。

(2) 最小化窗口。当窗口处于活动状态(突出显示其任务栏按钮)时，单击其任务栏按钮(或单击位于窗口右上角的"最小化"按钮)，窗口会最小化，即该窗口从桌面上消

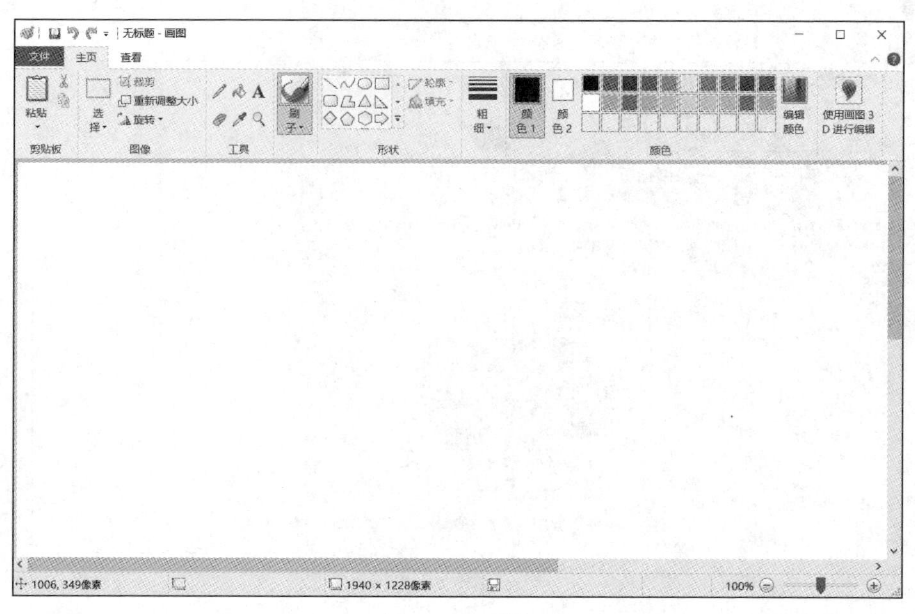

图 2-22　画图

失，在任务栏上显示最小化窗口对应的一个按钮，最小化窗口对应的程序仍然运行，并不是将其关闭。图 2-23 中，最左侧的按钮为“最小化”按钮。

(3) 还原窗口。如果要还原已经被最小化的窗口，使其再次显示在屏幕桌面上，只需单击其任务栏按钮即可。

(4) 查看打开窗口的预览。将鼠标指针移向任务栏按钮时，会出现一个小图片，上面显示缩小版的相应窗口。该窗口被称为“预览”或“缩略图”，如图 2-24 所示。如果其中一个窗口正在播放视频或动画，则会在预览中也可以看到它正在播放。

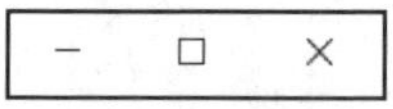

图 2-23　“最小化”按钮

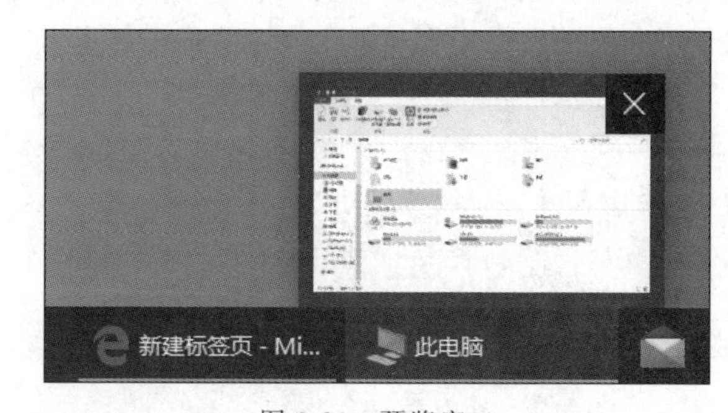

图 2-24　预览窗口

3. 通知区域

通知区域位于任务栏的最右侧，包括扬声器、时钟以及一些告知特定程序和计算机设置状态的图标。通知区域显示的图标取决于已安装的程序或服务，以及厂家设置计算机的方式。通知区域图标可以用指向、双击操作，说明如下。

(1) 指向。将指针移向特定图标时，会看到该图标的名称或某个设置的状态。例如，指向“网络”图标，将显示是否连接到网络、连接速度、信号强度的信息，指向“音量”图标，将显示计算机当前的音量级别，如图 2-25 所示。

（2）双击。双击通知区域中的图标，通常会打开与其相关的程序或设置。例如，双击“音量”图标，会打开“音量”面板。

图 2-25　指针指向扬声器显示图

（3）有时通知区域中的图标，会显示小的弹出窗口（称为通知），通知使用者某些信息。

计算机在安装新硬件之后，通知区域会显示通知信息。向计算机添加新硬件设备驱动程序后，可能会显示通知信息。单击通知右上角的“关闭”按钮可关闭显示的通知信息。如果没有执行任何操作，则几秒之后，通知会自行消失。为了减少混乱，如果在一段时间内没有使用图标，Windows 系统自动将其隐藏在通知区域中。如果图标变为隐藏，单击“显示隐藏的图标”按钮可在通知区域中，临时显示所有图标，如图 2-26 所示。

4. 自定义任务栏

自定义任务栏是用来满足用户的个性化需求而设置的。例如，可以将整个任务栏移向屏幕的左边、右边或上边；可以使任务栏变大；在不使用任务栏时，让 Windows 系统自动将其隐藏；可以添加工具栏等。下面介绍关于任务栏常用的操作。

1）移动任务栏

任务栏通常位于桌面的底部，但是可以将其移动到桌面的两侧或顶部。操作步骤如下。

（1）要将任务栏解锁。右击任务栏的空白处，在弹出的快捷菜单中选中“锁定任务栏”选项，即可解除任务栏的锁定，如图 2-27 所示。任务栏解除锁定之后才可以进行移动。

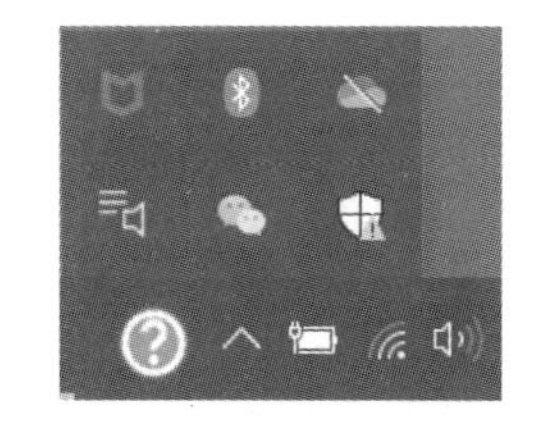

图 2-26　显示隐藏的图标

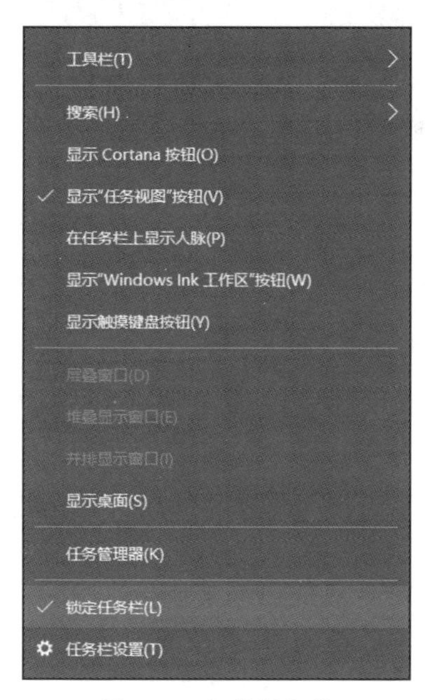

图 2-27　解锁任务栏

（2）单击任务栏上的空白处，按住鼠标左键可将其拖至桌面的任意一个边缘。

（3）当任务栏出现在所需的位置时，松开鼠标左键即可。如图 2-28 所示，任务栏被移动到桌面的左侧。

图 2-28　任务栏被移动到桌面右侧

2）更改图标在任务栏上的显示方式

可以通过自定义任务栏，更改任务栏图标的显示方式以及在打开多个窗口时将这些图标分组在一起的方式。

（1）右击任务栏空白处。

（2）在弹出的快捷菜单中选中“任务栏设置”选项，打开窗口如图 2-29 所示。

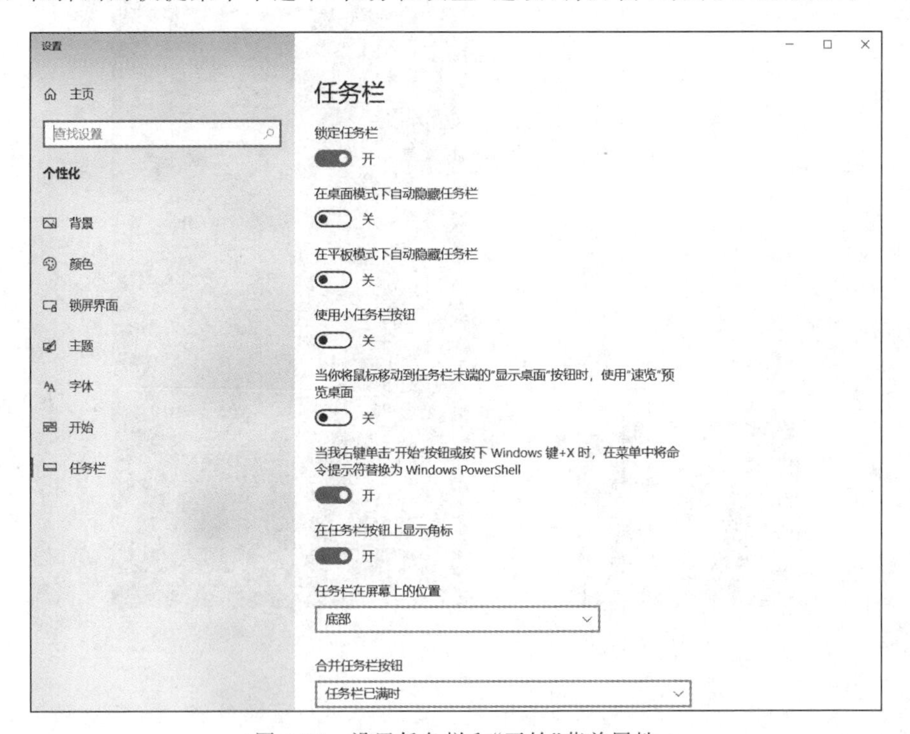

图 2-29　设置任务栏和“开始”菜单属性

(3) 在“任务栏”选项卡上,从“任务栏按钮”列表中选中一个选项。

① 从不合并。该设置将每个窗口显示为一个有标签的图标,无论打开多少个窗口都不会合并这些标签。打开的应用和窗口越多,图标会变得越小,最终图标会呈现滚动状态,如图 2-30 所示。

图 2-30　从不合并选项

② 始终合并、隐藏标签。这是默认设置,每个应用都显示为一个无标签的图标,即使当打开该应用的多个窗口时也是如此,如图 2-31 所示。

图 2-31　始终合并、隐藏标签选项

③ 当任务栏被占满时合并。该设置将每个窗口显示为一个有标签的图标。当任务栏变得非常拥挤时,具有多个打开窗口的应用会合并到一个应用图标;单击此图标会看到一个已打开的窗口列表。

(4) 单击“确定”按钮完成设置。

3) 重新排列任务栏上的图标

若要更改任务栏上应用图标的顺序,将图标从其当前位置拖曳到其他位置即可。

2.2.4　认识 Windows 10 窗口

窗口是 Windows 操作系统的重要组成部分。每当打开程序、文件或文件夹时,都会在屏幕上显示一个窗口,当应用程序窗口被关闭,也就终止了应用程序的运行,所以对窗口的操作也是 Windows 系统中最频繁的操作。

1. 窗口的组成

尽管各种应用程序的功能差异较大,但所有窗口都有一些共同的特点。图 2-32 所示为 Windows 系统所提供的记事本窗口。

(1) 标题栏。标题栏用于显示文档和程序的名称。

(2) 菜单栏。菜单栏中含有实现各种功能的选项。

(3) “最小化”“最大化”和“关闭”按钮。可以隐藏窗口、放大窗口使其填充整个屏幕以及关闭窗口。

(4) 滚动条。在水平或垂直方向上滚动窗口的内容以查看当前视图之外的信息。

(5) 边框和角。用鼠标指针拖曳 4 个边框和 4 个角以更改窗口的大小。

(6) 工作区。窗口中间最大的空白区域,即为工作区,是用户主要的工作区域,对于记事本程序,工作区是用户的文档编辑区,用户文档所有的内容的录入与格式编排都是在这里进行的。

2. 窗口的基本操作

(1) 移动窗口。按住鼠标左键拖曳窗口的标题栏到另一个位置后释放鼠标左键即可移动窗口。

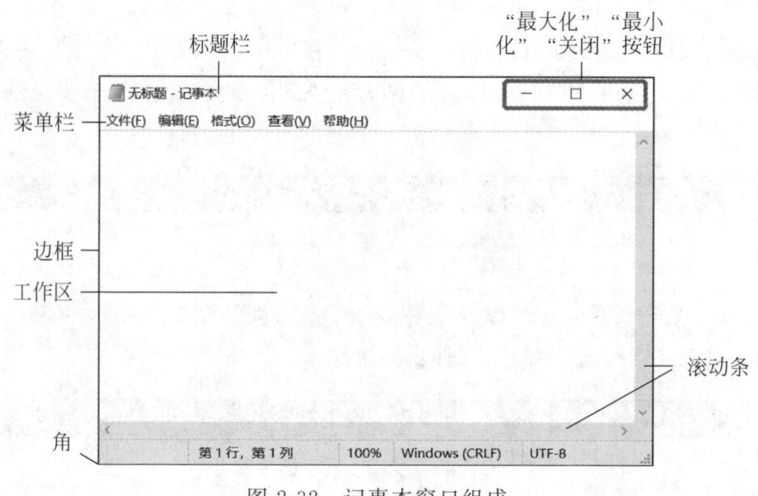

图 2-32　记事本窗口组成

(2) 更改窗口大小。若要调整窗口的大小,可将鼠标指针指向窗口的任意边框或角,当鼠标指针变成双箭头时,拖曳边框或角可以缩小或放大窗口。

若要将窗口填满整个屏幕,单击其“最大化”按钮或者双击其标题栏即可,同时,“最大化”按钮变为“还原”按钮;若要将最大化的窗口还原到之前的大小,单击其“还原”按钮或者双击其标题栏。

(3) 切换窗口。如果打开了多个程序或文档,桌面会快速布满杂乱的窗口,一些窗口可能部分或完全覆盖了其他窗口,Windows 提供了最为常用的两种方法帮助用户识别并切换窗口。

方法 1:单击任务栏上按钮。当鼠标指向任务栏某按钮时,将看到一个缩略图大小的窗口预览,无论该窗口的内容是文档、照片,甚至是正在运行的视频,单击任务栏上的某按钮,其对应窗口将出现在所有其他窗口的前面,成为活动窗口,也称当前窗口。

方法 2:用 Alt+Tab 组合键。按 Alt+Tab 组合键将弹出一个缩略图面板,按住 Alt 键不放,并重复按 Tab 键将循环切换所有打开的窗口和桌面,释放 Alt 键即可显示所选的窗口。

3. 对话框

当程序或 Windows 需要用户进行交互时,经常弹出对话框。对话框是一种特殊类型的窗口,通常可以被移动但无法最大化、最小化或调整大小。常用于提出问题,允许用户选择选项来执行任务。或者提供信息等。对话框中的元素如图 2-33 所示。

(1) 选项卡。选项卡是对话框中不同的页面,不同的选项卡对应着不同的页面,单击某一选项卡将显示该选项卡所对应的页面。

(2) 单选按钮。提供一组选项的对象,用户只能选择其中的一项,被选中的按钮上会出现一个黑点。

(3) 列表框。列表框显示多种可供选择的对象,用户可选择一项,但不能改变列表中对象的内容。

(4) 复选框。复选框列出了可以选择的选项,用户可根据需要选择一个和多个选项。

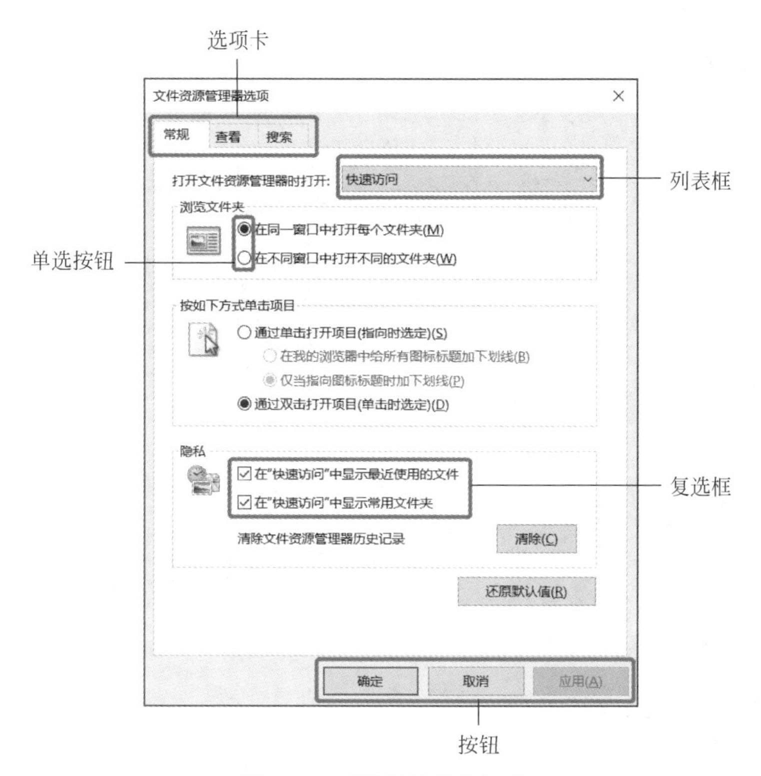

图 2-33　对话框的基本组成

被选中的复选框中会出现对钩,单击一个被选中的复选框,则取消该项的选择。

(5) 按钮。单击一个按钮可立即执行一个命令。如果按钮呈暗淡色,表示该按钮是不可选的;如果按钮后面带有"…",单击该按钮可打开一个对话框。

(6) 文本框。用于输入文本信息的矩形框。

2.2.5　定制个性化桌面案例

1. 定制个性化桌面案例目标

(1) 掌握桌面背景和个性化主题的设置。

(2) 学会桌面图标的添加。

(3) 学会"开始"菜单屏幕和个性化任务栏的设置。

2. 定制个性化桌面案例目标步骤

(1) 桌面的设置。右击桌面的空白处,在弹出的快捷菜单中选中"个性化设置"选项,在弹出窗口中的"背景"选项卡中单击"浏览"按钮,在弹出的对话框中选中天安门广场的图片,如图 2-34 所示。

(2) 设置主题。右击桌面空白处,在弹出的快捷菜单中选中"个性化"选项,在弹出的窗口中的"颜色"选项卡中选中深色 Windows 模式和紫色主题色,如图 2-35 所示。

(3) 设置桌面图标。右击桌面空白处,在弹出的快捷菜单中选中"个性化"选项,在弹出的窗口中的"主题"选项卡中选中"计算机"复选框,如图 2-36 所示。

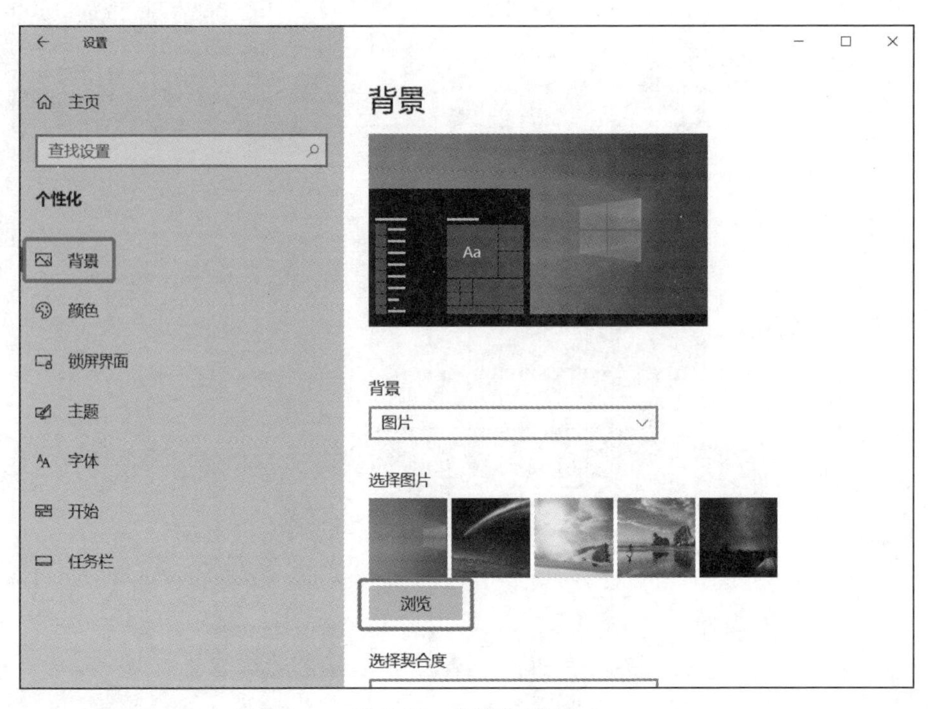

图 2-34　个性化-背景

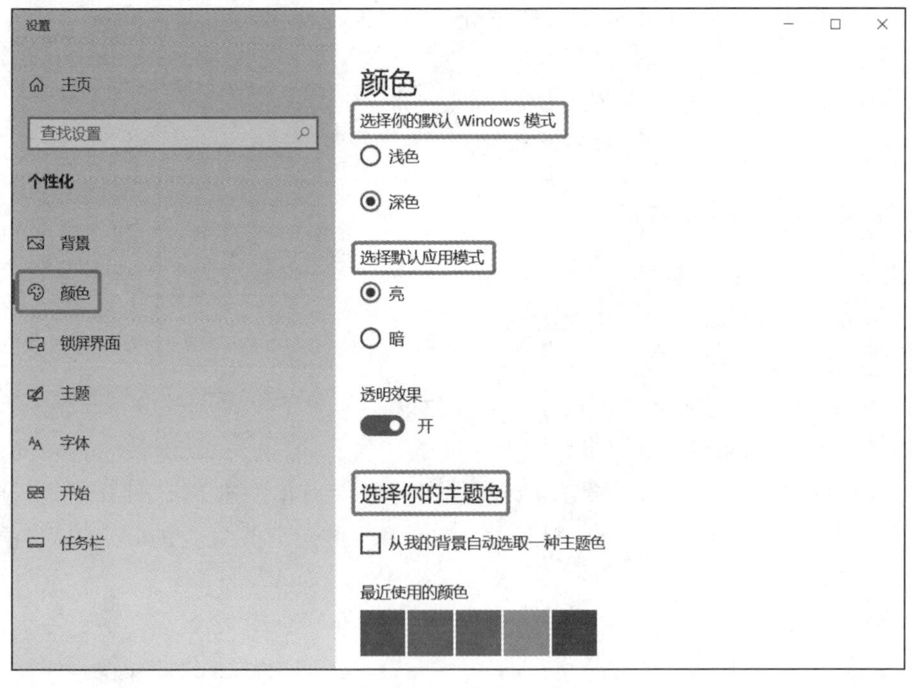

图 2-35　个性化-颜色

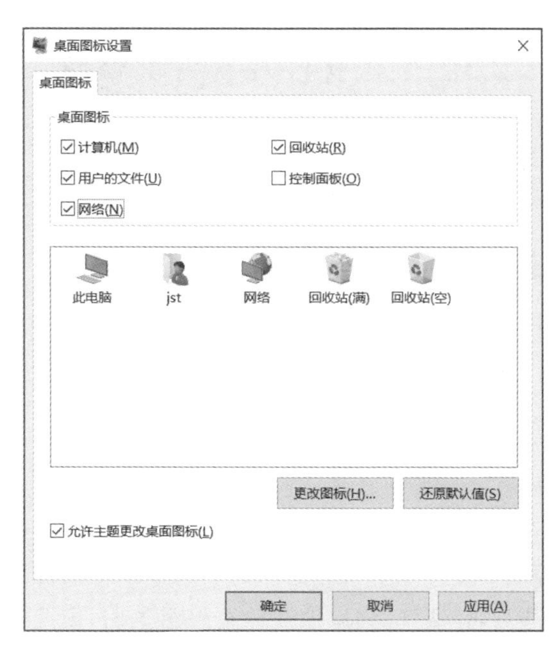

图 2-36　桌面图标

(4) 设置“开始”菜单。单击“开始”菜单，找到“Windows 附件”|“画图”选项并右击，在弹出的快捷菜单中选中“固定到‘开始’屏幕”选项，如图 2-37 所示。

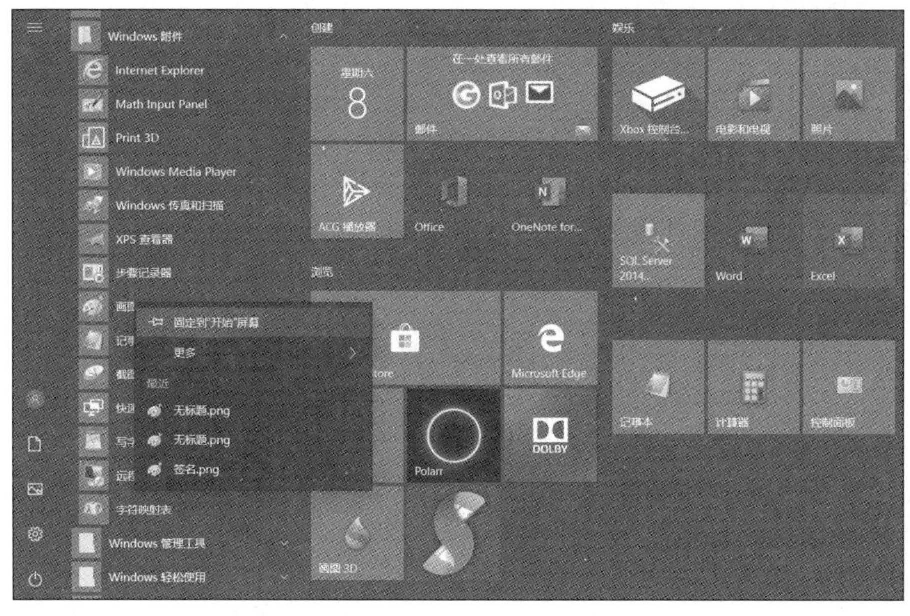

图 2-37　固定到“开始”屏幕

(5) 任务栏设置。右击任务栏空白处，在弹出的快捷菜单中选中“锁定任务栏”选项，按住鼠标左键将任务栏移动至桌面左侧。

2.3 个人文件及文件夹整理

【案例引导】 某同学刚买了一台个人计算机,需要将一些文件移动至新买的计算机中并且进行分类整理。通过本次对文件的整理,可以掌握对文件和文件夹的基本操作。具体如下。

(1) 在本台计算机的F盘中新建一个名为"影视"的文件夹。

(2) 在"影视"文件夹中创建名为"图片文件"的文件夹。

(3) 使用搜索功能查找优盘中的图片。

(4) 将步骤(3)搜索出来的文件放入F盘的"图片文件"文件夹中。

(5) 将"图片文件"文件夹压缩为扩展名为zip的文件。

在帮助该同学进行文件及文件夹整理之前,先要学习文件管理的基本操作。

2.3.1 文件管理概述

计算机中所有信息都是以"文件"为单位存储在磁盘上的,因此文件与文件夹管理与操作是计算机最基本的操作。

1. 文件

文件是具有文件名的一组相关信息的集合,所有的程序和数据都是以文件的形式存放在计算机的外部存储器(如硬盘、优盘等)上。例如,C源程序、Word文档、图片、视频,以及各种可执行程序等都是文件。

在Windows 10中,所有的文件都可由一个图标和一个文件名进行标识。通常文件名由文件主名和扩展名,两部分组成中间用"."隔开。文件主名的长度最长可达到255个字符,可以是字母、数字、汉字、下画线、空格与其他符号,但不能包括"\""/""：""*""?""＜""＞""|"等字符。

命名文件尽量与内容相关,以便记忆;文件的扩展名用于说明文件的类型,一般由创建文件的应用程序自动创建,Windows操作系统中常见的文件扩展名及其表示的意义如表2-1所示。不同操作系统对文件名命名的规则有所不同,例如Windows操作系统不区分文件名的大小写,所有文件名的字符在操作系统执行时,都会转换为大写字符,例如test.txt、TEST.TXT、Test.TxT,在Windows操作系统中都视为同一个文件。

表2-1 Windows操作系统中文件扩展名的类型和意义

文件类型	扩展名	说明
可执行程序	exe、com	可执行程序文件
文本文件	txt	通用性极强,各种文件格式转换的中间格式
源程序文件	c、bas、asm	程序设计语言的源程序
Office文件	doc、xls、ppt	Word、Excel、PowerPoint创建的文档
图像文件	jpg、gif、bmp	图像文件,不同格式的图像文件
视频文件	avi、mp4、rmvb	用视频播放软件播放,文件格式不统一

续表

文件类型	扩 展 名	说 明
压缩文件	rar、zip	压缩文件
音频文件	wav、mp3、mid	不同格式的音频文件
网页文件	htm、html、asp	前两种是静态网页,后者是动态网页

2. 文件夹

文件夹是用来协助人们管理文件的,每一个文件夹对应一块磁盘空间,它提供了指向对应空间的地址。

文件夹采用树状结构来组织和管理文件。文件夹不但可以包含各种类型的文件,还包含其他子文件夹。文件夹中包含的文件夹通常称为子文件夹,可以创建任何数量的子文件夹,每个子文件夹中又可以容纳任何数量的文件和其他子文件夹。从而可以实现对文件进行分门别类地组织与管理。形象地说,树根是磁盘的开始,由树干上分出不同的树杈是文件夹,树叶是文件,如图 2-38 所示。

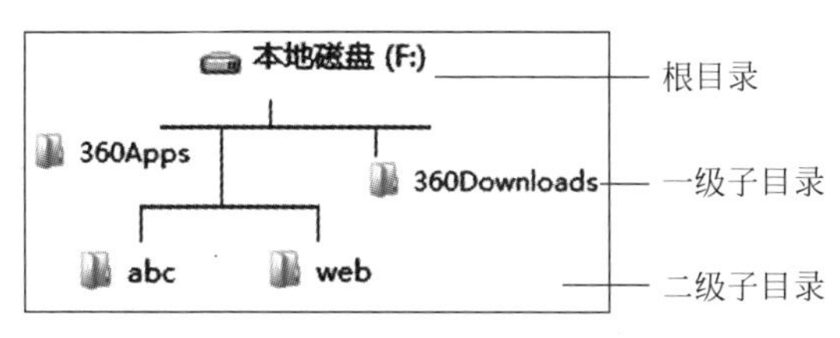

图 2-38 树状目录结构

3. 通配符

在搜索列表文件时,可在文件名或扩展名的某些字符位置上使用通配符,用来表示一批名称相近的文件。文件名的通配符有两个:一个是“*”,代表任意多个任意字符;另一个是“?”,代表 0 个或 1 个任意字符。

例如,AB*.DOC 表示所有名称的前两个字符为 AB 的 Word 文档;A?.XLS 则表示所有以 A 开头且主名不超过两个字符的 Excel 文件;*.* 表示所有文件。

4. 盘符与路径

计算机处理的各种数据都以文件的形式存放在外存中,存取文件时,应明确其所在的盘符、路径及文件名。

(1) 盘符。盘符是表示外存的符号,其中,软盘使用 A 和 B,现已淘汰;一个物理硬盘可以划分多个逻辑盘,每个逻辑盘的标号从 C 开始,以此类推;其他类型的外存(例如光驱等)列在硬盘逻辑盘的标号之后。

(2) 路径。文件路径是文件存取时,需要经过的子目录名称。目录结构建立后,所有文件分门别类地存放在所属目录中,在访问文件时,依据要访问文件的不同路径,进行文件查找。

文件路径有绝对路径和相对路径。绝对路径指从根目录开始,依序到该文件之前的目录名称;相对路径是从当前目录开始,到某个文件之前的目录名称。

在图 2-29 所示目录结构中,若文件夹 abc 中有一个 Word 文档 AB.DOC,则该文档的绝对路径为 F:\360Apps\abc\AB.DOC;如果用户当前在 F:\360Apps 目录中,则 AB.DOC 文件的相对路径为..\abc\AB.DOC(“..”表示上一级目录)。

2.3.2 文件和文件夹的基本操作

文件或文件夹的基本操作包括选定、建立、查看、复制、移动、删除、查找、重命名、设置属性、隐藏、压缩和解压缩等操作。

1. 选定文件或文件夹

对文件或文件夹进行具体操作以前,必须先选定要操作的对象,即应遵循先选定后操作的原则。选定文件或文件夹对象的常用操作方法如表 2-2 所示,选定的对象加亮显示,如果再单击其他区域,则可取消选定。

表 2-2 选定文件或文件夹对象的常用操作方法

选取范围	鼠标操作
一个对象	双击要选定的对象
全部对象	选中“编辑”|“全部选定”菜单项,或按 Ctrl+A 组合键
多个连续对象	单击要选定的第一个对象,按住 Shift 键,再单击最后一个对象
多个不连续的对象	单击要选定的第一个对象,按住 Ctrl 键,再单击最后一个对象
矩形区域的对象	在空白处按住鼠标左键,拖曳鼠标形成一个矩形框,释放鼠标左键
大部分对象	先选定少数不需选择的对象,再选中“编辑”|“反向选择”菜单项,即可选中多数所需的对象

2. 创建新文件夹或空文件

(1) 创建文件夹。找到要新建文件夹的位置(例如某个文件夹或桌面),右击空白区域,在弹出的快捷菜单中选中“新建”|“文件夹”选项,输入新文件夹的名称,然后按 Enter 键。

(2) 创建空文件。用户可以创建不同类型的文件,以存储不同类型的数据。例如,可以创建一个图片文件来存储数字照片,可以创建的文件类型取决于系统中安装的软件。

操作方法如下:转到要新建文件的位置,右击空白区域,在弹出的快捷菜单中选中“新建”子菜单中的选项,即可在当前文件夹中创建指定类型的文件,输入新文件的名称,按 Enter 键。

3. 文件或文件夹的复制与移动

文件或文件夹的复制与移动方法有很多,现只介绍其中一些常用的方法。

(1) 鼠标拖放法。

① 复制。同一个驱动器上,选定要复制的文件,按住 Ctrl 键,用鼠标将文件拖到目标位置;在不同的驱动器上,若原文件和目标文件不在同一驱动器上,则直接用鼠标将原文件拖至目标位置即可。

② 移动。同一个驱动器上,选定要移动的文件,直接用鼠标将原文件拖到目标位置即可;不同驱动器上,若原文件和目标位置不在同一驱动器上,则选定要移动的文件,按住 Shift 键,用鼠标将文件拖到目标位置。

(2) 剪贴板法。

① 复制。选定要复制的对象,用“复制”菜单项把选定的对象复制到剪贴板中(或按

Ctrl+C 组合键)，再打开目标文件夹，用“粘贴”菜单项(或按 Ctrl+V 组合键)可把剪贴板中的对象复制到目标文件夹中。

② 移动。选定要移动的对象，用“剪切”菜单项把选定的对象移动到剪贴板中(或按 Ctrl+X 组合键)，再打开目标文件夹，用“粘贴”菜单项(或按 Ctrl+V 组合键)即可把剪贴板中的对象移动到目标文件夹中。

需要注意的是，通过“复制”菜单项送到剪贴板中的文件或文件夹能进行多次“粘贴”操作；而通过“剪切”菜单项送到剪切板中的文件或文件夹不能进行多次“粘贴”操作。

4. 文件或文件夹的删除

选定要删除的文件或文件夹，选中“文件”|“删除”菜单项或按 Delete 键，也可用鼠标将选定的内容拖到“回收站”文件夹中，在弹出的删除文件确认对话框中单击“是”按钮，即可将选定的内容移送到“回收站”中。

上述过程称为逻辑删除，只是把删除的对象存储在“回收站”中，可以在“回收站”窗口中用“还原”菜单项还原到选定的位置。若要永久删除文件，可以在“回收站”窗口中再次用“删除”菜单项永久删除。

若要直接永久删除对象，而不是先将其移至回收站，可以在选择对象后，按 Shift+Delete 组合键即可。

注意：如果文件或文件夹已经被打开或正在使用，系统会提示不允许删除。

5. 文件或文件夹的查找

Windows 10 提供了查找文件、文件夹的多种方法，不同的情况下可以使用不同的方法。

(1) 使用“开始”菜单上的搜索框查找。单击“开始”菜单，然后在搜索框中输入字词或字词的一部分，就能查找存储在计算机上的文件、文件夹、程序和电子邮件。搜索基于文件名中的文本、文件中的文本、标记以及其他文件属性。

(2) 使用文件夹或库中的搜索框查找。要查找的文件位于某个特定文件夹或库时，浏览文件可能意味着查看数百个文件和子文件夹。为了节省时间和精力，可以使用已打开窗口顶部的搜索框，如图 2-39 所示。

在搜索框中输入字词或字词的一部分，Windows 根据所输入的文本筛选当前视图；搜索包括库中包含的所有文件夹及其子文件夹。

6. 文件或文件夹的重命名

重命名文件和文件夹的方法主要有以下几种。

(1) 用“重命名”菜单选项。选定要重命名的文件或文件夹，在“文件”选项卡中选中“重命名”选项，或右击文件夹，在弹出的快捷菜单中选中“重命名”选项，当文件或文件夹名称变为反色显示时输入新名称即可。

(2) 单击文件或文件夹名称。选定要重命名的文件或文件夹，直接单击名称文本框，当名称变为反色显示时输入新名称即可。

(3) 用快捷键重命名。选定要重命名的文件或文件夹，按 F2 键，当名称变为反色显示时输入新名称即可。

(4) 一次重命名多个文件或文件夹。在 Windows 10 中还可以一次重命名多个文件和文件夹，在多个相关的文件或文件夹进行分组时非常有用。

选定要重命名的多个文件或文件夹，按 F2 键，此时最后一个选中的文件或文件夹名称

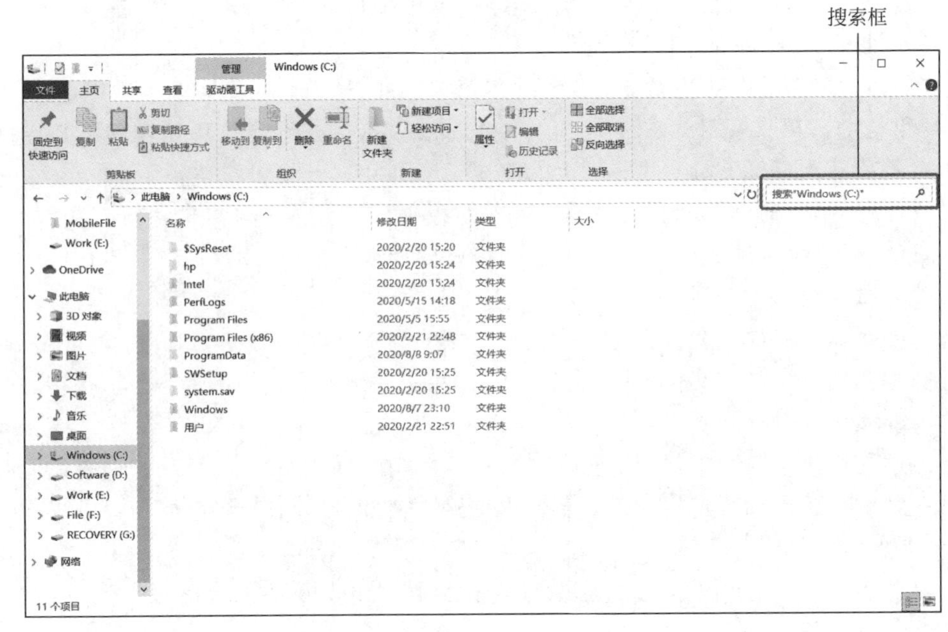

图 2-39　搜索框

为可编辑状态,输入新的名称后按 Enter 键,此时选中的多个文件或文件夹名称都被更改。如果包含相同类型的文件或文件夹,会将相同类型的文件或文件夹进行编号。同样的,如果文件正在被使用,则系统不允许修改名称。

7. 查看、设置文件或文件夹的属性

选中要查看和设置属性的文件或文件夹,在"主页"选项卡的"打开"组中单击"属性"按钮,也可以右击要查看和设置属性的文件或文件夹,在弹出的快捷菜单中选中"属性"选项,打开"属性"对话框,如图 2-40 所示。在该对话框中可对文件或文件夹的属性进行查看和设置。

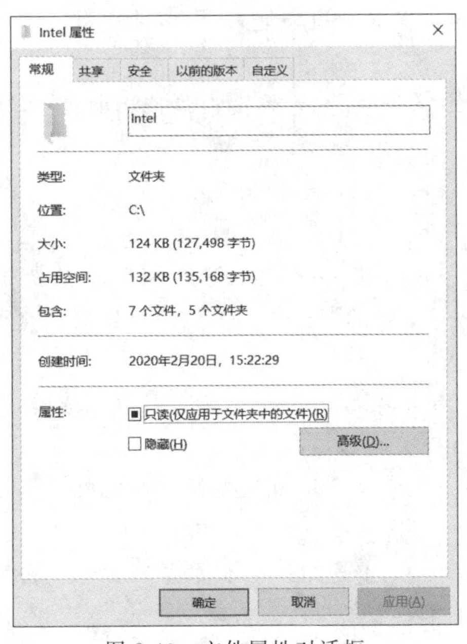

图 2-40　文件属性对话框

(1) 在"常规"选项卡中可以查看文件或文件夹的类型、位置、大小、所占用空间和创建、修改、访问时间等信息。

(2) 单击"属性"组中相应的复选框,可以设置文件或文件夹为只读或隐藏属性。

8. 显示或隐藏文件扩展名

每个类型的文件都有各自的文件扩展名,因为可以根据文件的图标辨识文件类型,所以 Windows 默认是不显示文件扩展名的,这样可防止用户误改文件的扩展名而导致文件不可用。如果用户需要查看或修改文件扩展名,可以通过设置将文件扩展名显示出来。操作方法如下。

(1) 在文件资源管理器的"查看"选项卡中单击"选项"按钮,弹出"文件夹选项"对话框,如图 2-41 所示。

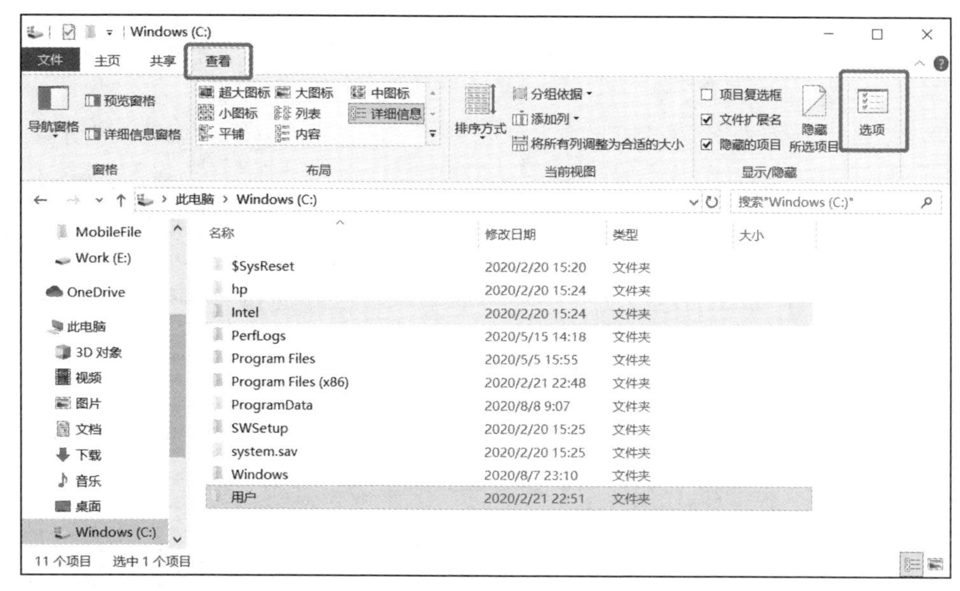

图 2-41 "查看"选项卡中的"选项"按钮

(2) 在"查看"选项卡的"高级设置"列表框中选中"隐藏已知文件类型的扩展名"复选框(取消该复选框则选择显示),如图 2-42 所示。

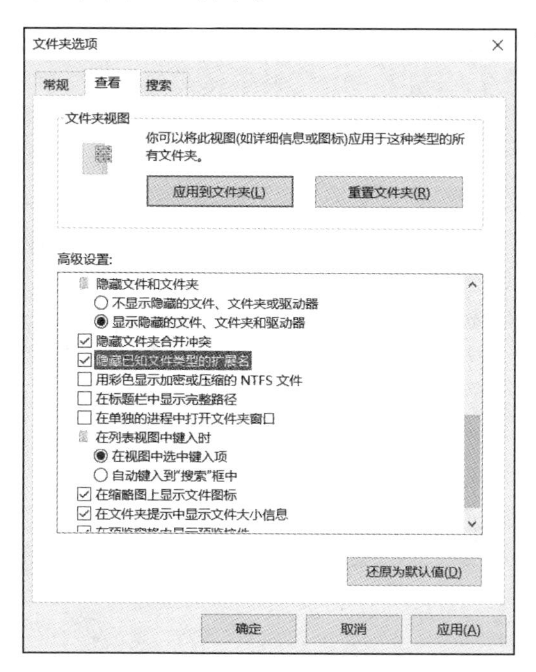

图 2-42 文件夹选项对话框

(3) 单击"确定"按钮完成设置。此时查看文件时就可以看到文件的扩展名。

9. 显示或隐藏文件或文件夹

为了防止被其他用户查看或修改计算机中重要的文件和文件夹,可以将其进行隐藏。隐藏文件夹时,还可以仅隐藏文件夹或者将文件夹中的文件与子文件夹一同隐藏。下面以隐藏文件为例进行介绍，操作方法如下。

(1) 在文件资源管理器的窗口中右击需要隐藏的文件，在弹出的快捷菜单中选中“属性”选项，打开“属性”对话框。

(2) 在“属性”对话框的“常规”选项卡中选中“隐藏”复选框，单击“确定”按钮返回文件资源管理器窗口。

(3) 在“查看”选项卡中单击“选项”按钮，打开“文件夹选项”对话框。

(4) 选择“查看”选项卡，在“高级设置”列表框中选中“不显示隐藏的文件、文件夹或驱动器”单选按钮(选中“显示隐藏的文件、文件夹或驱动器”单选按钮，则显示隐藏的文件或文件夹)。

(5) 单击“确定”按钮完成设置并返回文件资源管理器窗口。此时，在查看文件时，就看不到具有隐藏属性的文件了。

10. 压缩文件夹

在 Windows 10 中，可以使用压缩文件夹的功能来减少其所占据磁盘空间的大小。操作方法如下：右击要压缩的文件夹，在弹出的快捷菜单中选中“发送到”|“压缩文件夹”选项，系统会自动将选定的文件夹进行压缩，并把压缩文件存放在当前文件夹中，如图 2-43 所示。

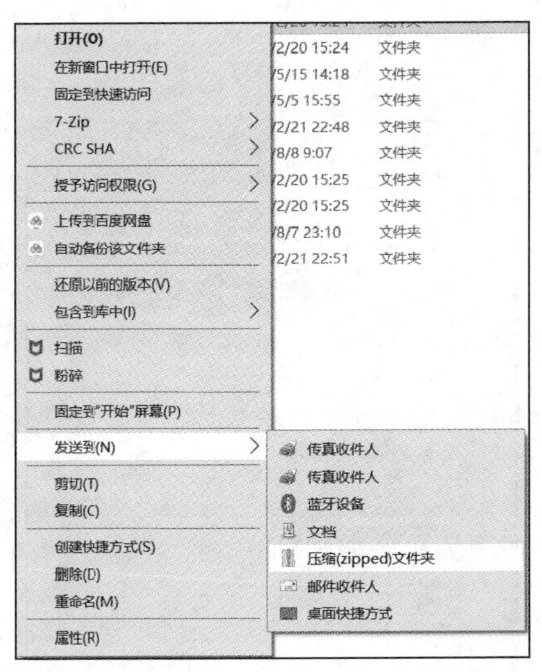

图 2-43　压缩文件夹

11. 从压缩的文件夹中提取文件

Windows 10 为用户提供的解压缩文件夹功能可方便地对 ZIP 或 RAR 等压缩格式的文件夹进行解压缩。操作方法如下：右击压缩文件的图标，在弹出的快捷菜单中选中“解压到当前文件夹”选项，系统即可自动将选定的压缩文件进行解压缩，并把解压后的文件夹存放到当前窗口中。

2.3.3 文件的管理器

在 Windows 10 中，用于管理文件和文件夹的工具主要有“此电脑”“快速访问”“回收站”等。其中“计算机”是文件主要管理工具，“快速访问”为用户列出了经常访问的文件和文件夹，而“回收站”文件夹可保存、还原、删除已删除的文件和文件夹。

下面以“此电脑”文件夹为例进行说明。

在“此电脑”文件夹中，可以访问各个位置。例如，硬盘的每一个逻辑盘、DVD 驱动器以及可移动媒体。还可以访问可能连接到计算机的其他设备，如移动硬盘或优盘。打开“此电脑”文件夹的一个常见原因是要查看磁盘和可移动设备上的可用空间，如图 2-44 所示。

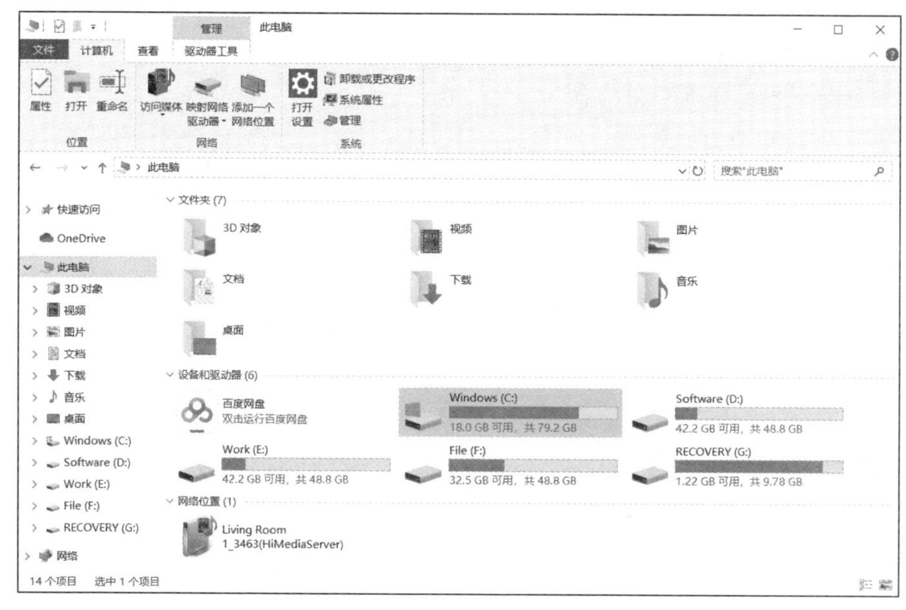

图 2-44 “此电脑”窗口

下面介绍“此电脑”窗口。

（1）导航窗格。文件资源管理器窗口的左窗格是导航窗格，用来查找文件和文件夹；还可以在导航窗格中将对象直接移动或复制到目标位置。

（2）功能区。功能区中包含“计算机”“查看”等选项卡，用于执行常见的任务；选项卡上的按钮可以根据显示的内容自动改变。

（3）“后退”与“前进”按钮。使用“后退”按钮和“前进”按钮可以导航至已打开的其他文件夹或库，而无须关闭当前窗口。常与地址栏一起使用。例如，使用地址栏更改文件夹后，可以使用“后退”按钮返回到上一文件夹。

（4）地址栏。使用地址栏可以导航至不同的文件夹或库，或返回上一文件夹或库。

（5）搜索框。搜索框是用于搜索指定的文件或文件夹，在搜索框中输入词或短语可查找当前文件夹或库中的内容。例如，当输入“A”时，所有名称以字母 A 开头的文件都将显示在文件列表中。

（6）文件列表。文件列表用于显示当前文件夹或库内容。如果通过在搜索框中输入内容来查找文件，则仅显示与当前视图相匹配的文件（包括子文件夹中的文件）。

(7) 预览窗格。文件夹窗口的右窗格是预览窗格,使用预览窗格可以查看大多数文件的内容。例如,如果选择电子邮件、文本文件或图片,则无须在程序中打开即可查看其内容。如果看不到预览格,可以单击工具栏中的“预览窗格”按钮。

(8) 细节窗格。文件夹窗口底部是细节窗格,可以查看与选定文件关联的常见属性。文件属性是关于文件的信息,例如作者、上一次更改文件的日期,以及可能已添加到文件的所有描述性标记。

2.3.4 个人文件及文件夹整理案例

1. 案例目标

(1) 掌握查找文件的方法。

(2) 学会创建文件夹。

(3) 掌握移动和复制文件的方法。

(4) 学会压缩和解压缩文件。

2. 操作步骤

1) 新建文件夹

(1) 双击桌面的“此电脑”图标,打开“此电脑”窗口,双击“本地磁盘(F:)”,进入F:盘。

(2) 单击快速工具栏中的“新建文件夹”按钮,或者右击窗口的空白处,在弹出的快捷菜单中选中“新建”|“文件夹”选项,如图2-45所示。将新建的空白文件夹命名为“影视”。使用相同的方法创建一个“图片文件”文件夹。

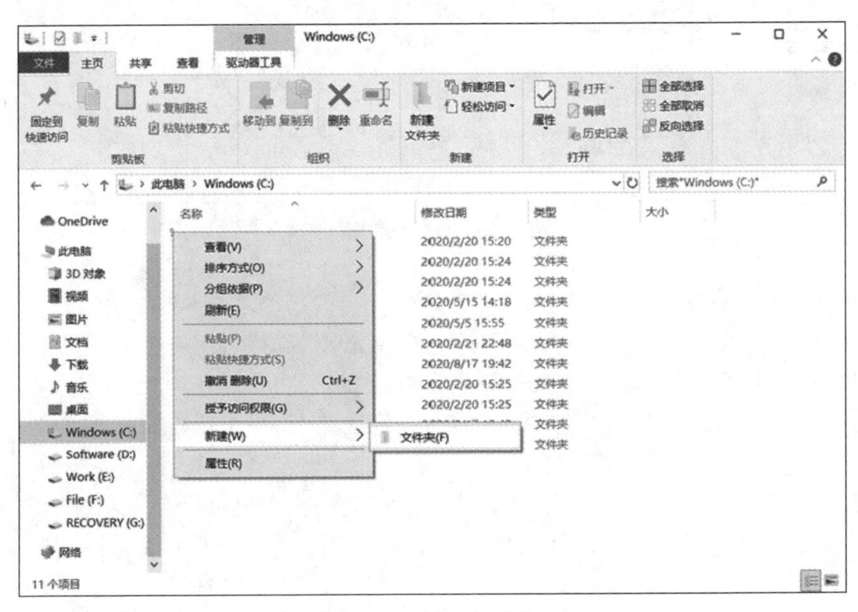

图 2-45　新建文件夹

2) 搜索与移动文件

(1) 打开在搜索框中输入“*.jpg”,将自动筛选出优盘中所有JPG格式的图片文件,如图2-46所示。

(2) 选中所有的图片文件并右击,在弹出的快捷菜单中选中“复制”选项。

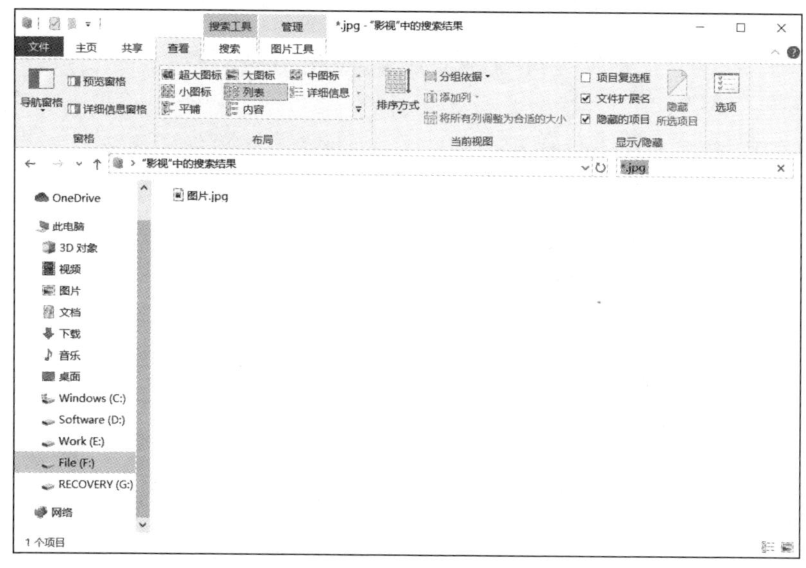

图 2-46　搜索与移动文件

(3) 切换到前面所建的“图片文件”文件夹窗口并在空白处右击，在弹出的快捷菜单中选中“粘贴”选项。

3) 压缩文件

(1) 打开“影视”文件夹窗口。

(2) 选中需要压缩的单个或多个文件或文件夹。

(3) 右击选中的图标，在弹出的快捷菜单中选中“发送到”|“压缩(zipped)文件夹”选项，新建的压缩文即显示在窗口中，如图 2-47 所示。

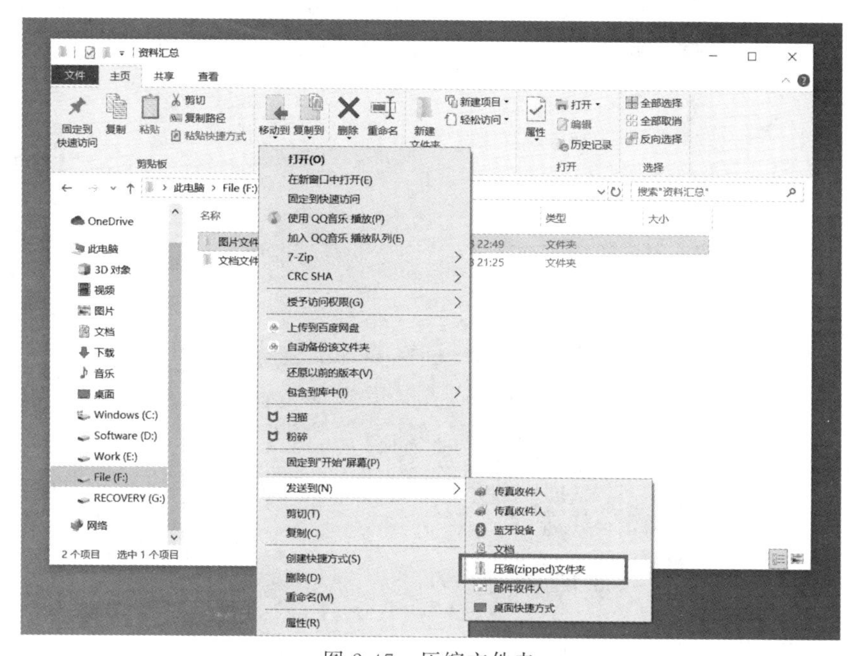

图 2-47　压缩文件夹

2.4 使用系统工具维护系统

【案例引导】 某同学的个人计算机使用了很长时间，运行速度比较慢。需要对磁盘进行清理。通过对系统硬件以及磁盘操作的学习，可以掌握磁盘清理的方法。具体如下。

（1）释放浪费空间。

（2）整理磁盘碎片。

在成功清理磁盘之前，需要学习系统硬件以及磁盘操作。

2.4.1 系统硬件的查看

Windows 10 操作系统可以在“性能信息和工具”窗口中查看或检测硬件设备的性能，也通过设备管理器显示和管理硬件设备。

查看计算机中硬件设备信息的方法如下。

在桌面右击“此电脑”图标，在弹出的快捷菜单中选中“属性”选项，在弹出的窗口中可以查看计算机的 CPU、内存等信息，如图 2-48 所示。

图 2-48 系统属性信息

单击左侧窗格中“设备管理器”按钮，打开“设备管理器”窗口，即可显示计算机所有硬件信息，单击任意硬件名称左侧的三角按钮或者双击硬件名称，便可展开该硬件的型号等信息。例如，双击“处理器”项，即可看到处理器详细内容，如图 2-49 所示。

右击任意一个硬件设备，在弹出的快捷菜单中选中“属性”选项，可以详细查看该设备详细信息以及驱动信息等，如图 2-50 所示。

2.4.2 安装和管理硬件驱动程序

驱动程序是硬件厂商根据操作系统编写的硬件配置文件，即添加到操作系统中的一段代码，驱动程序是操作系统与硬件设备之间沟通的桥梁，有了驱动程序，Windows 才能发挥

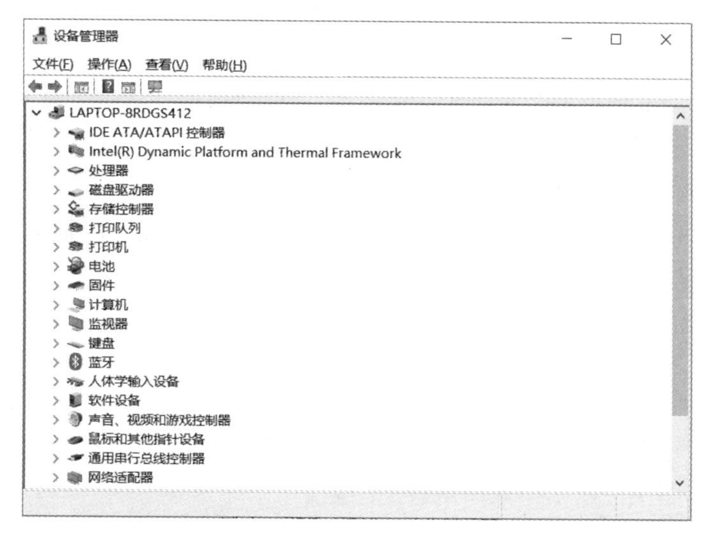

图 2-49 “设备管理器”窗口

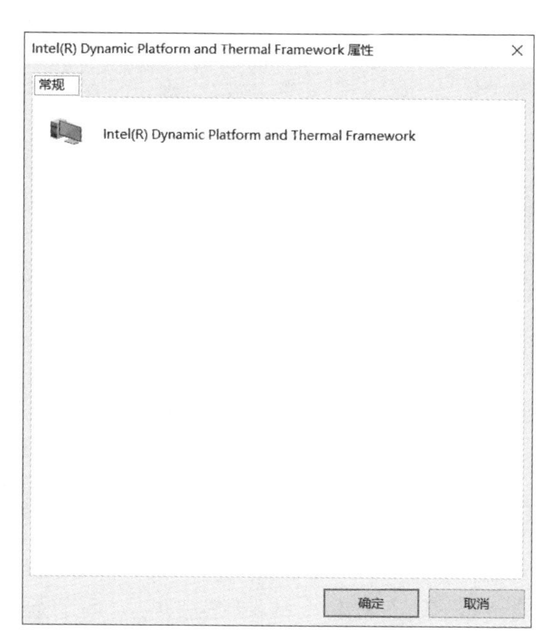

图 2-50 设备属性对话框

硬件的功能。因此,当安装新硬件时,需要在操作系统中为其安装相应的驱动程序;而新安装操作系统后,也需要为某些硬件单独安装驱动程序。

通常情况下,操作系统会自动为大多数硬件安装驱动,用户无须安装,但对于主板、显卡等设备,在新安装操作系统时往往需要为其安装厂商提供的最新驱动,以便最大限度地发挥硬件性能。此外,当操作系统没有自带某硬件的驱动时,便无法自动为其安装正确的驱动,这就需要手动安装,例如某些声卡,以及打印机、扫描仪等。

1. 安装驱动程序

为相关硬件安装驱动程序,可以通过以下两种方式。

方法 1：许多硬件都会自带驱动程序安装光碟，将安装光碟放入光驱，光碟会自动播放，根据提示操作便可完成安装。

方法 2：对于没有驱动程序安装光碟的硬件，可以利用网络找到其驱动程序，然后双击 Setup 等安装程序进行安装。

2. 查看、更新、禁用和卸载驱动程序

若要查看个硬件设备的驱动程序是否安装好，或更新、禁用和卸载某台设备的驱动程序，可在“设备管理器”窗口中进行。

在该窗口可看到计算机设备类型的列表，单击某一设备左侧的三角按钮，即可看到该设备的驱动程序。

如果某台设备的左侧有黄色的问号，说明该设备还没有安装驱动程序，需要手动安装；如果某设备显示黄色的叹号，说明该设备的驱动程序有问题或存在硬件冲突，需要重新安装驱动程序或更新驱动程序，如图 2-51 所示。右击设备名，在弹出的快捷菜单中选中“禁用”选项，可禁用该设备，如图 2-52 所示。

图 2-51　系统提示驱动更新

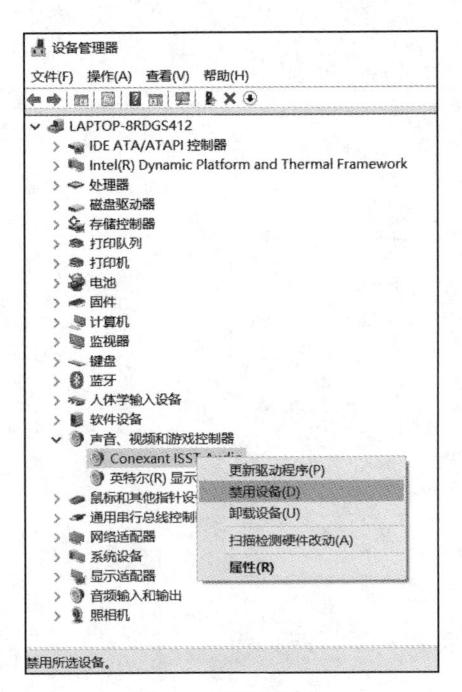

图 2-52　禁用设备

在需要更新某台设备的驱动程序时，可右击该设备名，在弹出的快捷菜单中选中“更新驱动程序软件”选项，在打开的“更新驱动程序软件”对话框中，在其中可以选择让系统自动搜索驱动程序，也可以手动查找该驱动程序在计算机中的位置，如图 2-53 所示。

2.4.3　磁盘操作

系统能否正常运转，能否有效利用内部和外部资源，并使系统达到高效稳定，在很大程度上取决于系统的维护管理。Windows 10 提供的磁盘管理工具使系统运行更可靠、管理更方便。

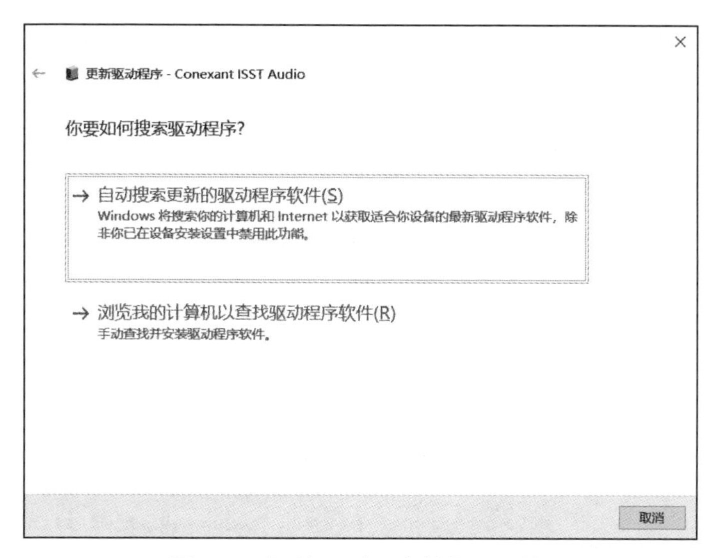

图 2-53 “更新驱动程序软件”对话框

1. 磁盘备份和还原

为了防止磁盘驱动器损坏、病毒感染、供电中断等各种意外故障造成的数据丢失和损坏,用户需要进行磁盘数据备份,以便在需要时可以还原磁盘,以避免出现数据错误或数据丢失造成的损失。文件备份可以对计算机中的任意一个文件及盘符进行操作。可以备份视频、文件、图片及硬盘分区数据。用户可以针对重要数据进行有目的选择目录,启用文件备份功能。设置备份后可以定期执行或者采用增量的方式进行文件备份操作。在 Windows 10 中,利用磁盘备份向导可以快速地完成备份工作。

在“系统和安全”选项卡中选中“备份和还原(Windows 7)”选项,如图 2-54 所示。在“备份和还原(Windows 7)”窗口中单击“设备份备”按钮,可以启动“设置备份”向导,在这个向导中依次择要保存备份的位置、希望备份哪些内容:选择方式可以是 Windows 选择和用户自己选择,内容可以是整个磁盘、也可以是某些文件夹。查看备份设置并对备份的“计划”进行设定,最后单击“保存设置并运行备份”按钮,如图 2-55 所示。

文件还原的方法是,在“备份和还原(Windows 7)”窗口中单击“还原我的文件”按钮,就可以按照文件还原提示进行操作,一般情况下,选择最近备份的文件还原就可以了,还原文件和文件备份类似,直接选择文件按照提示操作完成即可。

2. 磁盘清理

用户在使用计算机的过程中进行大量的读写及安装操作,使得磁盘上存留许多临时文件和已经没用的文件,其不但会占用磁盘空间,而且会降低系统处速度,降低系统的整体性能。因此计算机要定期进行磁盘清理,以便释放磁盘空间。

在“开始”菜单中选中“所有程序”|“Windows 管理工具”|“磁盘清理”选项,打开“磁盘清理”对话框,选择一个驱动器,再单击“确定”按钮,或者在资源管理器窗口中,右击某个磁盘,在弹出的快捷菜单中选中“属性”选项,在“常规”选项卡中单击“磁盘清理”按钮。在完成计算和扫描等工作后,系统列出了指定磁盘上所有可删除的无用文件。然后选择要删除的文件,单击“确定”按钮即可。

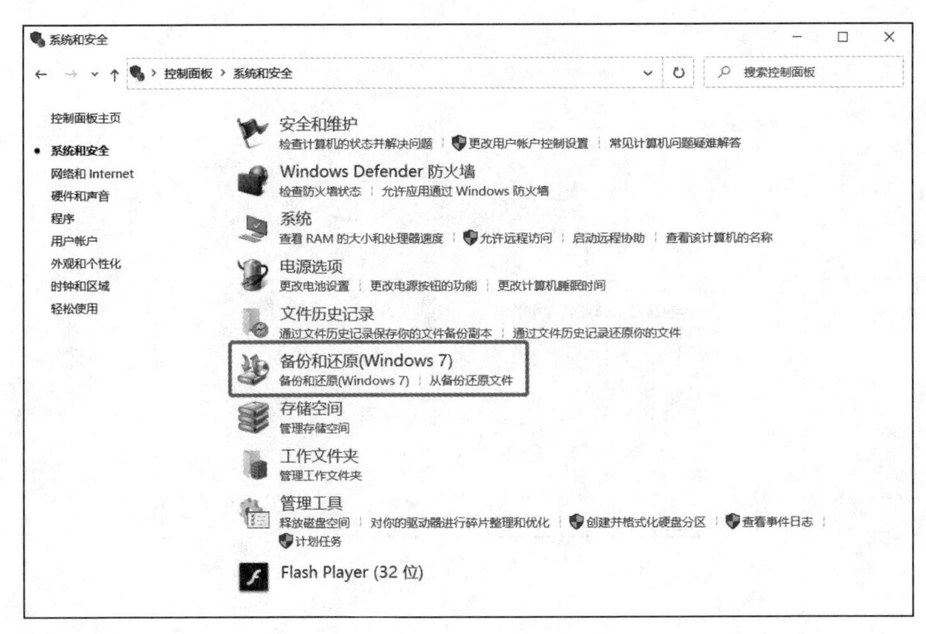

图 2-54　备份和还原

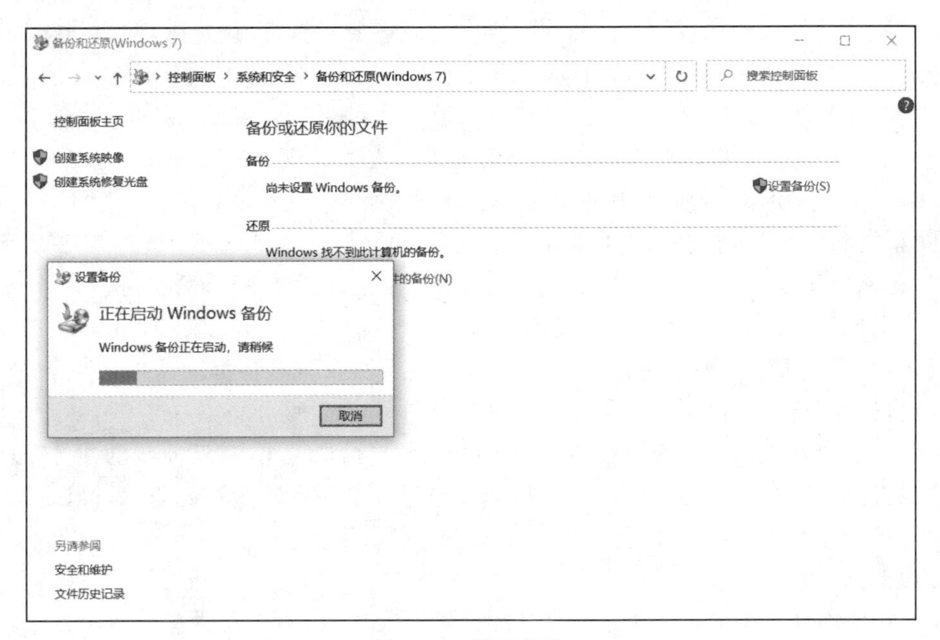

图 2-55　设置备份

在“其他选项”选项卡中,用户还可进行更进一步地操作来清理更多的文件以提高系统的性能。

3. 磁盘碎片整理

在计算机的使用过程中,由于频繁建立和删除数据,会造成磁盘上文件和文件夹增多,而这些文件和文件夹可能被分割放在 1 个卷上的不同位置,所以 Windows 系统需要额外的

时间来读取数据。由于磁盘空间分散,存储时把数据存在了不同的部分,也可能会花费额外的时间读取数据,所以用户要定期对磁盘碎片进行整理和优化。其原理为,系统将把碎片文件和文件夹的不同部分移动到卷上的相邻位置,使其拥有1个独立的连续空间操作步骤为,在"开始"菜单中选中"所有程序"|"Windows 管理工具"|"磁盘整理和优化驱动器"选项,打开"优化驱动器"窗口。在此窗口中选择逻辑驱动器,单击"分析"按钮,进行磁盘分析。对驱动器进行碎片分析后,系统会询问用户是否需要进行优化操作,单击"优化"按钮,则系统会自动进行整理工作,同时显示进度。

2.4.4 使用系统工具进行维护系统案例

1. 使用系统工具维护系统案例目标

(1) 学会查看磁盘的属性参数。

(2) 掌握磁盘清理的方法。

(3) 掌握磁盘碎片整理的步骤。

2. 使用系统工具维护系统步骤

1) 释放浪费的空间

(1) 打开"此电脑"窗口,右击要整理的磁盘(例如 D: 盘),其他硬盘驱动器都重复此过程。

(2) 在弹出的快捷菜单中选中"属性"选项,打开所选磁盘的"属性"对话框,如图2-56所示。

(3) 在"常规"选项卡中,单击"磁盘清理"按钮。

(4) 弹出如图2-57所示的"磁盘清理"对话框,在"要删除的文件"列表中选中每个复选框,然后单击"确定"按钮。

图 2-56　磁盘的"属性"对话框

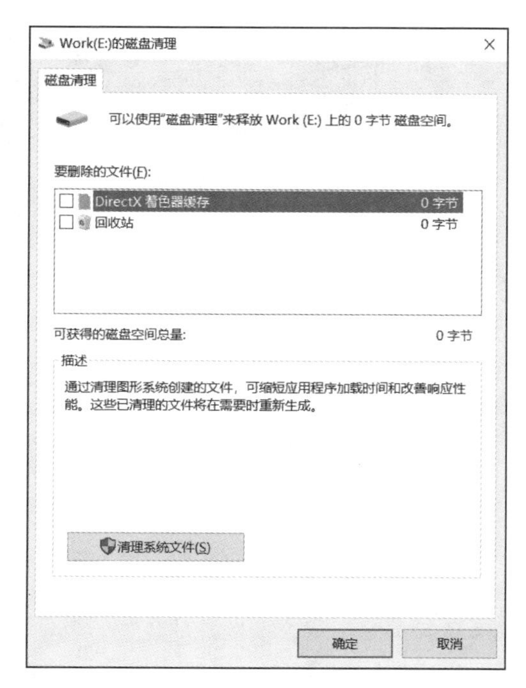

图 2-57　"磁盘清理"对话框

(5) 在弹出的确认框中单击“是”按钮。

图 2-58 “工具”选项卡

2) 整理磁盘驱动器碎片

计算机在使用过程中,用户经常备份文件、安装及卸载程序,就会在硬盘上产生大量的碎片文件。当文件变得零碎时,计算机读取文件的时间便会增加。碎片整理通过重新组织文件来改进计算机的性能,具体操作如下。

(1) 打开“此电脑”窗口,右击要整理的磁盘(例如 E:盘),弹出快捷菜单。

(2) 在快捷菜单中选中“属性”选项,打开磁盘的“属性”对话框,选中“工具”选项卡,如图 2-58 所示。

(3) 单击“对驱动器进行优化和碎片整理”栏中的“优化”按钮,打开“优化驱动器”对话框,如图 2-59 所示。

(4) 单击所需磁盘驱动器,然后单击“分析磁盘”按钮。

(5) 系统开始对所选磁盘分析磁盘中文件的数量以及磁盘的使用频率,分析完成后在磁盘信息的右侧显示磁盘碎片的比例,若碎片比例较高,就会影响系统性能。

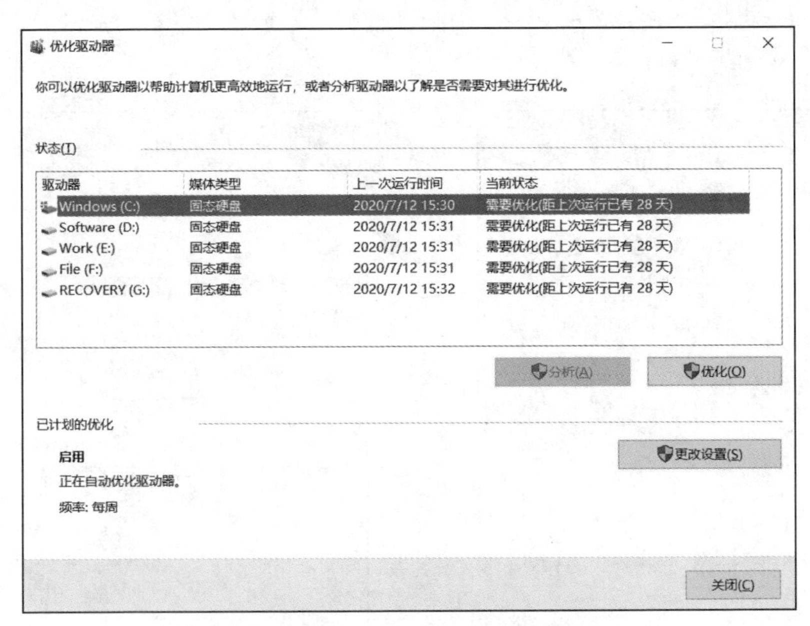

图 2-59 “优化驱动器”对话框

(6) 单击“磁盘碎片整理”按钮,开始对磁盘进行碎片整理。整理完毕后单击“关闭”按钮即可。

2.5 计算机的设置

【案例引导】 某同学新买了一台个人计算机，需要使用打印机打印学习材料，那么就需要将计算机与打印机设备连接起来才能进行打印。通过对打印机的连接与安装，可以了解并认识控制面板的“设备和打印机”功能并了解到其他的功能。具体如下：

(1) 添加打印机到计算机。

(2) 安装打印机驱动程序。

(3) 打印文件。

在成功连接打印机之前，需要学习控制面板的使用，安装打印机相匹配的驱动程序。之后，才能使用打印机进行打印。

2.5.1 控制面板

控制面板是 Windows 图形用户界面一部分，是一个用来对系统进行个性化设置的工具集，控制有关 Windows 外观和工作方式的所有设置，包括外观和个性化、网络和 Internet 连接、硬件和声音、时钟和区域、系统和安全、用户账户和家庭安全、安装或卸载程序等操作。

在“开始”菜单中选中“控制面板”选项，可打开“控制面板”窗口，如图 2-60 所示，在控制面板中可以使用以下两种方法进行查找需要浏览的项目。

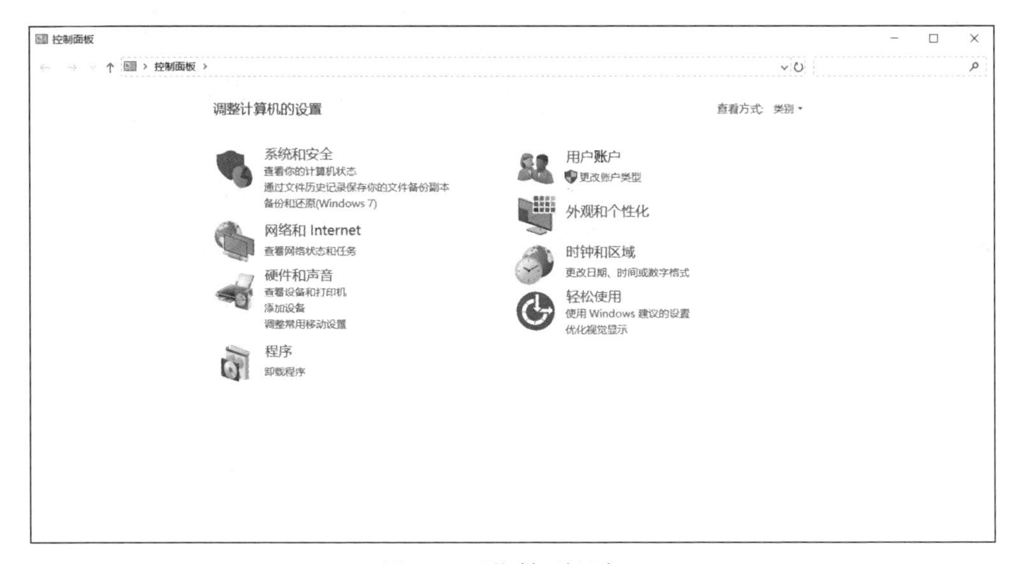

图 2-60 “控制面板”窗口

(1) 逐级浏览。该窗口可以在“查看方式”中选择按“类别”将各设置项目分类显示，通过单击不同的类别并查看每个类别下列出的常用任务来浏览，例如系统安全、程序或轻松访问等。或者在“查看方式”中选中“小图标”或“大图标”进行浏览。

(2) 使用搜索框。若要查找感兴趣的设置或要执行的任务，则在搜索框中输入单词或短语即可。例如，输入“声音”可查找与声卡、系统声音以及任务栏上音量图标的设置有关的特定任务。

2.5.2 硬件和声音

下面以鼠标为例讲解硬件和声音的设置。

打开“控制面板”窗口，单击“硬件和声音”，如图 2-61 所示；再单击“鼠标”，弹出“鼠标属性”对话框，用户可通过对话框调整鼠标的按键方式、指针形状及指针移动速度等工作方式，如图 2-62 所示。

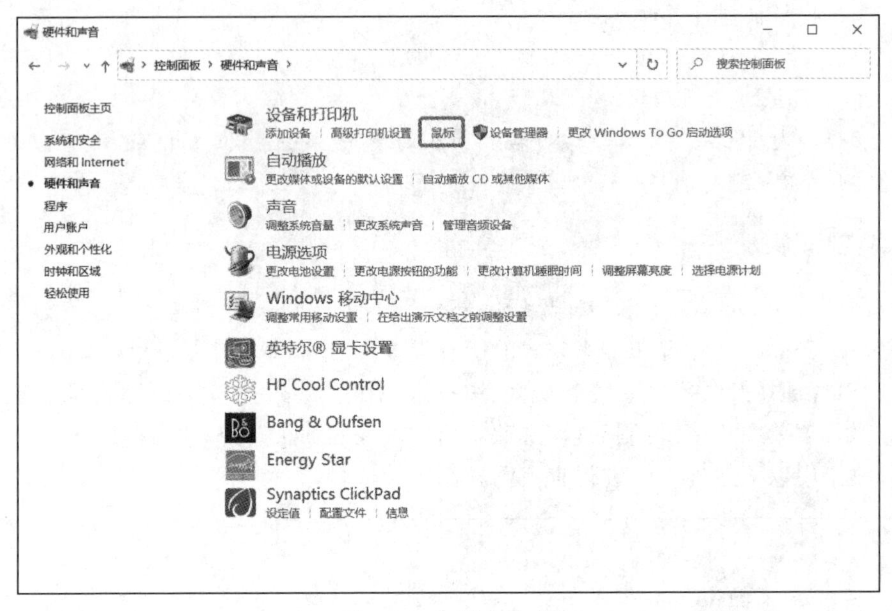

图 2-61 硬件和声音

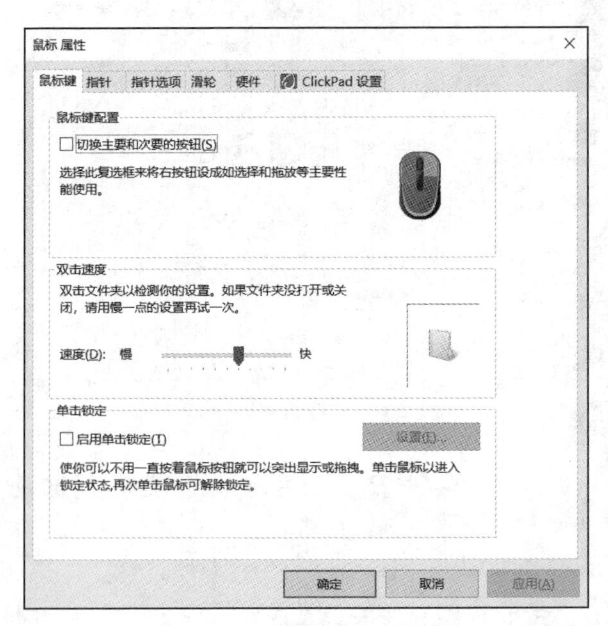

图 2-62 “鼠标 属性”对话框

在“鼠标键”选项卡中，选中“切换主要和次要的按钮”复选框可以使鼠标从右手习惯转为左手习惯，该选项选中后会立即生效。“双击速度”栏用来设置两次单击鼠标按键的时间间隔，拖曳滑块的位置可以改变速度，用户可以双击右边的测试区来检验自己的设置是否合适。在“指针”选项卡中，可以选择各种不同的指针方案。在“指针选项”选项卡中，可以对指针的移动速度进行调整还可以设置指针运动时的显示轨迹。在“滑轮”选项卡中，可以对具有滚动滑轮的鼠标的滑轮进行设置，设置滑轮每滚动一下屏幕的滚动量。

2.5.3 时钟和区域

在控制面板中选中“时钟和区域”选项，在“时钟区域”窗口中，用户可以设置计算机的日期和时间和区域信息，如图 2-63 所示。

图 2-63 “时钟和区域”窗口

1. 日期和时间

Windows 10 系统的时间和日期格式是可以按照世界各地不同的标准时间进行设置。

在“日期和时间”对话框中包括“日期和时间”“附加时钟”“Internet 时间”3 个选项卡如图 2-64 所示。在此对话框中用户可以设置日历和时钟，可以更改系统日期和时区等。通过“Internet 时间”选项卡，用户可以使计算机与 Internet 时间同步。

2. 语言

打开“语言”对话框，选中“中文(中华人民共和国)”，然后进行输入法等设置，在此不再赘述。

3. 区域

在“区域”对话框中，可以进行日期和时间的格式、位置等设置，例如日期的格式可设置为“yyyy-mm-dd”或“yyyy/M/d”等，如图 2-65 所示。

2.5.4 安装与卸载应用程序

用户通过各种应用程序完成特定的任务，因此需要选择合适的软件安装到计算机中，如果软件不再使用，为了节省空间，需要将其卸载。与一般文件的复制和删除不同，大部分的软件在安装时会对计算机的某些环境进行配置。

1. 安装应用程序

Windows 操作系统平台的应用程序非常多，每款应用程序的安装方式都各不相同，但是安装过程中的基本环节都是一样的，下面以安装搜狗拼音输入法为例，描述应用程序的安装过程。具体操作步骤如下。

图 2-64 “日期和时间”对话框

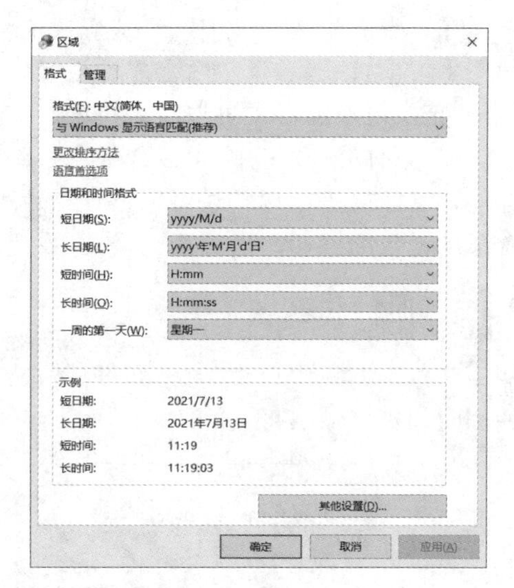

图 2-65 “区域”对话框

(1) 从搜狗输入法官方网站下载并运行搜狗拼音输入法的安装程序，Windows 系统将弹出“用户账户控制”对话框，询问用户“是否允许计算机对此计算机进行更改?”，单击“是”按钮，继续进行下载并安装。

(2) 在弹出的搜狗拼音输入法安装向导中单击“立即安装”按钮，如图 2-66 所示。

(3) 选中“阅读并接受《最终用户协议》”复选项。

(4) 单击“自定义安装”按钮，在设置安装路径后单击“立即安装”按钮，如图 2-67 所示。

图 2-66 选择安装路径

图 2-67 搜狗拼音输入法的安装界面

(5) 安装完成后，会弹出一个对话框，单击“立即体验”按钮即可完成安装。

2. 运行应用程序

程序安装完毕后就可以运行了。运行应用程序通常有以下几种方法。

(1) 通过桌面快捷菜单运行应用程序。安装软件过后，通常会自动在桌面上创建一个快捷图标，双击该图标即可运行应用程序。

(2) 通过“开始”菜单运行应用程序。安装软件过后，通常会自动在“开始”菜单中创建一个文件夹，用户在“开始”菜单的“所有程序”子菜单中单击应用程序的名称，即可运行相应的应用程序。

(3) 通过搜索程序和文件对话框运行应用程序。打开“开始”菜单,在“搜索程序和文件”框中输入应用程序的名称(或部分文字),在搜索结果中单击相应程序完成启动。

3. 卸载应用程序

应用程序的卸载与删除不同,因为在安装软件时对操作系统进行了相应的配置,所以必须使用卸载程序卸载相应的软件,否则会在系统中留下许多残留信息。

在控制面板中单击“卸载程序”图标,打开“卸载程序”窗口,如图 2-68 所示,在列表框中选择要卸载的程序名,然后单击列表上边的“卸载/更改”按钮即可,也可以双击要卸载的程序名,确认卸载。

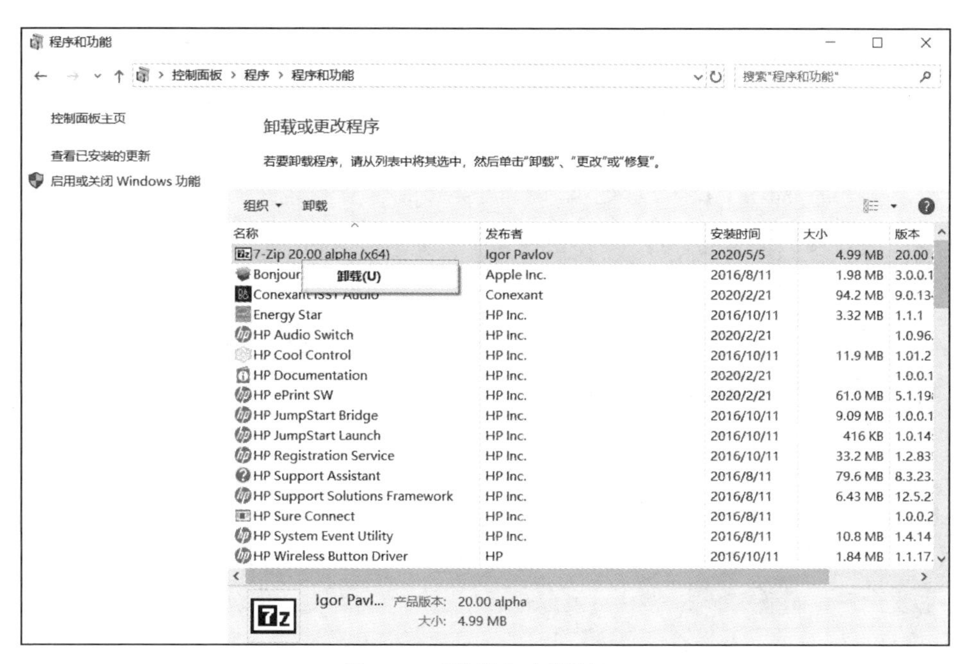

图 2-68 “程序和功能”窗口

2.5.5 打印机的安装与使用案例

1. 案例目标

(1) 学会安装打印机驱动程序。

(2) 学会添加一台打印机。

(3) 掌握打印文件的方法。

(4) 掌握打印文档和取消正在打印文档的方法。

2. 操作步骤

(1) 将打印机插上电源,打开打印机,打印机的数据线连接到计算机的相应端口上。

(2) 安装打印机驱动程序。每台打印机都会配备的载有驱动程序的光碟,把光碟插入光驱,双击驱动程序进行安装,如图 2-69 所示。如果计算机没有光驱,可以选择访问打印机公司的网站下载全套的驱动程序和软件包。

(3) 连接打印机。在“控制面板”中选中“硬件和声音”,再选中“添加设备”,如图 2-70

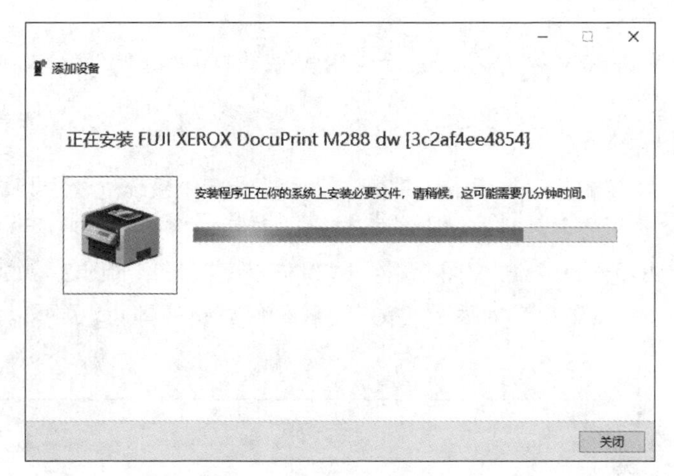

图 2-69　安装打印机驱动

所示。打开“添加设备”对话框，系统自动搜索连接到计算机上的打印机，如图 2-71 所示。安装完毕后，“设备和打印机”窗口中会出现相应的打印机图标。

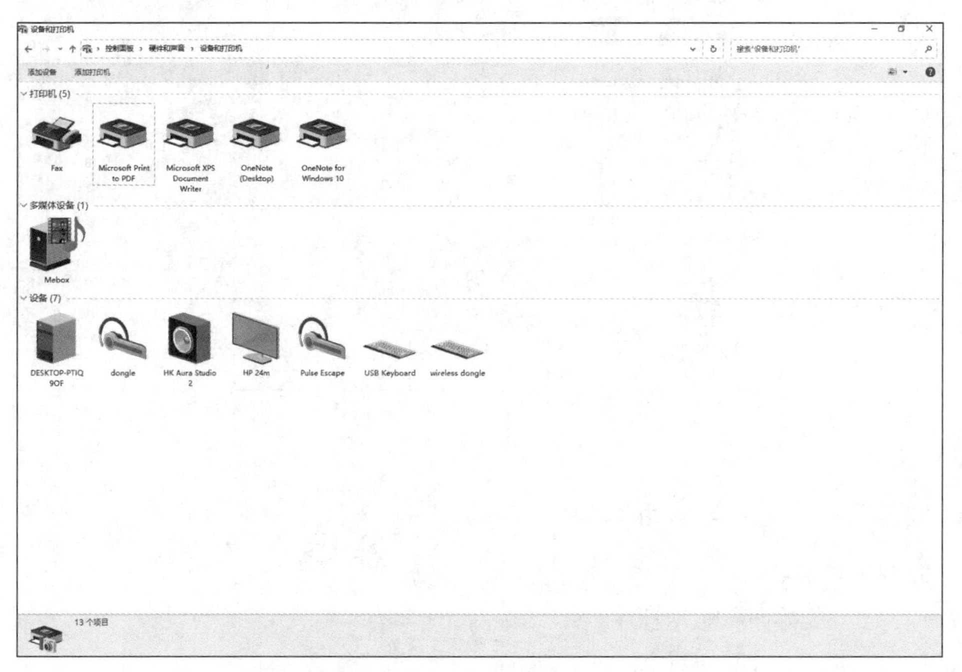

图 2-70　添加打印机

(4) 打印文档。如果安装了多台打印机，可以在执行具体打印任务时可以选择不同的打印机。要设置默认打印机，可先通过打开“控制面板”，单击“硬件和声音”选项，单击“查看设备和打印机”，打开“设备和打印机”窗口，在某个打印机图标上右击，在弹出的快捷菜单中选中“设置为默认打印机”选项即可。默认打印机的图标左下角有一个绿色的对钩标识。

(5) 在打印文档过程中，正在执行的任务也可以被取消。双击任务栏中的打印机图标打开打印队列，选中一个打印文档，选中“文档”|“取消”菜单项，如图 2-72 所示。若要取消

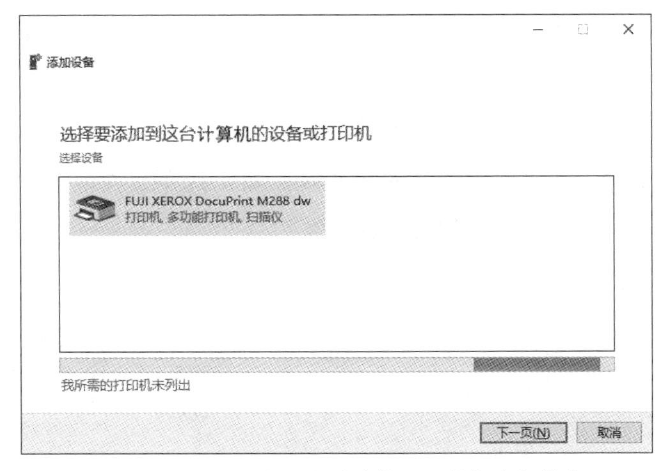

图 2-71　自动搜索连接到计算机上的打印机设备

所有文档的打印，选中“打印机”|“取消所有文档”菜单项，然后根据需要，选中“暂停”或“重新启动”菜单项，可实现文档打印的暂停、暂停后的重新启动打印功能。

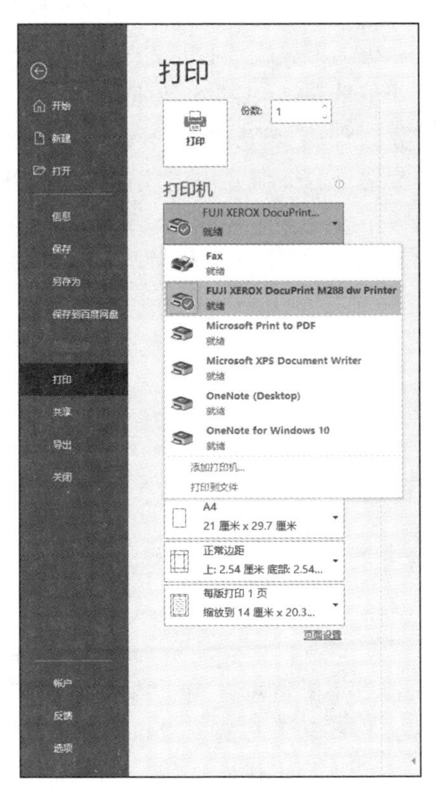

图 2-72　打印机设置

本 章 小 结

本章简单介绍了操作系统的概念、特征、功能、类型和 Windows 10 系统的桌面组成，详细介绍了在 Windows 10 系统中如何进行基本操作和个性化桌面的设置，文件和文件夹的管理，程序的安装与卸载，以及控制面板的使用。

知 识 拓 展

软件机器人

1. 软件机器人的概念

软件机器人(robotic process automation，RPA)也称机器人流程自动化或数字化劳动力，是指以软件及人工智能为基础的业务过程自动化技术。其不仅是由程序设计师产生自动化任务的动作列表，还会用内部的应用程序接口或是专用的脚本语言作为和后台系统之间的接口。软件机器人能直接监视用户在应用软件中图形用户界面(GUI)进行的工作并且自动重复，所以应用广泛。软件机器人被视为可以与任何系统或应用程序进行交互的数字化劳动力。例如，软件机器人能够代替人工执行数据收集、录入、复制、粘贴、计算、打开文件、移动文件、解析电子邮件、数据监控、登录程序、修改以及提取非结构化数据等批量的、重复的计算机操作，是新时代的数字化劳动力。由于软件机器人可以适应任何界面或工作流，因此无须更改业务系统、应用程序或现有流程就可实现自动化。

软件机器人是存在于服务器中的一套解决方案、一段程序，甚至只是一条逻辑，它可以按照事先设定好的业务逻辑和规则代替人类，自动地运行工作。从目前的技术实践来看，现有的软件机器人仅适用于高度重复、逻辑确定且稳定性要求相对较低的流程。软件机器人技术的下一阶段将结合人工智能(AI)和机器学习，使其更强大。

2. 软件机器人的特点

(1) 出错率低。人们长时间操作系统，容易出现疲劳，从而导致出错，使用软件机器人可以有效降低出错率。

(2) 安全可靠。软件机器人不会泄密，避免人为操作风险。

(3) 成本降低。软件机器人可以完成耗时且重复的任务。释放人力去完成更为增值的任务。

(4) 无区域限制。软件机器人不受区域影响。地点不会影响成本效益分析。

(5) 核心价值。软件机器人将人从重复的事情中解脱出来。

(6) 准确度高。软件机器人可提高工作质量，避免出现因人为错误而导致的返工，速度和准确率接近 100%。

(7) 可拓展性强。轻松可拓展，立即培训和部署。

(8) 合规遵从。软件机器人可减少错误，提供审计跟踪数据。更好地满足合规控制要求。

(9) 非入侵性。软件机器人配置在当前系统和应用程序之外，无须改变当前的任何应用和技术。

(10) 全天候待命。软件机器人能够“7×24 小时”全天候执行此前人力从事的额工作，节假日无休。

3. 软件机器人的典型应用

(1) 客户服务。软件机器人通过自动化联系中心任务(包括验证电子签名、上传扫描文档和验证自动批准或拒绝的信息)帮助公司提供更好的客户服务。

(2) 信用卡申请。机器人正在幕后处理大多数信用卡应用程序，可以被编程为从收集信息和文件，做信用和背景支票，并最终决定申请人是否值得接受信贷和发放实际卡，轻松处理过程的所有方面。

(3) 呼叫中心操作。呼叫中心收到的许多客户请求都可以通过软件机器人技术提供支持；可以通过仪表板向代理提供普通客户查询和解决方案。当问题升级到人工客户服务代理时，RPA 可以帮助在单个屏幕上整合有关客户的所有信息，因此代理拥有来自多个系统的所有信息，以提供示范性服务。

(4) 索赔管理。在医疗保健和保险领域，软件机器人用于输入和处理索赔。软件机器人可以比人更便捷地做到这一点。该技术还可以识别不符合的例外，以最终节省不必要的付款。

(5) 供应链管理。软件机器人可用于供应链管理，用于采购、自动化订单处理和付款、监控库存水平和跟踪发货量。

习 题 2

一、单项选择题

1. 下面关于任务栏的描述，错误的是(　　)。

A. 打开的窗口越多，任务栏中各窗口的图标越小

B. 任务栏中的窗口图标的大小与打开的窗口数量无关

C. 用户可以通过任务栏中的图标来移动窗口

D. 用户可以通过任务栏中的图标来关闭窗口

2. 在 Windows 下，要激活“开始”菜单，不可用(　　)方法。

A. 单击“开始”按钮　　B. 按 Alt+Esc 组合键

C. 按 Ctrl+Esc 组合键　　D. 按 Windows 键

3. 当一个文件更名后，则文件的内容(　　)。

A. 完全消失　　B. 完全不变　　C. 部分改变　　D. 全部改变

4. 下列操作中，(　　)不能打开“控制面板”。

A. 在“我的电脑”窗口中

B. 在“资源管理器”窗口中

C. 在“开始”菜单的“设置”子菜单中

D. 在“开始”菜单的“运行”子菜单中

5. 如果在对话框要进行各个选项卡之间的切换,可以使用(　　)。

A. Ctrl+Tab 组合键　　B. Ctrl+Shift 组合键

C. Alt+Shift 组合键　　D. Ctrl+Alt 组合键

6. 使用(　　)可以帮助用户释放硬盘驱动器空间,删除临时文件、Internet 缓存文件和可以安全删除不需要的文件,腾出它们占用的系统资源,以提高系统性能。

A. 格式化　　B. 磁盘清理程序

C. 整理磁盘碎片　　D. 磁盘查错

7. 在添加新硬件时,不但要将硬件和计算机连接,还要安装它的(　　),即插即用的硬件设备不需要用户进行手动的安装。

A. 硬件驱动程序　　B. 硬件配置文件

C. 即插即用　　D. 非即插即用

8. 操作系统是(　　)的接口。

A. 用户与软件　　B. 系统软件与应用软件

C. 主机与外设　　D. 用户与计算机

9. Windows 系统安装完毕并启动后,由系统安排在桌面上的图标是(　　)。

A. 资源管理器　　B. 回收站　　C. 记事本　　D. 控制面板

10. 以下(　　)操作不能用于关闭窗口。

A. 按 Alt+F4 组合键　　B. 双击窗口的控制菜单

C. 双击窗口的标题栏　　D. 单击窗口的“关闭”按钮

11. 右击桌面的空白位置,在弹出的快捷菜单中选中“属性”选项,在弹出的对话框中,不能完成(　　)任务。

A. 设定开始菜单　　B. 改变桌面墙纸

C. 改变屏幕的分辨率　　D. 定显示卡驱动程序

12. 在 Windows 中,如果想同时改变窗口的高度和宽度,可以通过拖放(　　)来实现。

A. 窗口边框　　B. 窗口角　　C. 滚动条　　D. 菜单栏

13. 在对话框中,允许同时选中多个选项的是(　　)。

A. 单选框　　B. 复选框　　C. 列表框　　D. 按钮

14. Windows 的文件夹组织结构是一种(　　)。

A. 表格结构　　B. 树状结构　　C. 网状结构　　D. 星形结构

15. 在 Windows 中,下列文件名命名不合法的是(　　)。

A. name_1　　B. 123.dat　　C. my * disk　　D. aboutabc.doc

16. 下面关于 Windows 的叙述,正确的是(　　)。

A. 写字板是字处理软件,不能进行图文处理

B. 画图是绘图工具,不能输入文字

C. 写字板和画图均可以进行文字和图形处理

D. 以上说法都不对

二、填空题

1. 操作系统的主要作用是管理系统资源,这些资源包括________和________。

2. 在 Windows 桌面上,图标的排列方式共有________、________、________、________和________5 种。

3. Windows 中实现复制、剪切、粘贴、撤销和重复的快捷键是________、________、________。

4. 文件属性包括________、________和________。

5. “文件资源管理器”和“此电脑”是用于文件和文件夹管理的两个应用程序,利用它们可以显示文件夹的________和________的详细信息。

第二部分
技 能 应 用

第3章　用计算机进行文字处理

用计算机进行文字处理是指利用计算机录入文字并进行、编辑和排版等操作,也可以对文档中的图片、表格等进行处理。随着计算机技术和许多办公自动化软件的发展,使用文字处理工具制作的文档可以让学习办公效率更高、更准确。因此,如何用计算机对文字进行处理是当代大学生必须具备的技能。Word 2019 是使用最为广泛的文字处理工具之一,它集成了文字编辑、表格制作、图文混排、文档审阅等多种功能,它是 Microsoft Office 中的重要组成部分。本章以 Word 2019 为例,介绍文字处理的基本操作。通过本章的学习,可以帮助用户掌握文字处理的基本方法。

【本章要点】

- Word 2019 功能介绍。
- Word 2019 文档输入与编辑。
- Word 2019 字符格式的设置、页面的设置和段落格式的设置。
- Word 2019 的表格处理。
- Word 2019 的图形处理。
- Word 2019 的高效排版。

【本章目标】

- 了解 Word 2019 的窗口组成和文档的不同视图方式。
- 掌握 Word 2019 的启动和退出、文档建立、保存和修改的方法。
- 掌握 Word 2019 文档的格式设置和页面设置方法。
- 掌握 Word 2019 文档的字符格式、段落格式和页面格式的设置方法。
- 掌握 Word 2019 文档的图片图形的插入、编辑方法,适当进行图文混排。
- 掌握 Word 2019 表格的插入、编辑和格式化方法。

3.1　文字处理工具概述

优秀的文字处理工具能使用户方便自如地在计算机上编辑、修改文档,同时可以集文字、表格、图形、图像、声音于一体,界面直观,操作简单,这种便利是在纸上写文章所无法比拟的。常用的文字处理工具有记事本、Word、WPS 文字、福昕 PDF 编辑器、迅捷 OCR 文字识别等。

1. 记事本

在日常生活中,记事本是用来记录各类事情的小册子。在 Windows 操作系统中,记事本是一个小的应用程序,采用一个简单的文本编辑器进行文字信息的记录和存储。自从1985 年发布的 Windows 1.0 开始,所有的 Microsoft Windows 版本都内置这个软件。记事本的特点是只支持纯文本。一般来说,如果把文本从网页复制并粘贴到一个文字处理软件,它的格式和嵌入的媒体将会被一起粘贴并且难以去除。但是,如果将这样一个文本先粘贴到记事本中，然后从记事本中再次复制到最终需要的文字处理软件里，记事本将会去除所有的格式，只留下纯文本，在某些情况下相当有用。记事本几乎可以编辑任何文件，但不包括UNIX风格的文本文件。

2. Word

Word是Microsoft Office套件中一款核心的文字处理应用程序，其中提供了许多简单易用的文档创建和编辑工具。使用Word可对文档进行管理、编辑、排版、图表制作、审阅及打印。用Word对文本的格式和或图片进行处理，可以使简单的文档变得生动有趣。

3. WPS

WPS(Word Processing System)，中文意为文字编辑系统，是金山软件公司的一款办公软件。它集多种功能于一体，除了丰富的全屏幕编辑功能，还提供了各种控制输出格式及打印功能，使打印出的文稿既美观又规范，基本上能满足各界文字工作者编辑、打印各种文件的需要和要求，具有内存占用低、运行速度快、功能多、强大插件平台支持、提供海量在线存储空间及文档模板的优点，能无障碍兼容微软Office套件文件格式的文档，降低了用户的学习成本，可以满足人们日常办公需求。

4. 福昕PDF编辑器

福昕PDF编辑器是一款专业的中文版PDF编辑软件，支持对PDF格式的文本、图片和流程图进行修改、添加和删除等编辑操作，还能进行PDF文档进行注释、共享审阅、页面旋转、添加水印、签名、输出与打印等操作，功能丰富而实用，是进行PDF文档编辑的首选。

5. 迅捷OCR文字识别

迅捷OCR文字识别是一款能够轻松地把PDF、图片、CAJ文件转为Word文件，能把PNG、JPG等格式的图片转文字，能对票据进行识别的软件，彻底解决了图片和文字无法编辑和转换的问题。

3.2 文档制作

【案例引导】 学院的辅导员需要制作一个以“弘扬抗疫精神”为主题的宣传文档，引导学生要热爱祖国、尊重科学，坚决拥护中国共产党的领导，积极参与中国共产党的事业。通过学习该文档的制作可以掌握文字处理的基本操作，包括新建文档、保存文档，文本的插入、编辑，段落格式设置，页面格式设置，打印设置等。具体如下。

(1) 设置标题“弘扬伟大抗疫精神，开创发展新局面”的字体为“楷体”，字号为“四号”，字符间距为“加宽”“1磅”，位置为“上升”“3磅”，段前、段后间距为“0.5行”，行距为“固定值”设置值为“20磅”，方式为“居中”。

(2) 设置正文的字体为“楷体”，字号为“小四”，段落对齐方式为“两端对齐”，首行缩进为“2字符”，行距为“固定值”“20磅”。

(3) 第1段最后一句话的背景颜色为“灰色－25%”，字体颜色为红色。

(4) 第2段和第3段首句加粗，在段落开头设置文档项目符号◇，内容分两栏并添加分隔线。

(5) 为正文添加页眉，左边添加“弘扬伟大抗疫精神，开创发展新局面”，右面添加当前日期。

（6）为第4段话中“全国抗击新冠肺炎疫情表彰大会”添加尾注“2020年9月8日上午，全国抗击新冠肺炎疫情表彰大会在北京人民大会堂隆重举行。中共中央总书记、国家主席、中央军委主席习近平向国家勋章和国家荣誉称号获得者颁授勋章奖章并发表重要讲话。”

（7）文档页面添加水印“弘扬伟大抗疫精神，开创发展新局面”。

（8）文档另存为“弘扬抗疫精神.docx”。

该案例确定用Word 2019制作，在制作该宣传文档之前，先来学习Word 2019的基本操作。

3.2.1 Word 2019的启动与退出

1. 启动Word 2019

启动Word 2019的常用方法主要包括以下两种。

（1）通过快捷图标启动。双击桌面上Word 2019快捷图标。

（2）双击Word文档启动。若计算机中保存了已有的文档，双击该文档即可启动并打开该文档。

2. 退出Word 2019

退出Word 2019的常用方法主要包括以下两种。

（1）在Word 2019的“文件”选项卡中选中“关闭”选项。

（2）单击标题栏右侧的“关闭”按钮。

3.2.2 Word 2019工作界面

从Office 2007开始，传统的工具栏和菜单栏就被功能区代替，在Office 2019中，这种界面得到了进一步的完善和加强，下面详细介绍Word 2019的工作界面，Office 2019其他组件的界面类似。

1. Word 2019的窗口组成

Word 2019启动后的工作窗口如图3-1所示，主要由标题栏、快速访问工具栏、功能区、文档编辑区、滚动条、状态栏、文档视图切换按钮区、显示比例调整按钮和控件等部分组成，各部分介绍如下。

（1）标题栏。Word 2019的标题栏位于窗口最上边，显示软件的名称Word和当前文档的名称，其左侧为快速访问工具栏，中间部分显示正在编辑的文档名和正在运行的软件名称Word，右侧显示了“最小化”“最大化”“关闭”按钮。

（2）快速访问工具栏。位于标题栏的左侧，可以快速访问频繁使用的按钮，默认状态下包含“保存”“恢复”“撤销”等按钮。用户可以通过单击其右侧的下拉按钮，在下拉菜单中选择需要在其中显示或隐藏的工具按钮。

（3）功能区。功能区中包含“文件”“开始”“插入”“设计”“布局”“引用”“邮件”“审阅”“视图”“帮助”等多个选项卡，单击某个选项卡，可选中相应的选项卡，双击选中的选项卡可以显示和隐藏该选项卡中的组，选项卡中分为多个组，每一组中都包含了一些相关的按钮，当这些按钮处于可用状态时，单击后就可以执行相应的命令。

若在功能区右击，然后在弹出的快捷菜单中选中“折叠功能区”选项，则功能区只显示选项卡，其中的组和组内选项均被隐藏。单击相应的选项卡，该选项卡的组和选项将会显示

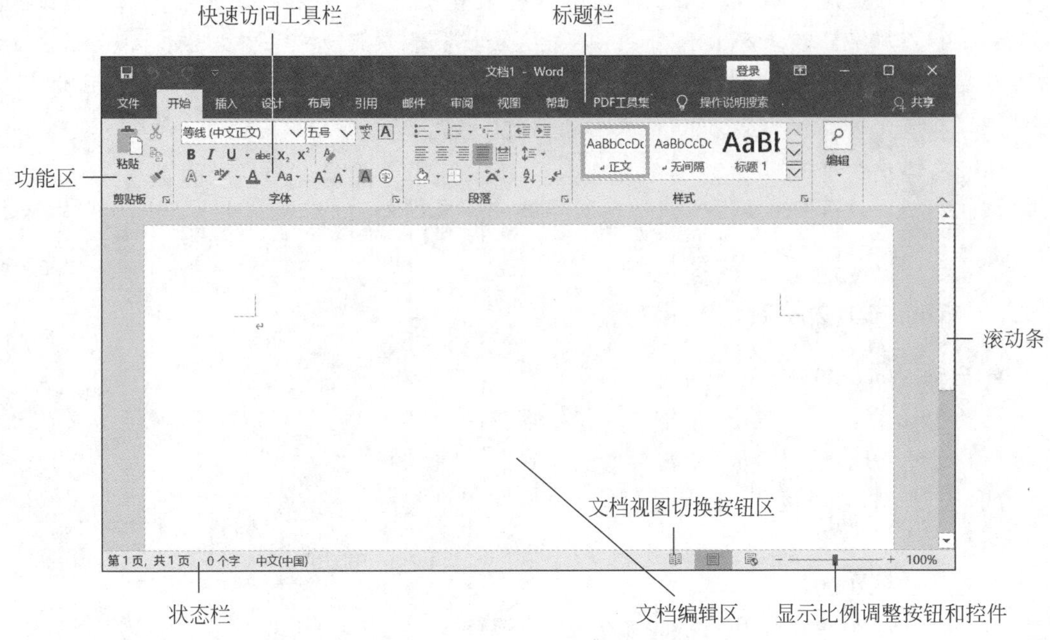

图 3-1 Word 2019 主窗口

出来。

(4) 文档编辑区。文档编辑区位于功能区下方,是文档编辑操作时最主要的工作区,该区域闪烁的"|"形光标为文本插入点,用户输入的文本、图形、表格等内容都在此处编排。当在文档编辑区选择文本并指向所选文本时,浮动工具栏将以淡出形式出现。

(5) 滚动条。Word 2019 窗口的右侧显示了一个垂直滚动条,通过滚动条的调整可以查看超出窗口范围的内容。

(6) 状态栏。Word 2019 的状态栏位于窗口的最下面,用于显示当前的工作状态等信息。从左边起依次显示当前页数、总页数和字数,同时提供检查校对和语言选择功能,显示输入状态,文档视图切换按钮、显示比例调整按钮和调节显示比例控件等。

(7) 文档视图切换按钮区。视图是文档窗口的显示方式,Word 2019 提供了页面视图、阅读视图、Web 版式视图等视图方式。用户在查看文档格式、编辑或审阅文档时可以选择不同的视图方式。

(8) 显示比例调整按钮和控件。在状态栏的右侧是"显示比例调整"按钮和"调节显示比例"控件,拖曳"显示比例调整"按钮可以调整文档的显示比例。另外,文档的显示比例也可以在"视图"选项卡的"显示比例"组中进行调整。

2. 自定义操作界面

Word 2019 允许用户根据需求设置操作界面,例如"快速访问工具栏"中按钮的设置、功能区选项集合的设置、操作界面主题颜色的设置等,其设置方法如下所述。

1) 快速访问工具栏

快速访问工具栏主要是指对该工具栏中的按钮进行添加、删除操作,以及调整该工具栏的位置。

(1) 快速添加和删除按钮。如图 3-2 所示，在“文件”选项卡中选中“选项”选项，在弹出的“Word 选项”对话框中选中“快速访问工具栏”，然后选中需要的命令，单击“添加”按钮，将其添加到快速访问工具栏的菜单中，如图 3-3 所示。也可单击“删除”按钮，将不需要的命令从快速访问工具栏中删除。

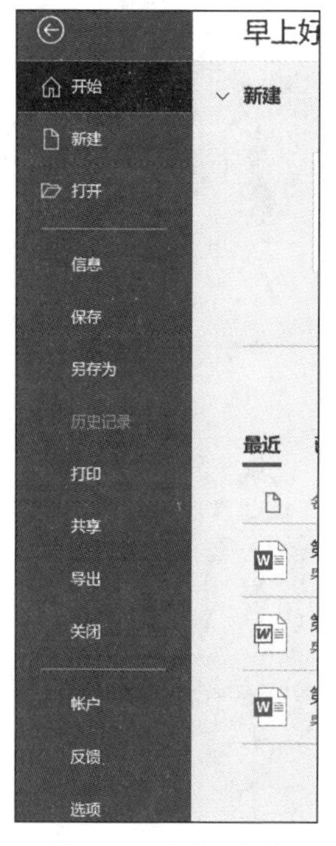

图 3-2 “文件”菜单

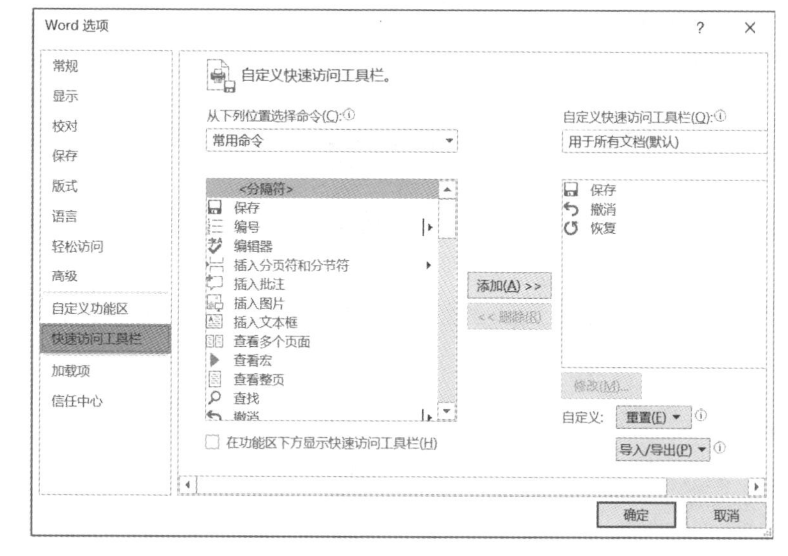

图 3-3 “Word 选项”对话框

(2) 调整位置。在“文件”选项卡中选中“选项”选项，在弹出的“Word 选项”对话框中选中“快速访问工具栏”选项，再选中“在功能区下方显示快速访问工具栏”复选框，可将快速访问工具栏调整到功能区下方。

2) 自定义功能区

在“文件”选项卡中选中“选项”选项，在弹出的“Word 选项”对话框中选中“自定义功能区”选项，如图 3-4 所示。根据需要可将左侧列表框中的按钮添加到右侧功能选项卡和组中。若单击“新建选项卡”按钮，可在功能区新建功能选项卡；单击“新建组”按钮，可在上方列表框中所选的功能区选项卡中新建组；单击“重命名”按钮，可对所选的新建功能选项卡或组重命名；选中某个功能选项卡或组后，单击上移按钮和下移按钮，可调整其所在功能区中的位置。

3.2.3 文档管理

1. 创建文档

启动 Word 2019，系统自动创建一个名字为“文档 1”的文档，如果用户想再创建一个文档，可以使用下面两种常用方法来实现。

(1) 在快速访问工具栏中添加“新建”按钮并单击。该方法是建立空白文档的快捷

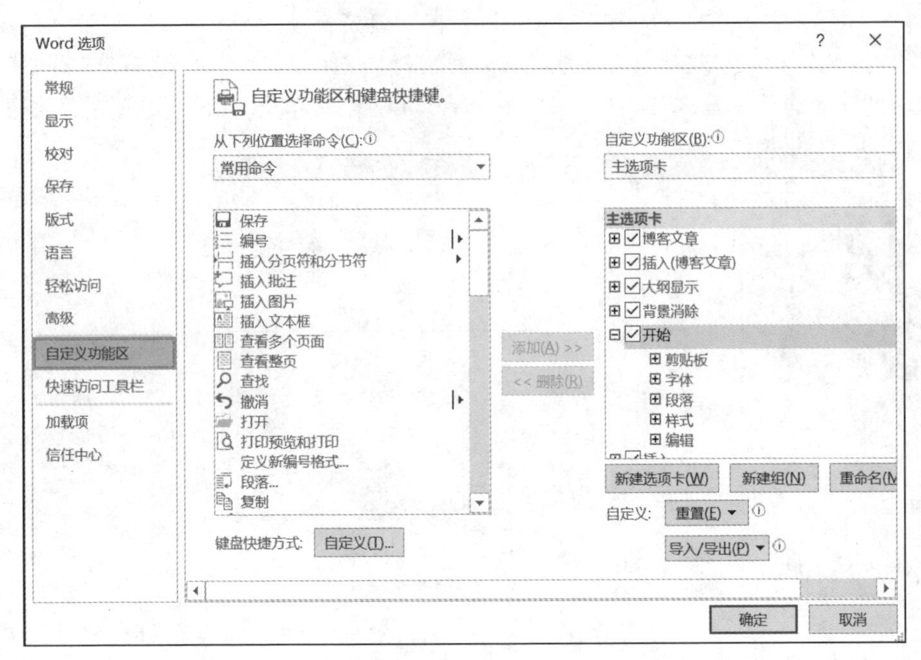

图 3-4　自定义功能区

方法。

(2) 在“文件”选项卡中选中“新建”选项,在“可用模板”栏中选中“空白文档”选项,然后在预览窗格下单击“创建”按钮。

2. 保存文档

保存文档是指将新建文档或编辑好的文档保存到硬盘或其他外存上,以便以后可以重新打开使用。Word 2019 中保存文档可以分为保存新建文档、另存为文档、自动保存文档等方法。

1) 保存新建文档

保存新建文档的操作方法如下所述。

(1) 单击快速访问工具栏中“保存”按钮。

(2) 按 Ctrl+S 组合键保存文件。

执行以上任意操作后,都可打开“保存”对话框,如图 3-5 所示。在“文件名”文本框中输入保存的文档名,为文档选择保存位置,单击“保存”按钮即可。

2) 另存为文档

如果需要将已保存的文档进行备份,则使用另存为文档操作。在“文件”选项卡中选中“另存为”选项,在弹出的“另存为”对话框中,为文档选择保存位置,在“文件名”文本框中输入保存的文档名,在“保存类型”文本框中选择文档类型,单击“保存”按钮即可,如图 3-6 所示。

3) 自动保存文档

为了避免因遇到死机或突然断电等意外情况时丢失文档数据,Word 可以设置自动保存文档的间隔时间,具体操作如下所述。

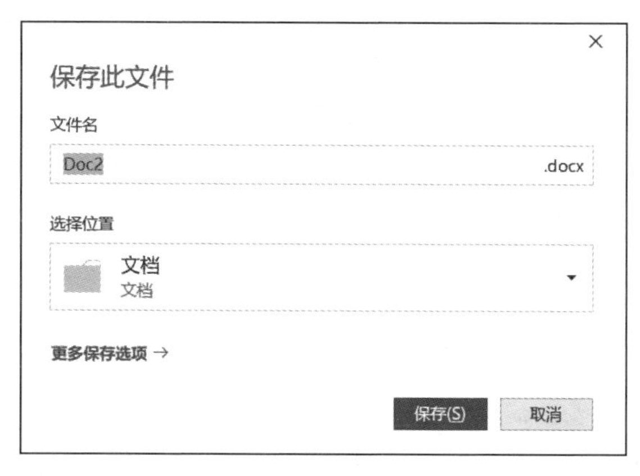

图 3-5 “保存”对话框

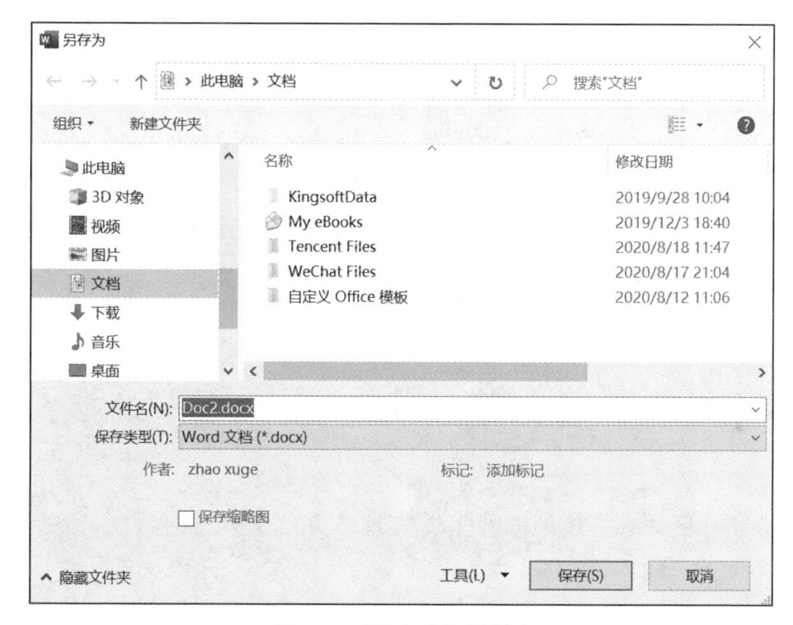

图 3-6 “另存为”对话框

(1) 在“文件”选项卡中选中“选项”选项，弹出“Word 选项”对话框，如图 3-7 所示。

(2) 在“Word 选项”对话框中选中“保存”选项，然后选中“保存自动恢复信息时间间隔”复选框，并在右侧的数值框中设置自动保存的时间间隔，如“10 分钟”，完成后单击“确认”按钮即可。

3. 打开文档

打开文档是指将 Word 生成的文件重新打开并进行浏览和编辑，双击外存上的文档名即可启动程序并打开文档，除此之外，还可以使用下面常用方法打开文档。

(1) 在“文件”选项卡中选中“打开”选项。

(2) 单击快速访问工具栏中“打开”按钮。

(3) 按 Ctrl+O 组合键打开文档。

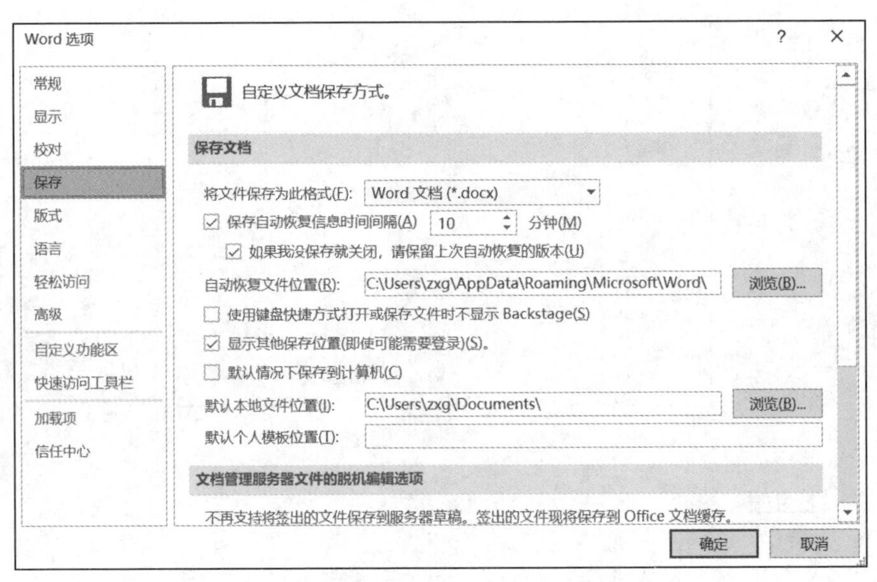

图 3-7　设置自动保存

4. 关闭文档

关闭文档是指在不退出 Word 2019 的前提下，关闭当前正在编辑的文档。具体操作是，在“文件”选项卡中选中“关闭”选项。

3.2.4　文档的输入和编辑

创建文档或打开文档后，可对文档内容进行输入或者编辑，包括选中、复制、删除、查找和替换文本等。

1. 光标

Word 2019 工作区中有一个闪烁的竖线“|”，即为光标插入点，文本、图形、表格等内容都是从此处开始编排。输入文本后，其文本位于光标的左侧，随着文本的输入，插入点不断向右移动，到达文档的右边界时光标自动换行，换至下一行。当需要开始一个新的自然段或产生一个空行时可以按 Enter 键，此时光标自动定位到下一段首行起始处。同时，按 Enter 键后该自然段的末尾处会自动产生一个段落标记。当一页输入完毕后，插入点自动转至下一页。插入点的位置不仅可以用键盘方向键进行确定，也可以通过单击，将光标定位在文本的任意位置。

2. 输入状态

除了明确插入点的位置，还需要确认文本的当前输入状态。通过键盘输入文本包括插入和改写两种状态，默认状态为插入状态。想要在插入和改写状态间切换，可以按 Insert 键。在插入状态下，输入的字符插在光标后的字符前；按 Insert 键后，则会切换到改写状态，输入的字符将替代光标后的字符。

3. 输入文本应注意问题

(1) 当输入的内容超过一页时，系统会自动换页。如果需要强行将后面的内容另起一页，可以按 Ctrl＋Enter 组合键输入分页符来达到目的。

(2) 在输入过程中，如果遇到只能输入大写字母而无法输入中文的情况，是因为大小写锁定键被打开，按 CapsLock 键使之关闭回到小写输入状态即可。

(3) 如果不小心输入了错误的字符，可以按 Backspace 键或 Delete 键进行删除。前者删除光标前面的字符，后者删除光标后面的字符。

4. 输入符号

在输入标点符号、数学符号、单位符号、希腊字母等特殊符号时，可在“插入”选项卡的“符号”组中单击“符号”按钮，然后从在下拉菜单中选中需要的符号。

5. 插入日期和时间

在“插入”选项卡的“文本”组中单击“日期和时间”按钮，弹出“日期和时间”对话框，在“可用格式”列表中选中合适的日期或时间格式，选中“自动更新”选项，可实现每次打开 Word 文档便会自动更新日期和时间，单击“确定”按钮即可。

6. 选定文本

对文档内容的编辑，需要先选定，后操作。即编辑前，先选定需要编辑的内容，选定的文本呈高亮显示，然后才能对选定的内容进行移动、复制、删除等操作。选定的方法如下所述。

(1) 使用键盘选定。将光标移至欲选取文本的开头，同时按住 Shift 键和方向键来选定内容。

(2) 使用鼠标选定。将光标移至欲选取文本的开头，按住鼠标左键拖曳经过需要选定的内容后释放鼠标左键。

7. 删除文本

使用删除操作将不需要的文本从文档中删除，主要包括以下两种方法。

(1) 选择需要删除的文本，按 Backspace 键可删除选择的文本，若定位文本插入点后，按 Backspace 键则可删除插入点前面的字符。

(2) 选择需要删除的文本，按 Delete 键可删除选择的文本，若定位文本插入点前，按 Delete 键则可删除插入点后面的字符。

8. 移动或复制文本

在编辑文档时，可能需要将一些文字移至另外一个位置，如在一个页面内的短距离移动，或从一页移至另一页，或在不同文档间的长距离移动，则需要进行移动操作；如果文本移到另外位置后，选定的文本仍在原处不消失，则需要进行复制操作。移动或复制的操作方法如下所述。

(1) 短距离移动。选定文本，移动鼠标至选定内容上，按住鼠标左键并拖曳。此时，箭头右下方出现一个虚线小方框，随着箭头的移动又会出现一条加粗实竖线，此竖线表明要移动的位置。竖线移至指定位置时，松开鼠标左键，完成文本的移动。

(2) 长距离移动。长距离移动，可以利用剪贴板进行操作。右击选定的文本，在弹出的快捷菜单中选中“剪切”选项，也可以在“开始”选项卡的“剪贴板”组中单击“剪切”按钮，然后在要插入文本的位置右击，在弹出的快捷菜单中选中“粘贴”选项，也可以在“开始”选项卡的“剪贴板”组单击“粘贴”按钮，或按 Ctrl＋V 组合键，进行粘贴操作。

9. 查找或替换文本

“查找”功能不仅可以方便快捷地在冗长复杂的文档中找到特定的字词或短语，而且可以使用“替换”功能批量更正错误的字词或短语，操作步骤如下所述。

(1) 将光标置于文档的开始处,或按 Ctrl+Home 组合键,使查找或替换操作从头执行。

(2) 在“开始”选项卡的“编辑”组中单击“查找”或“替换”按钮,弹出“查找和替换”对话框。

(3) 在“查找内容”下拉列表框中输入要查找的内容;如果要替换内容,在“替换为”下拉列表框中输入要替换的内容。

(4) 如有必要,单击“更多”按钮,在展开的“查找和替换”对话框中继续指定区分大小写、区分前缀、区分后缀等选项,如图 3-8 所示。

图 3-8 “查找和替换”对话框

(5) 单击“查找下一处”按钮,应用程序会突出显示与搜索词、短语匹配的第一个结果;单击“替换”按钮,只替换匹配出的第一个字词或短语;单击“全部替换”按钮,替换所有匹配出的字词或短语;单击“查找下一处”按钮,不进行替换,跳到下一个匹配的字词或短语。

(6) 根据需要可重复执行第(5)步,搜索完成后单击“确定”按钮。

3.2.5 文档的排版

在文档的内容编辑完成后,需要对文档进行恰当的排版,以便让文档显得生动、美观、层次分明、易读。文档的排版包括字符排版、段落排版和页面排版,文档的排版一般在页面视图下进行,同样需要先选定,后操作。

1. 字符排版

字符排版是以文本为对象进行格式化,常见字符格式包括字体、字号、字符颜色、字形、加粗、倾斜、下画线、着重号、删除线、下标、上标、字符间距、更改大小写、清除格式、字符边框、字符底纹、以不同颜色突出显示文本等。通常包括下列两种方法。

(1) 通过“字体”组设置字符格式。首先选定文本,然后在“开始”选项卡的“字体”组中对字符格式进行快速设置，如图 3-9 所示。

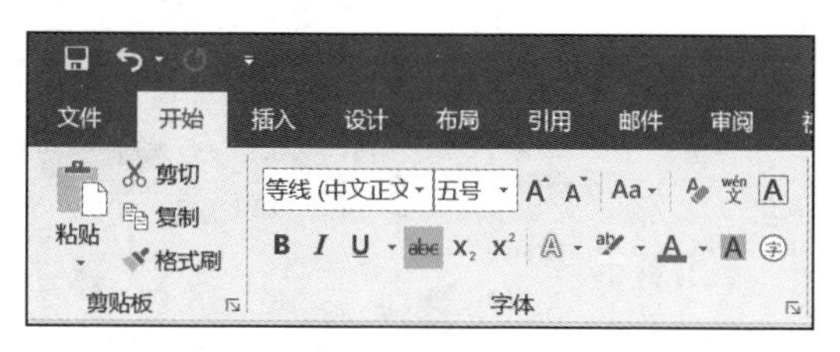

图 3-9 “字体”组

(2) 用“字体”对话框设置字符格式。单击“字体”组的对话框启动器按钮，通过打开的“字体”对话框来完成设置，“字体”对话框中有“字体”选项卡和“高级”选项卡，如图 3-10 所示。在“字体”选项卡中，可以设置字体、字号、字形、加粗、倾斜、字符颜色、下画线、效果(删除线、下标、上标等)、着重号等。在如图 3-11 所示的“高级”选项卡中，可以设置字符间距、字符缩放、字符位置提升和降低等。

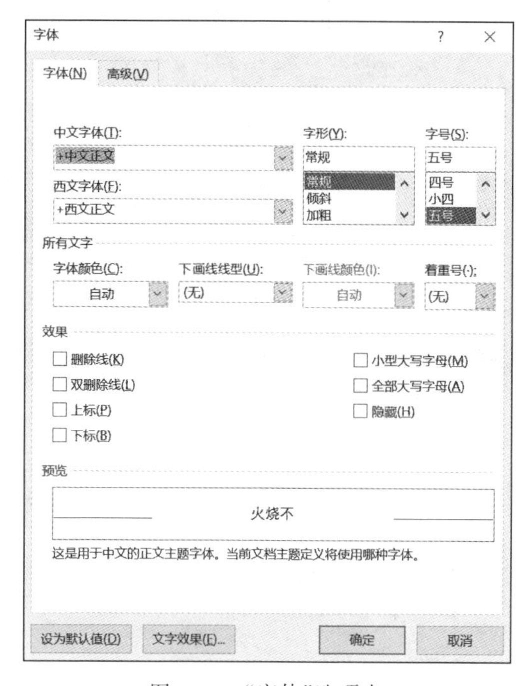

图 3-10 “字体”选项卡

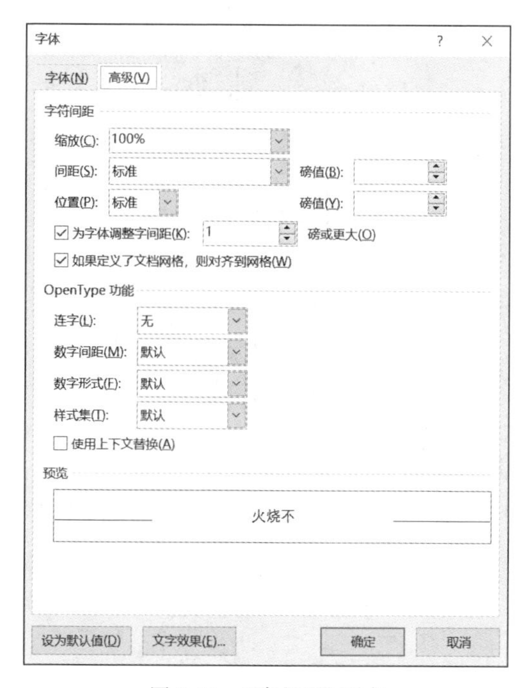

图 3-11 “高级”选项卡

2. 段落排版

段落排版是以段落为对象进行格式化操作，段落格式是指段落外观的一系列格式设置。常见段落格式包括段落对齐方式、段落缩进方式、段落间距、行距、段落特殊格式(首字下沉、项目符号和编号、段落边框和底纹)等。段落格式设置通常包括下列两种方法。

(1) 通过“段落”组设置段落格式。在“开始”选项卡的“段落”组中设置段落格式，如图 3-12 所示。

(2) 用“段落”对话框设置段落格式。单击“段落”组的对话框启动器按钮，通过弹出的“段落”对话框完成设置，如图 3-13 所示。操作步骤和字符格式设置相同，光标置于一个段落的任何位置或选定若干段落后，在“段落”对话框中选择相应的选项即可。

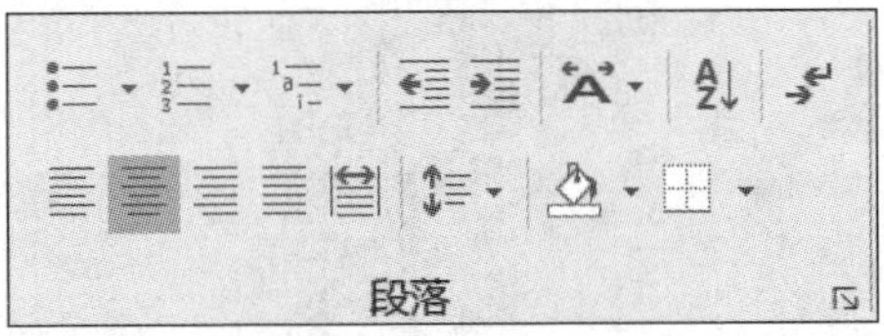

图 3-12 “段落”组

图 3-13 “段落”对话框

3. 设置首字下沉

段落的首字下沉或首字悬挂效果，是为了突出显示段首或篇首位置。设置首字下沉或悬挂效果的方法如下所述。

在“插入”选项卡的“文本”组中单击“首字下沉”按钮，然后选中“下沉”或“悬挂”选项即可，在如图 3-14 所示。如果需要设置下沉的行数，可以在“首字下沉”下拉菜单中选中“首字下沉选项”选项，在弹出的“首字下沉”对话框中选中“下沉”选项后，然后设置字体或下沉的行数，如图 3-15 所示。

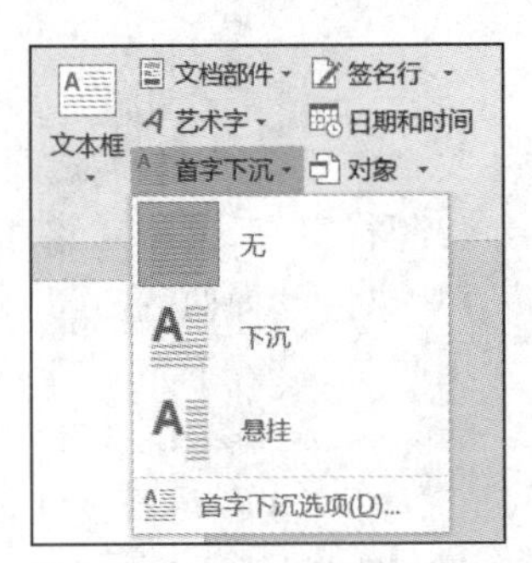

图 3-14 “首字下沉”的选项

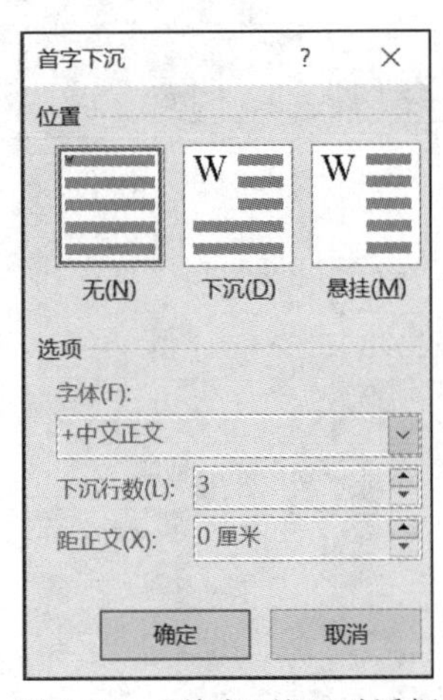

图 3-15 “首字下沉”对话框

4. 设置项目符号或编号

为了能够清晰地表达内容的并列关系和顺序关系，常常需要使用项目符号或编号。项目符号是字符或图片构成，编号是连续的数字或字母构成。设置项目符号的方法如下所述。

在“开始”选项卡的“段落”组中单击“项目符号”按钮，可以设定项目符号；也可以单击“项目符号”按钮，在展开的项目符号列表“项目符号库”中选择相应的选项即可，如图 3-16 所示。如果在“项目符号库”列表中没有用户所需要的项目符号，在展开的项目符号列表可以选中“定义新项目符号”选项，打开如图 3-17 所示的“定义新项目符号”对话框，在该对话框内可以选择符号或图片作项目符号。设定编号与设定项目符号的方法相同。

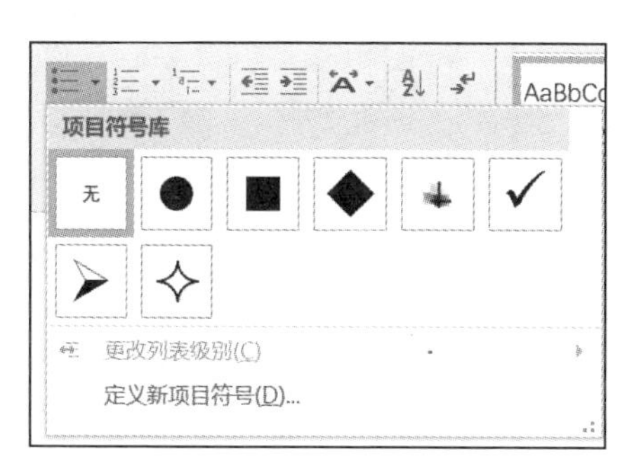

图 3-16　项目符号库

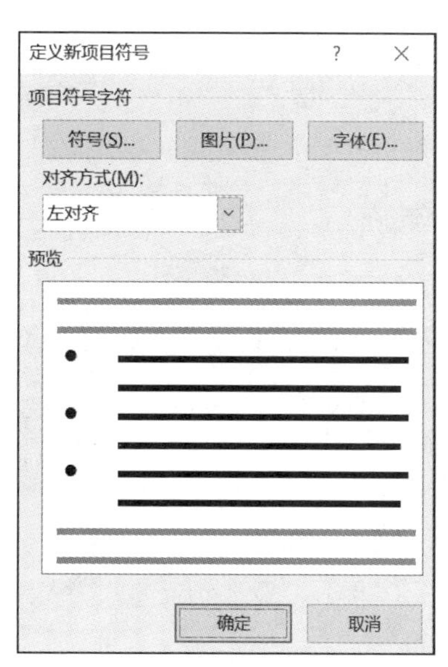

图 3-17　“定义新项目符号”对话框

5. 复制格式

字符和段落格式都是可以复制和清除的。如若复制文本格式，需选择段落的一部分(即要复制其格式的文本)；若仅复制段落格式，只选择段落标记；若同时复制文本和段落格式，则需要选择整个段落，包括段落标记。然后在“开始”选项卡的“剪贴板”组单击“格式刷”按钮，再选择要设置格式的文本或段落。若要多次复制选定的字符或段落格式，则需要双击“格式刷”按钮后再选择要设置格式的文本或段落。

若清除文本格式，需要选择段落的一部分(即要清除其格式的文本)；如若清除文本和段落格式，需要选择整个段落，包括段落标记。然后在“开始”选项卡的“字体”组中单击“清除格式”按钮。

6. 页面排版

为了满足不同的打印需求，Word 2019 允许用户对页面大小和分栏、分隔符、页眉页脚、脚注、尾注等特殊格式进行设置。页面格式设置通常包括下列两种方法。

(1) 在“布局”选项卡的“页面设置”组设置页面格式。在“布局”选项卡的“页面设置”组中单击相应的按钮进行设置，如图 3-18 所示。

(2) 在“页面设置”对话框中设置页面格式。在“布局”选项卡中单击“页面设置”组的对话框启动器按钮，在弹出“页面设置”对话框在进行设置，如图 3-19 所示。

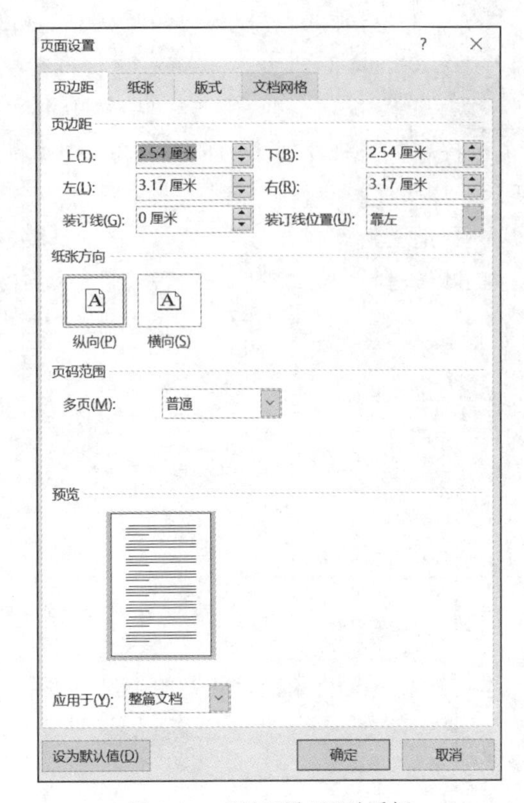

图 3-18 “页面设置”组

图 3-19 “页面设置”对话框

7. 打印文档

在对文档编辑完成后，有时需要通过打印机打印到纸张上。一般情况下，打印文档之前，应对文档版面和内容进行预览，通过预览效果来对文档不妥之处进行调整，直到预览效果符合要求，再按需要设置打印份数、打印范围等选项，并最终完成打印文档，操作步骤如下。

打开需要打印的文档，在“文件”选项卡中选中“打印”选项，然后进行相应设置，在右侧的界面中即可显示整个文档的打印效果，如图 3-20 所示。若要在打印之前返回文档并进行编辑，单击“返回”按钮即可。

3.2.6 “弘扬抗疫精神”文档的制作案例

1. 案例目标

(1) 掌握文本的编辑和格式设置。

(2) 掌握段落格式的设置。

(3) 掌握页面格式的设置。

2. 案例步骤

(1) 启动 Word 2019。在 Windows 10 系统桌面，在“开始”菜单中选中 Word 选项，启动 Word 2019 组件，软件界面如图 3-21 所示。

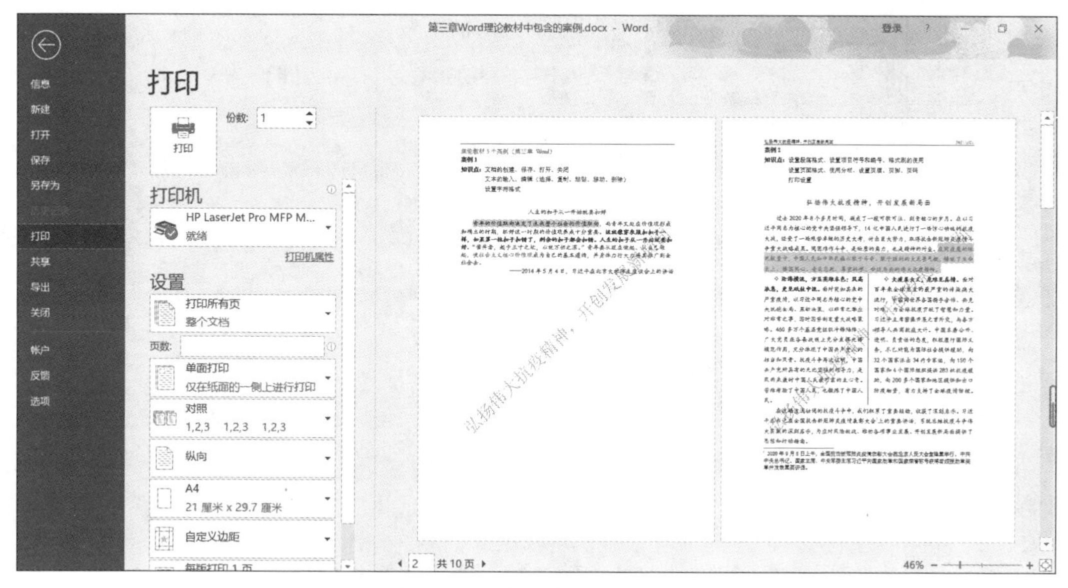

图 3-20　文档的打印预览效果

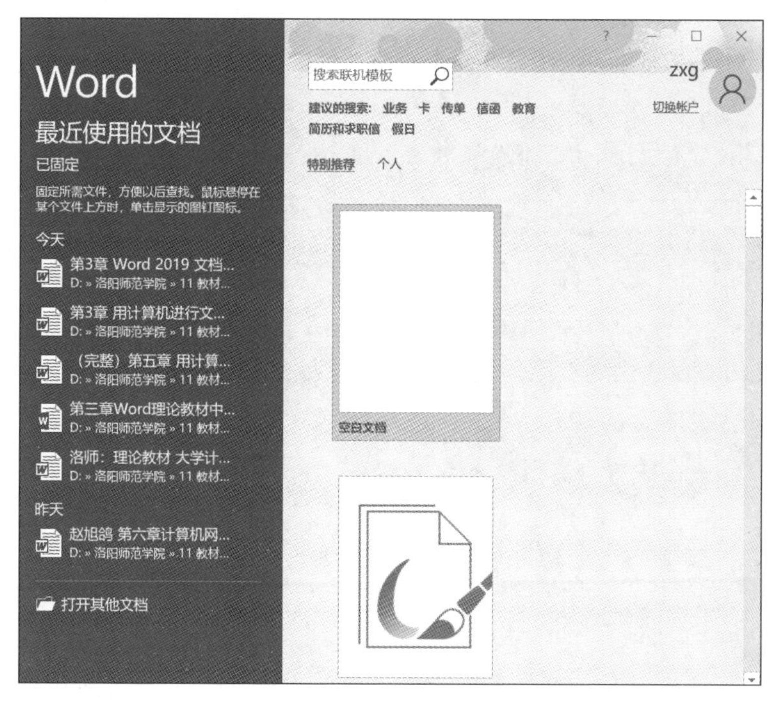

图 3-21　Word 2019

(2) 保存文档。选中“空白文档”选项，打开 Word 文档工作界面并输入文字，在“文件”选项卡中选中“另存为”选项，在弹出的“另存为”对话框中，为文档选择保存位置，在“文件名”文本框中输入保存的文档名“弘扬抗疫精神”，在保存类型文本框中选择文档类型“*.docx”，单击“保存”按钮即可，如图 3-22 所示。

(3) 设置标题字体格式。选中标题，在“开始”选项卡中单击“字体”组的对话框启动器

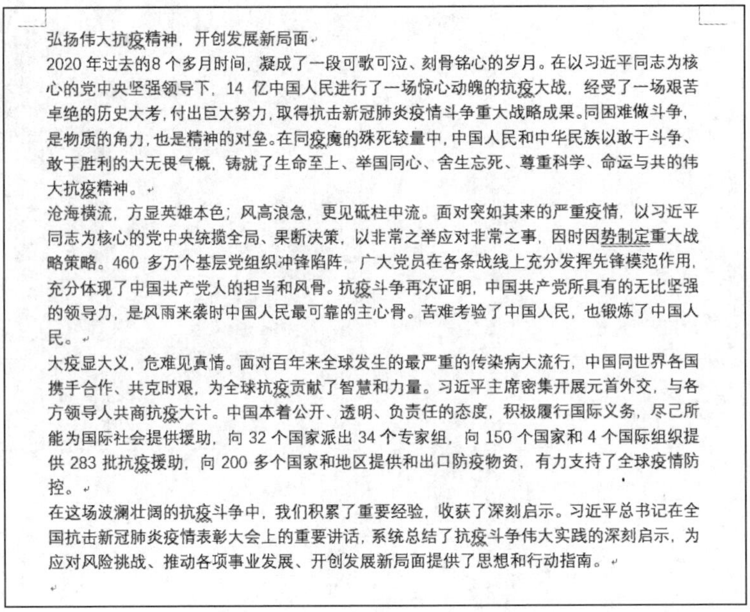

弘扬伟大抗疫精神，开创发展新局面

2020年过去的8个多月时间，凝成了一段可歌可泣、刻骨铭心的岁月。在以习近平同志为核心的党中央坚强领导下，14亿中国人民进行了一场惊心动魄的抗疫大战，经受了一场艰苦卓绝的历史大考，付出巨大努力，取得抗击新冠肺炎疫情斗争重大战略成果。同困难做斗争，是物质的角力，也是精神的对垒。在同疫魔的殊死较量中，中国人民和中华民族以敢于斗争、敢于胜利的大无畏气概，铸就了生命至上、举国同心、舍生忘死、尊重科学、命运与共的伟大抗疫精神。

沧海横流，方显英雄本色；风高浪急，更见砥柱中流。面对突如其来的严重疫情，以习近平同志为核心的党中央统揽全局、果断决策，以非常之举应对非常之事，因时因势制定重大战略策略。460多万个基层党组织冲锋陷阵，广大党员在各条战线上充分发挥先锋模范作用，充分体现了中国共产党人的担当和风骨。抗疫斗争再次证明，中国共产党所具有的无比坚强的领导力，是风雨来袭时中国人民最可靠的主心骨。苦难考验了中国人民，也锻炼了中国人民。

大疫显大义，危难见真情。面对百年来全球发生的最严重的传染病大流行，中国同世界各国携手合作、共克时艰，为全球抗疫贡献了智慧和力量。习近平主席密集开展元首外交，与各方领导人共商抗疫大计。中国本着公开、透明、负责任的态度，积极履行国际义务，尽己所能为国际社会提供援助，向32个国家派出34个专家组，向150个国家和4个国际组织提供283批抗疫援助，向200多个国家和地区提供和出口防疫物资，有力支持了全球疫情防控。

在这场波澜壮阔的抗疫斗争中，我们积累了重要经验，收获了深刻启示。习近平总书记在全国抗击新冠肺炎疫情表彰大会上的重要讲话，系统总结了抗疫斗争伟大实践的深刻启示，为应对风险挑战、推动各项事业发展、开创发展新局面提供了思想和行动指南。

图 3-22　在 Word 文档中输入文字并保存

按钮，弹出如图 3-23 所示的“字体”对话框。在其中设置“中文字体”为“楷体”，“字形”为“常规”，“字号”为“四号”。在如图 3-24 所示的“高级”选项卡中，设置“间距”为“加宽”，“磅值”为“1 磅”，设置“位置”为上升，“磅值”为“3 磅”，单击“确定”按钮完成设置。

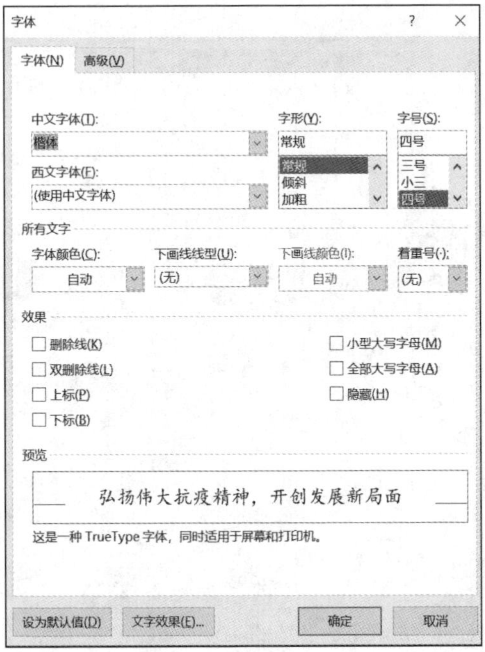

图 3-23　“字体”选项卡

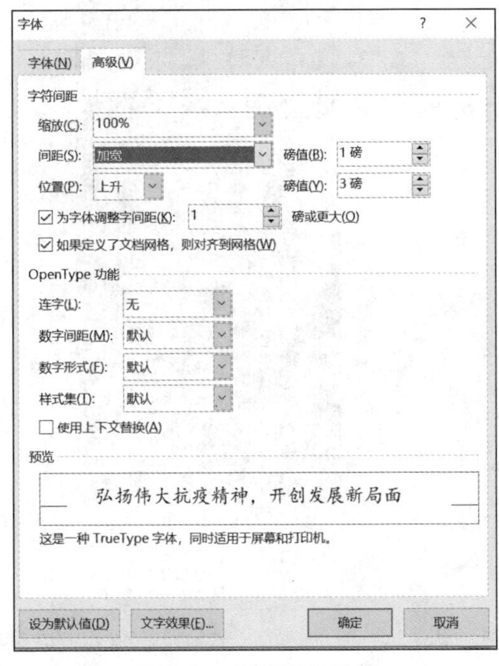

图 3-24　“高级”选项卡

（4）设置标题段落格式。选中标题，在“开始”选项卡中单击“段落”组的对话框启动器按钮，弹出如图 3-25 所示的“段落”对话框。在其中设置“对齐方式”为“居中”，“段前间距”为“0.5 行”，“段后间距”为“0.5 行”，“行距”为“固定值”，“设置值”为“20 磅”，单击“确定”按钮即可。

（5）设置正文字体和段落格式。选中正文，在“字体”对话框中选择“字体”选项卡，设置“中文字体”为“楷体”，“字形”为“常规”，“字号”为“小四”，如图 3-26 所示。在“段落”对话框中选中“缩进和间距”选项卡，设置“对齐方式”为“两端对齐”，“特殊格式”为“首行缩进”，“缩进值”为“2 字符”，“行距”为“固定值”，“设置值”为“20 磅”，如图 3-27 所示，单击“确定”按钮即可。

图 3-25　设置标题段落格式

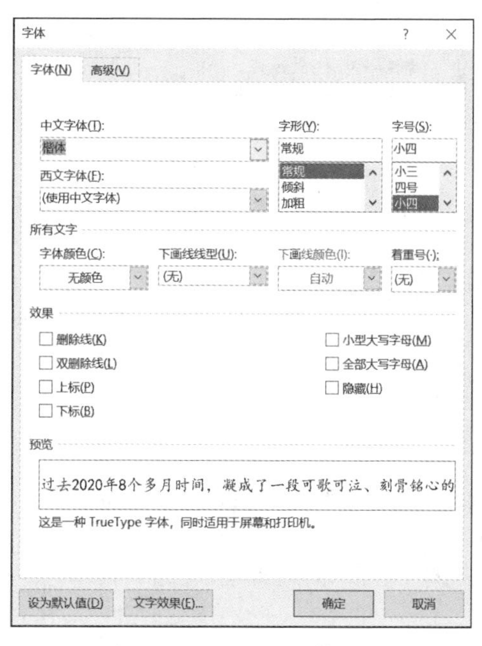

图 3-26　设置正文字体格式

（6）设置字体颜色。选中第一段最后一句话，在“开始”选项卡的“字体”组中设置“字体颜色”为红色，“字体背景颜色”为“灰色－25％”，如图 3-28 所示。

（7）设置分栏。选中第 2 段和第 3 段内容，在“布局”选项卡的“页面设置”组中单击“栏”按钮，在展开的列表中选中“更多栏”选项，如图 3-29 所示，在弹出的“栏”对话框中，设置“栏数”为“2”，并选中“分隔线”复选框，如图 3-30 所示。

（8）设置文档项目符号。选中第二段和第三段内容，在“开始”选项卡的“段落”组中单击“项目符号”按钮，在展开的“项目符号库”中选中相应的项目符号“◇”，如图 3-31 所示。如果在“项目符号库”中没有需要的项目符号，在展开的项目符号列表可以选中“定义新项目符号”选项，打开如图 3-32 所示的“定义新项目符号”对话框，在该对话框内可以选择项目符号“◇”。

图 3-27　设置正文段落格式

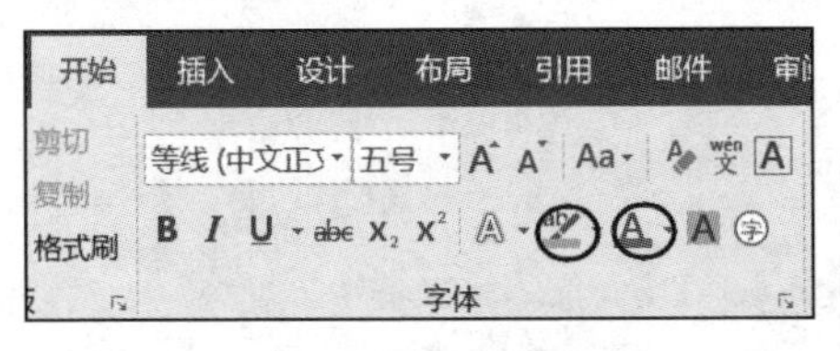

图 3-28　设置字体颜色

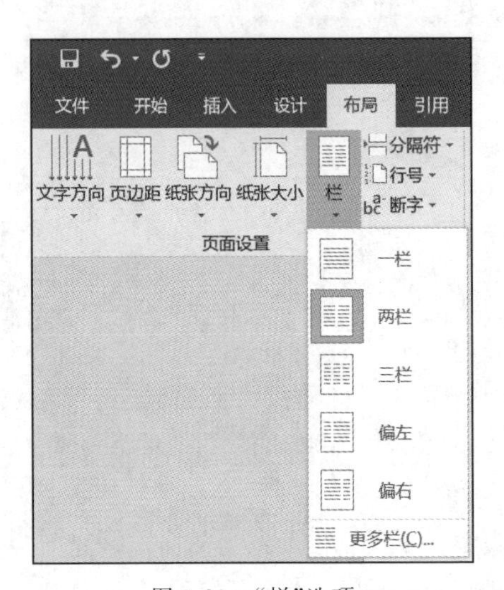

图 3-29　“栏”选项

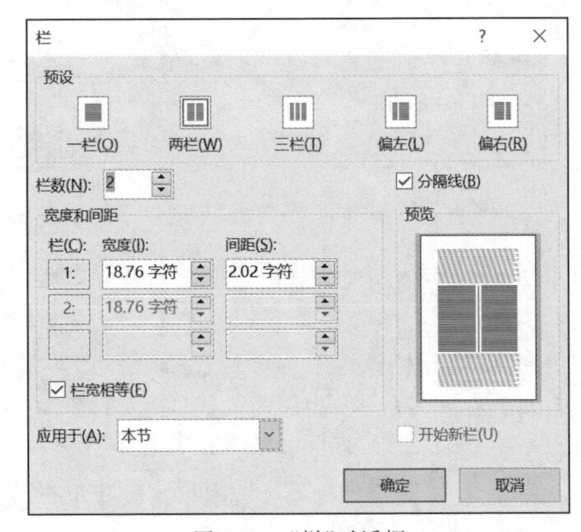

图 3-30　“栏”对话框

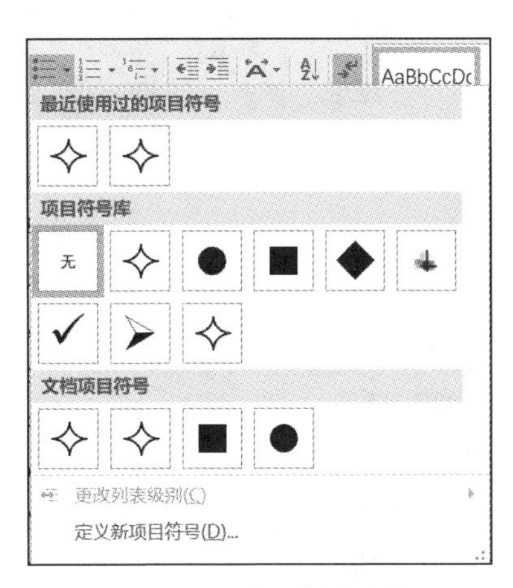

图 3-31　项目符号列表

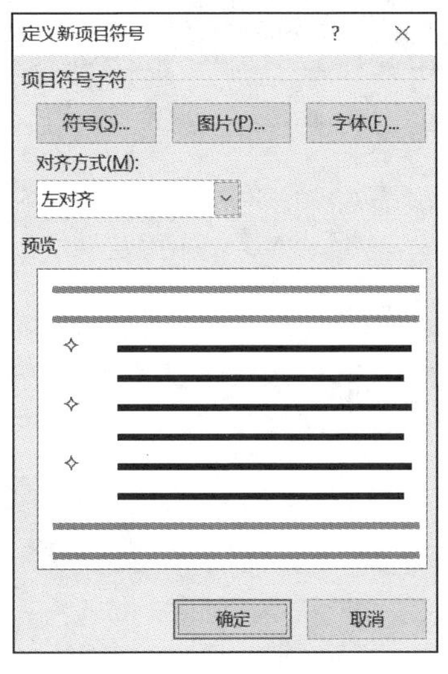

图 3-32　“定义新项目符号”对话框

(9) 调整列表缩进。选中第 2 段和第 3 段的第一句话，在“开始”选项卡的“字体”组中单击“加粗”按钮，对段首内容加粗。选中项目符号“◇”并右击，弹出如图 3-33 所示的“调整列表缩进量”对话框，在其中设置“项目符号位置”为“0 厘米”，“文本缩进”为“－0.7 厘米”，“编号之后”为“空格”，单击“确定”按钮，效果如图 3-34 所示。

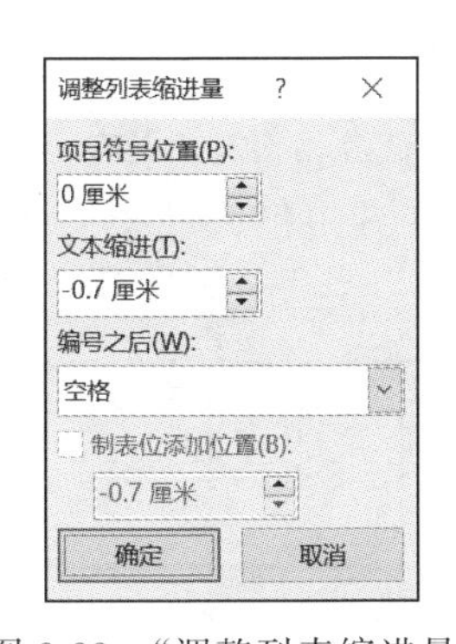

图 3-33　“调整列表缩进量”对话框

◇**沧海横流，方显英雄本色；风高浪急，更见砥柱中流。**面对突如其来的严重疫情，以习近平同志为核心的党中央统揽全局、果断决策，以非常之举应对非常之事，因时因势制定重大战略策略。460 多万个基层党组织冲锋陷阵，广大党员在各条战线上充分发挥先锋模范作用，充分体现了中国共产党人的担当和风骨。抗疫斗争再次证明，中国共产党所具有的无比坚强的领导力，是风雨来袭时中国人民最可靠的主心骨。苦难考验了中国人民，也锻炼了中国人民。	◇**大疫显大义，危难见真情。**面对百年来全球发生的最严重的传染病大流行，中国同世界各国携手合作、共克时艰，为全球抗疫贡献了智慧和力量。习近平主席密集开展元首外交，与各方领导人共商抗疫大计。中国本着公开、透明、负责任的态度，积极履行国际义务，尽己所能为国际社会提供援助，向 32 个国家派出 34 个专家组，向 150 个国家和 4 个国际组织提供 283 批抗疫援助，向 200 多个国家和地区提供和出口防疫物资，有力支持了全球疫情防控。

图 3-34　效果图

(10) 添加页眉。在“插入”选项卡的“页眉和页脚”组中单击“页眉”按钮，如图 3-35 所示，选中“编辑页眉”选项，功能区出现“页眉和页脚工具｜设计”选项卡，如图 3-36 所示。在页眉位置输入“弘扬伟大抗疫精神，开创发展新局面”和当前日期，并分别设置“左对齐”和“居右”。

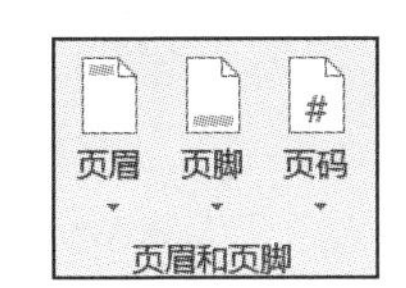

图 3-35　“页眉和页脚”组

(11) 添加尾注。把光标移至第 4 段中的文本“全国抗击新冠肺炎疫情表彰大会”后，在“引用”选项卡的“脚注”组中单击“插入

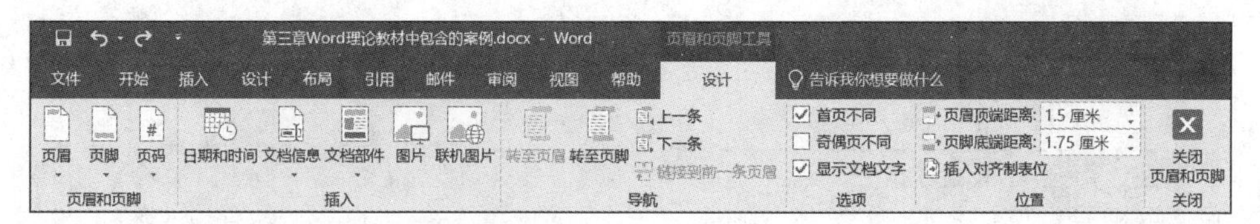

图 3-36 “页眉和页脚工具|设计”选项卡

尾注”按钮，如图 3-37 所示，然后输入文本“2020 年 9 月 8 日上午，全国抗击新冠肺炎疫情表彰大会在北京人民大会堂隆重举行。中共中央总书记、国家主席、中央军委主席习近平向国家勋章和国家荣誉称号获得者颁授勋章奖章并发表重要讲话。”效果如图 3-38 所示。

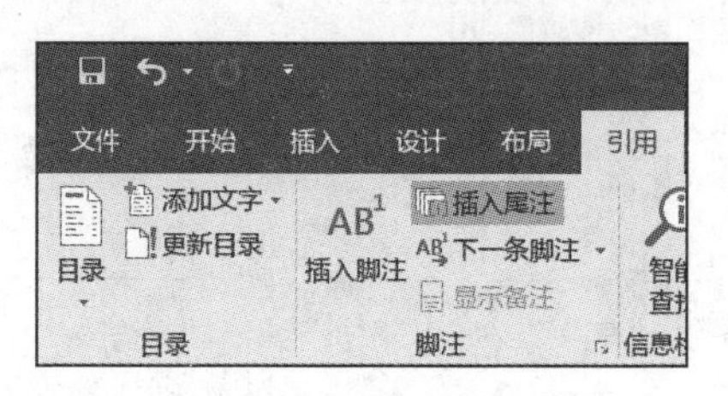

图 3-37 “脚注”组

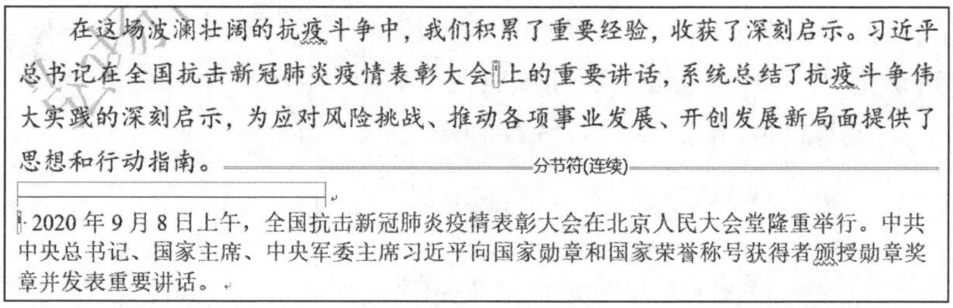

在这场波澜壮阔的抗疫斗争中，我们积累了重要经验，收获了深刻启示。习近平总书记在全国抗击新冠肺炎疫情表彰大会上的重要讲话，系统总结了抗疫斗争伟大实践的深刻启示，为应对风险挑战、推动各项事业发展、开创发展新局面提供了思想和行动指南。分节符(连续)

2020 年 9 月 8 日上午，全国抗击新冠肺炎疫情表彰大会在北京人民大会堂隆重举行。中共中央总书记、国家主席、中央军委主席习近平向国家勋章和国家荣誉称号获得者颁授勋章奖章并发表重要讲话。

图 3-38 效果图

（12）添加水印。在“设计”选项卡的“页面背景”组中单击“水印”下拉按钮，如图 3-39 所示，选中“自定义水印”选项，弹出如图 3-40 所示的“水印”对话框。在其中可为文档页面添加水印。

图 3-39 “页面背景”组

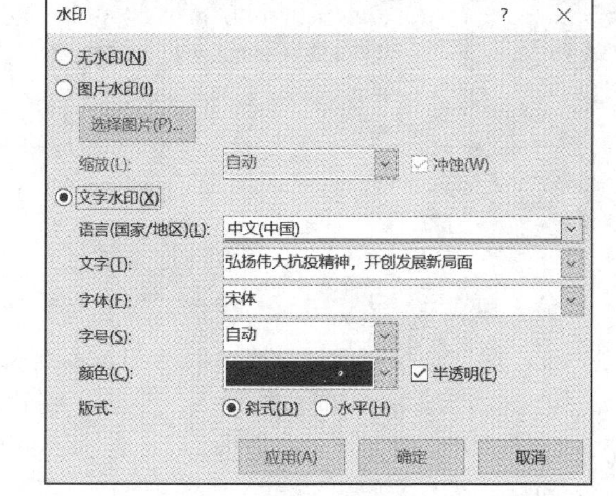

图 3-40 “水印”对话框

（13）整体效果图。文档所有格式设置完成后，在“视图”选项卡的“视图”组单击“页面视图”“Web 版式视图”“阅读视图”按钮设置浏览文档的方式。页面视图的效果如图 3-41 所示。最后，可以在“文件”选项卡中选中“打印”选项，进行文档打印。

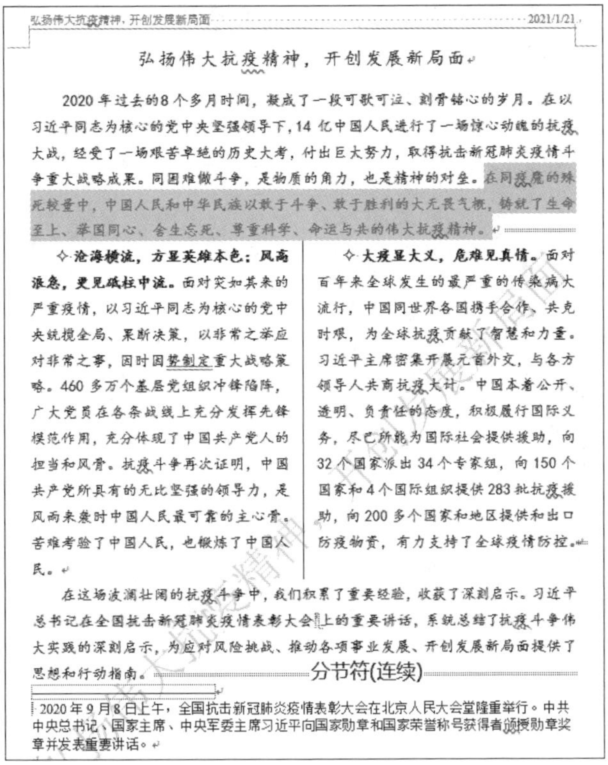

弘扬伟大抗疫精神，开创发展新局面 2021/1/21

弘扬伟大抗疫精神，开创发展新局面

2020 年过去的8个多月时间，凝成了一段可歌可泣、刻骨铭心的岁月。在以习近平同志为核心的党中央坚强领导下，14 亿中国人民进行了一场惊心动魄的抗疫大战，经受了一场艰苦卓绝的历史大考，付出巨大努力，取得抗击新冠肺炎疫情斗争重大战略成果。同困难做斗争，是物质的角力，也是精神的对垒。在同疫魔的殊死较量中，中国人民和中华民族以敢于斗争、敢于胜利的大无畏气概，铸就了生命至上、举国同心、舍生忘死、尊重科学、命运与共的伟大抗疫精神。

✧ **沧海横流，方显英雄本色；风高浪急，更见砥柱中流。**面对突如其来的严重疫情，以习近平同志为核心的党中央统揽全局、果断决策，以非常之举应对非常之事，因时因势制定重大战略策略。460 多万个基层党组织冲锋陷阵，广大党员在各条战线上充分发挥先锋模范作用，充分体现了中国共产党人的担当和风骨。抗疫斗争再次证明，中国共产党所具有的无比坚强的领导力，是风雨来袭时中国人民最可靠的主心骨。苦难考验了中国人民，也锻炼了中国人民。

✧ **大疫显大义，危难见真情。**面对百年来全球发生的最严重的传染病大流行，中国同世界各国携手合作、共克时艰，为全球抗疫贡献了智慧和力量。习近平主席密集开展元首外交，与各方领导人共商抗疫大计。中国本着公开、透明、负责任的态度，积极履行国际义务，尽己所能为国际社会提供援助，向 32 个国家派出 34 个专家组，向 150 个国家和 4 个国际组织提供 283 批抗疫援助，向 200 多个国家和地区提供和出口防疫物资，有力支持了全球疫情防控。

在这场波澜壮阔的抗疫斗争中，我们积累了重要经验，收获了深刻启示。习近平总书记在全国抗击新冠肺炎疫情表彰大会上的重要讲话，系统总结了抗疫斗争伟大实践的深刻启示，为应对风险挑战、推动各项事业发展、开创发展新局面提供了思想和行动指南。分节符(连续)

2020 年 9 月 8 日上午，全国抗击新冠肺炎疫情表彰大会在北京人民大会堂隆重举行。中共中央总书记、国家主席、中央军委主席习近平向国家勋章和国家荣誉称号获得者颁授勋章奖章并发表重要讲话。

图 3-41　整体效果图

3.3　表格制作

【案例引导】　需要制作一个《远方的家》栏目的“一带一路”系列节目列表，供观众查看回放的节目内容，旨在展示中国的自然与人文之美和中国人眼中的世界之美，弘扬深厚的中华文化，发扬博大精深的中国文化，表达中国“和平、友好、互利、共赢”的理念，突出“一带一路”，打造命运共同体、责任共同体和利益共同体的时代精神。通过学习该文档的制作，可以掌握 Word 文档中表格的基本操作，包括创建表格、表格的输入、选择表格、编辑表格、格式化表格等。具体如下。

（1）新建一个名为“一带一路节目列表.docx”的 Word 文档，插入表格，在表格对话框中选择 13 行 4 列。

（2）合并第一行的 4 个单元格为 1 个单元格，合并第一列的第 3、4、5、6 行为一个单元格，合并第一列的第 7、8 行为一个单元格，合并第一列的第 9、10、11 行为一个单元格，合并第一列的第 12、13 行为一个单元格。

（3）在表格中输入文本，设置表格内容的字体为“华文楷体”，字号为“小四”，其中表格第一行字体为“华文楷体”，字号为“四号”，字形为“加粗”，第一列的字体为“华文楷体”，字号为“小四”，字形为“加粗”。

(4) 设置表格行高为“0.75 厘米”，单元格内容为“垂直居中对齐”。

(5) 自定义页面“左右边距”为“3 厘米”，调整列宽使表格内容保持在一行。

(6) 将表格应用样式为“网格表 5 深色-着色 3”。

(7) 设置边框样式为外黑实线内浅实线，颜色为黑色，宽度为“0.75 磅”，外侧框线为黑实线。

《远方的家》“一带一路”系列节目列表确定用 Word 2019 制作，在制作文档之前，先让我们来学习 Word 2019 中表格的基本操作。

3.3.1 创建表格

Word 2019 提供简单表格的创建和编辑。Word 中的表格包括规则表格、不规则表格、文本转换成的表格 3 种类型。表格由若干行和列组成，行和列的交叉处称为单元格。单元格内可以输入字符、图形，或插入另一个表格。在“插入”选项卡的“表格”组中单击“表格”按钮，可以对表格进行操作。

1. 建立规则表格

建立规则表格主要有以下两种方法。

(1) 快速插入表格。在“插入”选项卡的“表格”组中单击“表格”按钮，在下拉菜单的虚拟表格中移动鼠标指针，选定需要插入的表格行列，即可创建一个规则表格，如图 3-42 所示。

(2) 使用对话框插入表格。在“插入”选项卡的“表格”组中单击“插入表格”按钮，在下拉菜单中选中“插入表格”选项，弹出如图 3-43 所示的对话框，在其中选中或直接输入所需的列数和行数、精确设置列宽度值后，单击“确定”按钮。

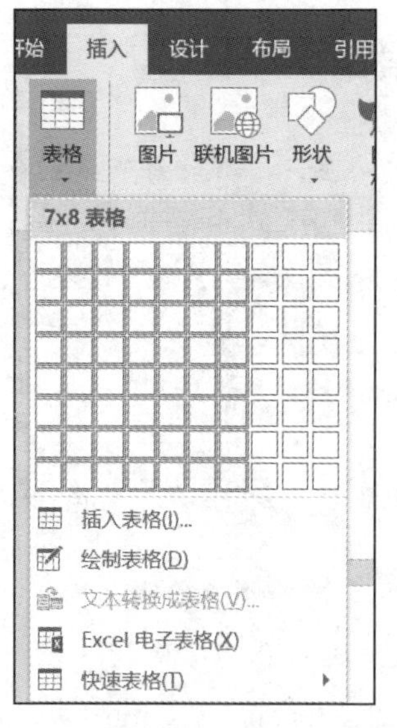

图 3-42 “表格”按钮的下拉菜单

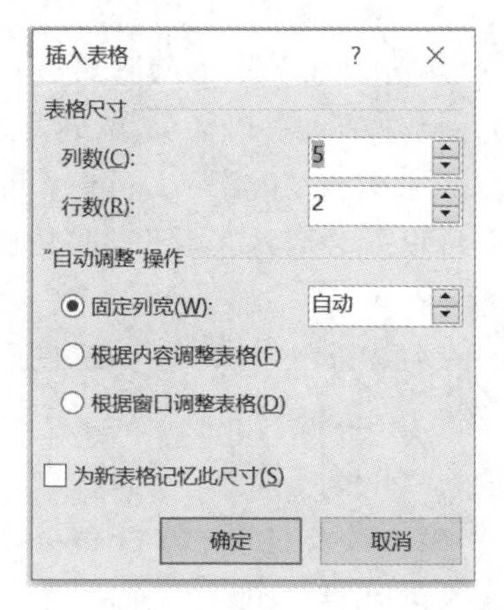

图 3-43 “插入表格”对话框

2. 建立不规则表格

在“插入”选项卡的“表格”组中单击“表格”按钮，在下拉菜单中选中“绘制表格”选项，此时，光标呈铅笔状，在文档编辑区通过拖曳鼠标即可绘制表格外边框，在外边框内拖曳鼠标可绘制行线和列线，绘制完成后，按 Esc 键退出绘制状态。

在绘制过程中，功能区会自动出现“表格工具|设计”选项卡，如图 3-44 所示，在“边框”组中单击“边框”按钮，从下拉菜单中选中“边框和底纹”选项，在弹出的“边框和底纹”对话框中可以设置表格线的样式、颜色和宽度等。

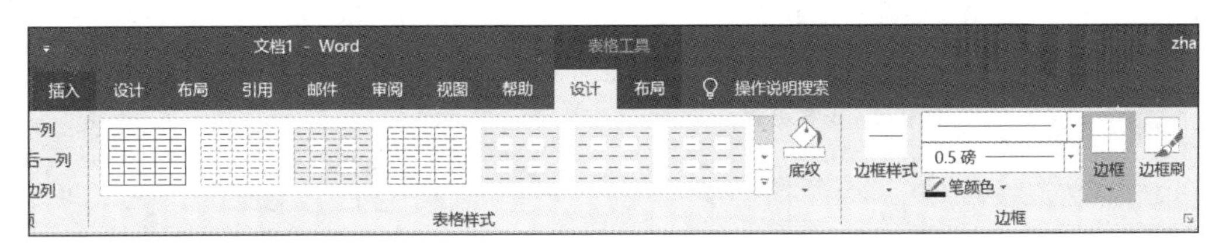

图 3-44 “表格工具|设计”选项卡

3. 将文本转换成表格

对于按规律分隔的文本，可以转换成表格，文本的分隔符可以为空格、制表符、逗号或其他符号等。若将文本转换成表格，需要先选定文本，然后在“插入”选项卡的“表格”组中单击“表格”按钮，在下拉菜单中选中“文本转换成表格”选项。需要注意，文本分隔符不能为中文或全角状态的符号，否则转换不成功。

创建表格时，通常需要绘制斜线表头，即将表格中第 1 行第 1 个单元格用斜线分成几部分，每一部分对应于表格中行和列的内容。对于斜线表头，可以在“插入”选项卡的“插图”组中单击“形状”按钮，从下拉菜单中选中“直线”和“文本框”选项；也可以在绘制表格过程中，在线段的起点处单击并拖曳鼠标至终点释放完成斜线的绘制。

3.3.2 输入表格内容

创建表格后，可在任意一个单元格中输入文字、插入图片、图形和图表等内容。

在单元格中输入和编辑文字的操作与文本一样，可以通过单击单元格定位光标，或按 Tab 键将光标移至下一个单元格，然后输入内容，单元格的边界作为文档的边界，当输入内容达到单元格的右边界时，文本自动换行，行高也将自动调整。

要设置单元格的对齐方式，可右击单元格，在弹出的快捷菜单中选中“表格属性”选项，在弹出的“表格属性”对话框中选择需要的对齐方式，如图 3-45 所示。也可以分别设置文字在单元格中的水平对齐方式和垂直对齐方式。在“开始”选项卡的“段落”组中单击需要的对齐按钮，可以设置水平对齐方式；而垂直对齐方式则只能在“表格属性”对话框的“单元格”选项卡中设置，如图 3-46 所示。其他设置如字体、缩进等与前面介绍的文档排版操作类似。

3.3.3 编辑表格

1. 表格中对象的选定

表格的编辑需要先选定，后执行，按住鼠标左键拖曳出需要选定的内容区域即可，更多选定表格的操作方法如表 3-1 所示。

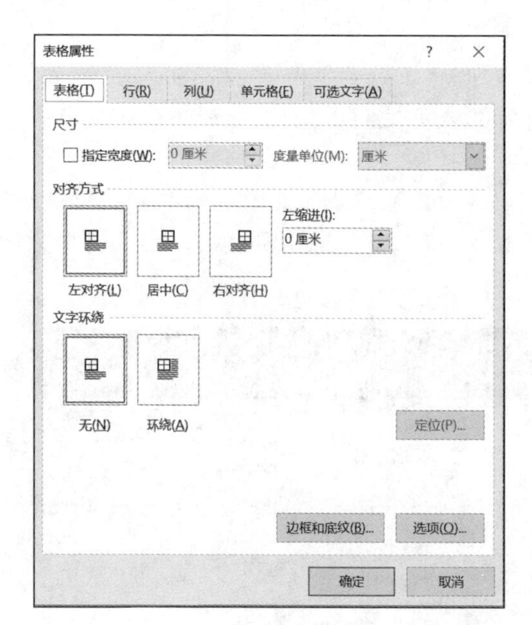

图 3-45 “表格属性”对话框

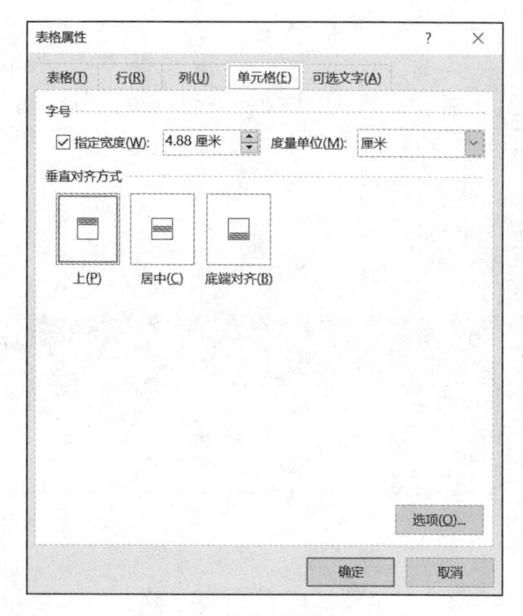

图 3-46 “单元格”选项卡

表 3-1 表格对象的选定

选取范围	鼠标操作
一个单元格	将鼠标指针指向单元格内左下角处，光标变为向右上方黑实心箭头时单击
一行	将鼠标指针指向该行左端边沿处(选定区)时单击
一列	将鼠标指针指向该列顶端边沿处，光标变为向下黑色实心箭头时单击
连续单元格、行或列	先选定一个单元格、一行或一列，然后按住 Shift 键再选定另一个单元格、一行或一列
不连续单元格、行或列	先选定一个单元格、一行或一列，然后按住 Ctrl 键再选定另一个单元格、一行或一列
整个表格	单击表格左上角的全选按钮

2. 表格编辑

表格的编辑包括缩放表格、调整行高和列宽、增加或删除行(列或单元格)、拆分和合并表格(单元格)、表格复制和删除、表格跨页操作等。通过右击表格，在弹出的快捷菜单中选中相应的选项来完成设置，也可以通过“表格工具|布局”选项卡中“表”“行和列”“合并”“单元格大小”“对齐方式”“数据”组中相应的选项来完成。

1) 缩放表格

当鼠标指针指向表格时，表格的右下角会出现一个空心小方框，称为“句柄”，将鼠标指针指向句柄后，会变成箭头，拖曳鼠标可以缩放表格。

2) 调整行高和列宽

根据不同情况，调整行高和列宽包括以下两种方法。

(1) 拖曳鼠标。将鼠标指针移至行线或列线上，当其变为双向箭头时，拖曳鼠标即可调整行高和列宽。

(2) 精确调整。选定表格或需要调整的行列并右击,在弹出的快捷菜单中选中“表格属性”选项,在打开的“表格属性”对话框的“行”选项卡中设置具体的行高,如图 3-47 所示,在“列”选项卡中设置具体的列宽,如图 3-48 所示。

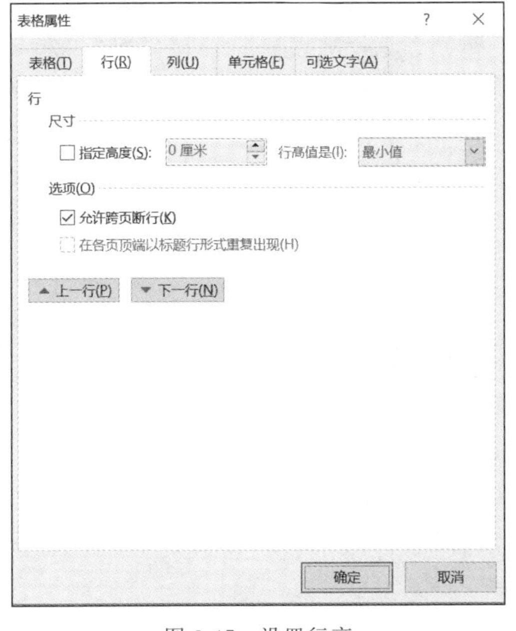

图 3-47　设置行高

图 3-48　设置列宽

3) 增加或删除行、列和单元格

增加或删除行、列和单元格可在“表格工具 | 布局”选项卡的“行和列”组中完成设置,如图 3-49 所示。如果选定的是多行或多列,那么增加或删除的也是多行或多列。

4) 拆分和合并表格、单元格

拆分表格是指将一个表格分为两个表格。首先将光标移至需要拆分的位置,即第 2 个表格的第 1 行,然后在“表格工具 | 布局”选项卡的“合并”组中单击“拆分表格”按钮,如图 3-50 所示。此时在两个表格中会产生一个空行,如果删除该空行,两个表格则可以合并为一个表格。

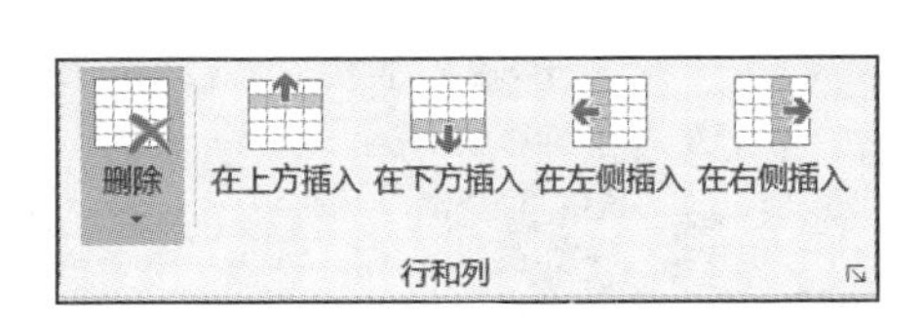

图 3-49　“行和列”组

图 3-50　“合并”组

拆分单元格是指将一个单元格分为多个单元格,合并单元格则恰恰相反。拆分和合并单元格可以在“表格工具布局”选项卡的“合并”组中单击“拆分单元格”和“合并单元格”按钮并进行设置,如图 3-50 所示。

5）复制和删除

表格的复制和删除主要通过右键快捷菜单中的“复制”和“删除表格”选项完成。注意，选中表格后按 Delete 键，只能删除表格中的数据，不能删除表格。

6）表格跨页操作

当表格很长或表格正好处于两页的分界处时，表格会被分割成两部分，即出现跨页的情况，Word 2019 提供了跨页分断表格的方法。跨页分断表格是使下一页中的表格仍然保留上一页表格中的标题（适用于较大表格）。表格跨页操作是在“表格工具|布局”选项卡的“表”组中单击“属性”按钮，在弹出的“表格属性”对话框的“行”选项卡中选中“允许跨页断行”“在各页顶端以标题行形式重复出现”复选框，如图 3-51 所示，或在“表格工具|布局”选项卡的“数据”组中单击“重复标题行”按钮，如图 3-52 所示。

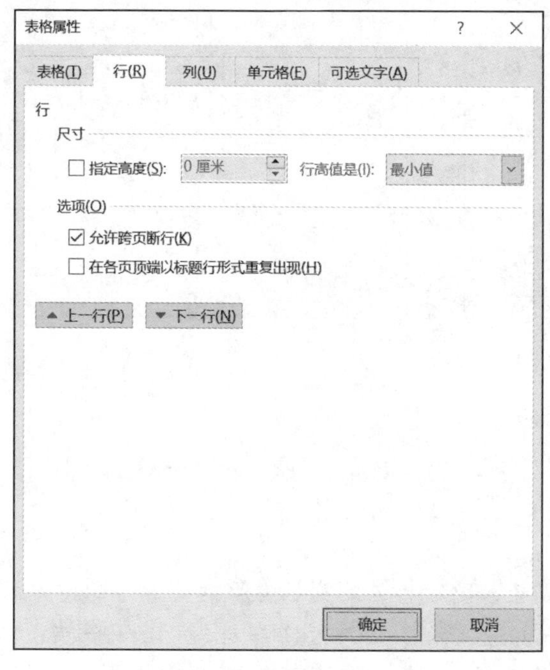

图 3-51 “行”选项卡

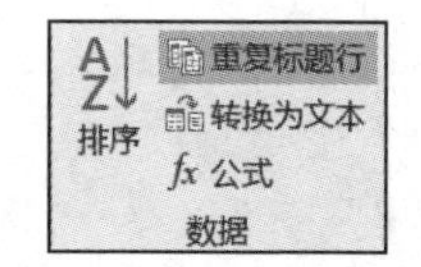

图 3-52 “重复标题行”选项

3.3.4 格式化表格

格式化表格主要是针对表格的格式进行设置。表格中的文本可以按文本和段落格式的方法设置。表格的边框、行线、列线、底纹的设置主要通过设置边框、底纹和表格样式实现。

1. 应用表格样式

表格样式是表格格式的集合，包括表格边框和底纹格式、表格中的文本和段落格式、单元格的对齐方式等。Word 2019 为用户预设了大量表格样式，可以快速格式化表格。首先选定表格，通过在“表格工具|设计”选项卡的“表格样式”组单击相应的按钮实现，如图 3-53 所示。

2. 设置边框和底纹

使用边框和底纹可以使每个单元格或每行、每列呈现出不同的风格，使表格更加清晰。

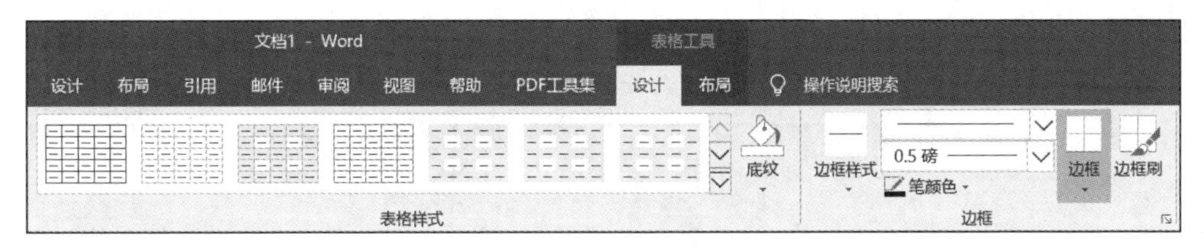

图 3-53 “表格样式”组

通过在“表格工具|设计”选项卡的“边框”组中单击“边框”按钮，在下拉菜单中选中“边框和底纹”选项，在弹出的“边框和底纹”对话框中进行更详细的设置，如图 3-54 所示。

图 3-54 “边框和底纹”对话框

3.3.5 “一带一路”系列节目列表的制作案例

1. 案例目标

(1) 掌握表格创建和表格内容的输入。

(2) 掌握表格的编辑。

(3) 掌握表格的美化以及格式应用。

2. 案例步骤

(1) 插入表格。创建 Word 文档命名为“一带一路节目列表.docx”，在“文件”选项卡中选中“空白文档”选项，在“插入”选项卡的“表格”组单击“表格”按钮，在下拉菜单中选中“插入表格”选项，弹出如图 3-55 所示的“插入表格”对话框。在其中设置“列数”为“4”，“行数”为“13”，单击“确定”按钮。

(2) 合并单元格。选中第 1 行的 4 个单元格，在“表格工具|布局”选项卡的“合并”组中单击“合并单元格”按钮，如图 3-56 所示，将第 1 行合并为一个单元格，同样合并第 1 列的第

3、4、5、6 行为一个单元格，合并第 1 列的第 7、8 行为一个单元格，合并第 1 列的第 9、10、11 行为一个单元格，合并第 1 列的第 12、13 行为一个单元格，效果如图 3-57 所示。

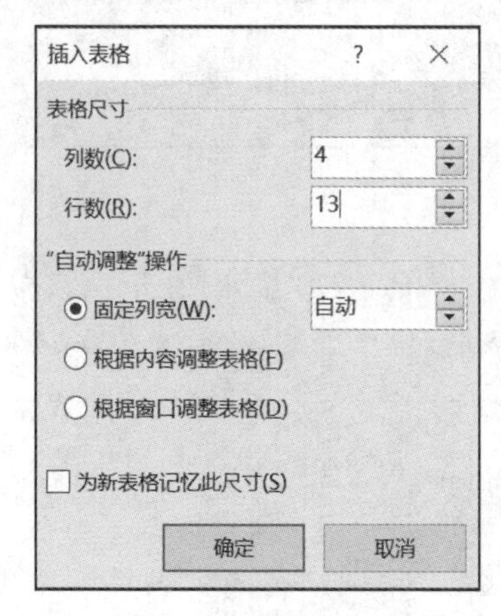

图 3-55 "插入表格"对话框

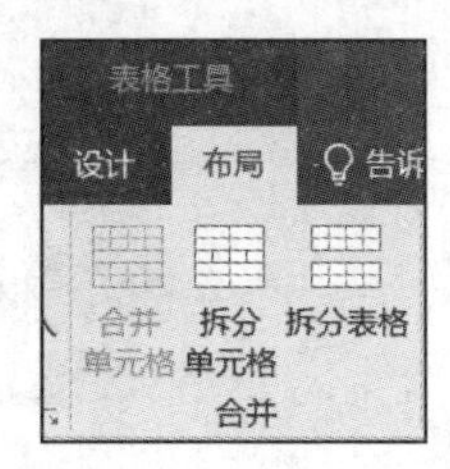

图 3-56 "合并"组

图 3-57 效果(1)

(3) 设置字体格式。在表格中输入文本，在"开始"选项卡的"字体"组中单击相应的按钮，设置表格中文本的"字体"为"华文楷体"，"字号"为"小四"，其中表格第 1 行的字体需要加粗，效果如图 3-58 所示。

(4) 设置表格属性。选中表格，在"表格工具|布局"选项卡的"表"组中单击"表格属性"按钮，在弹出的"表格属性"对话框中设置表格的行高为"0.75 厘米"，如图 3-59 所示，单元格内容"垂直居中对齐"，如图 3-60 所示。

(5) 调整表格列宽。在"表格工具|布局"选项卡的"页面设置"组中单击"页边距"按钮，在下拉菜单在选中"自定义页边距"选项，在弹出的"页面设置"对话框在设置页面的左右边距均为"3 厘米"，如图 3-61 所示。将鼠标指针移至纵向表线上，当其变为双向箭头时，拖曳鼠标调整列宽，使表格内容保持在一行，效果如图 3-62 所示。

(6) 应用表格样式。选定表格，如图 3-63 所示。在"表格工具|设计"选项卡的"表格样式"组中选中样式"网格表 5 深色-着色 3"，效果如图 3-64 所示。

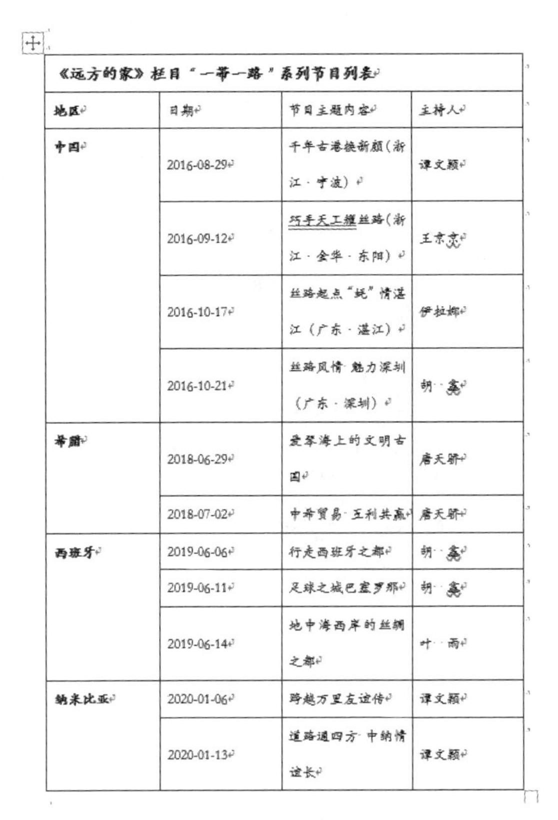

《远方的家》栏目“一带一路”系列节目列表			
地区	日期	节目主题内容	主持人
中国	2016-08-29	千年古港换新颜(浙江 · 宁波)	谭文颖
	2016-09-12	巧手天工耀丝路(浙江 · 金华 · 东阳)	王京亮
	2016-10-17	丝路起点“蜓”情湛江(广东 · 湛江)	伊拉娜
	2016-10-21	丝路风情 魅力深圳(广东 · 深圳)	胡 鑫
希腊	2018-06-29	爱琴海上的文明古国	唐天骄
	2018-07-02	中希贸易 互利共赢	唐天骄
西班牙	2019-06-06	行走西班牙之都	胡 鑫
	2019-06-11	足球之城巴塞罗那	胡 鑫
	2019-06-14	地中海西岸的丝绸之都	叶 雨
纳米比亚	2020-01-06	跨越万里友谊传	谭文颖
	2020-01-13	道路通四方 中纳情谊长	谭文颖

图 3-58 效果(2)

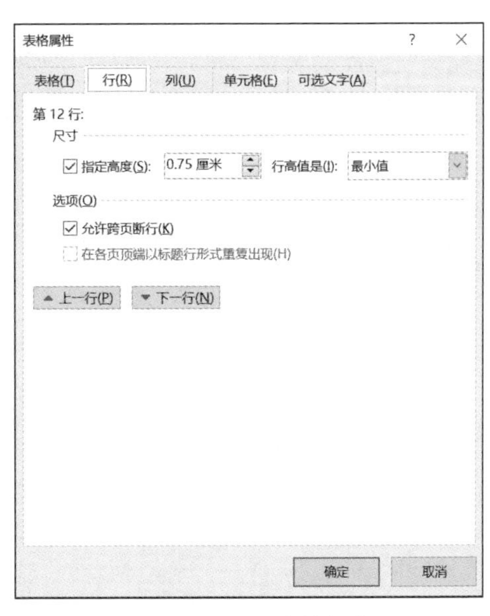

图 3-59 设置表格行高

图 3-60 设置单元格垂直居中

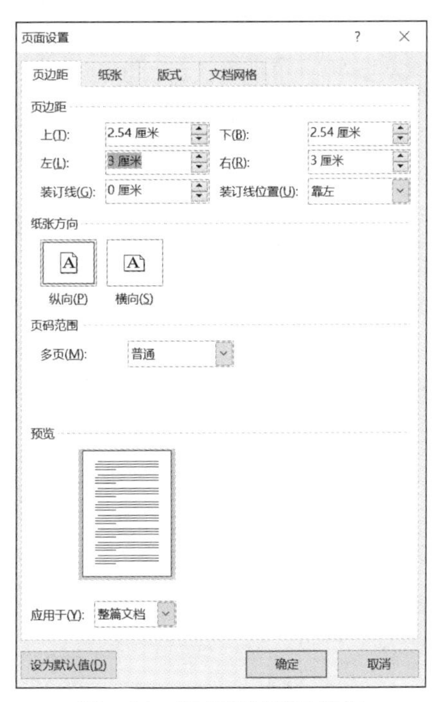

图 3-61 “页面设置”对话框

《远方的家》栏目“一带一路”系列节目列表			
地区	日期	节目主题内容	主持人
中国	2016-08-29	千年古港换新颜（浙江 · 宁波）	谭文颖
	2016-09-12	巧手天工耀丝路（浙江 · 金华 · 东阳）	王京京
	2016-10-17	丝路起点“蚝”情湛江（广东 · 湛江）	伊拉娜
	2016-10-21	丝路风情·魅力深圳（广东 · 深圳）	胡　鑫
希腊	2018-06-29	爱琴海上的文明古国	唐天骄
	2018-07-02	中希贸易·互利共赢	唐天骄
西班牙	2019-06-06	行走西班牙之都	胡　鑫
	2019-06-11	足球之城巴塞罗那	胡　鑫
	2019-06-14	地中海西岸的丝绸之都	叶　雨
纳米比亚	2020-01-06	跨越万里友谊传	谭文颖
	2020-01-13	道路通四方·中纳情谊长	谭文颖

图 3-62　效果(3)

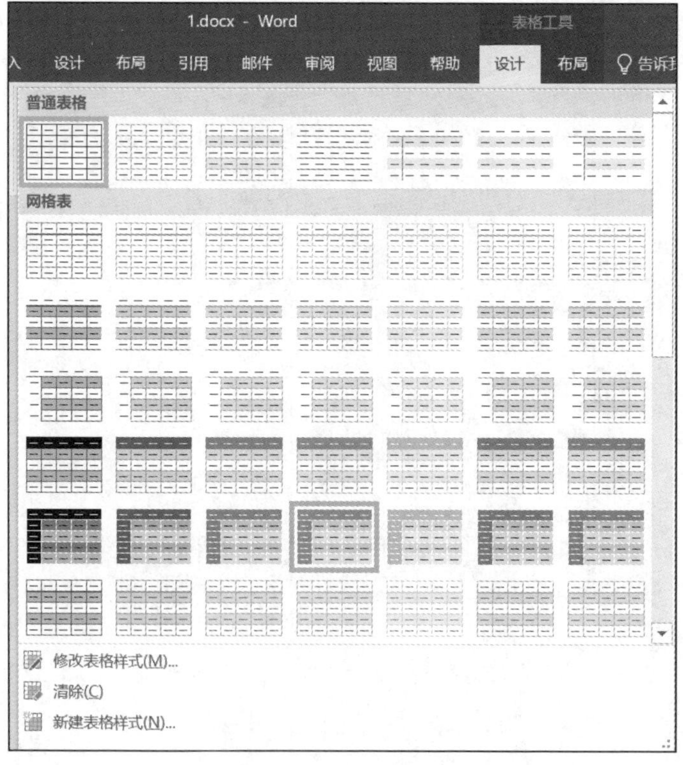

图 3-63　“表格样式”组

《远方的家》栏目“一带一路”系列节目列表			
地区	日期	节目主题内容	主持人
中国	2016-08-29	千年古港换新颜（浙江·宁波）	谭文颖
	2016-09-12	巧手天工耀丝路（浙江·金华·东阳）	王京京
	2016-10-17	丝路起点“蚝”情湛江（广东·湛江）	伊拉娜
	2016-10-21	丝路风情 魅力深圳（广东·深圳）	胡 鑫
希腊	2018-06-29	爱琴海上的文明古国	唐天骄
	2018-07-02	中希贸易 互利共赢	唐天骄
西班牙	2019-06-06	行走西班牙之都	胡 鑫
	2019-06-11	足球之城巴塞罗那	胡 鑫
	2019-06-14	地中海西岸的丝绸之都	叶 雨
纳米比亚	2020-01-06	跨越万里友谊传	谭文颖
	2020-01-13	道路通四方 中纳情谊长	谭文颖

图 3-64　效果(4)

(7) 设置边框。选定表格，如图 3-65 所示，在“表格工具|设计”选项卡的“边框”组中单击“边框”按钮，弹出如图 3-66 所示的“边框和底纹”对话框，在其中对表格的边框、边框样式、颜色和宽度进行设置。

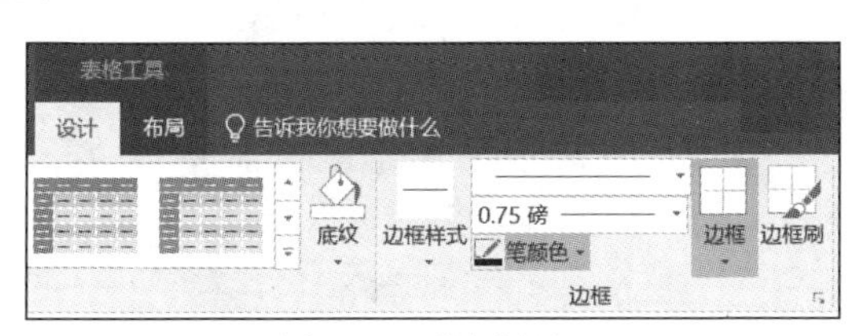

图 3-65　“边框”组

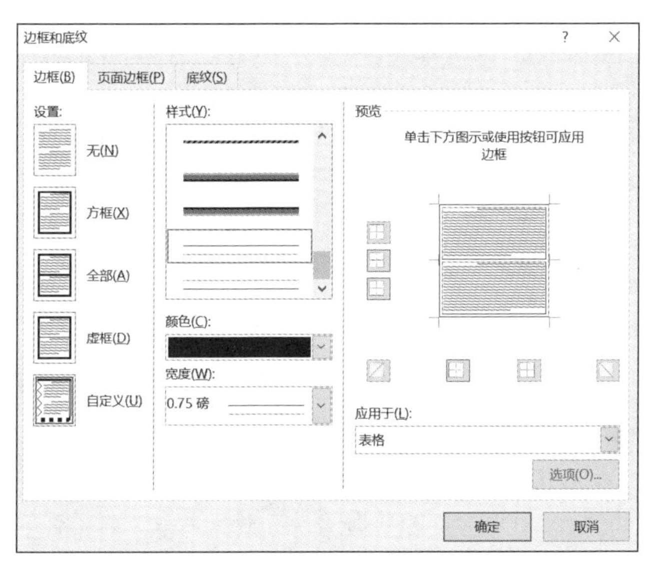

图 3-66　“边框和底纹”对话框

(8) 整体效果图。当文档中表格的所有格式设置完成后,整体效果如图 3-67 所示。

《远方的家》栏目“一带一路”系列节目列表			
地区	日期	节目主题内容	主持人
中国	2016-08-29	千年古港换新颜（浙江·宁波）	谭文颖
	2016-09-12	巧手天工耀丝路（浙江·金华·东阳）	王京京
	2016-10-17	丝路起点“蚝”情湛江（广东·湛江）	伊拉娜
	2016-10-21	丝路风情 魅力深圳（广东·深圳）	胡 鑫
希腊	2018-06-29	爱琴海上的文明古国	唐天骄
	2018-07-02	中希贸易 互利共赢	唐天骄
西班牙	2019-06-06	行走西班牙之都	胡 鑫
	2019-06-11	足球之城巴塞罗那	胡 鑫
	2019-06-14	地中海西岸的丝绸之都	叶 雨
纳米比亚	2020-01-06	跨越万里友谊传	谭文颖
	2020-01-13	道路通四方 中纳情谊长	谭文颖

图 3-67　效果(5)

3.4 图文混排

【案例引导】 为“神舟十二号”制作一个简介,旨在弘扬载人航天精神,厚植爱国主义情怀,增强民族凝聚力、向心力,形成爱科学、学科学、用科学的良好社会氛围。通过学习该文档的制作可以掌握 Word 文档中图文混排的基本操作,包括图片的插入、编辑、格式设置,形状、艺术字、文本框的设置以及 SmartArt 图形的应用等。具体如下。

(1) 新建一个名为“神舟十二号.docx”的 Word 文档,输入标题“神舟十二号”,设置标题为“填充:黑色,文本色 1;阴影”的艺术字,字体为“楷体”,字号为“小二”,字形为“加粗”。

(2) 输入 3 个小标题,设置字体为“楷体”,字号为“小三”。

(3) 在第 1 个小标题下插入形状为“卷形:水平”,在形状内输入文本并设置字体为“楷体”,字号为“四号”,形状样式为“彩色填充-灰色,强调颜色 3”,形状填充为“无填充”,形状轮廓为“黑色实线 1 磅”。

(4) 在第 2 个小标题下插入 SmartArt 图形版式为“垂直图片重点列表”,主题颜色为“彩色填充-个性色 3”,并在其中插入图片和文本,字体为“楷体”,字号为“四号”。

(5) 在第 3 个小标题下插入横排文本框,形状样式为“渐变填充-灰色,强调颜色 3”,无轮廓,形状轮廓为黑色实线 1 磅,并在其中插入文本,字体为“楷体”,字号为“四号”。

(6) 在第 3 个小标题下插入图片,环绕文字为“四周型”,图片边框为“黑色实线 1 磅”。

(7) 调整形状、SmartArt 图形、图片、文本框大小使之美观。

“神舟十二号”简介确定用 Word 2019 制作,在制作文档之前,先来学习 Word 2019 中图文混排的基本操作。

3.4.1 图片的插入、编辑和格式化

在 Word 文档中插入图形或图片可以让文本更加形象、生动和美观。在 Word 2019 中，可以插入各种类型的图片、图形对象(如形状、SmartArt 图形等)、公式和图表等。通过“插入”选项卡的“插图”组可在文档中插入这些对象，如图 3-68 所示。

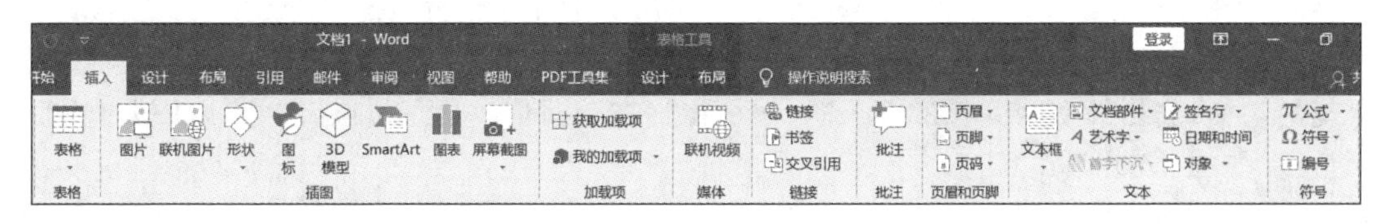

图 3-68 “插入”选项卡

若要对插入的对象进行编辑和格式化，可利用各自的快捷菜单及对应的选项卡进行设置。首先选定对象，针对此对象的工具选项卡便会自动出现。例如，图片对应的“图片工具|格式”选项卡，图形对应的有“绘图工具|格式”“SmartArt 工具|格式”“公式工具|格式”“图表工具|格式”等选项卡。

图片插入文档后，应该修改和完善以便使图片符合用户的需求，达到满意的效果。因此，需要对插入的图片进行编辑和格式化，主要包括图片的缩放、裁剪、复制、移动、旋转等编辑操作；图片的组合和取消组合、叠放次序、文字环绕方式等图文混排操作；填充、边框线、颜色、对比度、亮度、水印等格式化操作。

1. 插入图片和剪贴画

在 Word 中插入图片时，先将插入点定位至需要插入图片的位置，在“插入”选项卡的“插图”组中单击“图片”按钮，在弹出的“插入图片”对话框中选中需要插入的图片后，单击“插入”按钮，如图 3-69 所示。

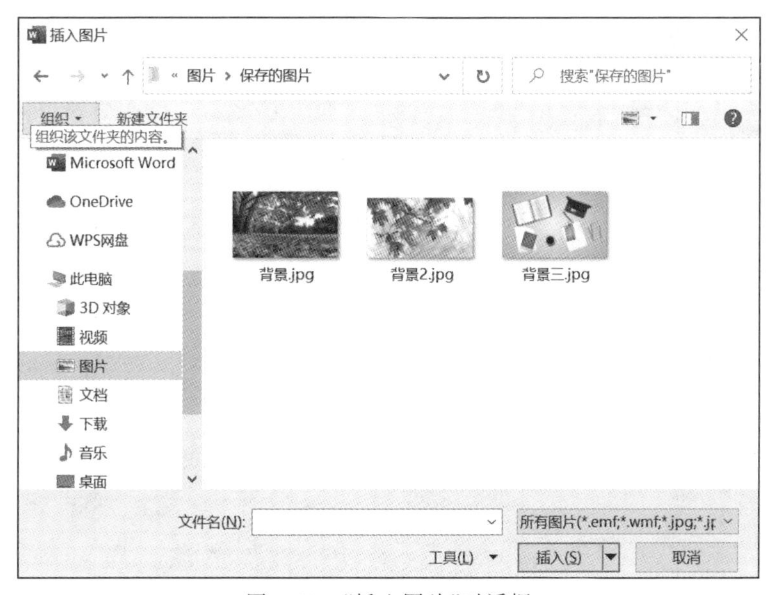

图 3-69 “插入图片”对话框

2. 图片的编辑

1）图片的复制、移动和删除

插入文档中的图片在进行编辑操作前需要先选定，对图片的复制、移动和删除等操作方法与文本相同。

2）调整图片的大小、位置和角度

(1) 粗略调整图片。单击选中图片，它的四周会出现8个方向的控制句柄，拖曳控制句柄，可以对图片进行缩放操作；拖曳图片可以调整图片的位置；将鼠标指针指向图片最上方出现的句柄，当指针变为圆弧形箭头时，按住鼠标左键并拖曳，可以旋转图片，以便调整图片的角度，如图3-70所示。

图3-70　图片控制句柄

(2) 精确地改变尺寸。选定图片后，在“图片工具|格式”选项卡中单击“大小”组的对话框启动按钮，在弹出的“设置图片格式”对话框的“大小”选项卡中输入高度和宽度的精确值，如图3-71所示。

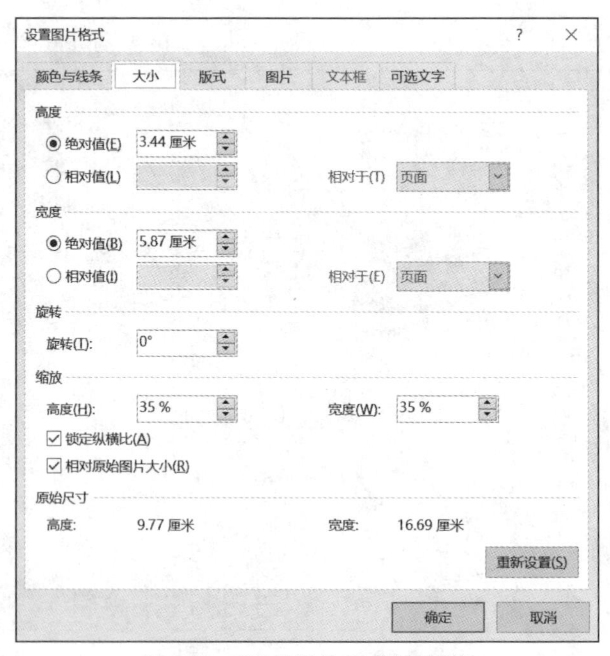

图3-71　“设置图片格式”对话框

3）图片的裁剪

选定图片，在“图片工具|格式”选项卡的“大小”组中单击“裁剪”按钮，如图 3-72 所示。

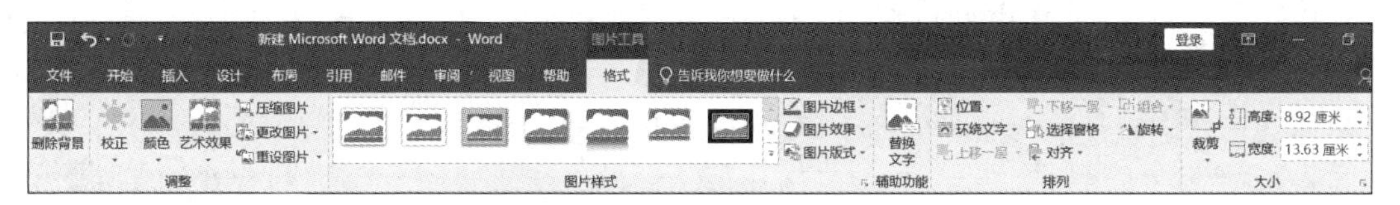

图 3-72　“图片工具|格式”选项卡

此时，图片的 4 个角和 4 个边框线中间会出现裁剪线，将鼠标指针指向图片裁剪线，当指针变为横竖线形状时，按住鼠标左键拖曳，松开鼠标后按 Enter 键，或单击文档其他位置即可完成裁剪，如图 3-73 所示。

图 3-73　裁剪图片过程

3. 图文混排操作

图文混排操作主要包括图片的组合和取消组合、对齐、文字环绕方式等操作，主要通过行“图片工具|格式”选项卡的“排列”组完成。

1）多个图片对齐

首先在插入图片时选择图片的“布局选项”为“四周型”，插入图片完毕后，单击要对齐的第一个图片，按住 Shift 键后，依次单击其他图片，即可选定多个图片，在“图片工具 | 格式”选项卡的“排列”组中单击“对齐”按钮，在下拉菜单中选中相应的对齐方式，例如底端对齐，效果如图 3-74 所示。

图 3-74　图片底端对齐过程

2）图片的组合与取消组合

选定多个图片，在“图片工具 | 格式”选项卡的“排列”组中单击“组合”按钮，在弹出的快捷菜单中选中“组合”选项，可以将选定多个图片组合为一个图片。如果需要取消组合，则选定组合的图片，在弹出的快捷菜单中选中“取消组合”选项即可。

3）设置图片的环绕方式

文字对图片的环绕方式主要分为两类：一类是将图片视为文字对象，与文档中的文字一样占有实际位置，它在文档中与上下左右文本的位置始终保持不变，如系统默认的嵌入型文字环绕方式；另一类是将图片视为区别于文字的外部对象，如四周型、紧密型、衬于文字下方、浮于文字上方、上下型和穿越型。其中，四周型是文字在图片四周呈矩形环绕，紧密型是文字环绕形状随图片的形状不同而不同（如图片是圆形，则环绕形状是圆形），衬于文字下方是图片位于文字下方，浮于文字上方是图片位于文字上方。设置文字环绕方式主要包括以下两种方法。

（1）通过“图片工具｜格式”选项卡操作。在“图片工具｜格式”选项卡的“排列”组中单击“环绕文字”按钮，在下拉菜单中选中所需环绕方式，如图3-75所示。

（2）通过快捷菜单操作。右击图片，在弹出的快捷菜单中选中“图片”选项，弹出“设置图片格式”对话框，在“版式”选项卡中设置，如图3-76所示。

图3-75 “环绕文字”选项

图3-76 “设置图片格式”对话框

4. 图片的格式化

图片的格式主要是对图片进行填充、边框线、颜色、对比度、亮度、水印等美化操作。可以在“图片工具｜格式”选项卡的“调整”组、“阴影效果”组和“边框”组中进行设置。也可以右击图片，在弹出的快捷菜单中选中相应的选项来完成。

3.4.2 插入与编辑文本框

文本框是一种特殊的对象，用户可以按照排版需求放置在页面中的任意位置，对于报纸类文档的排版非常有用。在文本框中可以输入文本、插入图片等对象，也可以设置其格式。

1. 插入文本框

在“插入”选项卡的“文本”组中单击“文本框”按钮，在下拉菜单的“内置”栏中选中需要使用的文本框类型，即可将该类型的文本框插入页面中，直接在文本框中输入文字，即可完成文本框的创建，如图 3-77 所示。

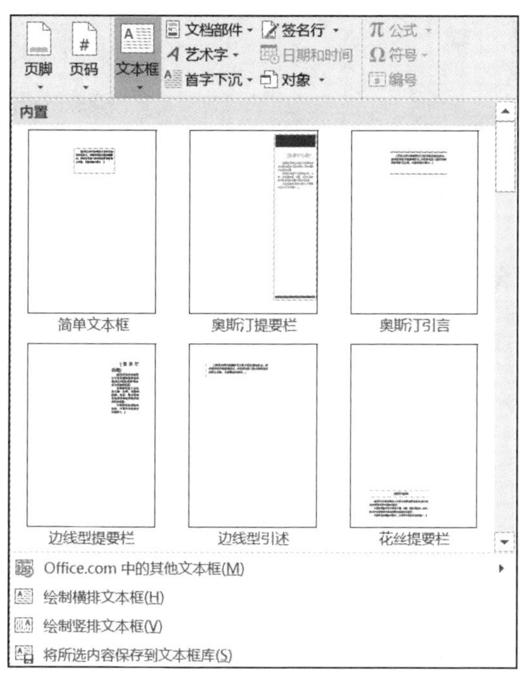

图 3-77　插入文本框的选项

2. 设置文本框格式

文本框的格式、大小、填充颜色、边框线条的设置可以在“文本框工具｜格式”选项卡的“文本框样式”组中进行设置，如图 3-78 所示。文本框内的段落和文字的设置方法与页面中的段落和文字的设置方法相同，可以在“开始”选项卡中进行设置。

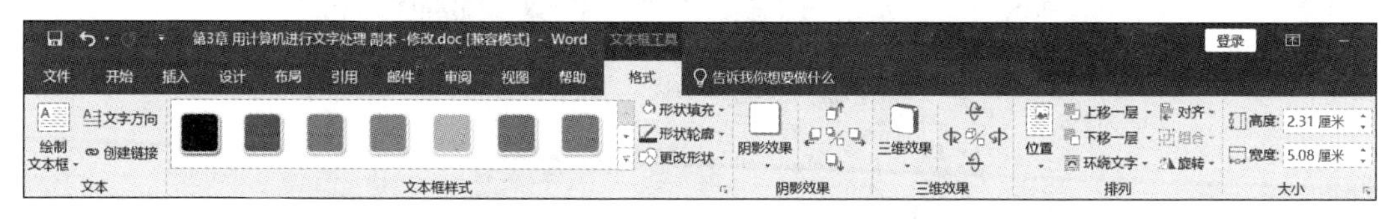

图 3-78　“文本框工具｜格式”选项卡

3.4.3　插入与编辑形状

形状是具有独特性质的图形，包括线条、矩形、基本形状、连接符、箭头、公式形状、流程图符号、星与旗帜、标注等形状，在编辑文档时，合理地使用形状，可以提高编辑效率，提升文档质量。

1. 插入形状

在“插入”选项卡的“插图”组单击“形状”按钮，在弹出的快捷菜单中选中需要绘制的形状，如图 3-79 所示，此时若单击鼠标，将插入默认尺寸的形状，也可以当光标变为十字形，按住鼠标左键，在文档中拖曳至合适位置后释放鼠标即可插入任意大小的形状。

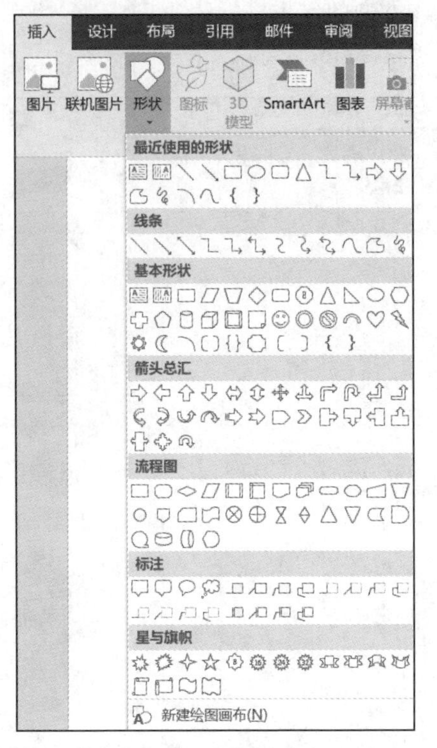

图 3-79　插入形状

2. 编辑形状

选中形状后，在“绘图工具｜格式”选项卡的“插入形状”组中单击“编辑形状”按钮，在下拉菜单中选中“更改形状”选项，在列表框中选择相应的选项即可，编辑形状过程如图 3-80 所示。

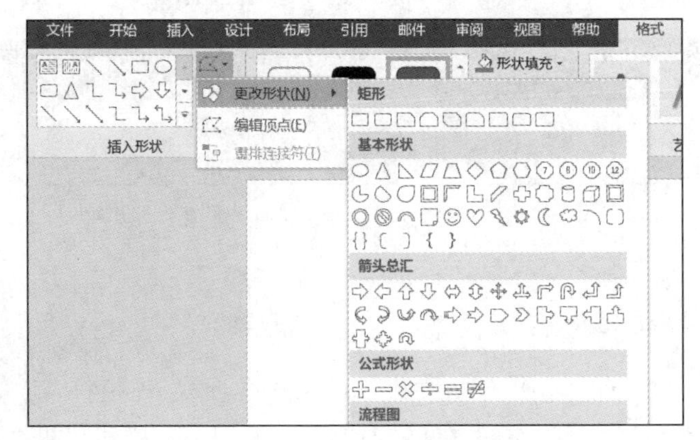

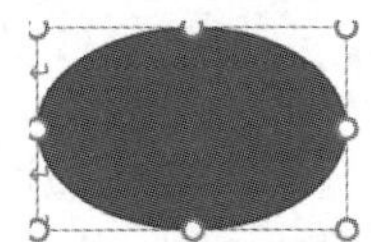

图 3-80　编辑形状过程

3. 为形状添加文字

右击形状,在弹出的快捷菜单中选中“添加文字”选项,此时使光标定位在形状内,输入要添加的文本,即可完成操作。文本的字体、字号、颜色等属性可以通过“开始”选项卡的“字体”组进行设置。用户也可以在“插入”选项卡的“文本”组中单击“艺术字”按钮,将内置的艺术字样式直接应用到添加的文字上,也可以自定义文字的填充颜色、轮廓线和文本效果。

4. 设置形状的文字环绕方式

版式是形状与文字之间的位置关系。选中形状后,在“绘图工具 | 格式”选项卡的“排列”组中单击“位置”按钮,可以对形状进行文字环绕方式的设置,如图 3-81 所示。

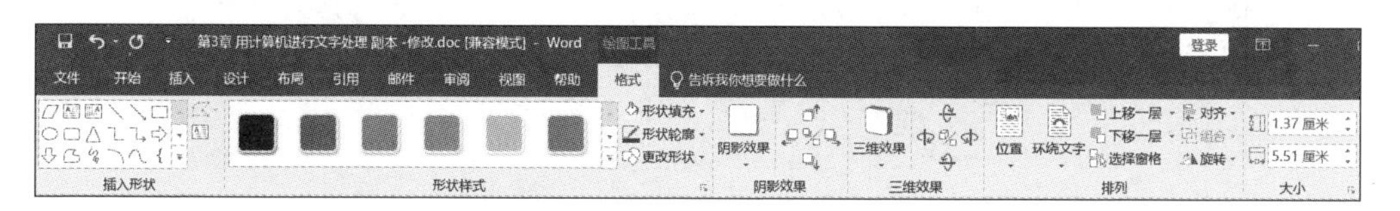

图 3-81 “绘图工具|格式”选项卡

3.4.4 插入与编辑艺术字

艺术字是预设了文本格式的文本框,常用于标题、关键词等易于突出显示的文本对象。

1. 插入艺术字

在“插入”选项卡的“文本”组中单击的“艺术字”按钮,在下拉菜单中选中所需的艺术字样式,如图 3-82 所示,然后在出现的文本框中输入艺术字的内容即可。

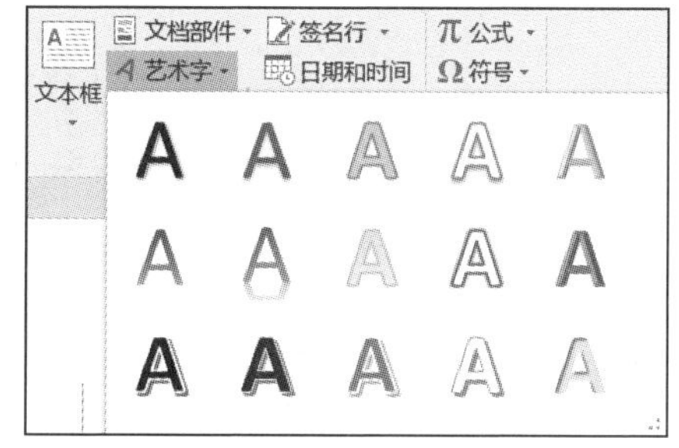

图 3-82 插入艺术字

2. 编辑与美化艺术字

艺术字的编辑与美化操作与文本框完全相同。

3.4.5 插入与编辑 SmartArt 图形

SmartArt 图形具有合理的布局、统一的主题、层次分明的结构等优点,是有效提高文档专业性和编辑效率的实用工具之一。

1. 插入 SmartArt 图形

在 Word 文档中可利用向导插入所需要的 SmartArt 图形。在“插入”选项卡的“插图”组中单击的 SmartArt 按钮,打开“选择 SmartArt 图形”对话框,如图 3-83 所示。

在左侧的列表框中选择某种图形类型,如“层次结构”,在中间的列表框中选择具体的 SmartArt 图形类型,如“组织结构图”,在右侧的预览窗口显示选择的 SmartArt 图形,单击“确定”按钮,即可在当前文本插入点处插入所选择的 SmartArt 图形,单击 SmartArt 图形中的文本框,即可输入文本,如图 3-84 所示。

2. 调整 SmartArt 结构

(1) 添加形状。选中 SmartArt 中的某个形状,在“SmartArt 工具 | 设计”选项卡的“创建图形”组中单击“添加形状”按钮,在下拉菜单中选中需添加的选项,若选中“在前面添加形状”,则在选定形状的前面添加一个相同的形状,如图 3-85 所示。其中,“在后面添加形状”

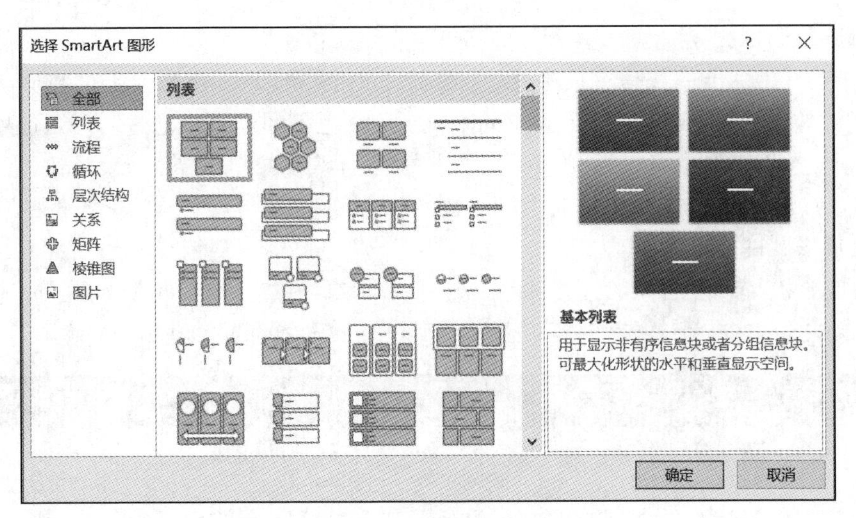

图 3-83 “选择 SmartArt 图形”对话框

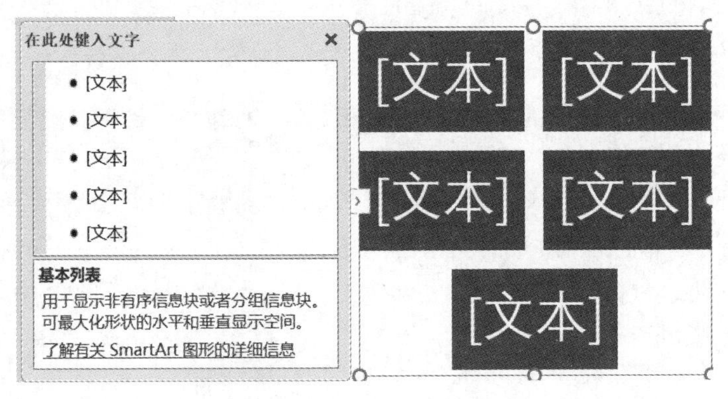

图 3-84 插入 SmartArt 图形

和“在前面添加形状”是添加同级形状,“在上方添加形状”和“在下方添加形状”是添加上下级形状,“添加助理”是在上级和下级之间添加形状。

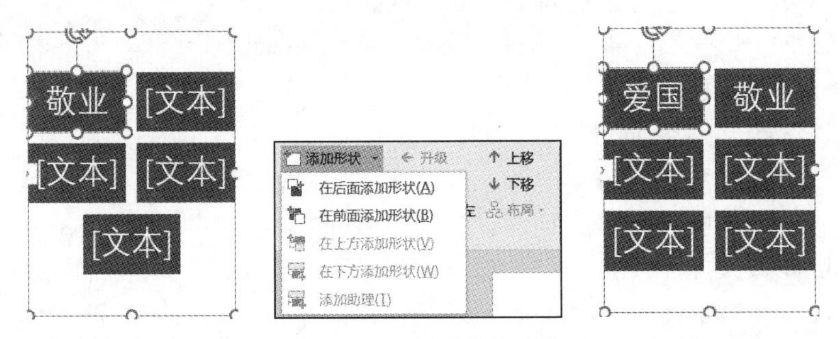

图 3-85 添加形状的过程

(2) 调整形状。调整形状是指更改当前形状的级别或位置,选择 SmartArt 中的某个形状,在“SmartArt 工具 | 设计”选项卡的“创建图形”组中进行调整,如图 3-86 所示。其中,“升级”按钮是将形状提升一级,“降级”按钮是将形状下降一级,“上移”按钮是在同级别中将形状向前移动一个位置,“下移”按钮是在同级别中将形状向后移动一个位置。

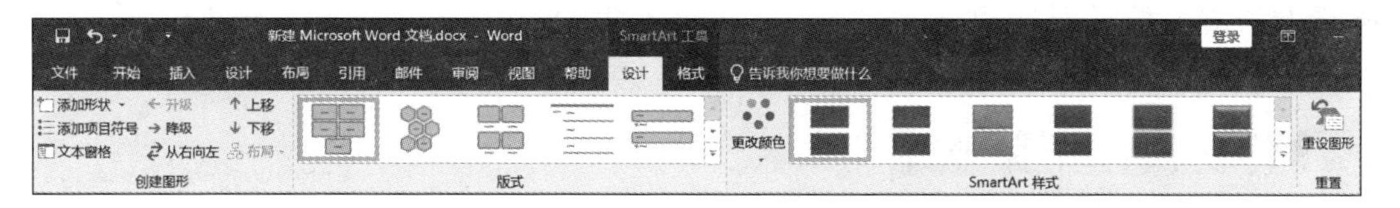

图 3-86 “SmartArt 工具|设计”选项卡

（3）删除形状。选择形状后按 Delete 键即可删除形状。

3. 输入 SmartArt 内容

单击 SmartArt 图形中的文本框，即可在形状中输入文本。

3.4.6 “神舟十二号”文档的制作案例

1. 案例目标

（1）掌握图片的插入、编辑与格式设置方法。

（2）掌握艺术字和文本框的应用。

（3）掌握形状和 SmartArt 的应用。

2. 案例步骤

（1）新建 Word 文档并插入艺术字。创建 Word 文档命名为“神舟十二号.docx”，输入标题“神舟十二号”，选中后在“插入”选项卡的“文本”组中选中“艺术字”为“填充：黑色，文本色 1；阴影”，在“开始”选项卡的“字体”组中，设置“字体”为“楷体”，字号为“小二”、加粗，效果如图 3-87 所示。

（2）设置字体。输入 3 个小标题，在“开始”选项卡的“字体”组中，设置“字体”为“楷体”，字号为“小三”，效果如图 3-88 所示。

图 3-87 效果图

神舟十二号

一、神舟十二号简介

二、神舟十二号飞行任务

三、神舟十二号载人飞船发射圆满成功

图 3-88 效果图

（3）插入形状。在第一个小标题下在“插入”选项卡的“插图”组中单击“形状”按钮，从下拉菜单中选中如图 3-89 所示的形状，在形状内输入文本并设置字体为“楷体”，字号为“四号”。在“绘图工具｜格式”选项卡的“形状样式”组中选中“形状样式”为“彩色填充-灰色，强调颜色 3”，“形状填充”为“无填充”，“形状轮廓”为“黑色实线 1 磅”，效果如图 3-90 所示。

（4）插入 SmartArt 图形。将光标移至在第二个小标题下。在“插入”选项卡的“插图”组中单击的 SmartArt 按钮，打开“选择 SmartArt 图形”对话框，选中 SmartArt 图形为“垂直图片重点列表”，如图 3-91 所示。在“SmartArt 工具｜设计”选项卡中单击“更改颜色”按钮,选中主题颜色为“彩色填充-个性色 3”,并在其中插入图片和文本,字体为“楷体”,字号为“四号”,效果如图 3-92 所示。

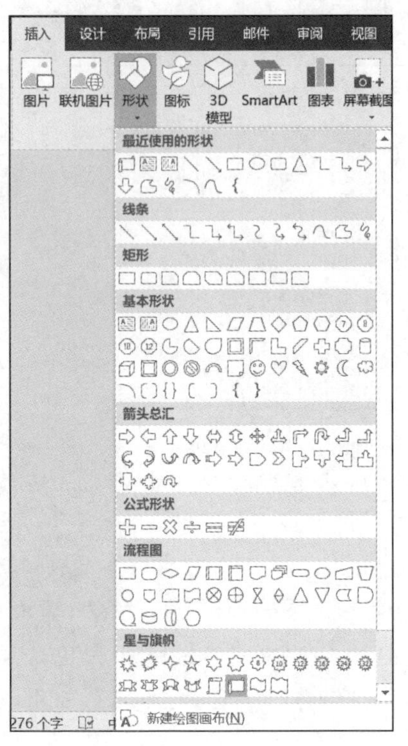

图 3-89 “形状”选项

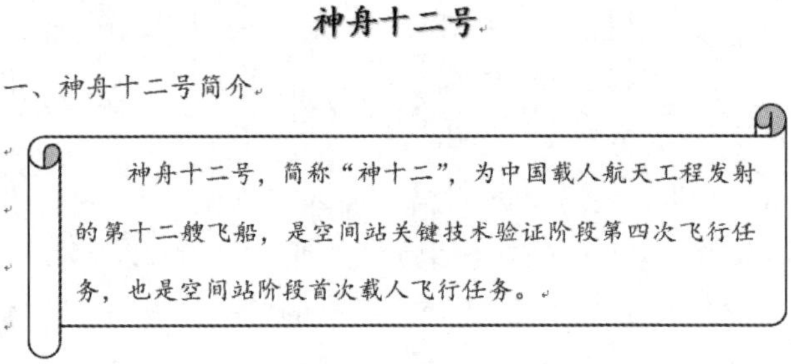

神舟十二号

一、神舟十二号简介

神舟十二号,简称“神十二”,为中国载人航天工程发射的第十二艘飞船,是空间站关键技术验证阶段第四次飞行任务,也是空间站阶段首次载人飞行任务。

图 3-90 效果图

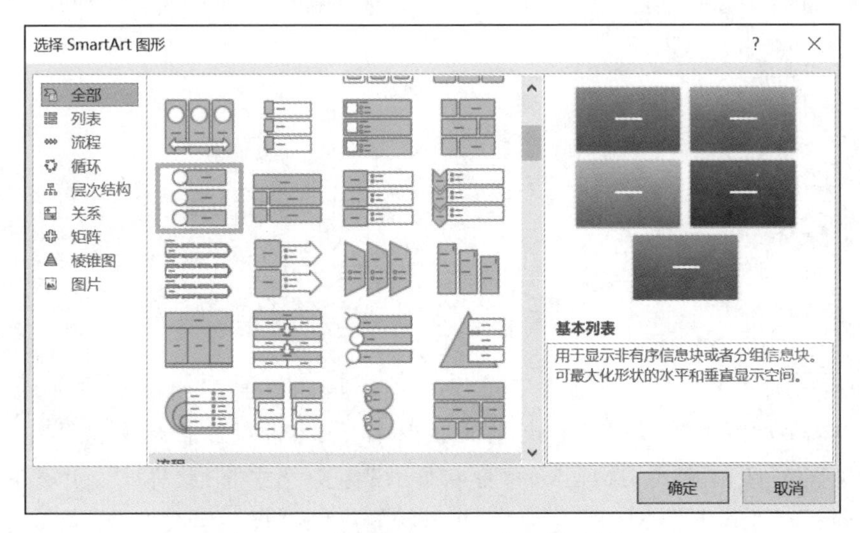

图 3-91 “选择 SmartArt 图形”对话框

(5) 插入文本框。在第 3 个小标题下插入横排文本框,选中文本框后在“绘图工具 | 格式”选项卡的“形状样式”组中选中形状样式为“渐变填充-灰色,强调颜色 3,无轮廓”,如图 3-93 所示,并在其中插入文本,字体为“楷体”,字号为“四号”,效果如图 3-94 所示。

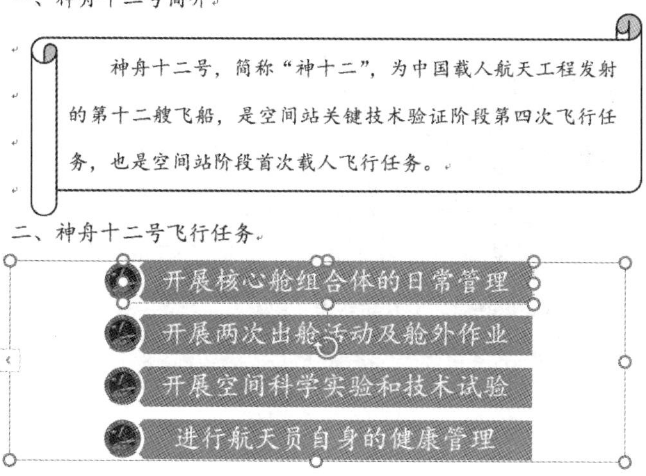

图 3-92　效果图

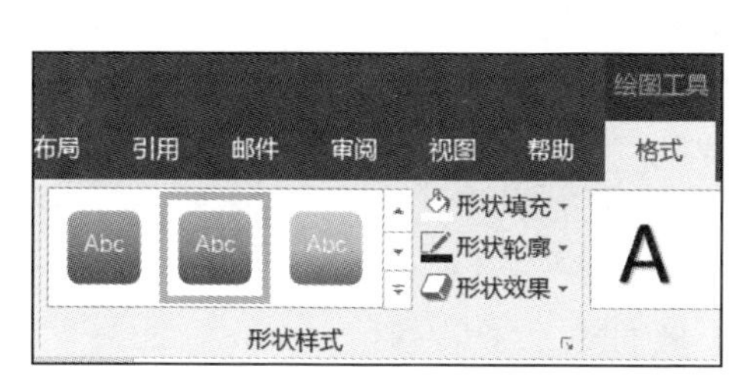

图 3-93　“形状样式”组

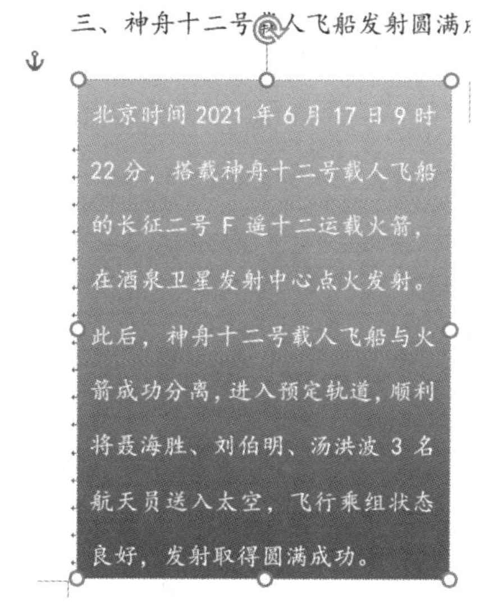

图 3-94　效果图

(6) 插入图片。在第 3 个小标题下插入图片，在“图片工具｜格式”选项卡的“边框”组中单击“图片边框”按钮，设置图片边框为黑色实线 1 磅，环绕文字为“四周型”，效果如图 3-95 所示。

(7) 查看整体效果。调整文档中“形状”“SmartArt 图形”“图片”“文本框大小”，使之更加美观，整体效果如图 3-96 所示。

三、神舟十二号载人飞船发射圆满成功

北京时间2021年6月17日9时22分，搭载神舟十二号载人飞船的长征二号F遥十二运载火箭，在酒泉卫星发射中心点火发射。此后，神舟十二号载人飞船与火箭成功分离，进入预定轨道，顺利将聂海胜、刘伯明、汤洪波3名航天员送入太空，飞行乘组状态良好，发射取得圆满成功。

图 3-95　效果图

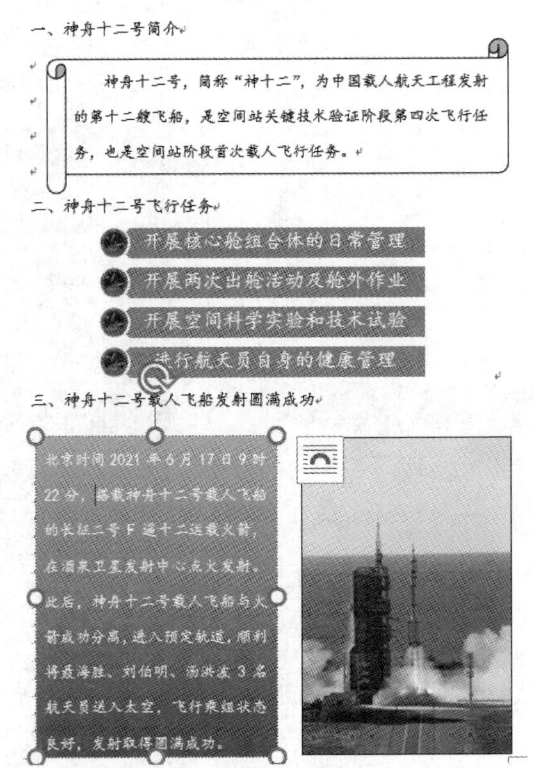

图 3-96　整体效果图

3.5 样式与目录

【案例引导】 要出版一本名为《美丽中国》的图书，旨在记录环境之美、时代之美、生活之美、社会之美、百姓之美，增强人民幸福感、获得感，不断提高人民对美好生活的追求，进而促进全国各族人民为实现中华民族伟大复兴的"中国梦"而努力奋斗。通过学习该文档的制作可以掌握 Word 文档中对长文档编辑的基本操作，包括样式的使用、多级列表、目录的生成、分页和分节、题注的使用、交叉引用等。具体如下。

(1) 新建一个名为"美丽中国.docx"的 Word 文档，输入标题、正文、插入图片，其中标题包含 3 个级别的标题，分别在后面加上"(一级标题)""(二级标题)""(三级标题)"字样。

(2) 设置标题和正文的样式，所有用"(一级标题)"标识的标题格式为黑体，字号为"小二"，段前为"1.5 行"，段后为"1 行"，行距为"最小值"，值为"12 磅"，对齐方式为"居中"。所有用"(二级标题)"标识的标题的字体为"黑体"，字号为"小三"，段前为"1 行"，段后为"0.5 行"，行距为"最小值"，值为"12 磅"。所有用"(三级标题)"设置的标题字体为"宋体"，字号为"小四"字形为"加粗"，段前为"12 磅"，段后为"6 磅"，行距为"最小值"，值为"12 磅"。正文字体为"宋体"，字号为"五号"，首行缩进"2 字符"，行距为"1.25 倍"，段后为"最小值"，值为"6 磅"。

(3) 定义多级列表，一级标题的多级列表样式为第 1 章、第 2 章、……，二级标题的多级列表样式为 1.1、1.2、2.1、2.2、……，三级标题的多级列表样式为 1.1.1、1.1.2、……。

(4) 删除"(一级标题)""(二级标题)""(三级标题)"字样。

(5) 向正文中的图片插入"字体"为仿宋，"字号"为"小五"，"对齐方式"为"居中对齐"的题注，并交叉引用。

(6) 在书稿的最前面插入目录，要求包含标题第 1～3 级及对应页号，其中文本"目录"的"字体"为"黑体"，"字号"为"小二"，"对齐方式"为"居中"。

(7) 目录与书稿的页码分别独立编排，目录页码使用大写罗马数字(Ⅰ、Ⅱ、……)，书稿页码使用阿拉伯数字(1、2、3、……)且各章节间连续编码。目录首页和每章首页不显示页码，目录页码居中显示，正文页码要求奇数页页码显示在页脚右侧，偶数页页码显示在页脚左侧。

(8) 目录、书稿的每章均为独立的一节，每节的页码均以奇数页为起始页码。

环境研究工作者确定用 Word 2019 制作，在制作文档之前，先让我们来学习 Word 2019 中高级排版的基本操作。

3.5.1 应用样式

1. 样式

样式是指一组已经命名的多种格式的集合，如字体格式、段落格式、表格格式、图片格式等。Word 自带了一些书刊的标准形式，如正文、标题、副标题、强调等。使用样式既可以提高排版的速度，保证一篇文档或同类型文档中字符和段落格式的统一性，又可以批量地修改文档，当对某个样式进行修改后，应用该样式的文本格式便会自动做相应的修改。

Word 2019 提供了一整套的内置样式，将插入点定位至要设置样式的段落中，或选中要设置样式的文档内容，在"开始"选项卡的"样式"组即可快速套用样式，如图 3-97 所示。

图 3-97 "样式"组的选项

2. 新建样式

Word 2019 允许用户自定义新样式以满足实际需求,新建的样式如同内置样式一样使用,如图 3-98 所示。

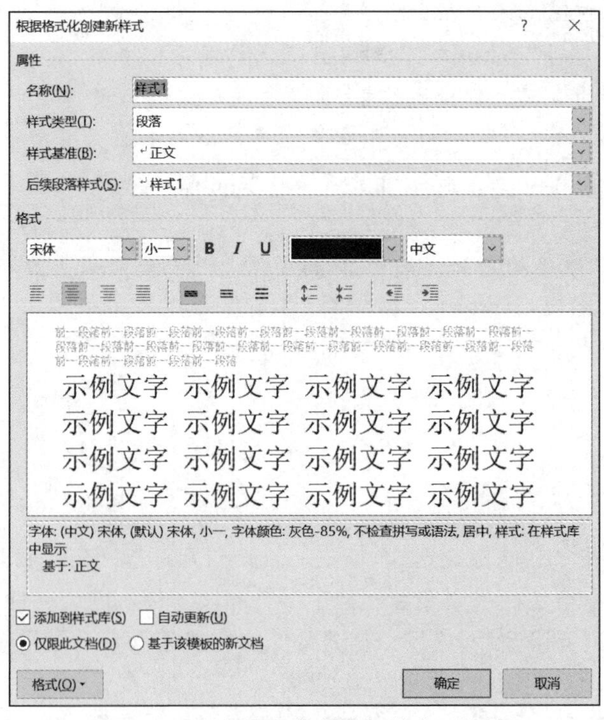

图 3-98 "根据格式化创建新样式"对话框

3. 修改与删除样式

在“样式”对话框或“样式”列表中选中要修改的样式并右击，在弹出的快捷菜单中选中“修改”选项，在弹出的“修改样式”对话框中对样式进行修改。修改后的样式自动会反映在所有应用它的内容上。同样，新建样式也可以被删除，在弹出的快捷菜单中选中“从快速样式库中删除”选项即可。

3.5.2 创建目录

目录是书籍正文前所列的目次，是指导阅读的工具，通过目录可以了解文档的整体结构，并能快速定位到相应的位置。创建目录需要先为标题设置大纲级别，在创建目录时才能引用标题，从而创建出包含不同级别的目录内容。

1. 设置大纲级别

设置大纲级别是指为所选择的段落设置不同的标题级别。选择需要设置大纲级别的段落或标题，然后可以通过“应用样式”或在“段落”对话框中设定大纲级别，如图 3-99 所示。

2. 创建目录

设置大纲级别后，将光标定位至文档开始处，在“引用”选项卡的“目录”组中单击“目录”按钮，如图 3-100 所示，在展开的列表中可以选择内置目录选项，也可以选择自定义目录选项，在目录对话框内可以对已提供的目录做的个性化设置。若修改出现在目录中的标题，需要在选中目录后右击，在弹出的快捷菜单中选中“更新域”选项，便可以在目录中反映有关标题的最新变化。

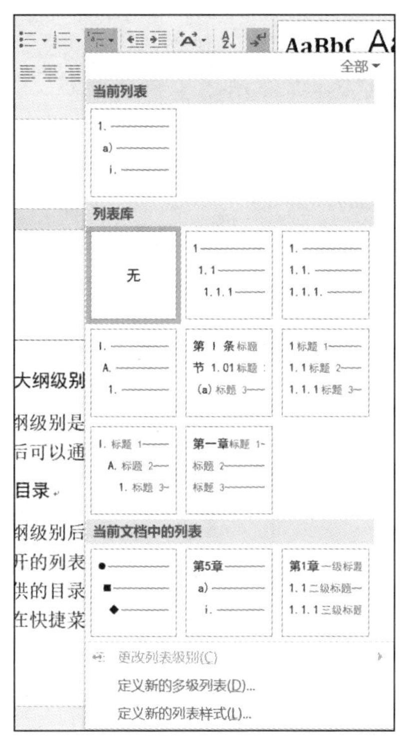

图 3-99　设置大纲级别

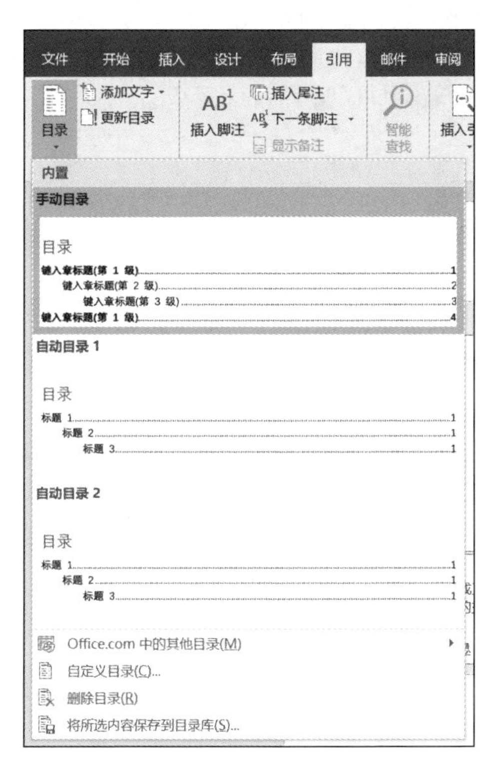

图 3-100　“目录”选项

3.5.3 《美丽中国》文档的制作案例

1. 案例目标

（1）掌握多级列表、样式的使用和目录的生成。

（2）掌握分页和分节的应用。

（3）掌握交叉引用和题注的使用。

2. 案例步骤

（1）输入文本。新建一个名为“美丽中国.docx”的 Word 文档，输入标题、正文、插入图片，其中标题包含 3 个级别的标题，分别在后面加上“（一级标题）”“（二级标题）”“（三级标题）”字样，如图 3-101 所示。

“美丽中国”与绿色发展（一级标题）

“美丽中国”的内涵（二级标题）

“美丽中国”体现着自然美、生态美、环境美（三级标题）

“美丽中国”体现着中国人民的生活美（三级标题）

“美丽中国”体现着当代中国的艺术美（三级标题）

绿色发展理念与实践（二级标题）

图 3-101　输入文本

（2）查找样式。在“开始”选项卡的“编辑”组中单击“替换”按钮，弹出“查找和替换”对话框，如图 3-102 所示，在“查找内容”文本框中输入“（一级标题）”，在“替换为”对话框中单击“更多”按钮，在下面出现的内容中选中“格式-样式”选项，在弹出的“查找样式”对话框列表中选中“标题 1”选项后单击“确定”按钮，如图 3-103 所示，这样在“替换为”文本框下方出现文本“样式：标题 1”，单击“全部替换”按钮。同理，将“（二级标题）”文本替换为“标题 2”的样式，将“（三级标题）”文本替换为“标题 3”的样式。

图 3-102　“查找和替换”对话框

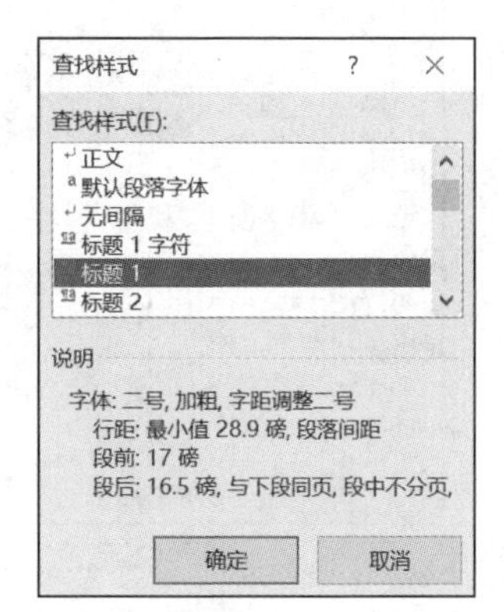

图 3-103　“查找样式”对话框

(3) 修改样式。在“开始”选项卡的“样式”组中选中“标题 1”样式,右击,在弹出的快捷菜单中选中“修改”选项,弹出“修改样式”对话框,如图 3-104 所示。在“格式”栏中设置字体为“黑体”、字号为“小二”,单击“加粗”按钮去掉选择。选中“格式-段落”选项,在弹出的如图 3-105 所示的“段落”对话框中将对齐方式设置为“居中”,在间距栏中,设置段前为“1.5 行”,段后为“1 行”,行距为“最小值”“12 磅”。同理,修改标题 2、标题 3 和正文的格式。

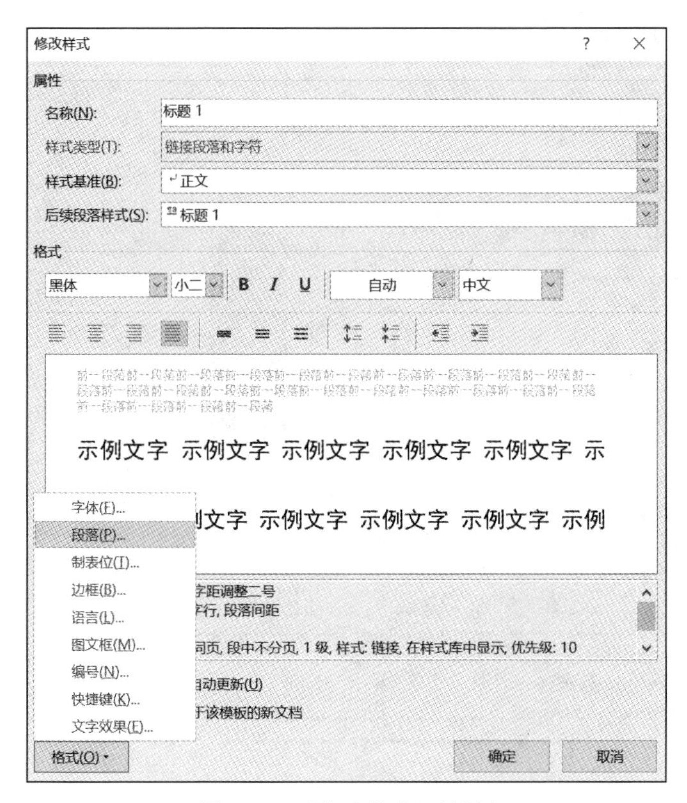

图 3-104 “修改样式”对话框

(4) 定义新的多级列表。如图 3-106 所示,在“开始”选项卡的“段落”组中选中“多级列表”下拉列表中的“定义新的多级列表”选项,弹出如图 3-107 所示的“定义新多级列表”对话框,在其中选中“级别 1”选项,在“输入编号的格式”文本框中数字前后分别添加文字“第”“章”,在右侧“将级别链接到样式”列表中选中“标题 1”选项;选中“级别 2”选项,“将级别链接到样式”选为“标题 2”选项;选中“级别 3”,选项,“将级别链接到样式”选为“标题 3”选项。

(5) 删除内容。在“开始”选项卡的“编辑”中单击“替换”按钮,弹出“查找和替换”对话框,在“查找内容”文本框中输入文本“(? 级标题)”,在下面选中“使用通配符”,将“替换为”文本框中的内容和格式都去掉后,单击“全部替换”按钮,如图 3-108 所示。其中,输入的通配符问号必须是在输入法为英文的时候输入,若“替换为”文本框下有默认的格式,需要单击“不限定格式”按钮将格式去掉,效果如图 3-109 所示。

(6) 插入题注。将光标定位在图片的图注文本前,在“引用”选项卡的“题注”组中单击“插入题注”按钮,弹出“题注”对话框,如图 3-110 所示。单击“新建标签”按钮,输入标签

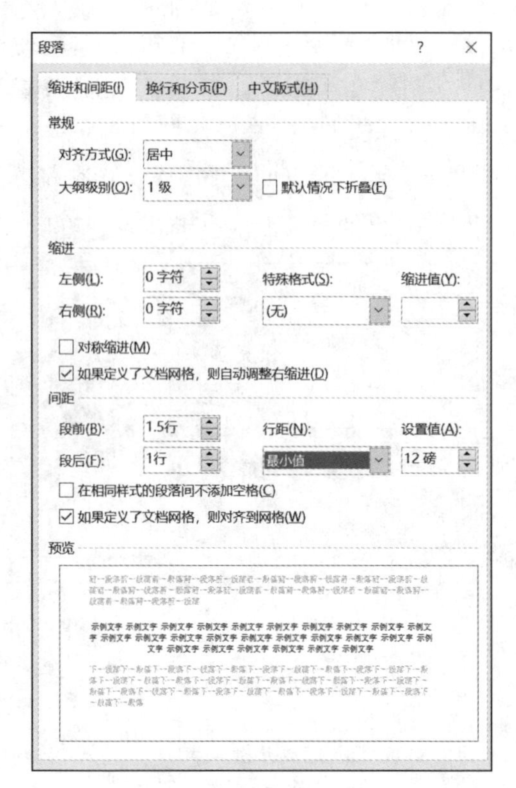

图 3-105　“段落”对话框

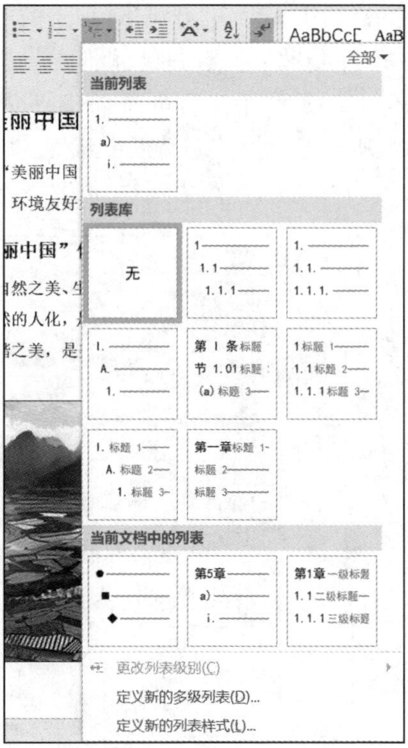

图 3-106　“多级列表”选项

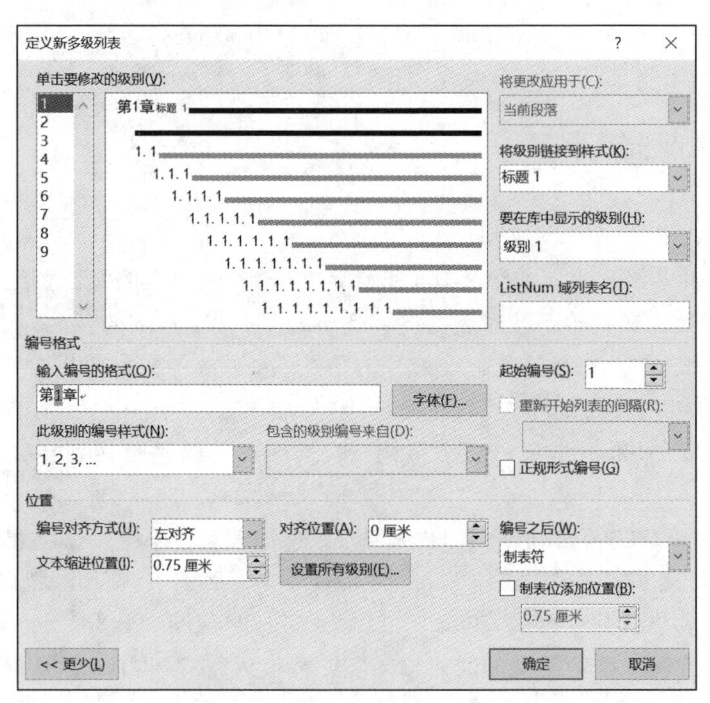

图 3-107　“定义新多级列表”对话框

查找和替换

查找(D) 替换(P) 定位(G)

查找内容(N): (?级标题)

选项: 使用通配符

替换为(I):

<< 更少(L) 替换(R) 全部替换(A) 查找下一处(F) 关闭

搜索选项

搜索: 全部

区分大小写(H)　区分前缀(X)

全字匹配(Y)　区分后缀(T)

使用通配符(U)　区分全/半角(M)

同音(英文)(K)　忽略标点符号(S)

查找单词的所有形式(英文)(W)　忽略空格(W)

替换

格式(O) 特殊格式(E) 不限定格式(T)

图 3-108 “查找和替换”对话框

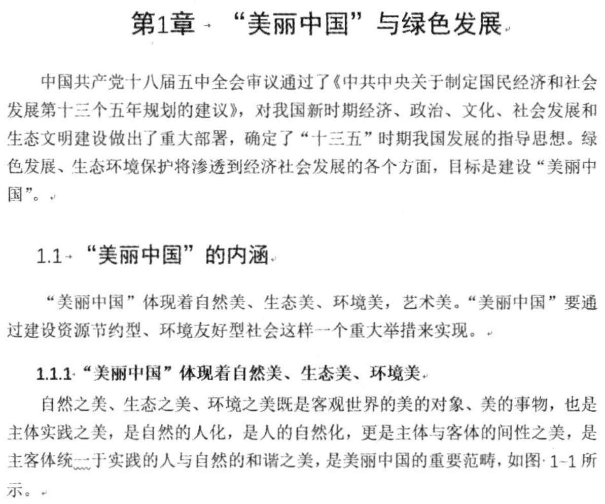

第1章 “美丽中国”与绿色发展

中国共产党十八届五中全会审议通过了《中共中央关于制定国民经济和社会发展第十三个五年规划的建议》，对我国新时期经济、政治、文化、社会发展和生态文明建设做出了重大部署，确定了“十三五”时期我国发展的指导思想。绿色发展、生态环境保护将渗透到经济社会发展的各个方面，目标是建设“美丽中国”。

1.1 “美丽中国”的内涵

“美丽中国”体现着自然美、生态美、环境美，艺术美。“美丽中国”要通过建设资源节约型、环境友好型社会这样一个重大举措来实现。

1.1.1 “美丽中国”体现着自然美、生态美、环境美

自然之美、生态之美、环境之美既是客观世界的美的对象、美的事物，也是主体实践之美，是自然的人化，是人的自然化，更是主体与客体的间性之美，是主客体统一于实践的人与自然的和谐之美，是美丽中国的重要范畴，如图 1-1 所示。

图 3-109 效果图

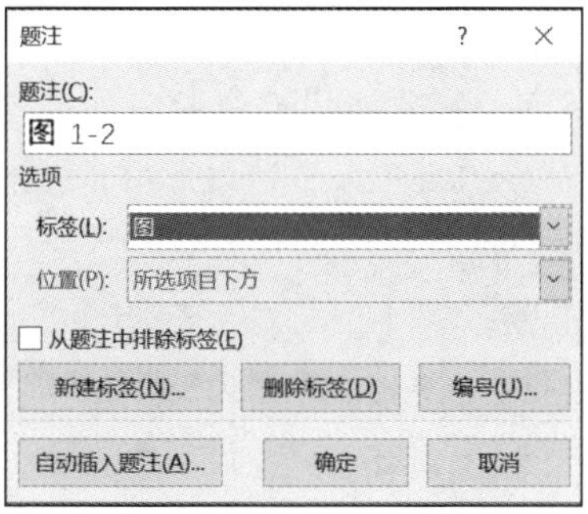

题注

题注(C):

图 1-2

选项

标签(L): 图

位置(P): 所选项目下方

从题注中排除标签(E)

新建标签(N)... 删除标签(D) 编号(U)...

自动插入题注(A)... 确定 取消

图 3-110 “题注”对话框

“图”后单击“确定”按钮,再单击“编号”按钮,在如图 3-111 所示的“题注编号”对话框中,选中“包含章节号”复选框,设置“章节起始样式”为“标题 1”,“使用分隔符”为“-(连字符)”,单击“确定”按钮。

(7) 交叉引用。将光标定位在文本“如”与“所示”之间,在“引用”选项卡的“题注”组中单击“交叉引用”按钮,弹出“交叉引用”对话框,如图 3-112 所示。在“交叉引用”对话框中选中“引用类型”为“图”,选中“引用内容”为“仅标签和编号”,在“引用哪一个题注”列表框中选中相应的图,单击“插入”按钮,效果如图 3-113 所示。

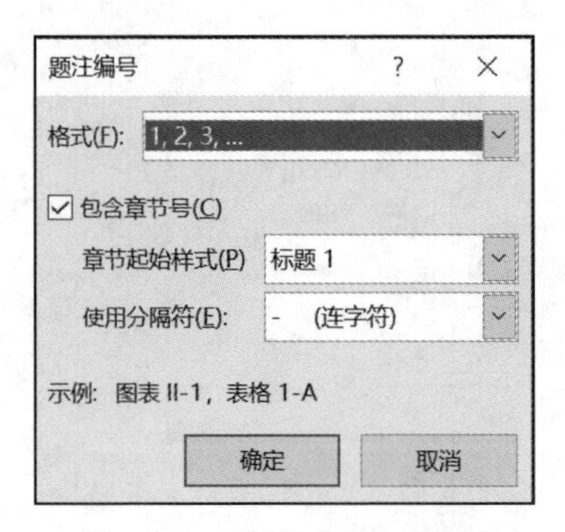

图 3-111 “题注编号”对话框

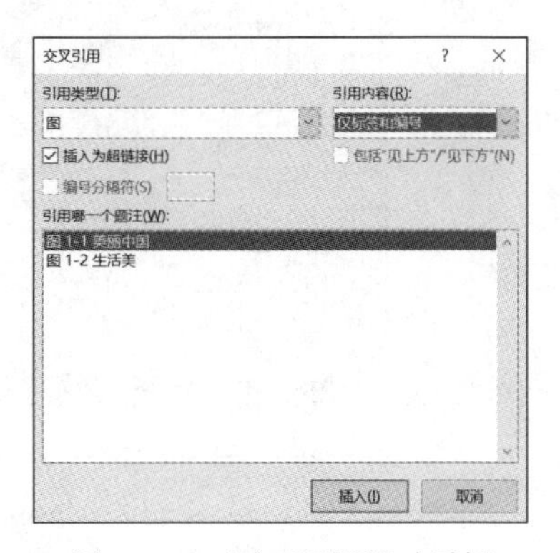

图 3-112 “交叉引用”对话框

图 3-113 效果图

(8) 修改题注样式。选择题注,在“开始”选项卡中单击“样式”组的对话框启动器按钮,在弹出的样式面板中找到“题注”样式,如图 3-114 所示,右击“修改”选项,在“修改样式”对话框中,设置字体为“仿宋”、字号为“小五”、对齐方式为“居中”对齐,如图 3-115 所示。

(9) 插入目录。在第一页中输入文本“目录”,在“开始”选项卡的“字体”组中单击“清除所有格式”按钮,清除字体格式,再将“字体”设置为“黑体”,“字号”设置为“小二”,在“开始”选项卡的“段落”组中单击“居中”按钮。在文本“目录”后按 Enter 键添加一段,在“引用”选项卡的“目录”组中选中“目录—自定义目录”选项,在弹出的“目录”对话框中单击“确定”按

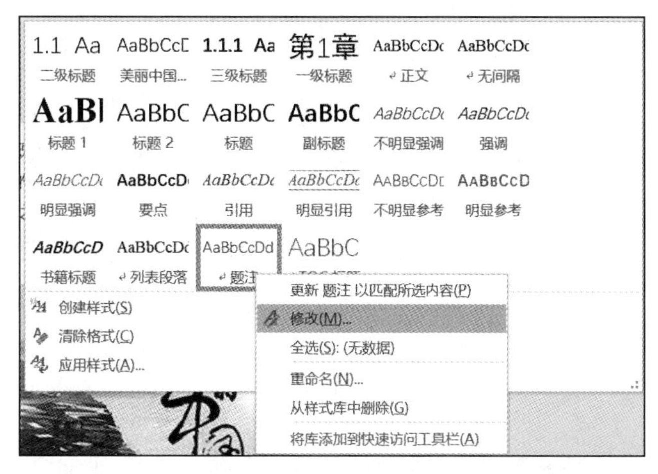

图 3-114　样式面板

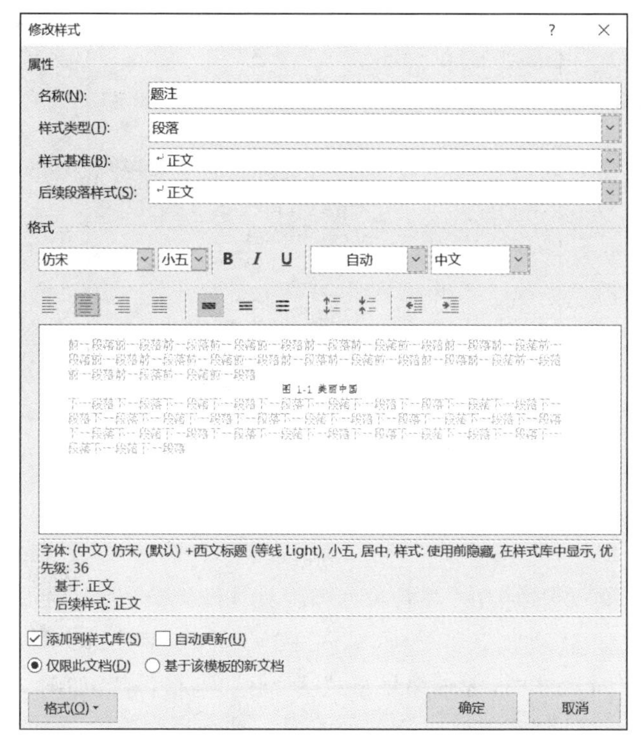

图 3-115　“修改样式”对话框

钮，效果如图 3-116 所示。

(10) 插入分隔符。将光标定位在第 1 章的标题前，在“布局”选项卡的“页面设置”组中单击“分隔符”按钮，从下拉菜单中选中“奇数页”选项，如图 3-117 所示，同理在其他章节前插入奇数页的分节符。

(11) 设置目录页码。双击文档页脚处进入页眉和页脚的编辑状态，光标放在第 1 章的页脚处，在“页眉和页脚工具｜设计”选项卡的“导航”组中取消选中“链接到前一条页眉”按

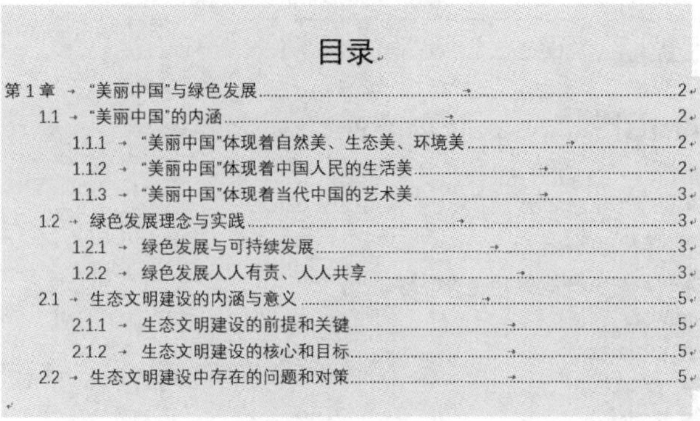

目录
第 1 章 “美丽中国”与绿色发展……2
1.1 “美丽中国”的内涵……2
1.1.1 “美丽中国”体现着自然美、生态美、环境美……2
1.1.2 “美丽中国”体现着中国人民的生活美……2
1.1.3 “美丽中国”体现着当代中国的艺术美……3
1.2 绿色发展理念与实践……3
1.2.1 绿色发展与可持续发展……3
1.2.2 绿色发展人人有责、人人共享……3
2.1 生态文明建设的内涵与意义……5
2.1.1 生态文明建设的前提和关键……5
2.1.2 生态文明建设的核心和目标……5
2.2 生态文明建设中存在的问题和对策……5

图 3-116 效果图

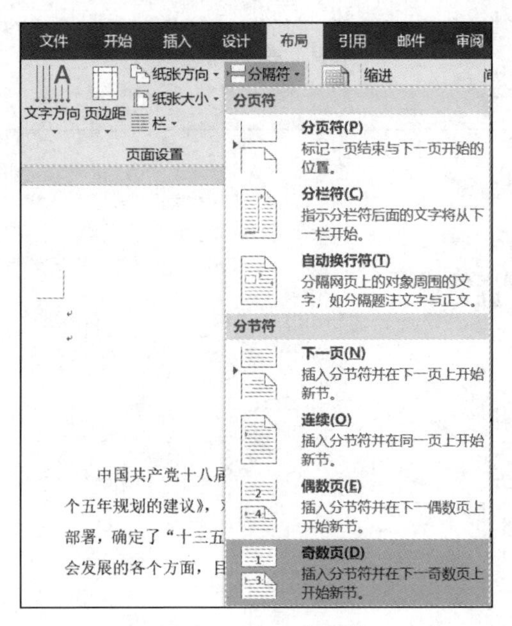

图 3-117 插入分隔符

钮。光标放在目录页的页脚处，在“页眉和页脚工具｜设计”选项卡的“页眉和页脚”组中选中“页码-页眉页面底端-普通数字 2”选项，如图 3-118 所示，继续选中“设置页码格式”选项，在弹出的“页码格式”对话框中，选中编号格式为“Ⅰ，Ⅱ，Ⅲ，…”，如图 3-119 所示，另外，在“选项”组中选中“首页不同”复选框。

（12）设置章节页码。将光标放在第 1 章的页脚处，在“页眉和页脚工具｜设计”选项卡的“选项”组中选中“首页不同”和“奇偶页不同”复选框。光标放在“偶数页页脚-第 2 节-”中，单击“链接到前一条页眉”按钮，取消该按钮的选择；在“页眉和页脚”组中选中“页码-页面底端-普通数字 1”选项。“奇数页页脚-第 2 节-”的“页面底端”选中“页码-页面底端-普通数字 3”选项。单击第 2 章的页脚处，在“页眉和页脚工具｜设计”选项卡的“选项”组中选中“首页不同”选项。在“页眉和页脚”组中选中“页码-设置页码格式”选项，在弹出的对话框中将“页码编号”选为“续前节”，如图 3-120 所示，同理，设置后面章节的页码格式，并检查目录

图 3-118 “页眉和页脚”组

和正文的所有格式。

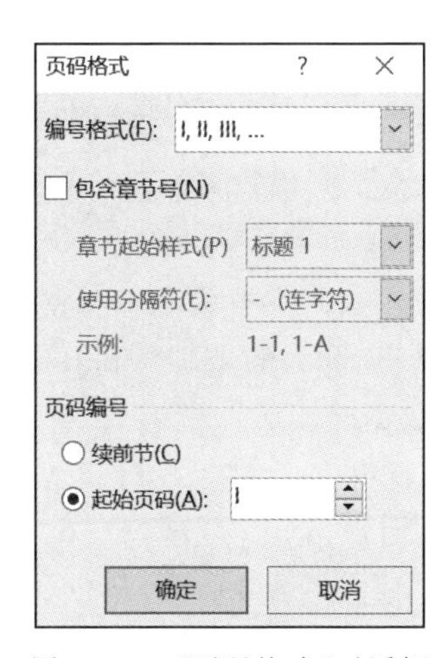

图 3-119 “页码格式”对话框

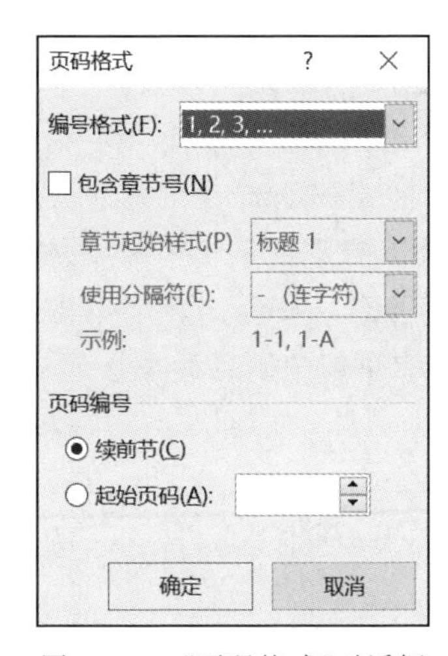

图 3-120 “页码格式”对话框

本章小结

本章主要学习了使用 Word 2019 进行文字处理的基本操作。通过对文本文档的创建与编辑、字符格式的设置、段落格式的设置、文档页面设置、表格处理、图形处理和高效排版方法的学习，掌握文档的编辑和排版技能，提高动手能力。

知识拓展

大数据

1. 大数据的概念

随着人类社会信息化进程的加快，在日常生活、生产和工作中产生的大量数据(例如商业网站、办公系统等)都已经实现信息化，人类生产的数据量相比以前有了爆炸式的增长。数据已经渗透到人们生活的方方面面，成为了重要的生产要素，数据推动着人类社会的不断进步，数据资源已经成为和物质资源、人力资源一样的国家重要战略资源。数据有很多类型，例如数字、文字、声音、视频、照片等。

大数据(big data)又称为海量数据，指的是用传统的数据处理软件能在合理时间范围内进行采集、管理、处理，并整理成能被人们解读的复杂数据集合。大数据的发展历程可以划分为萌芽期、成熟期和大规模应用期3个阶段。

2. 大数据的特点

(1) 数据量大(volume)。随着信息化的快速发展，数据呈现爆炸式增长，人们生活在“数据爆炸”的时代。随着Web 2.0和移动互联网的发展，社交网络、智能工具等都成为大数据的来源，随着物联网的快速发展，摄像头和传感器等物联网设备也将产生大量的数据。

(2) 数据种类多(variety)。大数据的数据来源广泛，使得大数据呈现数据种类多样性。科学研究、企业应用和日常生活等每时每刻都在产生新的数据。大数据的数据种类繁多，包括结构化、半结构化和非结构化数据。

(3) 处理速度快(velocity)。随着物联网、计算机等技术的发展，数据的产生非常迅速，因此对大数据的处理和分析速度具有严格的要求，以便于实现数据实时分析结果，用于指导生产实践。这是大数据区别于传统数据的显著特征。

(4) 价值密度低(value)。随着数据量的自然增长，数据中有意义的信息并没有相应比例的增长，很多有价值的信息都是分布在海量数据中，有价值的数据所占比例小，增加了数据挖掘的难度和成本。如何快速挖掘数据价值是大数据应用的一个挑战。

(5) 真实性(veracity)。真实性是指数据的准确性和可信度。物理世界产生的数据组成了大数据的内容，研究大数据的目的是从大数据中提取出有用信息，解释和预测现实社会。

3. 大数据的关键技术

大数据技术是使用非传统工具对大数据进行处理，从而获得分析和预测结果的数据处理技术。需要使用多种技术才能体现数据的价值，大数据的关键技术包括数据存储、处理、应用等多方面的相关技术，根据大数据的处理流程，可以分为大数据采集、大数据预处理、大数据存储及管理、大数据分析及挖掘、大数据的应用等。

1) 大数据采集

数据采集是大数据的基础环节，通过射频识别(RFID)数据、传感器数据、社交网络交互数据及移动互联网数据等方式获得海量数据。

2）大数据预处理

数据极易受到噪声的影响，采集到的数据有残缺、虚假、重复等情况。因此要获得高质量的数据分析挖掘结果，首先要对数据进行预处理。数据的预处理是指对所收集数据进行分类或分组前所做的审核、筛选、排序等必要的处理。数据预处理的步骤包括数据清理、数据集成、数据归约和数据变换 4 部分。

（1）数据清理（data cleaning）。数据清理主要通过填写缺失的值、过滤噪声数据，识别和删除离群点，并解决不一致性来“清理数据”。

（2）数据集成（data integration）。数据集成是指将多个数据源中的数据结合起来并存放到一个一致的数据存储库中，建立数据库的过程。

（3）数据归约（data reduction）。数据归约是指在尽可能保持数据原貌的前提下，最大限度地精简数据量，主要包括数据立方体聚集、维度归约、数据压缩、数值归约、离散化和概念分层等方法，这样一来，既缩小了数据集，又保证了元数据的完整性。

（4）数据变换（data transformation）。数据变换是指通过平滑聚集、数据概化、规范化等方式将原始数据转换成适用于数据挖掘的形式。

3）大数据的存储和管理

在进行大数据的存储和管理时，要用存储器把采集到的数据存储起来，建立相应的数据库，并进行管理和调用。主要解决复杂结构化、半结构化和非结构化大数据存储与管理技术。大数据存储技术路线最典型的共有 3 种。

（1）基于 MPP 架构的新型数据库集群。专注于行业大数据，有效支撑拍字节（PB）级别的结构化数据分析。采用 Shared Nothing 架构，通过列存储、粗粒度索引等多项大数据处理技术，再结合 MPP 架构高效的分布式计算模式，实现对分析类应用的支撑，运行环境多为低成本 PC Server，具有高性能和高扩展性的特点，在企业分析类应用领域获得极其广泛的应用。

（2）基于 Hadoop 的分布式文件系统（Hadoop distributed file system，HDFS）。HDFS 具有高容错性，并且兼容廉价的硬件设备。目前，Hadoop 最为典型的应用场景就是通过扩展和封装技术支撑互联网中大数据的存储和分析。其中包含了几十种 NoSQL 技术，并在不断进行细分。对于非结构、半结构化数据处理、复杂的 ETL 流程、复杂的数据挖掘和计算模型，Hadoop 平台更擅长。

（3）大数据一体机。大数据一体机是专为大数据的分析处理而设计的软、硬件结合产品，它由一组集成的服务器、存储设备、操作系统、数据库管理系统，以及用于数据查询、处理、分析用途的预装及优化软件组成，具有良好的稳定性和纵向扩展性。

4）大数据的分析和挖掘

大数据的分析和挖掘就是从大量的、看似杂乱无章的数据中，提取隐含的、人们事先不知道但是有用的信息和知识的过程。数据挖掘涉及的技术方法很多，有多种分类法。根据挖掘任务的不同，可分为预测模型发现、数据总结、聚类、关联规则等；根据挖掘方法可分为机器学习方法、统计方法、神经网络方法等。大数据分析和挖掘的技术包括可视化分析、数据挖掘算法、预测性分析、语义引擎及数据质量与数据管理5方面。

(1) 可视化分析。无论是普通用户还是数据分析专家,数据可视化都是最基本的功能。数据图像化可以让数据自己说话,让用户感受直观的结果。

(2) 数据挖掘算法。图像化是将枯燥的数据展示给人看,而数据挖掘就是机器的母语。分割、集群、孤立点分析还有各种各样五花八门的算法让我们精炼数据,挖掘价值。这些算法一定要能够应付大数据的量,同时还具有很高的处理速度。

(3) 预测性分析。预测性分析可以让分析师根据图像化分析和数据挖掘的结果做出前瞻性判断。

(4) 语义引擎。语义引擎需要从足够多的数据中主动提取信息。语言处理技术包括机器翻译、情感分析、舆情分析、智能输入、问答系统等。

(5) 数据质量和数据管理。数据质量与数据管理是管理的最佳实践,通过标准化流程和机器对数据进行处理可以确保获得符合预设质量要求的分析结果。

5) 大数据的应用

目前,大数据主要应用在三大领域:商业智能、政府决策、公共服务。例如商业智能技术、政府决策技术、电信数据信息处理与挖掘技术、电网数据信息处理与挖掘技术、气象信息分析技术、环境监测技术、警务云应用系统(道路监控、视频监控、网络监控、智能交通等公安信息系统)。

习 题 3

一、单项选择题

1. 在下列软件中,属于应用软件的有(　　)。

① WPS Office 2019　②Windows 7　③财务管理软件　④UNIX
⑤ 学籍管理系统　⑥MS-DOS　⑦Linux

A. ①②③　B. ①③⑤　C. ①③⑤⑦　D. ②④⑥⑦

2. 打开 Word 2019 文档一般是指(　　)。

A. 显示并打印出指定文档的内容
B. 把文档的内容从内存中读入,并显示出来
C. 把文档的内容从磁盘调入内存,并显示出来
D. 为指定文档开设一个新的空白文档窗口

3. Word 2019 的运行环境是(　　)。

A. Windows　B. WPS　C. UCDOS　D. DOS

4. Word 2019 文档的扩展名是(　　)。

A. ppt　B. txt　C. docx　D. doc

5. 在 Word 2019 的打印对话框中,页面范围下的“当前页”项是指(　　)。

A. 第一页　B. 光标所在页
C. 当前窗口显示的页　D. 最后一页

6. 在 Word 2019 中，能使文档在屏幕上的显示与打印结果更为接近的视图是(　　)。

A. Web 版式　　B. 主控文档视图

C. 大纲视图　　D. 页面视图

7. 在 Word 2019 中，表格是由一个个小方框纵横排列而成的，这些小方框通常被称为(　　)。

A. 单元格　　B. 小窗口　　C. 小方格　　D. 窗格

8. 在 Word 2019 中，用来复制文字和段落格式的最佳工具是(　　)。

A. "格式"选项卡　　B. "格式刷"按钮

C. "粘贴"按钮　　D. "复制"按钮

9. 在 Word 2019 编辑状态下，若将当前编辑文档的标题设置为居中，应先将插入点移到该标题上，再单击格式工具栏的(　　)。

A. 分散对齐　　B. 靠右　　C. 居中　　D. 两端对齐

10. 要在 Word 2019 文档某两段之间留出一定的间隔，最好、最合理的办法是(　　)。

A. 在两段之间按 Enter 键插入空行

B. 用"开始"选项卡的"段落"组中设置段(前后)间距

C. 用"开始"选项卡的"段落"组中设置行间距

D. 用"开始"选项卡的"字体"组中设置字符间距

11. 在 Word 2019 编辑状态下，若要调整左右边界，比较直接、快捷的方法是使用(　　)。

A. 工具栏　　B. 标尺　　C. 菜单　　D. 格式栏

12. 在编辑 Word 2019 文档时，若要在"查找和替换"对话框的"查找内容"文本框中只输入一次，便能依次查找分散在文档中的"第 1 名"，"第 2 名"，…，"第 9 名"等，那么在"查找内容"文本框中用户应输入(　　)。

A. 第 1 名，第 2 名，…，第 9 名

B. 第？名，同时选择"使用通配符"

C. 第？名，同时选择"全字匹配"

D. 第？名

13. 在 Word 2019 中，选定表格的一行，再按 Delete 键，其结果是(　　)。

A. 该行被删除，表格被拆分成两个表格

B. 该行的边框线被删除，但保留文字

C. 该行中的文字内容被删除，但边框线保留

D. 该行被删除，表格减少一行

14. 在使用 Word 2019 编辑文档时，若先选定文档文字，再按"剪切"按钮，然后将光标移到新的文档位置，再按"粘贴"按钮，可完成的操作是(　　)。

A. 剪切文字　　B. 复制文字　　C. 删除文字　　D. 移动文字

15. 如果有一个很长的 Word 2019 表格，跨过数页，要求每页表格的上方都有表头(标题行)，最好的方法是(　　)。

A. 在每页表格的上方分别输入同样的表头

B. 将第一页的表头行复制到后面各页表格的上方

C. 在“表格工具｜布局”选项卡的“数据”组中单击“重复标题行”按钮

D. 在“表格工具｜布局”选项卡的“表格样式选项”组中选中“标题行”复选框

二、填空题

1. 在 Word 2019 中，要调整文档段落之间的距离，应使用________对话框中的“缩进和间距”选项卡。

2. 在 Word 2019 中，默认的文字的录入状态是________。

3. Word 2019 的编辑状态下，若要完成复制操作，首先要进行________操作。

4. Word 2019 设置的页边距与所使用的纸型有关，系统提供了________和________两种页面方向。

5. 在 Word 2019 中，要在页面上插入页眉和页脚，应使用________选项卡的“页眉和页脚”组。

6. 在 Word 2019 文档编辑中，若需要改变纸张的大小，应选择页面布局选项卡中的________组。

7. 在 Word 2019 的，“格式”工具栏中，图标按钮________。

8. ________用于为文档的文本提供解释、批注及相关的参考资料。

9. 在 Word 2019 中，给文档添加页码应选中________选项卡中的“页眉和页脚”组。

10. 如果要在表格的末尾插入新行，可将插入点移到表格的最后一个单元格之后回车符之前，然后按________键。

第 4 章　用计算机进行表格处理

电子表格主要用于数据的输入、输出和显示。它可利用公式进行一些简单的运算，帮助用户制作各种复杂的表格文档，也可进行烦琐的数据计算，并将经过运算的结果显示为可视性极佳的表格，它能将大量的数据以彩色商业图表的形式显示出来，极大地增强了数据的可视性。Excel 是 Microsoft Office 系列软件中的重要组成部分，是众多电子表格制作软件中使用最多的一种。本章以 Excel 2019 为例，介绍电子表格的基本操作。通过本章学习，可对 Excel 2019 的概念和基本操作具有一个准确而全面的理解和掌握。

【本章要点】

- 电子表格的创建和修改。
- 电子表格的数据输入、编辑和格式设置。
- 电子表格的工作表的数据运算。
- 电子表格的图表的建立和修改。
- 电子表格的高级数据处理。
- 电子表格的工作表的打印。

【本章目标】

- 掌握输入数据的格式设置。
- 掌握公式的使用与数据的引用。
- 掌握常用函数。
- 学会数据的排序、筛选、分类汇总等。
- 学会图表的制作。

4.1　电子表格处理工具概述

电子表格(spreadsheet)又称电子数据表，是一类模拟纸上计算表格的计算机程序。它会显示由一系列行或列构成的网格。单元格内可以存放数值、计算式和文本等内容。电子表格通常用于处理财务信息、员工信息和学生成绩等，这是因为它可频繁地重算整个表格。

计算机常用的电子表格处理软件有微软公司的 Excel 2019 和金山公司的 WPS 表格；此外，还有一些在线电子表格工具，例如金山文档、腾讯文档和飞书等。其中金山文档和腾讯文档的在线电子表格允许用户通过微信小程序或网页等方式随时随地查看和修改文档，允许多人同时在线编辑，表格内容云端实时同步。

1. Excel

Excel 是 Microsoft Office 中的一个重要组成部分，也是目前在全世界使用最为广泛的电子表格制作软件。它具有直观的界面、出色的计算功能和图表工具，这使它成为最流行的个人计算机数据处理软件。Excel 2003 及以前版本保存文件的格式为 XLS，Excel 2003 之后为 XLSX。

2. WPS 表格

WPS 表格是金山公司研发的 WPS Office 套件中的一部分,并兼容 Microsoft Office Excel 的格式。WPS 不仅有计算机软件,而且有移动端 App 供用户使用。

3. 金山文档的在线电子表格

金山文档的在线电子表格是一款可多人实时协作编辑的在线电子表格,修改后会自动保存,无须转换格式,从而告别了反复传文件的烦恼。它支持网页与微信小程序中进行在线编辑,可设置不同成员的查看或编辑权限。

4. 腾讯文档

腾讯文档的在线表格是一款可多人同时编辑的在线文档工具,修改后自动保存,可以在计算机客户端、腾讯文档网页版、腾讯文档 App、微信小程序、QQ 小程序和 iPad 等多类型设备上随时随地查看和修改文档。打开网页就能查看和编辑,云端实时保存,权限安全可控。

4.2 基本操作

【案例引导】 每学期的评奖评优又开始了,辅导员要求班长利用 Excel 制作一份本班同学的成绩表,并以"2021 级计算机科学与技术一班成绩表.xlsx"的名称保存,班长在取得本班同学的成绩单后,便开始利用 Excel 制作电子表格。

通过学习该电子表格的制作可以掌握电子表格的基本编辑操作,包括新建电子表格、保存电子表格,插入、复制、移动、删除,给电子表格添加基本的文字、数据等。参考图如图 4-1 所示。具体如下。

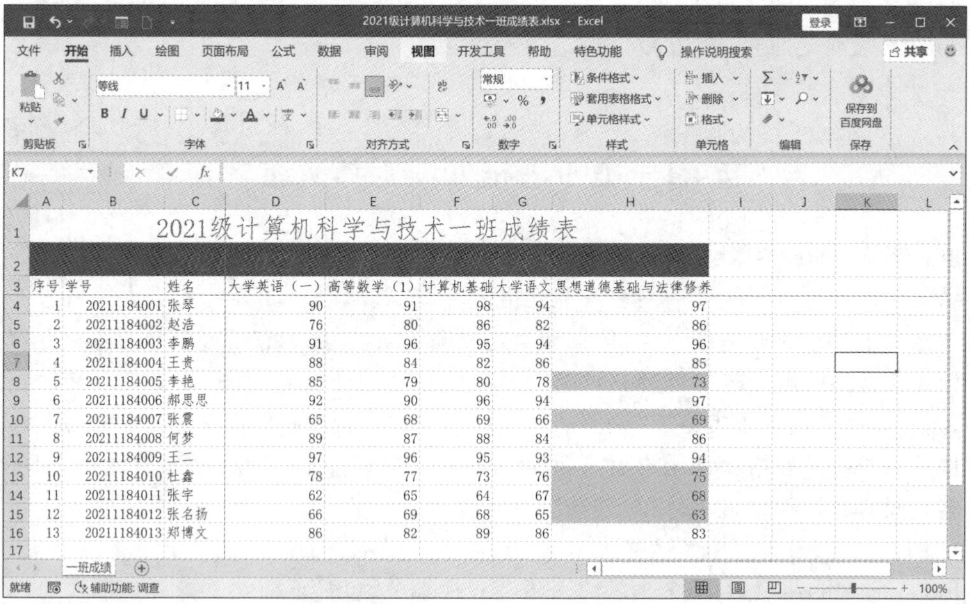

图 4-1 "2021 级计算机科学与技术一班成绩表"工作簿效果

(1) 新建一个空白工作簿,将其命名为"2021 级计算机科学与技术一班成绩表.xlsx"后并保存。

(2) 在A1单元格中输入“2021级计算机科学与技术一班成绩表”文本，设置字体为“仿宋”，字号为“22”，文字颜色为“红色”合并A1:H1单元格区域。

(3) 在A2:H2单元格中输入相应的文本内容，并设置字体为“仿宋”，字号为“12”，自动调整列宽。

(4) 在A3单元格中输入“1”，然后拖曳鼠标填充序号。用同样方法输入学号，并将B列数据设置为“文本”，然后依次输入姓名及各科成绩，调整B列与C列宽度。

(5) 在第二行上方插入一行，将新插入的第二行合并A2:H2单元格区域，输入“2021—2022学年第一学期期末成绩”，将背景设置为“蓝色”，设置字体设置为“加粗”“倾斜”，文字颜色设为“红色”。

(6) 冻结前3行与前3列进行数据查看。

(7) 将“思想道德基础与法律修养”课程的成绩低于平均分的设置为“浅红色填充深红色文本”。

(8) 将工作簿重命名为“一班成绩”，保存工作表。

学院辅导员确定用Excel 2019制作，在制作该电子表格之前，首先需要学习Excel 2019的基本操作。

4.2.1 Excel 2019 工作界面

Excel 2019软件的启动和退出与Word 2019的启动和退出方法相同，用户可以通过常规启动、桌面快捷方式启动、现有演示文稿启动和任务栏启动等方法启动Excel 2019组件。常规启动方法如下。

在“开始”菜单中选中Excel 2019选项，即可打开Excel 2019的工作窗口。Excel 2019的工作窗口和Word 2019的窗口类似，主要由标题栏、功能区、编辑栏和编辑窗口等部分组成，如图4-2所示。

1. 标题栏

Excel 2019的标题栏在窗口的最上边中间区域，显示当前电子表格的名称和软件的名称Excel，另外还包括最左侧的快速访问工具栏和最右侧的“最小化”“最大化”(可还原)和“关闭”按钮等，操作方法同Word 2019的标题栏。

2. 功能区

功能区中包含多个选项卡，每个选项卡中又包含多个组。

在功能区中右击，在弹出的快捷菜单中选中“折叠功能区”选项，则功能区只显示选项卡，组和组内的按钮皆被隐藏。此时，单击相应的选项卡，该选项卡的组和按钮将会显示出来。

3. 编辑栏

编辑栏由名称框、编辑按钮、编辑框组成，主要用于显示和编辑当前活动单元格中的数值或公式。

(1) 名称框。名称框用于显示当前单元格的地址，也可在其下拉列表中选中定义的单元格或单元格区域名称，快速选中对应的单元格或单元格区域。

(2) 编辑按钮。将文本插入点定位到编辑区，或双击某个活动单元格，将激活相应的编

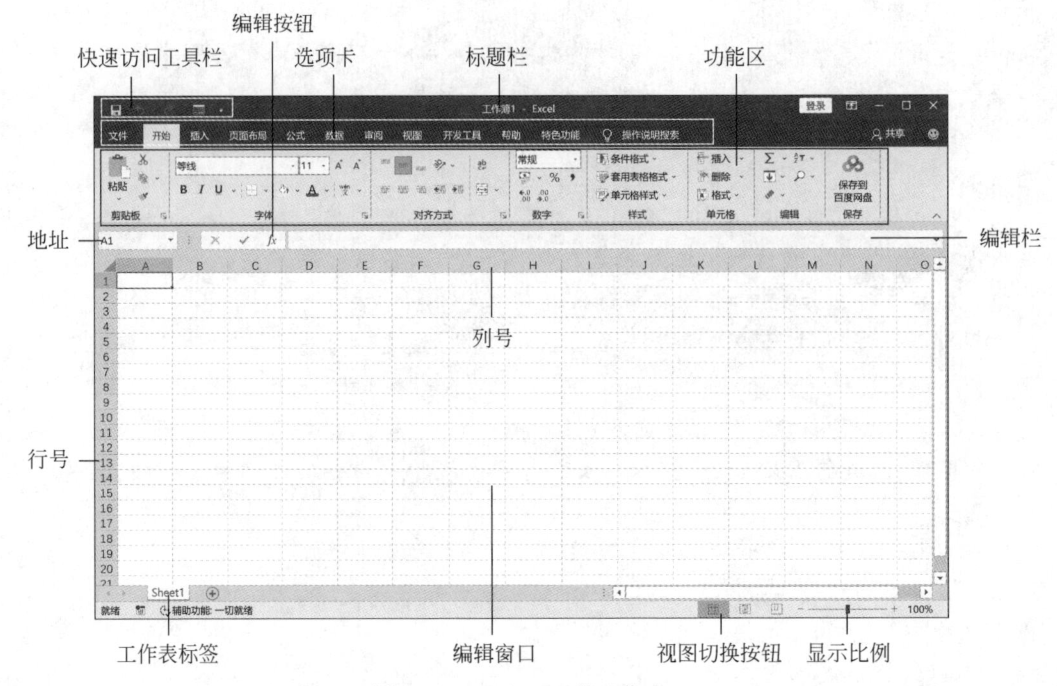

图 4-2　Excel 2019 的工作窗口

辑按钮，编辑按钮包括 3 个按钮，分别为“取消”按钮 ×、“输入”按钮 ✔、“插入函数”按钮 fx。其中“取消”按钮用于取消输入内容，“输入”按钮用于确认输入内容，“插入函数”按钮用于打开“插入函数”对话框，并通过该对话框向当前单元格中插入需要的函数。

(3) 编辑框。选中单元格后，将文本插入点定位到单元格，可输入、修改、删除所选单元格中的数据。

4. 编辑窗口

编辑窗口是 Excel 2019 重要的区域，构成编辑区域的主要元素包括列号、行号、单元格、工作表标签、水平滚动条和垂直滚动条。其中行号和列号用于定位单元格，行号使用数字表示，列号使用英文字母表示，如 A1 代表第 A 列第 1 行交叉处的单元格；工作表标签即为工作表的名称，单击工作表标签将激活相应的工作表；水平和垂直滚动条用于查看工作表区中未显示的内容。

4.2.2　工作簿、工作表和单元格

Excel 2019 电子表格分为三级：工作簿、工作表和单元格，它们之间存在包含和被包含的关系。了解它们的概念和相互关系，有助于使用 Excel 进行相关操作。

1. 工作簿

工作簿就是一个 Excel 电子表格文件，其扩展名为 xlsx，Excel 2003 及以前版本的扩展名为 xls。一个工作簿可以包含一个或多个工作表。默认情况下，一个工作簿包含 1 个工作表，例如 Sheet1，如图 4-2 所示。其中的工作表可以根据需要增减。

2. 工作表

工作表是工作簿窗口中由行和列组成的表格。它主要由单元格、行号、列号、工作表标签等元素组成。列号显示在工作表的上方显示，由左到右依次用字母 A、B、C、…、Z、AA、AB、…表示；行号显示在工作表的左侧，自上而下依次使用数字 1、2、3、…表示。

工作表名称也称工作表的标签，默认名称为 Sheet1，右击选中的 Sheet1，在弹出的快捷菜单中选中“重命名”选项，就可对其进行重命名。单击工作表标签后，该工作表就成为活动工作表，此时的工作表标签反白显示。通过单击工作表标签，就可实现多个工作表之间的切换。

3. 单元格

单元格是 Excel 2019 工作簿中最小的组成单位，由行列交叉的网格线分隔而成。所有的数据都存储在单元格中。工作表编辑窗口中每一个长方形的小格就是一个单元格，每个单元格都可用其所在的行号和列号标识，也称为单元格地址，如 B2 单元格表示位于第 B 列第 2 行的单元格。

选定的单元格称为活动单元格或当前单元格，表示正在使用的单元格，被一个黑色的方框包围，方框右下角会显示一个小方框，称为填充句柄。其输入、编辑或格式化的对象只能在活动单元格中进行。

工作簿中包含一张或多张工作表，每张工作表都由排列成行和列的单元格组成。

4.2.3 工作簿的基本操作

1. 新建工作簿

方法 1：新建空白工作簿。启动 Excel 2019，在“文件”选项卡中选中“新建”选项，在“可用模板”中选中“空白工作簿”选项，然后单击“创建”按钮。

方法 2：在“快速访问工具栏”中添加“新建”按钮。单击该按钮就可新建工作簿，此方法是建立空白文档较为快捷的方法。

2. 打开工作簿

方法 1：在“文件”选项卡中选中“打开”选项。

方法 2：在“快速访问工具栏”中单击“打开”按钮。

3. 保存工作簿

方法 1：在“快速访问工具栏”中单击“保存”按钮。

方法 2：在“文件”选项卡中选中“保存”选项，弹出“另存为”对话框，在其中设置工作簿的保存位置，输入工作簿名称，然后单击“保存”按钮。

方法 3：按 Ctrl＋S 组合键保存电子表格。

4. 关闭工作簿

方法 1：在“文件”选项卡中选中“关闭”选项。

方法 2：单击工作簿窗口右上角的“关闭”按钮。

4.2.4 工作表的编辑

工作表的基本操作主要包括选择、插入、删除、重命名、移动和复制等操作，操作工作表前需要遵守“先选定，后操作”的原则。

1. 选择工作表

(1) 选择单张工作表。单击要进行操作的工作表标签，选中的工作表标签变为白色。

选取相邻的多张工作表：单击第 1 张工作表标签，然后按住 Shift 键并单击最后 1 张要选中的工作表标签。

（2）选中不相邻的多张工作表。单击第 1 张工作表标签，然后按住 Ctrl 键并单击所需的工作表标签。

2. 插入、删除和重命名工作表

在默认情况下，一个工作簿包含 1 个工作表，如果需要更多的工作表来进行数据处理，可以在工作簿中插入新的工作表。

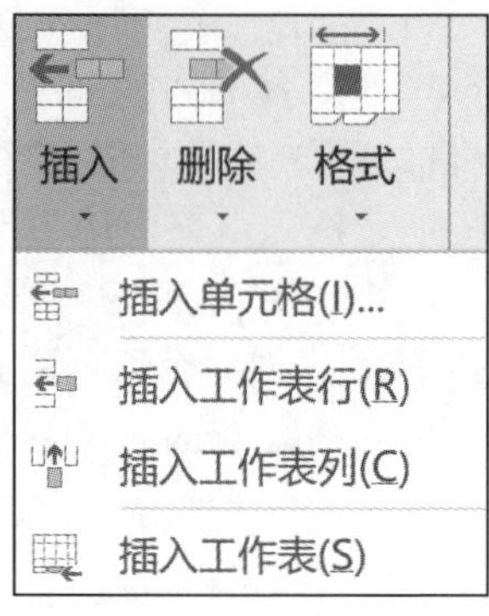

图 4-3　插入工作表

（1）插入工作表。单击工作表标签右侧的新工作表按钮⊕，可在工作表末尾插入一张新工作表；也可以在“开始”选项卡的“单元格”组中单击“插入”按钮，在下拉菜单中选中“插入工作表”选项，在选定工作表的左侧插入一张新工作表，如图 4-3 所示。

（2）删除工作表。单击要删除的工作表的标签，在“开始”选项卡的“单元格”组中单击“删除”按钮，在下拉菜单中选中“删除工作表”选项；也可以右击需要删除的工作表标签，在弹出的快捷菜单中选中“删除”按钮。

（3）重命名工作表。默认情况下，工作表以 Sheet1、Sheet2、Sheet3……的方式命名。需要重命名工作表时，只需双击需要重命名或右击工作表标签，输入新的工作表名称，然后按 Enter 键。

3. 移动和复制工作表

在同一个工作簿中，直接拖曳工作表标签至所需位置即可实现工作表的移动。若在拖曳工作表标签的过程中按住 Ctrl 键，则表示复制工作表。在不同工作簿之间移动和复制工作表的方法是，打开要进行移动或复制的源工作簿和目标工作簿，选中要进行移动或复制操作的工作表标签，在“开始”选项卡的“单元格”组中单击“格式”按钮，在下拉菜单中选中“移动或复制工作表”选项，然后在弹出的“移动或复制工作表”对话框中进行设置。还可以在“将选定工作表移至工作簿”下拉列表中选中目标工作簿，在“下列选定工作表之前”列表中选中目标工作簿的位置。若要复制工作表，可选中“建立副本”复选框。最后，单击“确定”按钮，实现不同工作簿之间工作表的移动或复制。

4. 隐藏和显示工作表

选中要隐藏的工作表标签，在“开始”选项卡的“单元格”组中单击“格式”按钮，在下拉菜单中选中“隐藏和取消隐藏”选项，便可以隐藏或者显示工作表。

5. 冻结窗格

冻结窗格是保持工作表的某一区域在其他部分滚动时始终可见。例如在查看过长的表格时保持首行可见；在查看过宽的表格对保持首列可见；也可以同时保持某些行和某些列均可见。

（1）冻结窗格方法。在“视图”选项卡的“窗口”组中单击“冻结窗格”按钮，在下拉菜单中选中“冻结首行”或“冻结首列”选项，即可冻结首行或首列。被冻结的窗口部分以黑线区分，首行或首列始终显示。若需要冻结多行或多列，可选中要冻结区域的下一行(列)，在“窗口”组单击“冻结窗格”按钮，通过下拉菜单设置多行或多列的冻结。

任意选择一个单元格，在“视图”选项卡的“窗口”组中单击“拆分”按钮，在编辑区上方和左侧出现冻结窗格线，此时上下或左右滚动工作表时，所选单元格左侧和上方的数据始终可见。

（2）取消窗格冻结。在“视图”选项卡的“窗口”组中单击“冻结窗格”按钮，在下拉菜单中选中“取消冻结窗格”选项即可取消冻结。若是使用“拆分”冻结窗格，则单击“拆分”按钮取消冻结。

4.2.5 单元格的操作

对单元格内容的编辑，要遵守“先选定，后操作”的原则，即编辑前需先选定所需编辑的单元格，然后才能进行插入、移动、复制、删除、查找和替换等操作。

1. 选定单元格或单元格区域

选中需要操作的单元格，选中的单元格以黑色边框显示，此时该单元格行号上的数字和列号上的字母将突出显示，右下角将出现填充柄，也可以使用如表 4-1 所示的操作方法。

表 4-1 选定单元格或单元格区域的常用方法

选取范围	鼠标操作
一个单元格	将鼠标指针指向单元格上方，光标呈白色空心“十”字形状时单击，以黑色边框显示
一行	将鼠标指针指向行号，光标呈向左黑色实心箭头时单击
一列	将鼠标指针指向列号，光标呈向下黑色实心箭头时单击
连续单元格	先选定一个单元格或一行/列，然后按 Shift 键再选定最后一个单元格或一行或一列
不连续单元格	先选定一个单元格或一行或一列，然后按 Ctrl 键再选定最后一个单元格或一行或一列
整个表格	单击表格左上角行列交叉的“全选”按钮或按 Ctrl＋A 组合键

2. 单元格的插入和删除

选定插入的位置，在“开始”选项卡的“单元格”组中单击“插入”按钮，如图 4-4 所示，在下拉菜单中选中“插入单元格”选项。也可选中要插入的行或列并右击，在弹出的快捷菜单中选中“插入”选项。若要删除单元格、行或列，可选中要删除的单元格，然后在“开始”选项卡的“单元格”组中单击“删除”按钮，在下拉菜单中选中“删除单元格”选项。或选中要删除的行或列并右击，在弹出的快捷菜单中选中“删除”选项。

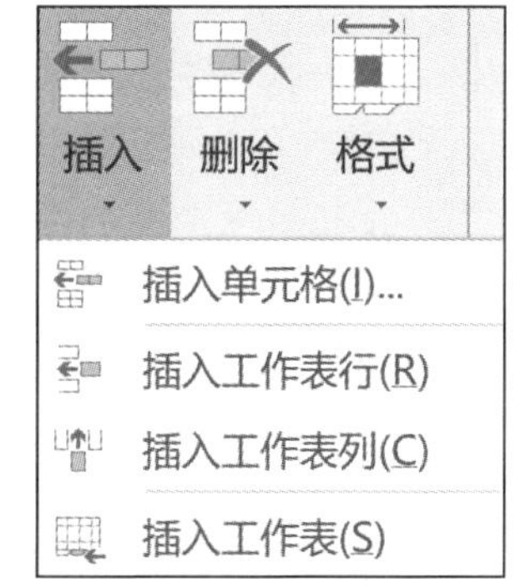

图 4-4 选择插入的选项

3. 单元格数据的修改

在选中的单元格内直接输入新数据完成修改。删除数据时需要选择单元格后按 Delete 键或 Backspace 键，或在“开始”选项卡的“编辑”组单击“清除”按钮，在下拉菜单中选中希望清楚的选项。

4. 移动和复制数据

选定需要移动或复制的单元格或单元格区域，在“开始”选项卡的“剪贴板”组中单击“剪切”或“复制”按钮，然后再选中要移动或复制数据的单元格或单元格区域，在“开始”选项卡的“剪贴板”组中单击“粘贴”按钮。也可按 Ctrl+C 组合键或 Ctrl+X 组合键进行复制或剪切,再按 Ctrl+V 组合键进行粘贴。

5. 查找和替换数据

任意选择一个单元格,在“开始”选项卡的“编辑”组中单击“查找和选择”按钮,从下拉菜单中选中“查找”或“替换”选项,进行数据的查找和替换。

6. 合并单元格

选定要合并的单元格区域,在“开始”选项卡的“对齐方式”组中单击“合并后居中”按钮,将所选单元格区域合并为一个单元格,此时单元格内容将在合并单元格中居中显示,如图 4-5 所示。除此之外,还可以在“对齐方式”组中单击“合并后居中”按钮,在下拉菜单中选中“跨越合并”或“合并单元格”等选项。

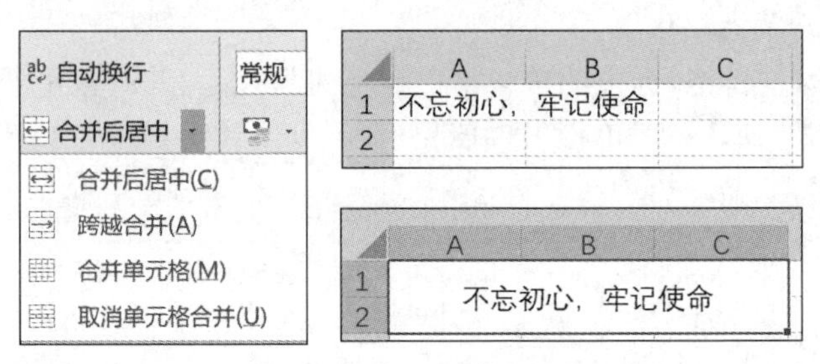

图 4-5　合并单元格的过程

7. 拆分单元格

选定合并后的单元格区域,然后在“开始”选项卡的“对齐方式”组中单击“合并后居中”按钮,即可将已合并的单元格拆分为多个独立的单元格,此时合并单元格的内容将出现在拆分单元格区域左上角的单元格中。注意,不能拆分没合并的单元格。

8. 调整行高和列宽

默认情况下,Excel 2019 所有行高和列宽都是相等的,但是由于单元格的数据过多而不能完全显示其内容时,则需要调整单元格的行高或列宽,使其符合单元格大小。

可以用鼠标拖曳方式直接调整行高和列宽,也可以在“开始”选项卡的“单元格”组中单击“格式”按钮,在下拉菜单中选中“行高”和“列宽”选项,对行高和列宽进行设置。

(1) 鼠标拖曳法。将鼠标指针指向需要调整行高(或列宽)的行号(列号)之间的分隔线上,当鼠标指针变成双向箭头“十”字形时,按住鼠标左键拖曳至合适位置即可。如果要同时调整多行或多列,可同时选中需要调整的行或列,然后使用上述方法调整。

(2) 用行高或列宽格式选项。选中需要调整的行或列,然后在“开始”选项卡的“格式”组中选中“行高”或“列宽”选项,如图 4-6 所示。在弹出的“行高”或“列宽”对话框中,输入行高或列宽的值,单击“确定”按钮。

(3) 自动设置行高与列宽。在“开始”选项卡的“单元格”组中单击“格式”按钮,在下拉菜单中选中“自动调整行高”或“自动调整列宽”选项,将行高或列宽自动调整为最合适的值,自动适应单元格中数据的宽度或高度。

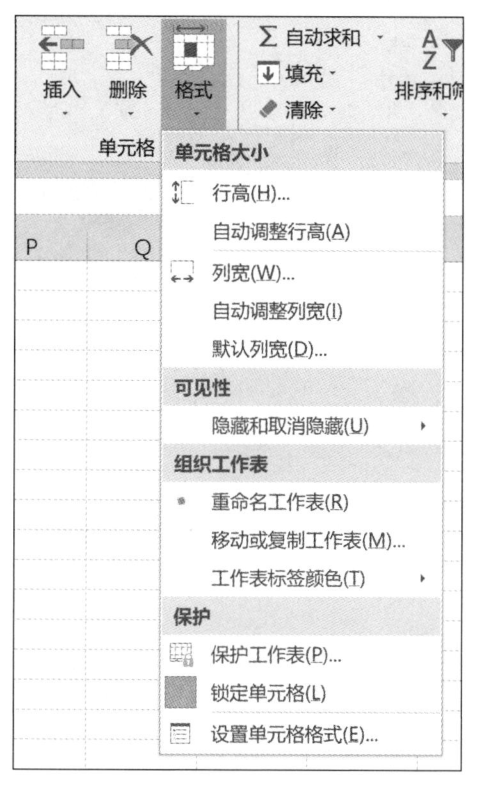

图 4-6 “格式”选项

4.2.6 设置单元格格式

1. 字符的格式化

选中要设置的单元格或单元格区域，在“开始”选项卡的“字体”组中进行相关操作，如图 4-7 所示。也可以在“开始”选项卡中单击“字体”组的对话框启动器按钮 ，在弹出的“设置单元格格式”对话框中完成字体设置，如图 4-8 所示。

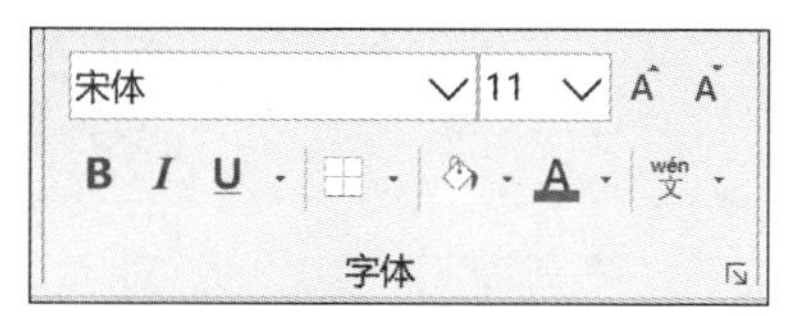

图 4-7 “字体”组

2. 数字的格式化

在 Excel 2019 中，数字是最常见的单元格内容，所以 Excel 2019 提供了多种数字格式。利用“开始”选项卡“数字”组可以进行“数字格式”的设置，如图 4-9 所示。此外，也可在“设置单元格格式”对话框中的“数字”选项卡中设置数字格式，如图 4-10 所示。

3. 对齐与缩进

在 Excel 2019 中，不同类型的数据在单元格中都是以默认方式对齐的。例如，数字采用右对齐、文字采用左对齐、逻辑值采用居中对齐。在“开始”选项卡的“对齐方式”组中提供了几种对齐和缩进按钮，用于改变字符的对齐方式。此外，也可以在“设置单元格格式”对话框的“对齐”选项卡中设置数据的对齐方式。

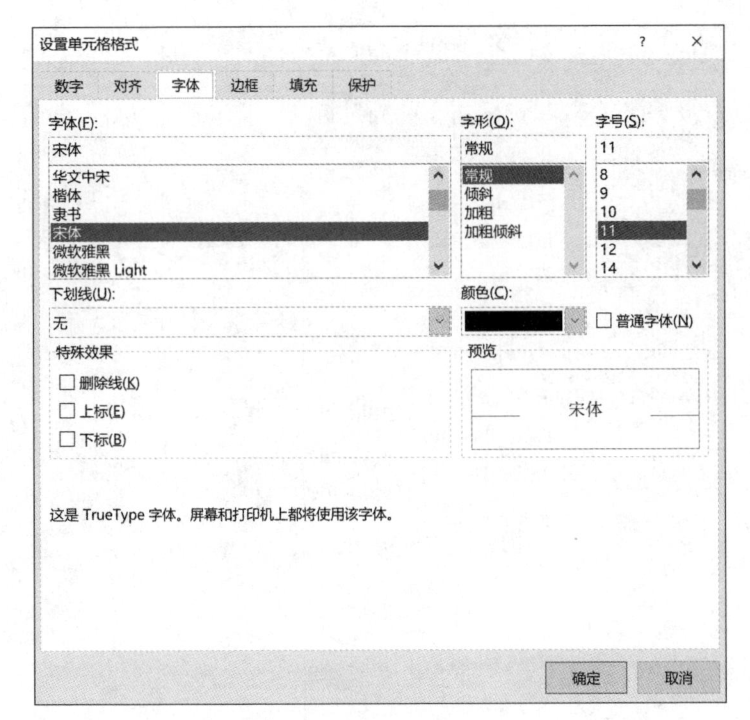

图 4-8 “设置单元格格式”对话框

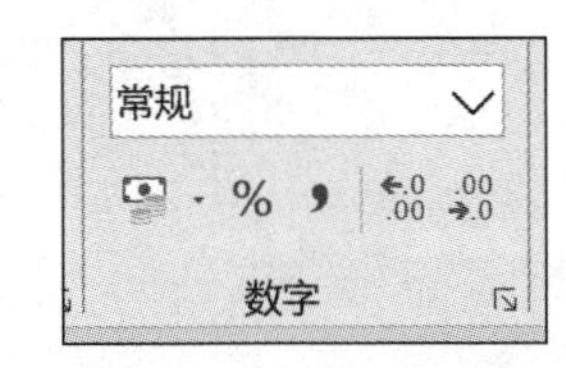

图 4-9 “数字”组

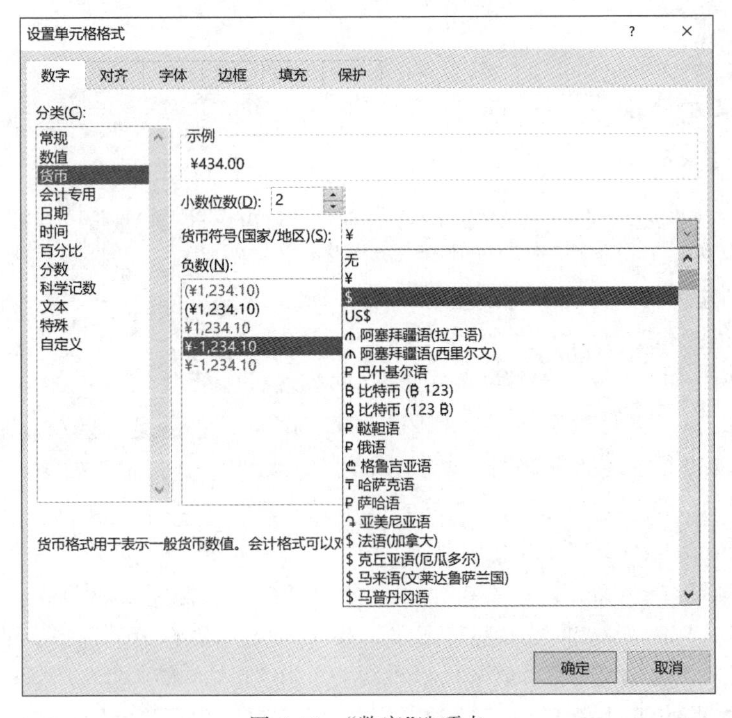

图 4-10 “数字”选项卡

4. 边框

Excel 2019 表格边框线默认为网格线，在打印输出时不会显示。为了使打印出来的表格更加直观，需要为表格设置边框线。

（1）选中单元格区域，在“开始”选项卡的“字体”组中可以选择合适的边框线，如图 4-11 所示。

（2）可以在“设置单元格格式”对话框的“边框”选项卡中进行设置，如图 4-12 所示；也可以在“样式”组中选择所需要的边框线条样式，然后在“颜色”下拉列表中选择所需要的边框线条颜色。

图 4-11　边框样式

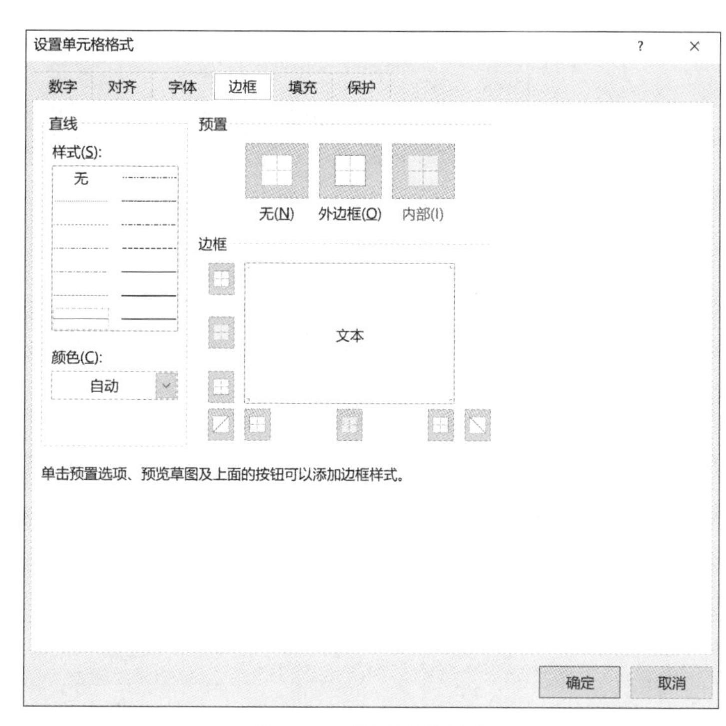

图 4-12　“边框”选项卡

5. 单元格背景颜色填充

默认状态下，单元格背景颜色默认为白色，用户可以根据需要为单元格填充颜色和图案，以增强工作表的视觉效果。

选中要设置背景色的单元格区域，在“开始”选项卡的“字体”组中单击“填充颜色”按钮，在下拉菜单的“主题颜色”和“标准色”选项中可以选择相应的颜色，也可以右击要添加背景色的单元格区域，弹出“设置单元格格式”对话框，在“填充”选项卡的“背景色”选项中选中相应的颜色，并在“示例”框中预览设置的效果，如图 4-13 所示。

6. 单元格样式

（1）条件格式。条件格式就是基于条件更改指定单元格的外观、如果条件为 True，则基于该条件设置单元格区域的格式；如果条件为 False，则单元格区域变为格式。选中需要

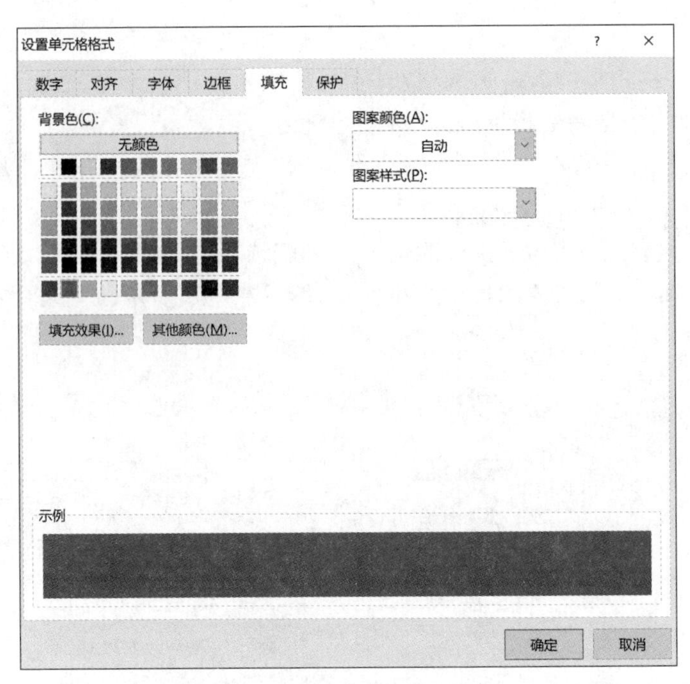

图 4-13　填充单元格颜色

应用条件格式的单元格区域，在“开始”选项卡的“样式”组中单击“条件格式”按钮，在下拉菜单中选中相应的选项即可完成设置，如图 4-14 所示。

例如，在“学生成绩表”中，把低于平均值的数学成绩值突出显示为“浅红色填充深红色文本”，操作方法如下。选中“数学”列，在“开始”选项卡的“样式”组中单击“条件格式”按钮，在下拉菜单中选中“最前/最后规则”|“低于平均值”选项，在打开的“低于平均值”对话框中，单击“针对选定区域设置为”按钮，在下拉菜单中选中“浅红色填充深红色文本”选项，设置效果如图 4-15 所示。

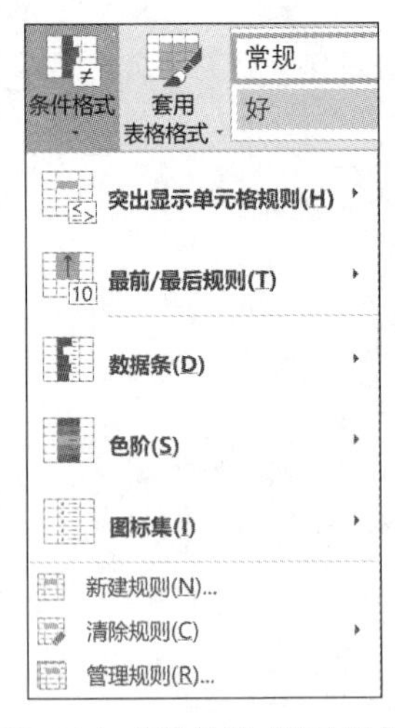

图 4-14　“条件格式”对话框

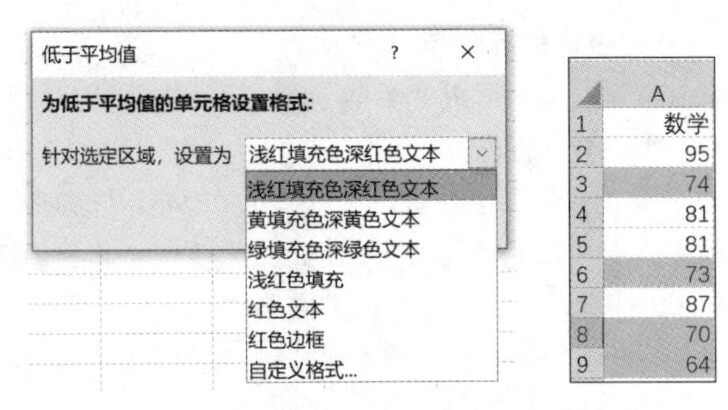

图 4-15　“低于平均值”条件设置效果

(2) 单元格样式。选中单元格或单元格区域，在“开始”选项卡的“样式”组中选中要运用的单元格样式。

(3) 选中要套用表格样式的区域,在“开始”选项卡的“样式”组中单击“套用表格格式”按钮,在下拉菜单中选中要套用的样式。

4.2.7 “学生成绩”电子表格的制作案例

1. 案例目标

(1) 了解工作簿基本概念。

(2) 掌握工作表的基本操作。

(3) 掌握单元格的数据编辑及格式化等基本操作。

2. 操作步骤

(1) 启动 Excel 2019。在“开始”菜单中选中 Excel 选项,启动 Excel 2019,打开 Excel 2019 窗口,如图 4-16 所示。

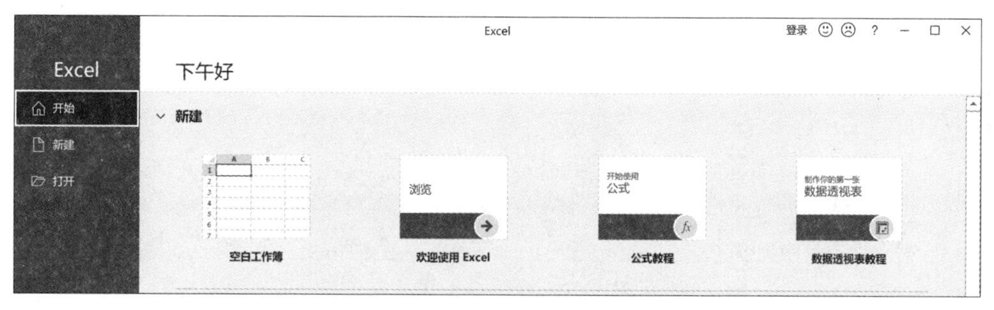

图 4-16 Excel 2019“开始”主界面

(2) 新建空白电子表格。在“新建”选项卡中选中“空白工作簿”选项,创建一个新的电子表格。

(3) 在 A1 单元格中输入“2021 级计算机科学与技术一班成绩表”文本,设置字体为“仿宋”,字号为“22”,颜色为“红色”,然后选中 A1:H1,单击“合并后居中”按钮,在“开始”选项卡的“单元格”组中单击“格式”按钮,在下拉菜单中选中“自动调整行高”选项,如图 4-17 所示。

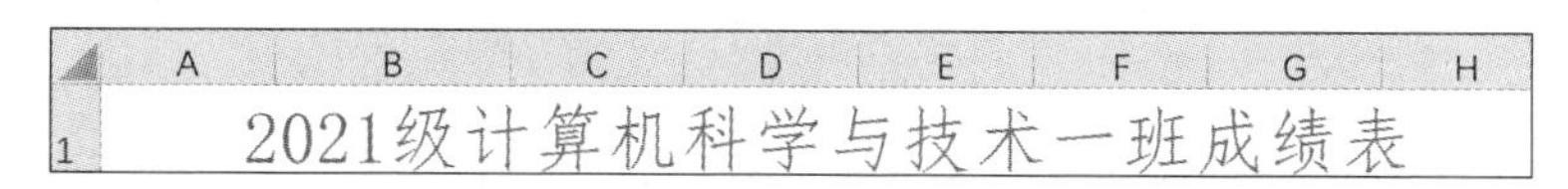

图 4-17 “2021 级计算机科学与技术一班成绩表”的设置

(4) 在 A2:H2 单元格中输入相应的文本内容,并将字体设置为“仿宋”,字号为“12”。选中 A:H 列,在“开始”选项卡的“单元格”组中单击“格式”按钮,在下拉菜单中选中“自动调整列宽”选项,如图 4-18 所示。

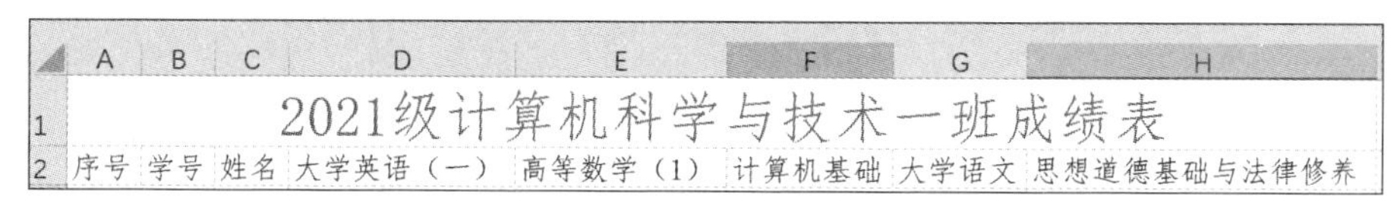

图 4-18 列宽设置

(5) 选中 A3 单元格，在其中输入“1”，将鼠标指针移动到单元格右下角，出现“＋”时按住鼠标左键并向下拖曳光标，此时 A4:A15 单元格区域自动生成序号。同等方法输入学号，然后依次输入姓名及各科成绩。将鼠标放到 B 列右侧，待鼠标变成十字双向箭头后，按住鼠标右键向右拖曳，调整 B 列宽度使学号全部显示出来；选中 C 列，在“开始”选项卡的“单元格”组中单击“格式”按钮，在下拉菜单中选中“列宽”选项，在弹出的“列宽”对话框输入“8”，单击“确定”按钮返回窗口。选中 B 列，在“开始”选项卡的“单元格”组中单击“格式”按钮，在下拉菜单中选中“设置单元格格式”选项，弹出“设置单元格格式”对话框，在“数字”选项卡中将分类选为“文本”，单击“确定”按钮返回窗口，如图 4-19 所示。

	A	B	C	D	E	F	G	H
1	2021级计算机科学与技术一班成绩表							
2	序号	学号	姓名	大学英语（一）	高等数学（1）	计算机基础	大学语文	思想道德基础与法律修养
3	1	20211184001	张琴	90	91	98	94	97
4	2	20211184002	赵浩	76	80	86	82	86
5	3	20211184003	李鹏	91	96	95	94	96
6	4	20211184004	王贵	88	84	82	86	85
7	5	20211184005	李艳	85	79	80	78	73
8	6	20211184006	郝思思	92	90	96	94	97
9	7	20211184007	张震	65	68	69	66	69
10	8	20211184008	何梦	89	87	88	84	86
11	9	20211184009	王二	97	96	95	93	94
12	10	20211184010	杜鑫	78	77	73	76	75
13	11	20211184011	张宇	62	65	64	67	68
14	12	20211184012	张名扬	66	69	68	65	63
15	13	20211184013	郑博文	86	82	89	86	83

图 4-19 学号等设置结果

(6) 选中第 2 行后右击，在弹出的快捷菜单中选中“插入”选项，选中 A2:H2 区域，在“开始”选项卡的“对齐方式”组中单击“合并后居中”按钮，输入“2021—2022 学年第一学期期末成绩”，在“开始”选项卡的“字体”组单击“加粗”“倾斜”“填充颜色”按钮，在下拉菜单中选中蓝色，效果如图 4-20 所示。

	A	B	C	D	E	F	G	H
1	2021级计算机科学与技术一班成绩表							
2	2021—2022学年第一学期期末成绩							
3	序号	学号	姓名	大学英语（一）	高等数学（1）	计算机基础	大学语文	思想道德基础与法律修养
4	1	20211184001	张琴	90	91	98	94	97
5	2	20211184002	赵浩	76	80	86	82	86
6	3	20211184003	李鹏	91	96	95	94	96
7	4	20211184004	王贵	88	84	82	86	85
8	5	20211184005	李艳	85	79	80	78	73
9	6	20211184006	郝思思	92	90	96	94	97
10	7	20211184007	张震	65	68	69	66	69
11	8	20211184008	何梦	89	87	88	84	86
12	9	20211184009	王二	97	96	95	93	94
13	10	20211184010	杜鑫	78	77	73	76	75
14	11	20211184011	张宇	62	65	64	67	68
15	12	20211184012	张名扬	66	69	68	65	63
16	13	20211184013	郑博文	86	82	89	86	83

图 4-20 “2021—2022 学年第一学期期末成绩”的设置

(7) 选中 D4 单元格，在“视图”选项卡的“窗口”组中单击“冻结窗格”按钮，从下拉菜单中选中“冻结窗格”选项，冻结数据前 3 行与前 3 列，结果如图 4-21 所示。

	A	B	C	D	E	F	G	H
1	2021级计算机科学与技术一班成绩表							
2	2021-2022学年第一学期期末成绩							
3	序号	学号	姓名	大学英语（一）	高等数学（1）	计算机基础	大学语文	思想道德基础与法律修养
4	1	20211184001	张琴	90	91	98	94	97
5	2	20211184002	赵浩	76	80	86	82	86
6	3	20211184003	李鹏	91	96	95	94	96
7	4	20211184004	王贵	88	84	82	86	85
8	5	20211184005	李艳	85	79	80	78	73
9	6	20211184006	郝思思	92	90	96	94	97
10	7	20211184007	张震	65	68	69	66	69
11	8	20211184008	何梦	89	87	88	84	86
12	9	20211184009	王二	97	96	95	93	94
13	10	20211184010	杜鑫	78	77	73	76	75
14	11	20211184011	张宇	62	65	64	67	68
15	12	20211184012	张名扬	66	69	68	65	63
16	13	20211184013	郑博文	86	82	89	86	83

图 4-21　冻结窗格界面

(8) 选中 H 列，在“开始”选项卡的“样式”组中单击“条件格式”按钮，在下拉菜单中选中“最前/最后规则”|“低于平均值”选项，在弹出的“低于平均值”对话框中，单击“针对选定区域设置为”按钮，在下拉菜单中选中“浅红色填充深红色文本”选项，效果如图 4-22 所示。

	A	B	C	D	E	F	G	H
1	2021级计算机科学与技术一班成绩表							
2	2021-2022学年第一学期期末成绩							
3	序号	学号	姓名	大学英语（一）	高等数学（1）	计算机基础	大学语文	思想道德基础与法律修养
4	1	20211184001	张琴	90	91	98	94	97
5	2	20211184002	赵浩	76	80	86	82	86
6	3	20211184003	李鹏	91	96	95	94	96
7	4	20211184004	王贵	88	84	82	86	85
8	5	20211184005	李艳	85	79	80	78	73
9	6	20211184006	郝思思	92	90	96	94	97
10	7	20211184007	张震	65	68	69	66	69
11	8	20211184008	何梦	89	87	88	84	86
12	9	20211184009	王二	97	96	95	93	94
13	10	20211184010	杜鑫	78	77	73	76	75
14	11	20211184011	张宇	62	65	64	67	68
15	12	20211184012	张名扬	66	69	68	65	63
16	13	20211184013	郑博文	86	82	89	86	83

图 4-22　条件格式设置

(9) 双击 Sheet1 工作表标签，将名称改为“一班成绩”，保存工作表。并将工作簿重命名为“2021 级计算机科学与技术一班成绩表”，如图 4-23 所示。

	A	B	C	D	E	F	G	H
1	2021级计算机科学与技术一班成绩表							
2								
3	序号	学号	姓名	大学英语（一）	高等数学（1）	计算机基础	大学语文	思想道德基础与法律修养
4	1	20211184001	张琴	90	91	98	94	97
5	2	20211184002	赵浩	76	80	86	82	86
6	3	20211184003	李鹏	91	96	95	94	96
7	4	20211184004	王贵	88	84	82	86	85
8	5	20211184005	李艳	85	79	80	78	73
9	6	20211184006	郝思思	92	90	96	94	97
10	7	20211184007	张震	65	68	69	66	69
11	8	20211184008	何梦	89	87	88	84	86
12	9	20211184009	王二	97	96	95	93	94
13	10	20211184010	杜鑫	78	77	73	76	75
14	11	20211184011	张宇	62	65	64	67	68
15	12	20211184012	张名扬	66	69	68	65	63
16	13	20211184013	郑博文	86	82	89	86	83
17								

一班成绩

图 4-23　工作表重命名

4.3　公式与函数

【案例引导】 大自然孕育抚养了人类，人类应该以自然为根，尊重自然、顺应自然、保护自然。不尊重自然，违背自然规律，只会遭到自然报复。自然遭到系统性破坏，人类生存发展就成了无源之水、无本之木。我们要像保护眼睛一样保护自然和生态环境。

环境科学与工程学院需要统计2021年第一季度农林牧渔业总产值。通过学习该电子表格的制作掌握电子表格的公式与函数等专业知识，同时养成节约资源、爱护环境的良好习惯。具体如下。

(1) 使用公式计算2021年第一季度北京农业、林业、牧业和渔业的总产值及平均值。

(2) 使用求和函数SUM()分别计算2021年第一季度全国农业、林业、牧业和渔业的总产值。

(3) 使用单元格F4的公式计算F列剩余的生产总值。使用平均值函数AVERAGE()计算天津市农林牧渔总产值的平均值。

(4) 使用最大值函数MAX()和最小值函数MIN()分别计算农、林、牧、渔、总产值及平均值的最大值和最小值。

(5) 使用排名函数RANK()计算农林牧渔总产值的排名情况。

(6) 使用IF嵌套函数计算各地区农林牧渔的总产值是否达到平均值。

在帮助环境科学与工程学院统计数据之前，需要学习Excel的公式与函数的相关知识。

4.3.1　公式运算符和语法

1. 公式

公式是对数据进行分析与计算的表达式，它是由运算符和参与运算的参数组成的，参数可以是单元格、单元格区域、数值、字符、数组、函数和其他公式。

Excel 2019 中的公式是以“＝”开始的，“＝”后面是使用运算符将值、常量、单元格引用和函数返回值等参数连接起来而形成的表达式，Excel 2019 会自动计算公式表达式的结果，并将其显示在相应的单元格中。

2. 运算符

运算符是为进行某种运算而规定的符号。Excel 2019 公式中常用的运算符及优先级，如表 4-2 所示。

表 4-2　运算符及优先级

优先级	类　型	表 示 形 式	优先级说明
高	引用运算符	:(引用)、,(联合)、空格(交叉)	从高到低依次为引用、联合、交叉
↓	算术运算符	＋(加)、－(减)、*(乘)、/(除)、%(百分比)、^(乘方)	从高到低分包括 3 个级别：百分比和乘方、乘和除、加和减
↓	文本运算符	(& 连接)	
低	比较运算符	(＝等于)、(＞大于)、(＜小于)、(＞＝大于或等于)、(＜＝小于或等于)、(＜＞不等于)	优先级相同

(1) 引用运算符。

冒号(:)：引用运算符，指由两对角的单元格围起的单元格区域。

逗号(,)：联合运算符，表示同时引用逗号前后的单元格。

空格( )：交叉运算符，引用两个或两个以上单元格区域的重叠部分。

(2) 算术运算符。算术运算符包括＋(加)、－(减)、*(乘)、/(除)、%(百分比)、^(乘方)等。

(3) 文本运算符。文本运算符只有 &(字符串连接)，用于将两个字符串连接成为以各字符串。如图 4-24 所示。

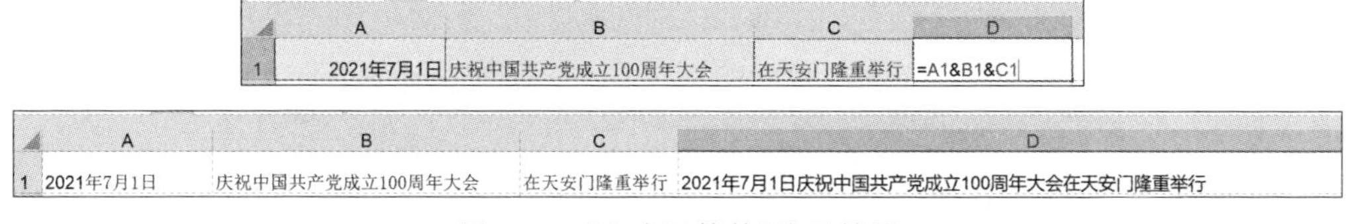

图 4-24　“文本运算符”演示结果

(4) 比较运算符。比较运算符包括＝(等于)、＞(大于)、＜(小于)、＞＝(大于或等于)、＜＝(小于或等于)、＜＞(不等于)6 种。比较运算符用来比较两个数值，如果条件相符，则产生逻辑真值 TRUE；如果不相符，则产生逻辑假值 FALSE。

(5) 运算符优先级。运算符优先级从高到低的顺序如下：括号→引用→算术→文本→比较。如果公式中出现多个运算符，Excel 2019 将按照优先级的顺序进行运算。如果包含相同优先级的运算符，则从左到右进行运算，如表 4-2 所示。

3. 公式的基本操作

(1) 公式的输入。输入公式的操作类似于输入数据，不同之处在于，首先要输入“＝”，然后输入公式的表达式，最后按 Enter 键或单击编辑框中的√输入按钮。例如，计算“学生成绩表”中的总分，如图 4-25 所示。

H2 =E2+F2+G2

	A	B	C	D	E	F	G	H	I
1	学号	姓名	系别	性别	高等数学	大学英语	计算机基础	总分	平均分
2	171114001	张磊	数学	男	68	76	86	230	76.66667
3	171114002	周杰	经济	男	69	91	80	240	80
4	171114003	李尘	数学	男	78	87	75	240	80

图 4-25 输入公式

(2) 公式的复制和移动。如图 4-26 所示,复制公式或移动公式,选中 H2 单元格,在“开始”选项卡的“剪贴板”组中单击“复制”或“剪切”按钮,选定 H3 单元格,在“开始”选项卡的“剪贴板”组中单击“粘贴”按钮,在下拉菜单中选中“公式”选项;也可以右击 H3 单元格,在弹出的快捷菜单中选中“粘贴”|“公式”选项 *fx*,如图 4-27 所示;也可以在“开始”选项卡的“剪贴板”组中单击“粘贴”按钮,在弹出的快捷菜单中选中“选择性粘贴”选项,在子菜单中选中“粘贴”选项中的“公式”选项,则完成 H2 单元格的公式复制到 H3 单元格,公式复制或移动后的结果如图 4-27 所示。

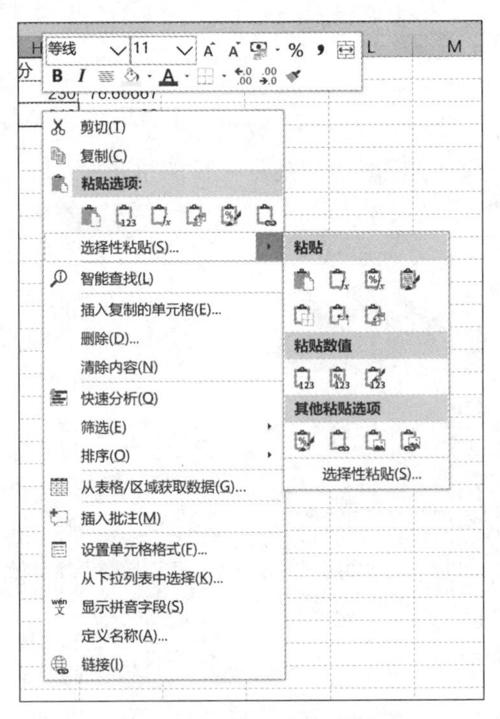

图 4-26 公式的粘贴选项

4. 单元格的引用

在公式中可以引用本工作簿或其他工作簿中任何单元格区域的数据。公式中输入的是单元格区域地址。单元格地址引用的目的在于标识工作表中的单元格或区域,指明公式中所使用数据的位置。

(1) 相对引用。相对引用是指当前单元格与公式所在单元格的相对位置。如果公式所在单元格的位置改变,引用也随之改变。如果在多行或多列选中复制公式,其引用会自动调整,如图 4-28 所示。

H3 =E3+F3+G3

	A	B	C	D	E	F	G	H	I
1	学号	姓名	系别	性别	高等数学	大学英语	计算机基础	总分	平均分
2	171114001	张磊	数学	男	68	76	86	230	76.66667
3	171114002	周杰	经济	男	69	91	80	240	80
4	171114003	李尘	数学	男	78	87	75	240	80

图 4-27　粘贴结果

AVERAGE =B3*0.3+C3*0.7

	A	B	C	D
1	计算机基础成绩			
2	姓名	平时	期末	总评
3	王二	82	90	=B3*0.3+C3*0.7
4	张三	78	85	
5	王五	92	98	

图 4-28　相对引用实例

(2) 绝对引用。绝对引用是指把公式复制或移动到新的位置后,公式中的单元格地址保持不变。使用绝对引用,需要在行号和列号之前分别加上“$”($列号$行号),如:$B$2,如图 4-29 所示。

D6 =B6*$B$2+C6*$C$2

	A	B	C	D
1	计算机基础成绩			
2	平时/期末	30%	70%	平时*30%+期末*70%
3	姓名	平时	期末	总评
4	王二	82	90	87.6
5	张三	78	85	82.9
6	王五	92	98	96.2

图 4-29　绝对引用实例

(3) 混合引用。混合引用是指一个单元格地址引用中,既包括绝对引用,又包括相对引用。例如$E2,如果公式放在单元格的位置改变,则相对地址引用改变,而绝对地址引用不变。例如$E2 表示复制时列地址不变而行地址发生改变。

(4) 引用同一工作簿中不同工作表的单元格。工作簿中包含多个工作表,在其中一张工作表引用该工作簿中其他工作表的单元格内容,则需要在单元格或区域前注明工作表名。引用格式为“=工作表名!单元格地址”。

(5) 引用不同工作簿中的单元格。若已经打开了引用数据的工作簿,则引用格式为“=[工作簿名称]工作表名称!单元格地址”;若引用数据的工作簿处于关闭状态,则引用格式为“='工作簿存储地址[工作簿名称]工作表名称'!单元格地址”。

4.3.2　函数

函数是通过参数按特定顺序或结构执行计算的预定义公式。一个函数包含函数名称和函数参数两部分。函数名称表示了函数的功能,每个函数都有唯一的函数名,函数参数是指函数中用来执行操作或计算的对象,可以是数字、单元格地址、数组、公式、函数、文本和引用等。运算的结果称为函数值。用户可以在 Excel 2019“公式”选项卡中找到所有函数。

函数格式如下：函数名称(参数 1,参数 2,…,参数 n)。

1. 函数的输入

函数的输入包括下列两种方法。

(1) 直接输入法。手工输入函数的方法同在单元格中输入公式的方法一样,在编辑栏中输入“=”,然后输入函数名及参数即可。注意,函数输入时必须使用英文括号和标点符号。

例如,使用函数计算“学生成绩表.xlsx”中学生总分,如图 4-30 所示。

H2 =SUM(E2:G2)

	A	B	C	D	E	F	G	H
1	学号	姓名	系别	性别	高等数学	大学英语	计算机基础	总分
2	171114001	张磊	数学	男	68	76	86	230
3	171114002	周杰	经济	男	69	91	80	240
4	171114003	李尘	数学	男	78	87	75	

图 4-30　输入函数

(2) 插入函数法。在“公式”选项卡的“函数库”组中单击“插入函数”按钮 *fx*,弹出开“插入函数”对话框,如图 4-31 所示。在“选择函数”列表框中选择所需要的函数,若求和则选择 SUM 函数,单击“确定”按钮,打开“函数参数”对话框,如图 4-32 所示。选择需要计算的区域单击“确定”按钮完成函数的输入,在插入函数单元格中填入函数运算的结果,在编辑栏中显示插入的函数“=SUM(E2:G2)”。

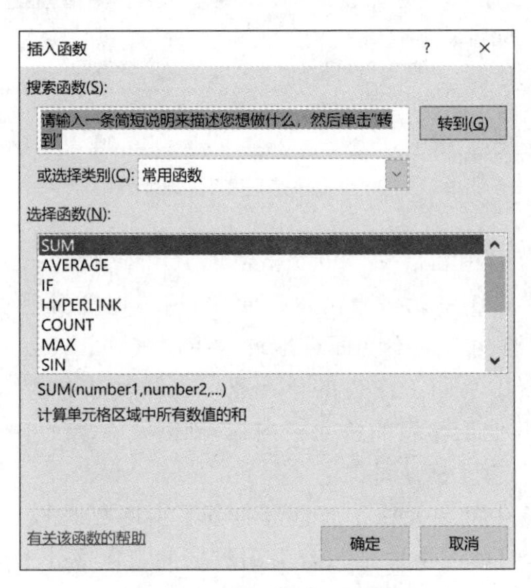

图 4-31　“插入函数”对话框

2. 嵌套函数

在 Excel 中还可以使用嵌套函数进行复杂的数据运算。嵌套函数时指将某一个函数或公式作为另外一个函数的参数来进行计算。在使用嵌套函数时,需要注意返回值类型要符合外部函数的参数类型。

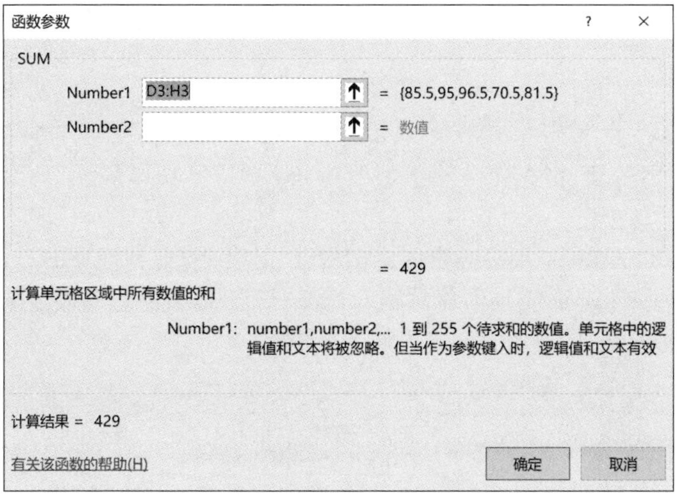

图 4-32 “函数参数”对话框

3. Excel 2019 中常用的函数

(1) 求和函数 SUM()。

格式：=SUM(number1,[number2],…)。

功能：计算数值 number,number2,…的和。

(2) 最大值函数 MAX()。

格式：=MAX(number1,[number2],…)。

功能：计算数值 number1,number2,…中的最大值。

(3) 最小值 MIN()。

格式：=MIN(number1,[number2],…)。

功能：计算数值 number1,number2,…中的最小值。

(4) 平均值函数 AVERAGE()。

格式：=AVERAGE(number1,[number2],…)。

功能：计算数值 number1,number2,…的平均值。

(5) 计数函数 COUNT()。

格式：=COUNT(value1,[value2],…)。

功能：计算区域中包含数字的单元格个数。

(6) 排名函数 RANK()。

格式：=RANK(number,ref,order)。

功能：返回单元格 number 在垂直区域中的排位名次。

(7) 条件函数 IF()。

格式：=IF(logical_test,value_if_true,value_if_false)。

功能：根据逻辑值 logical_test 进行判断，若为 TRUE，返回 value_if_true；否则，返回 value_if_false。

4.3.3 “绿水青山就是金山银山”电子表格的制作案例

1. 案例目标

(1) 掌握加、减、乘、除等公式的使用与数据的引用。

(2) 掌握 SUN()、IF、MAX()、MINAVERAGE()等常用函数。

2. 操作步骤

(1) 使用公式计算 2021 年第一季度全国农业、林业、牧业和渔业的总产值。

首先在 F4 单元格中输入“＝”,然后输入“B5＋C5＋D5＋E5”或通过单击相应单元格进行单元格地址的输入,最后按 Enter 键。如图 4-33 所示。

	A	B	C	D	E	F	G
1	时间：2021年第一季度						
2	累计农林牧渔业总产值						
3	地区	农业	林业	牧业	渔业	农、林、牧、渔业总产值(亿元)	平均值
4	北京市	10.7	10	12.1	0.5	=B4:C4+D4+E4	

图 4-33　使用公式计算总产值

(2) 计算北京的平均值。首先在 G4 单元格输入“＝”,然后按 F4 键,输入“/4”,最后按 Enter 键,结果如图 4-34 所示。

	A	B	C	D	E	F	G
1	时间：2021年第一季度						
2	累计农林牧渔业总产值						
3	地区	农业	林业	牧业	渔业	农、林、牧、渔业总产值(亿元)	平均值
4	北京市	10.7	10	12.1	0.5	33.3	8.325

图 4-34　平均总产值

(3) 使用求和函数 SUM()。单击单元格 B35,在“公式”选项卡的“函数库”组中单击“自动求和”按钮,按 Enter 键便获得全国农业的生成总值。单击单元格 C35,在“公式”选项卡的“函数库”组中单击“自动求和”按钮,在下拉菜单中选中“求和”选项,按 Enter 键获得全国林业生产总值。单击单元格 D35,在该单元格内输入“＝SUM(D4 :D34)”,按 Enter 键获得全国牧业生产总值。使用上述 3 种方法的任意一种计算渔业国内生产总值,结果如图 4-35 所示。

	A	B	C	D	E	F	G
1	时间：2021年第一季度						
2	累计农林牧渔业总产值						
3	地区	农业	林业	牧业	渔业	农、林、牧、渔业总产值(亿元)	平均值
28	云南省	477.8	60.8	582.4	16		
29	西藏自治区	5.7	0.4	16.7	0		
30	陕西省	150.4	21.1	258.7	4.8		
31	甘肃省	117.7	0.9	164.5	0.2		
32	青海省	2.4	0	44.1	0.2		
33	宁夏回族自治区	17.4	0.6	77.8	2.1		
34	新疆维吾尔自治区	20.5	17	240.9	4		
35	全国	6312	880.5	10767.8	2436.4		

图 4-35　全国农林牧渔的生产总值

(4) 使用单元格 F4 的公式计算 F 列剩余的生产总值。使用平均值函数 AVERAGE()计算天津市农林牧渔总产值的平均值。将鼠标箭头放到 F5 单元格的右下角,待鼠标变成实心十字形,按住鼠标左键,向下拖曳鼠标直到 35 行。单击单元格 G5,在该单元格内输入"=AVERAGE(B5:E5)",鼠标放到 G5 右下角,变成实心十字形之后向下拖曳到 35 行,结果如图 4-36 所示。

	B	C	D	E	F	G
1	时间:2021年第一季度					
2	累计农林牧渔业总产值					
3	农业	林业	牧业	渔业	农、林、牧、渔业总产值(亿元)	平均值
26	507.9	72	950.1	80.1	1610.1	402.525
27	305.7	70.7	365.3	16	757.7	189.425
28	477.8	60.8	582.4	16	1137	284.25
29	5.7	0.4	16.7	0	22.8	5.7
30	150.4	21.1	258.7	4.8	435	108.75
31	117.7	0.9	164.5	0.2	283.3	70.825
32	2.4	0	44.1	0.2	46.7	11.675
33	17.4	0.6	77.8	2.1	97.9	24.475
34	20.5	17	240.9	4	282.4	70.6
35	6312	880.5	10767.8	2436.4	20396.7	5099.175
36						

图 4-36 总值及平均值

(5) 使用最大值函数 MAX()和最小值函数 MIN()分别计算农、林、牧、渔、总产值及平均值的最大值和最小值。单击单元格 B36 或 B37,在"公式"选项卡的"函数库"组中单击"自动求和"按钮,在下拉菜单中选中"最大值"或"最小值"选项,将单元格范围调整为"B4:B34",按 Enter 键,获得农业的最大值或最小值。单击单元格 C36 或 C37,在单元格内输入"=MAX(C4:C34)"或"=MIN(C4:C34)",按 Enter 键获得林业的最大值或最小值。任选一种方法计算牧业、渔业、总产值和平均值的最大值与最小值,结果如图 4-37 所示。

	A	B	C	D	E	F	G
1	时间:2021年第一季度						
2	累计农林牧渔业总产值						
3	地区	农业	林业	牧业	渔业	农、林、牧、渔业总产值(亿元)	平均值
34	新疆维吾尔自治区	20.5	17	240.9	4	282.4	70.6
35	全国	6312	880.5	10767.8	2436.4	20396.7	5099.175
36	最大值	620.3	79.2	1036.9	365.5	1610.1	402.525
37	最小值	2.4	0	12.1	0	22.8	5.7

图 4-37 最大值与最小值

(6) 使用排名函数 RANK()计算各地区农林牧渔总产值的排名情况。单击单元格 H4,在该单元格内输入"=RANK(F4,$F$4:$F$34)"就实现了排名,结果如图 4-38 所示。

(7) 使用 IF 嵌套函数计算各地区农林牧渔的总产值是否达到平均值。单击单元格 I4,

	A	B	C	D	E	F	G	H
1	时间：2021年第一季度							
2	累计农林牧渔业总产值							
3	地区	农业	林业	牧业	渔业	农、林、牧、渔业总产值(亿元)	平均值	排名
10	吉林省	6.7	9.4	430.7	2.2	449	112.25	19
11	黑龙江省	14.2	9.2	391.7	3.9	419	104.75	21
12	上海市	18	0.6	12.9	8.4	39.9	9.975	29
13	江苏省	520.8	41.7	271	216.8	1050.3	262.575	8
14	浙江省	215.9	21.5	118	207.7	563.1	140.775	16
15	安徽省	223	63.1	463.6	119.3	869	217.25	10
16	福建省	180.1	55.5	295.4	334.2	865.2	216.3	11
17	江西省	132.1	63.6	300	134.8	630.5	157.625	15
18	山东省	452.2	28.3	613	95.8	1189.3	297.325	6
19	河南省	329.9	37	1036.9	35.6	1439.4	359.85	3
20	湖北省	325.5	22	562.3	348.8	1258.6	314.65	4
21	湖南省	357.7	9.1	772	117.9	1256.7	314.175	5
22	广东省	620.3	79.2	493.7	365.5	1558.7	389.675	2
23	广西壮族自治区	276.5	55	400.2	107.4	839.1	209.775	12
24	海南省	266.9	3.6	92.9	110.3	473.7	118.425	18
25	重庆市	241.6	23.6	263.9	27.1	556.2	139.05	17
26	四川省	507.9	72	950.1	80.1	1610.1	402.525	1
27	贵州省	305.7	70.7	365.3	16	757.7	189.425	13

图 4-38　排名结果

在“公式”选项卡的“函数库”组中单击“插入函数”按钮，在弹出的“插入函数”对话框的“或选择类别”下拉列表中选中“逻辑”，在“选择函数”列表中选中 IF，单击“确定”返回。在弹出的“函数参数”对话框中填入相应数据，如图 4-39 所示。单击“确定”按钮。将鼠标移动到 I4 单元格的右下角，当其变为十字形时，按住鼠标向下拖曳，直到 I34 单元格，结果如图 4-40 所示。

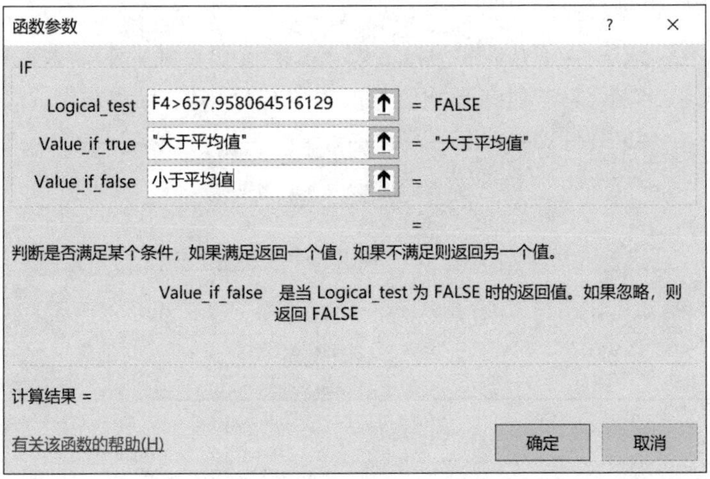

函数参数　?　×

IF

Logical_test　F4>657.958064516129　=　FALSE

Value_if_true　"大于平均值"　=　"大于平均值"

Value_if_false　小于平均值　=

=

判断是否满足某个条件，如果满足返回一个值，如果不满足则返回另一个值。

Value_if_false　是当 Logical_test 为 FALSE 时的返回值。如果忽略，则返回 FALSE

计算结果 =

有关该函数的帮助(H)　确定　取消

图 4-39　“函数参数”对话框

	A	B	C	D	E	F	G	H	I
1	时间：2021年第一季度								
2	累计农林牧渔业总产值								
3	地区	农业	林业	牧业	渔业	农、林、牧、渔业总产值(亿元)	平均值	排名	是否大于平均值
4	北京市	10.7	10	12.1	0.5	33.3	8.325	30	小于平均值
5	天津市	15.4	1.9	38.8	6	62.1	15.525	27	小于平均值
6	河北省	287.7	26.6	635.3	15.8	965.4	241.35	9	大于平均值
7	山西省	46.8	45	176.9	1.3	270	67.5	25	小于平均值
8	内蒙古自治区	32.5	29.3	217	1.8	280.6	70.15	24	小于平均值
9	辽宁省	132	1.8	469	51.9	654.7	163.675	14	小于平均值
10	吉林省	6.7	9.4	430.7	2.2	449	112.25	19	小于平均值
11	黑龙江省	14.2	9.2	391.7	3.9	419	104.75	21	小于平均值
12	上海市	18	0.6	12.9	8.4	39.9	9.975	29	小于平均值
13	江苏省	520.8	41.7	271	216.8	1050.3	262.575	8	大于平均值
14	浙江省	215.9	21.5	118	207.7	563.1	140.775	16	小于平均值
15	安徽省	223	63.1	463.6	119.3	869	217.25	10	大于平均值
16	福建省	180.1	55.5	295.4	334.2	865.2	216.3	11	大于平均值
17	江西省	132.1	63.6	300	134.8	630.5	157.625	15	小于平均值
18	山东省	452.2	28.3	613	95.8	1189.3	297.325	6	大于平均值
19	河南省	329.9	37	1036.9	35.6	1439.4	359.85	3	大于平均值
20	湖北省	325.5	22	562.3	348.8	1258.6	314.65	4	大于平均值
21	湖南省	357.7	9.1	772	117.9	1256.7	314.175	5	大于平均值

图 4-40　是否大于平均值

4.4　数据分析

【案例引导】　作为飞达公司财务部的一名员工，应领导要求对公司员工考勤及工资表进行统计分析。具体如下。

(1) 打开“员工信息表”，对其中的数据分别进行快速排序和复杂排序。

(2) 对表格中数据进行自动筛选、自定义筛选和高级筛选等操作。

(3) 设置字段，为表格中的数据创建分类汇总查看分类汇总的数据。

(4) 创建数据透视表。

(5) 创建工资柱状图。

4.4.1　数据排序

数据排序是统计工作的一项重要内容，排序可以快速直观地显示数据，并有助于用户更好地理解数据，有助于用户组织并查找所需要的数据，做出更有效的决策。在 Excel 中可将数据按照指定的顺序规律进行排序。数据排序包括两种形式：快速排序和复杂排序。

1. 快速排序

简单排序是指在工作表中以一列单元格中的数据进行排序。在“开始”选项卡的“编辑”组中单击“排序和筛选”按钮，在下拉菜单中选中的“升序”或“降序”选项；或在“数据”选项卡的“排序和筛选”组中进行操作。

2. 复杂排序

复杂排序是通过设置“排序”对话框中的多个排序条件对数据表中的数据内容进行排序。操作方法如下。

(1) 单击需要排序的数据表中的任意一个单元格，在“数据”选项卡的“排序和筛选”组中单击“排序”按钮，出现“排序”对话框，如图 4-41 所示。

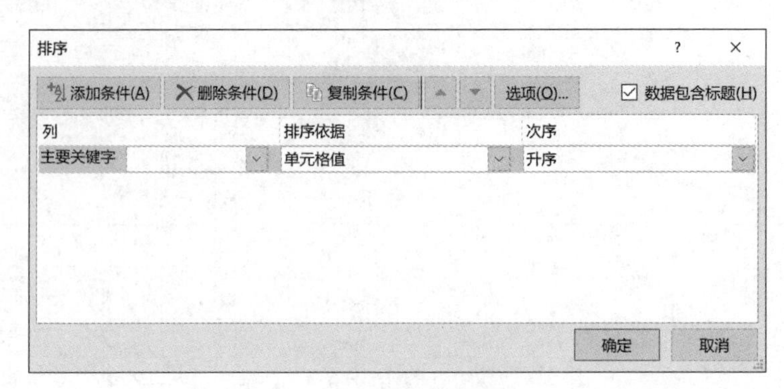

图 4-41 “排序”对话框

(2) 在“主要关键字”的下拉列表中选中主要关键字，然后选中排序依据和次序，再单击“添加条件”按钮，以相同的方法设置次要关键字。

首先按照主要关键字排序，对于主要关键字相同的记录，则按照次要关键字排序。

4.4.2 数据筛选

数据筛选是将符合条件的数据集中显示在工作表上，不符合条件的数据暂时隐藏，从而从数据中检索出有用的数据信息。当筛选条件被清除时，隐藏的数据会恢复显示。数据筛选方式有 3 种：自动筛选、自定义筛选和高级筛选。

1. 自动筛选

自动筛选是进行简单的筛选，即根据用户设定的筛选条件，自动将表格中符合条件的数据显示出来。方法是选择数据表中的任意一个单元格，在“数据”选项卡的“排序和筛选”组中单击“筛选”按钮，在每列标题右侧会出现一个下拉按钮，选择需要筛选字段右侧的下拉按钮，在弹出的下拉列表根据需要进行选择。用户还可在“开始”选项卡的“编辑”组中单击“排序和筛选”按钮。重新单击“筛选”即可取消筛选。

2. 自定义筛选

自定义筛选是在数据表自动筛选的基础上实现，即单击某字段右侧下拉按钮▾，在弹出的下拉列表中选中“数字筛选”或“文本筛选”，并单击“自定义筛选”选项，然后在弹出的“自定义自动筛选方式”对话框中进行相应的设置，如图 4-42 所示。

图 4-42 “自定义自动筛选方式”对话框

3. 高级筛选

高级筛选是根据用户设定的筛选条件对数据表中的数据进行筛选，可以筛选出同时满足两个或两个以上条件的数据。

（1）单击数据表中的任意一个单元格。

（2）在“数据”选项卡的“数据和筛选”组中单击“高级”按钮，在弹出的“高级筛选”对话框中进行相应的操作，如图 4-43 所示。

（3）单击“列表区域”选项右侧列表框，设置要筛选的数据区域；也可以在“列表区域”选项右侧列表框中手工输入；在“条件区域”列表框中选择或输入条件区域地址；在“复制到”列表框中选择或输入数据需要复制到的区域。

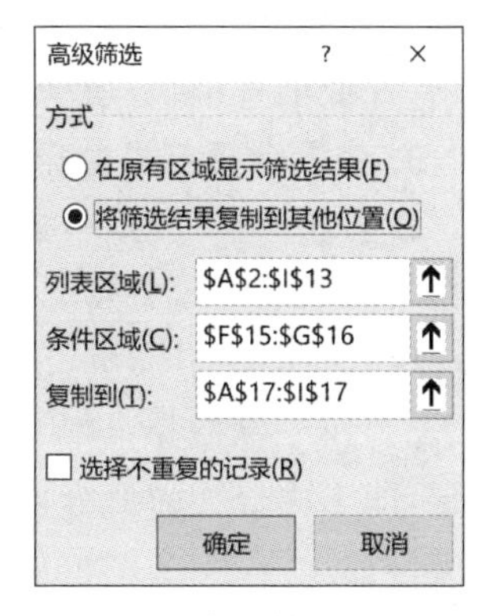

图 4-43 “高级筛选”对话框

（4）根据需要在“方式”栏中选中“在原有区域显示筛选结果”或“将筛选结果复制到其他位置”单选按钮。单击“确定”按钮完成筛选，结果如图 4-44 所示。

4.4.3 分类汇总

在实际工作中，常常需要对一列数据进行小计和合计，分类汇总就是该项需要的重要手段，它是表格数据结构更加请求，用户能够更好地掌握表格中的重要信息。

1. 创建汇总

首先需要对分类字段进行排序，将同类数据集中在一起，然后选择数据区域的任意一个单元格，在“数据”选项卡的“分级显示”组中单击“分类汇总”按钮，在打开的“分类汇总”对话框中进行相关操作，如图 4-45 所示。

				学生成绩单				
学号	姓名	性别	语文	数学	英语	总分	平均成绩	名次
730202	郝晓楠	男	95	81	95	271	90.33	1
730201	梁宽	男	71	95	97	263	87.67	2
730205	方志和	男	77	89	90	256	85.33	3
730208	谢逊	男	76	70	95	241	80.33	4
730209	罗轩然	男	73	64	98	235	78.33	5
730210	杨浩	男	70	84	74	228	76.00	6
730204	王言旭	男	54	74	79	207	69.00	10
730206	蔡恒	男	69	73	64	206	68.67	11
730203	孙倩	女	75	81	72	228	76.00	6
730207	张雯雅	女	73	87	61	221	73.67	8
730211	李韵芹	女	75	73	61	209	69.67	9
					英语	总分		
					>=90	>=230		
学号	姓名	性别	语文	数学	英语	总分	平均成绩	名次
730202	郝晓楠	男	95	81	95	271	90.33	1
730201	梁宽	男	71	95	97	263	87.67	2
730205	方志和	男	77	89	90	256	85.33	3
730208	谢逊	男	76	70	95	241	80.33	4
730209	罗轩然	男	73	64	98	235	78.33	5

图 4-44 高级筛选结果

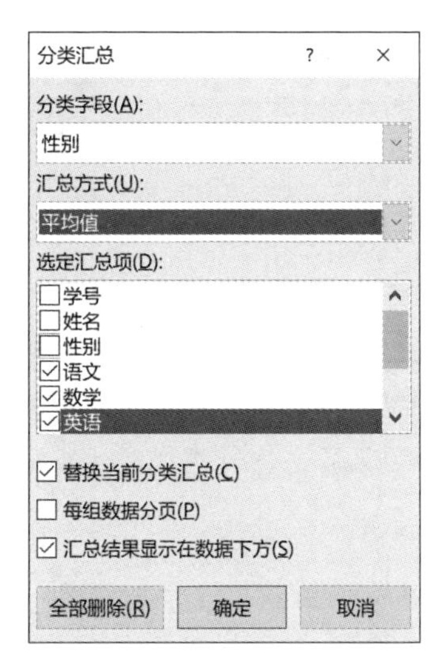

图 4-45 “分类汇总”对话框

2. 嵌套汇总

嵌套分类汇总是对汇总的数据再进行分类汇总。首先将数据区域进行排序，在“数据”

选项卡的“分级显示”组中单击“分类汇总”按钮，在打开的“分类汇总”对话框中重新设置各选项，并取消选中“替换当前分类汇总”选项即可。

3. 查看分类汇总数据

在多级分类汇总中，数据为分级显示状态。可以利用汇总表左侧的控制按钮，控制汇总数据的显示状态。各按钮的功能如下所述。

(1) 级别控制按钮组 1 2 3 4 。此按钮组包括 4 个级别的按钮，单击一级分级按钮 1 ，只显示一级数据，即显示最后一行汇总数据；单击二级数据按钮 2 ，只显示一级和二级数据，即不同分类的汇总数据和总汇总数据；单击三级数据按钮 3 ，将显示前三级数据，依次类推。

(2) 显示明细数据按钮 + 。单击该按钮，将展开对应分类的所有明细数据。

(3) 隐藏明细数据按钮 - 。单击该按钮，将隐藏对应分类的所有明细数据。

一般情况下，级别控制按钮组 1 2 3 4 可实现汇总数据的显示状态，显示明细数据按钮 + 和隐藏明细数据按钮 - 则可根据需要手动控制总汇数据的显示状态，二者综合使用可以很好地查看汇总结果。

4.4.4 数据透视表

数据透视表是一种交互式的数据报表，可以快速汇总大量的数据，同时对汇总结果进行筛选，以便于查看源数据的不同统计结果。使用数据同时表可以深入分析数值，并且可以及时发现一些预料之外的数据问题。

创建数据透视表的过程如下。

(1) 在“插入”选项卡的“表格”组中单击“数据透视表”按钮，可以创建数据透视表，如图 4-46 所示。

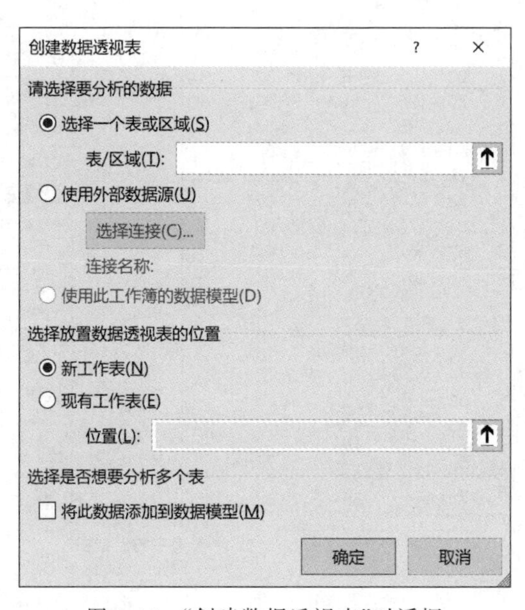

图 4-46 “创建数据透视表”对话框

(2) 在弹出的“创建数据透视表”对话框中保持默认设置，然后单击“确定”按钮，自动新建一个空白工作表存放创建的空白数据透视表，并在其中显示空白数据透视表，右侧显示出“数据透视表字段”窗格，如图 4-47 所示。

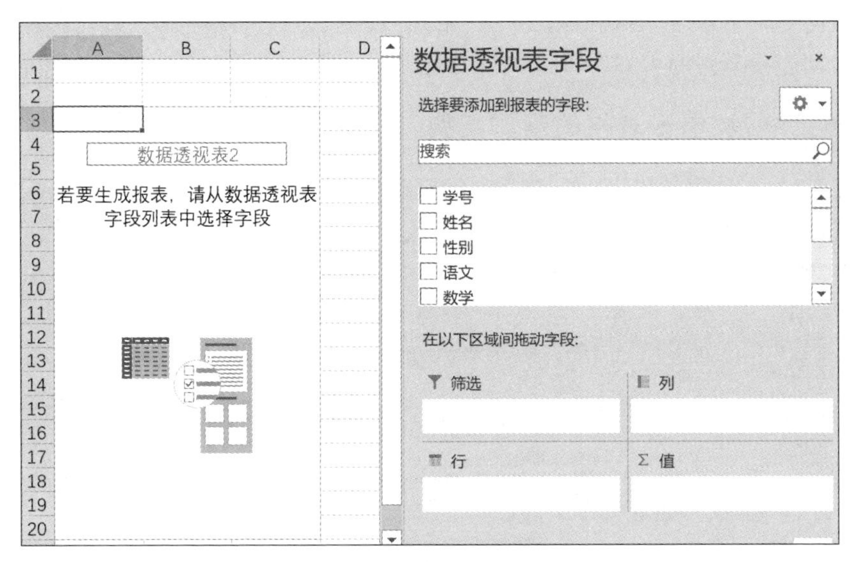

图 4-47 数据透视表

4.4.5 制作图表

为了使数据更加直观，可以将数据以图表的方式表示出来，通过创建图表，可以更加清楚地了解各个数据之间的关系及数据之间的辩护情况，方便用户对数据进行分析和对比。

Excel 2019 中包含柱状图、折线图、饼状图、条形图、面积图、XY 散点图、股价图、曲面图、直方图、树状图和雷达图等，其中前 5 种为常用图表。

柱状图常用于几个项目之间数据的对比。折线图多用于显示等时间间隔数据的变化趋势，它重点强调的是数据的时间性。饼状图勇于显示一个数据系列中各项大小与各项综合的比例。条形图与柱状图的用法类似，但数据位于 Y 轴，值位于 X 轴，位置与柱状图相反。面积图用于显示每个数值的变化量，强调数据随时间变化的幅度，体现整体和部分的关系。

1. 创建图表

(1) 选择要包含在图表中的单元格或单元区域。

(2) 在“插入”选项卡的“图表”组中单击对话框启动器按钮，弹出“插入图表”对话框，在“所有图表”选项卡中选中需要的图表。

2. 编辑图表

编辑图表包括修改图表数据、修改图表类型、设置图表样式、调整图表布局、设置图表格式、调整图表对象的显示与分布等。

(1) 设置图表“设计”。单击已经生成的图表，在“图表设计”选项卡的“数据”组中单击“选择数据”按钮，在弹出的“选择数据”对话框中对图表中引用的数据进行添加、编辑和删除等操作。在“图表设计”选项卡的“数据”组中单击“更改图表类型”按钮，重新选择所需图表类型。已经确定好的图表类型，在“图表样式”中，可以重新选定所需图表的样式。

（2）设置图表“图表布局”。在“图表设计”选项卡的“图表布局”组中单击“添加图表元素”按钮，设置图表标题、坐标轴标题、放置图表图例和数据标签等。

（3）设置图表元素的“形状样式”。在“格式”选项卡的“形状样式”“文艺字样式”“大小”等组中可对图表格式进行修改。

4.4.6 “员工绩效”电子表格的制作案例

（1）打开“员工信息表”工作簿，选择O列任意一个单元格，在“数据”选项卡的“排序和筛选”组中单击“升序”按钮。将选择的数据表按照“总工资”由低到高进行排序。

（2）在“数据”选项卡的“排序和筛选”组中单击“排序”按钮，在“排序”对话框的“主关键字”下拉列表中选中“单元格值”，在“次序”下拉列表中选中“降序”。单击“添加条件”按钮，在“次要关键字”下拉列表中选中“入职年限”，如图4-48所示。单击“确定”按钮，如图4-49所示。

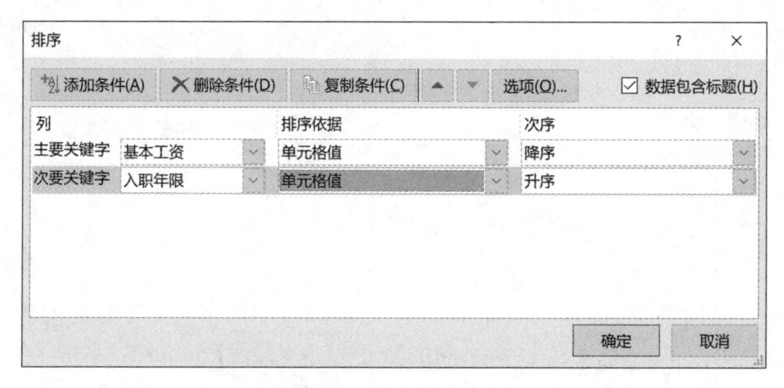

图4-48　设置排序条件

	A	B	C	D	E	F	G	H	I	J	K	L	M	N	O
1	飞达公司员工考勤及工资表														
2	员工号	姓名	性别	部门	职称	基础工资	入职年限	入职津贴	基本工资	加班小时	迟到次数	请假天数	绩效工资	绩效等级	总工资
3	088014	叶德伟	女	财务部	工程师	6000	5	500	6500	25		2	425	C	6925
4	088001	刘业颖	男	技术部	工程师	6000	5	500	6500	30	1	2	500	C	7000
5	088017	庄虹星	男	技术部	工程师	6000	5	500	6500	22	1		500	C	7000
6	088005	谢雨光	男	行政部	工程师	6000	5	500	6500	28	1		650	B	7200
7	088018	林育明	女	工程部	工程师	6000	4	400	6400	30	4	2	350	C	6750
8	088006	袁旭斌	男	贸易部	工程师	6000	4	400	6400	23	1		525	C	6925
9	088002	邓子业	男	技术部	工程师	6000	3	300	6300	30		2	550	C	6850
10	088007	陈宇建	女	技术部	工程师	6000	3	300	6300	30		2	550	C	6850
11	088013	王超	女	工程部	工程师	6000	3	300	6300	40	1	1	850	A	7350
12	088011	黄国滨	女	贸易部	工程师	6000	2	200	6200	24	1		550	C	6750
13	088016	黄宇业	男	贸易部	工程师	6000	2	200	6200	25	1		575	C	6775
14	088015	蔺俊杰	女	行政部	工程师	6000	2	200	6200	30	1		700	B	6950
15	088004	李亚男	女	财务部	工程师	6000	2	200	6200	35		1	775	A	7175
16	088020	李万强	女	行政部	工程师	6000	2	200	6200	31			775	A	7175
17	088010	杨凯生	男	行政部	工程师	6000	1	100	6100	10	1		200	C	6300
18	088021	王志华	女	贸易部	工程师	6000	1	100	6100	18	1		400	C	6500
19	088009	吴飞	男	财务部	工程师	6000	1	100	6100	25	1	1	475	C	6575
20	088022	吴妙辉	男	贸易部	工程师	6000	1	100	6100	35	1		825	A	7125
21	088003	王昊	女	工程部	其他	4000	4	400	4400	30	1	2	500	C	4900
22	088019	叶品卉	男	财务部	其他	4000	4	400	4400	40			1000	A	5600
23	088012	江悦强	男	技术部	其他	4000	2	200	4200	30	1		700	B	4950
24	088008	黄泽佳	女	工程部	其他	4000	2	200	4200	30			750	A	5150

图4-49　复杂排序结果

（3）对表格中数据进行自动筛选、自定义筛选和高级筛选等操作。选中工作表中任意一个单元格，在“数据”选项卡的“排序和筛选”组中单击“筛选”按钮，进入筛选状态，在 N2“绩效等级”单元格中单击按钮▼，在弹出的下拉列表中取消选中 B 和 C 复选框，仅选中 A 复选框，单击“确定”按钮，如图 4-50 所示。

	A	B	C	D	E	F	G	H	I	J	K	L	M	N	O
1	飞达公司员工考勤及工资表														
2	员工号	姓名	性别	部门	职称	基础工	入职年	入职津	基本工	加班小	迟到次	请假天	绩效工	绩效等级	总工资
11	088013	王超	女	工程部	工程师	6000	3	300	6300	40	1	1	850	A	7350
15	088004	李亚男	女	财务部	工程师	6000	2	200	6200	35		1	775	A	7175
16	088020	李万强	女	行政部	工程师	6000	2	200	6200	31			775	A	7175
20	088022	吴妙辉	男	贸易部	工程师	6000	1	100	6100	35	1		825	A	7125
22	088019	叶品卉	男	财务部	其他	4000	4	400	4400	40			1000	A	5600
24	088008	黄泽佳	女	工程部	其他	4000	2	200	4200	30			750	A	5150

图 4-50　自动筛选结果

（4）自定义筛选多用于筛选数值，设定筛选条件可以将满足指定条件的数据显示出来。在 N2 单元格，选中“全选”复选框，将员工信息全部显示出来。在 I2“基本工资”单元格单击▼按钮，在弹出的对话框中选中“数字筛选”下拉列表中选中“大于或等于”，打开“自定义自动筛选方式”，在“大于或等于”后输入“6200”，单击“确定”按钮，如图 4-51 所示。

	A	B	C	D	E	F	G	H	I	J	K	L	M	N	O
1	飞达公司员工考勤及工资表														
2	员工号	姓名	性别	部门	职称	基础工	入职年	入职津	基本工	加班小	迟到次	请假天	绩效工	绩效等级	总工资
3	088014	叶德伟	女	财务部	工程师	6000	5	500	6500	25		2	425	C	6925
4	088001	刘业颖	男	技术部	工程师	6000	5	500	6500	30	1	2	500	C	7000
5	088017	庄虹星	男	技术部	工程师	6000	5	500	6500	22	1		500	C	7000
6	088005	谢雨光	男	行政部	工程师	6000	5	500	6500	28	1		650	B	7200
7	088018	林育明	女	工程部	工程师	6000	4	400	6400	30	4	2	350	C	6750
8	088006	袁旭斌	男	贸易部	工程师	6000	4	400	6400	23	1		525	C	6925
9	088002	邓子业	男	技术部	工程师	6000	3	300	6300	30		2	550	C	6850
10	088007	陈宇建	女	技术部	工程师	6000	3	300	6300	30		2	550	C	6850
11	088013	王超	女	工程部	工程师	6000	3	300	6300	40	1	1	850	A	7350
12	088011	黄国滨	女	贸易部	工程师	6000	2	200	6200	24	1		550	C	6750
13	088016	黄宇业	男	贸易部	工程师	6000	2	200	6200	25	1		575	C	6775
14	088015	蔺俊杰	女	行政部	工程师	6000	2	200	6200	30	1		700	B	6950
15	088004	李亚男	女	财务部	工程师	6000	2	200	6200	35		1	775	A	7175
16	088020	李万强	女	行政部	工程师	6000	2	200	6200	31			775	A	7175

图 4-51　自定义筛选结果

（5）在单击“基本工资”按钮，从弹出的快捷菜单中选中“全选”复选框，取消自定义筛选。在 H26 单元格输入“入职津贴”，在 H27 单元格输入“>400”，在 I26 单元格输入“基本工资”，在 I27 单元格输入“>6200”。在“数据”选项卡的“排序和筛选”组中单击“高级”按钮，在弹出的“高级筛选”对话框中选中“将筛选结果复制到其他位置”单选按钮，并将“列表区域”设置为“＄A＄2:＄O＄24”，“条件区域”设置为“＄H＄26:＄I＄27”，“复制到”设置为“＄A＄28:＄O＄28”，如图 4-52 所示。单击“确定”按钮，筛选结果如图 4-53 所示。

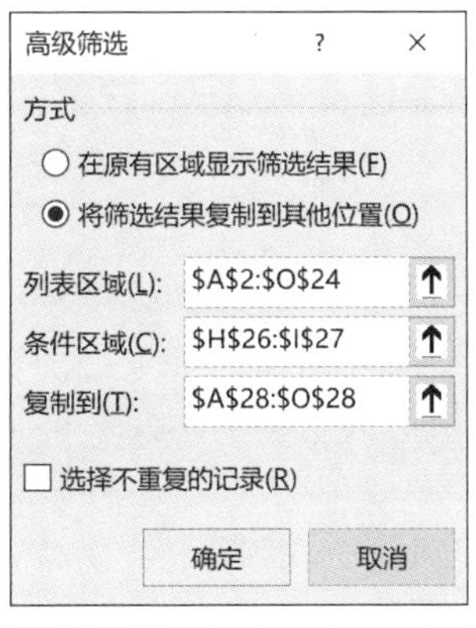

图 4-52　“高级筛选”对话框

（6）选中 C 列的任意一个单元格，在“开始”选项卡的“编辑”组中单击“排序和筛选”按钮，在弹出的快捷菜单中选中“升序”选项，对数据进行排序。在“数据”选项卡的“分级显示”组中单击“分类汇总”按钮，打开“分类汇总”对话框，在“分类字段”中选中“性别”，在“汇总方式”中选中“最大值”，在“选定汇总项”中选中“总工资”，如图 4-54 所示。单击“确定”按钮，分类汇总结果如图 4-55 所示。

	A	B	C	D	E	F	G	H	I	J	K	L	M	N	O
15	088004	李亚男	女	财务部	工程师	6000	2	200	6200	35		1	775	A	7175
16	088020	李万强	女	行政部	工程师	6000	2	200	6200	31			775	A	7175
17	088010	杨凯生	男	行政部	工程师	6000	1	100	6100	10	1		200	C	6300
18	088021	王志华	女	贸易部	工程师	6000	1	100	6100	18	1		400	C	6500
19	088009	吴飞	男	财务部	工程师	6000	1	100	6100	25	1	1	475	C	6575
20	088022	吴妙辉	男	贸易部	工程师	6000	1	100	6100	35	1		825	A	7125
21	088003	王昊	女	工程部	其他	4000	4	400	4400	30	1	2	500	C	4900
22	088019	叶品卉	男	财务部	其他	4000	4	400	4400	40			1000	A	5600
23	088012	江悦强	男	技术部	其他	4000	2	200	4200	30	1		700	B	4950
24	088008	黄泽佳	女	工程部	其他	4000	2	200	4200	30			750	A	5150
25															
26								入职津贴	基本工资						
27								>400	>6200						
28	员工号	姓名	性别	部门	职称	基础工资	入职年限	入职津贴	基本工资	加班小时	迟到次数	请假天数	绩效工资	绩效等级	总工资
29	088014	叶德伟	女	财务部	工程师	6000	5	500	6500	25		2	425	C	6925
30	088001	刘业颖	男	技术部	工程师	6000	5	500	6500	30	1	2	500	C	7000
31	088017	庄虹星	男	技术部	工程师	6000	5	500	6500	22	1		500	C	7000
32	088005	谢雨光	男	行政部	工程师	6000	5	500	6500	28	1		650	B	7200

图 4-53 高级筛选结果

分类汇总 ? ×

分类字段(A):

性别

汇总方式(U):

最大值

选定汇总项(D):

☐ 迟到次数

☐ 请假天数

☐ 绩效工资

☐ 绩效等级

☑ 总工资

☑ 替换当前分类汇总(C)

☐ 每组数据分页(P)

☑ 汇总结果显示在数据下方(S)

全部删除(R) 确定 取消

图 4-54 “分类汇总”对话框

	A	B	C	D	E	F	G	H	I	J	K	L	M	N	O
1	飞达公司员工考勤及工资表														
2	员工号	姓名	性别	部门	职称	基础工资	入职年限	入职津贴	基本工资	加班小时	迟到次数	请假天数	绩效工资	绩效等级	总工资
3	088001	刘业颖	男	技术部	工程师	6000	5	500	6500	30	1	2	500	C	7000
4	088017	庄虹星	男	技术部	工程师	6000	5	500	6500	22	1		500	C	7000
5	088005	谢雨光	男	行政部	工程师	6000	5	500	6500	28	1		650	B	7200
6	088006	袁旭斌	男	贸易部	工程师	6000	4	400	6400	23	1		525	C	6925
7	088002	邓子业	男	技术部	工程师	6000	3	300	6300	30		2	550	C	6850
8	088016	黄宇业	男	贸易部	工程师	6000	2	200	6200	25	1		575	C	6775
9	088010	杨凯生	男	行政部	工程师	6000	1	100	6100	10	1		200	C	6300
10	088009	吴飞	男	财务部	工程师	6000	1	100	6100	25	1	1	475	C	6575
11	088022	吴妙辉	男	贸易部	工程师	6000	1	100	6100	35	1		825	A	7125
12	088019	叶品卉	男	财务部	其他	4000	4	400	4400	40			1000	A	5600
13	088012	江悦强	男	技术部	其他	4000	2	200	4200	30	1		700	B	4950
14			男 最大值												7200
15	088014	叶德伟	女	财务部	工程师	6000	5	500	6500	25		2	425	C	6925
16	088018	林育明	女	工程部	工程师	6000	4	400	6400	30	4	2	350	C	6750
17	088007	陈宇建	女	技术部	工程师	6000	3	300	6300	30		2	550	C	6850
18	088013	王超	女	工程部	工程师	6000	3	300	6300	40	1	1	850	A	7350
19	088011	黄国滨	女	贸易部	工程师	6000	2	200	6200	24	1		550	C	6750
20	088015	蔺俊杰	女	行政部	工程师	6000	2	200	6200	30	1		700	B	6950
21	088004	李亚男	女	财务部	工程师	6000	2	200	6200	35		1	775	A	7175
22	088020	李万强	女	行政部	工程师	6000	2	200	6200	31			775	A	7175
23	088021	王志华	女	贸易部	工程师	6000	1	100	6100	18	1		400	C	6500
24	088003	王昊	女	工程部	其他	4000	4	400	4400	30	1	2	500	C	4900
25	088008	黄泽佳	女	工程部	其他	4000	2	200	4200	30			750	A	5150
26			女 最大值												7350
27			总计最大值												7350

图 4-55 分类汇总结果

(7) 在“数据”选项卡的“分级显示”组中单击“分类汇总”按钮，在弹出的“分类汇总”对话框中单击“全部删除”按钮即可取消分类汇总。

(8) 在“插入”选项卡的“表格”组中单击“数据透视表”按钮，在弹出的“创建数据透视表”对话框中，选中“新工作表”单选按钮，单击“确定”按钮，如图 4-56 所示。

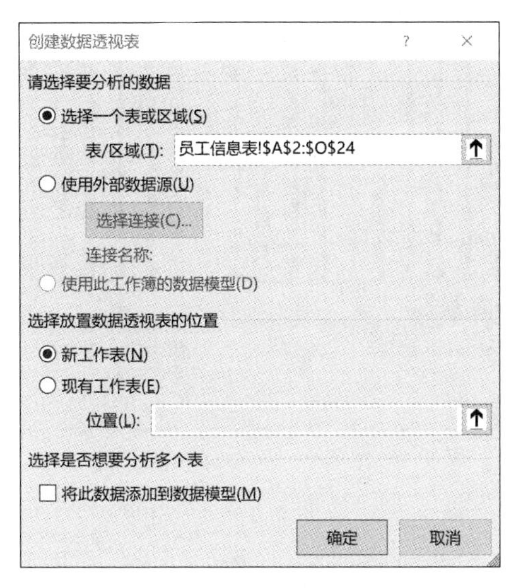

图 4-56　“创建数据透视表”对话框

(9) 在新生成的工作表的左侧显示空白“数据透视表”，右侧显示“数据透视表字段”窗格。在“数据透视表字段”窗格中选中“性别”“职称”“基本工资”“绩效工资”“总工资”复选框，如图 4-57 所示。

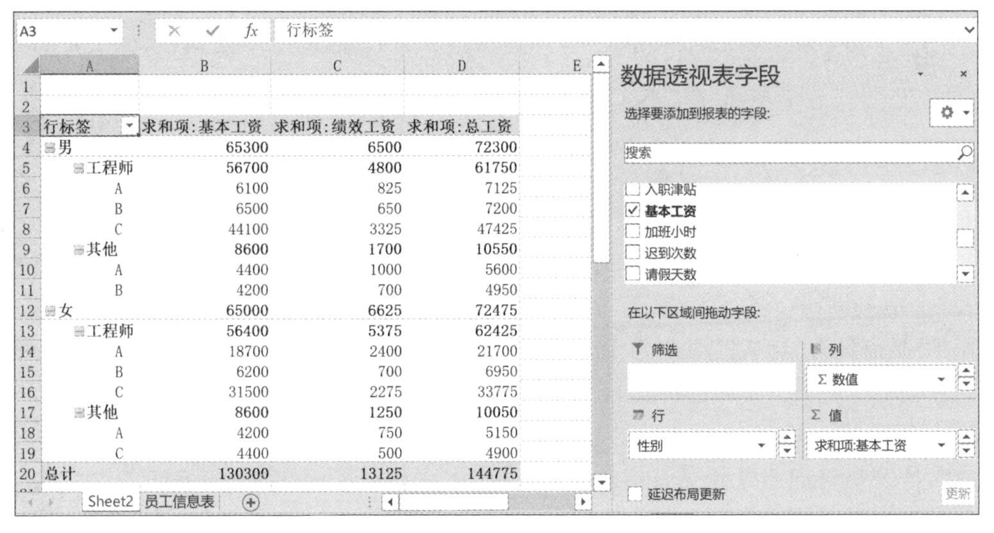

行标签	求和项:基本工资	求和项:绩效工资	求和项:总工资
男	65300	6500	72300
工程师	56700	4800	61750
A	6100	825	7125
B	6500	650	7200
C	44100	3325	47425
其他	8600	1700	10550
A	4400	1000	5600
B	4200	700	4950
女	65000	6625	72475
工程师	56400	5375	62425
A	18700	2400	21700
B	6200	700	6950
C	31500	2275	33775
其他	8600	1250	10050
A	4200	750	5150
C	4400	500	4900
总计	130300	13125	144775

图 4-57　数据透视表

(10) 选中“姓名”“基本工资”“总工资”3 列，在“插入”选项卡的“图表”组中单击对话框启动器按钮，在弹出的“插入图表”对话框的“所有图表”选项卡中选中“柱状图”，单击“确定”

按钮，生成“基本工资”和“总工资”的柱状图。如图 4-58 所示。

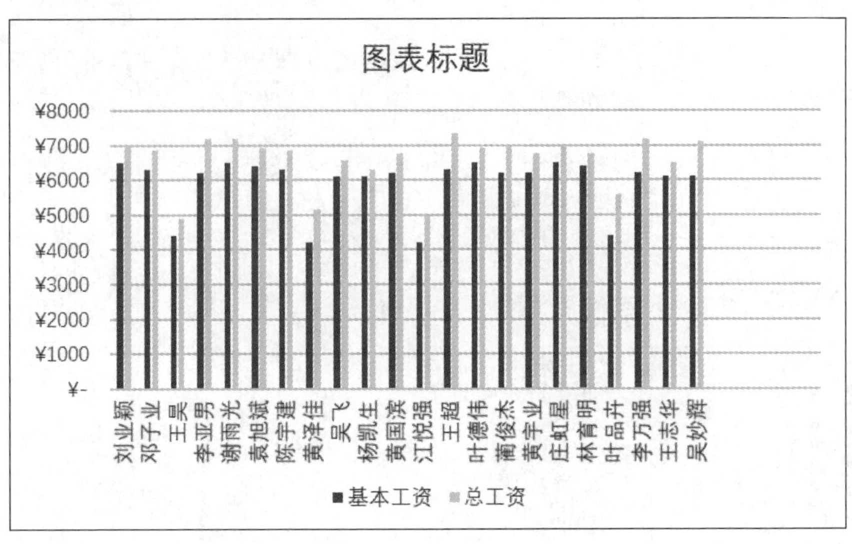

图 4-58　工资柱状图

4.5　打　　印

【案例引导】　第七次全国人口普查数据公布了，因工作需要，现需要打印 10 份我国近年来人口数量，为了节约纸张，需要将数据打印在同一张 A4 纸上。具体如下：

（1）打印出行号与列号。

（2）设置纸张大小为 A4，纸张方向为纵向。

（3）页边距设置如下：“上”为“1”、“下”为“1”、“左”为“1”、“右”为“1”、“页眉”为“0.5”、“页脚”为“0.5”、“居中方式”为“水平”。

4.5.1　打印的相关操作

1. 设置页面布局

页面布局的设置主要包括打印纸张的方向、缩印比例、纸张大小等。用户可以通过“页面布局”选项卡进行设置。在“页面布局”选项卡中单击“页面设置”组的对话框启动器按钮，在弹出的“页面设置”对话框中有“页面”“页边距”“页眉/页脚”“工作表”4 个选项卡，如图 4-59 所示。在其中可对页面布局进行设置。

2. 打印预览

在打印表格之前需要预览打印效果，对表格满意后再进行打印。

（1）在打印之前预览整个工作表。在“文件”选项卡中选中“打印”选项，在视图右侧会显示“打印预览”窗口。

（2）利用“分页预览”调整分页符。为了便于打印，使用分页符将一张工作表分割为多页。在“视图”选项卡的“工作簿视图”组中单击“分页预览”按钮，可以实现添加、删除和移动分页符操作。

图 4-59 “页面设置”对话框

(3) 利用“页面布局”视图对页面进行调整。在打印包含大量数据或图表的 Excel 工作簿之前,在“视图”选项卡的“工作簿视图”组中单击“页面布局”按钮,进行快速调整。

3. 打印设置

在完成表格页边距、页眉页脚和打印区域的设置后,可以使用打印机将表格打印出来。在“文件”选项卡中选中“打印”选项,在弹出的“打印”对话框中设置打印份数,在“打印机”中设置使用的打印机,在“设置”中设置打印区域、打印方向与缩放等内容。

若要打印行号与列号,在“页面布局”选项卡的“显示”组中选中“标题”复选框即可进行打印。

4.5.2 “第七次全国人口普查数据”的打印案例

(1) 打开“第七次全国人口普查数据”电子表格。

(2) 在“页面布局”选项卡的“工作表选项”组中选中“标题”栏中的“打印”复选框将行号与列号打印出。

(3) 在“页面布局”选项卡的“页面设置”组中单击“纸张大小”按钮,在下拉菜单中选中“A4”;单击“纸张方向”按钮,在下拉菜单中选中“横向”;选中有数据区域。

(4) 在“页面布局”选项卡的“页面设置”组中单击“页边距”按钮,在下拉菜单中选中“自定义页边距”选项,在弹出的“页面设置”对话框中设置页边距的“上”“下”“左”“右”“页眉”“页脚”分别为“1”“1”“1”“1”“0.5”“0.5”;“居中方式”为“水平居中”,单击“确定”按钮返回主界面。

(5) 在“文件”选项卡中选中“打印”选项,在“份数”栏中填入“10”,或通过上下箭头进行分数的增减;选中需要使用的打印机;将“无缩放”修改为“将工作表调整为一页”。单击“打印”按钮即可实现打印,如图 4-60 所示。

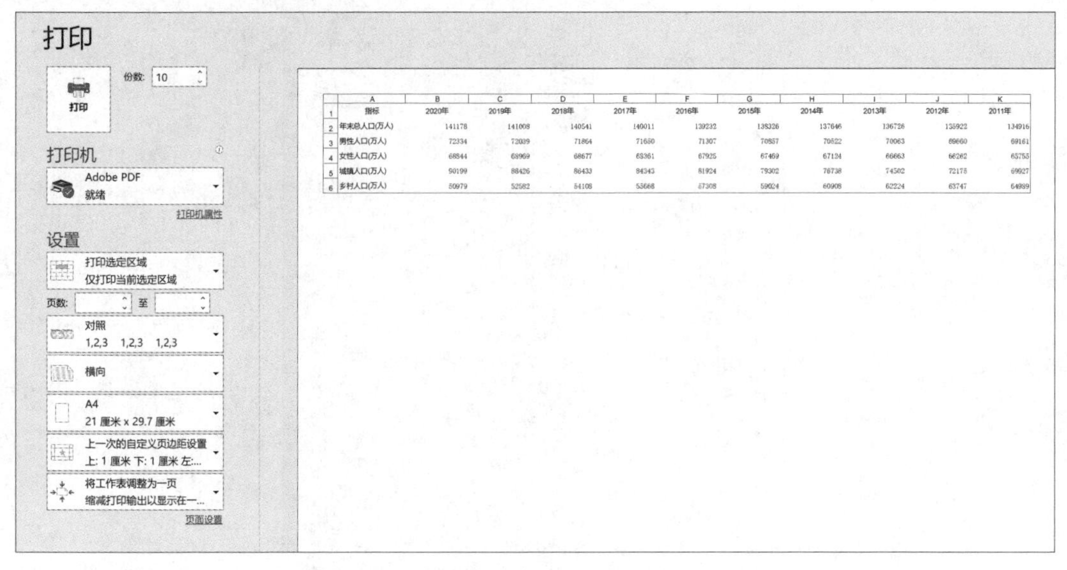

图 4-60　打印设置

本章小结

Excel 是使用最为广泛的电子表格处理软件之一,本章以 Excel 2019 版本为例,详细介绍了 Excel 2019 制作电子表格的基础知识,包括工作簿、工作表和单元格的基本操作、输入数据和编辑工作表、使用公式与函数、数据管理、数据筛选、数据透视表、制作图表和打印工作表等内容。其中需要重点掌握单元格的操作、使用公式和函数、对数据进行排序、筛选和分类汇总、制作数据透视表和图表及电子表格的打印等操作。

知识拓展

云计算

1. 云计算的概念

随着互联网技术的发展,计算技术由传统的“端”走向了“云”。云计算(cloud computing)是一种把超级计算机的计算能力传播到整个互联网的计算方式。云是网络、互联网的一种形象比喻。目前,普遍被人们接受的云计算定义,是由美国国家标准与技术研究院(National Institute of Standards and Technology,NIST)提出的,即云计算是一种按使用量付费的模式,这种模式提供可用的、便捷的、按需的网络访问,进入可配置的计算资源共享池(资源包括网络、服务器、存储、应用软件和服务),这些资源能够被快速提供,只需投入很少的管理工作或与服务供应方进行很少的交互。

2. 云计算的服务类型

使用云计算时,用户只需要连接入网络就可以随时随地获取所需的各种 IT 资源。云计算代表了以虚拟化技术为核心、以低成本为目标的可动态扩展的网络应用基础设施。云计算包括基础设施即服务(Infrastructure as a Service,IaaS)、平添即服务(Platform as a Service,PaaS)和软件即服务(Software as a Service,SaaS)3 种典型的服务模式,它们互为构建基础。

(1) 基础设施即服务(IaaS)。它用于基于 Internet 访问存储和计算能力。作为最基本的云计算类型,IaaS 可以按即用即付的方式从云服务提供方处租用 IT 基础结构,例如服务器和虚拟机、存储空间、网络以及操作系统。

(2) 平台即服务(PaaS)。它为开发人员提供构建和托管 Web 应用程序的工具。PaaS 旨在让用户能够访问通过 Internet 快速开发和操作 Web 或移动应用程序时所需的组件,而无须担心设置或管理服务器、存储、网络和数据库的基础结构。

(3) 软件即服务(SaaS)。它用于基于 Web 的应用程序。SaaS 是一种通过 Internet 交付软件应用程序的方法,其中云提供方负责托管和管理软件应用程序,通过云端访问可更轻松地在所有设备上同时使用相同的应用程序。

3. 云计算的应用

云计算通过降低成本,提高灵活性,优化资源利用,可提高竞争力。云计算主要应用在以下几方面。

(1) 基础架构即服务(IaaS)和平台即服务(PaaS)。对于 IaaS 而言,对于按需使用付费方案使用现有基础架构似乎是公司的明显选择,它可以节省购买,管理和维护 IT 基础架构的投资成本。

(2) 测试与开发。使用云的最佳方案之一是测试开发环境。这需要确保预算,通过有形资产以及大量的人力和时间来进行平台的建立、安装和配置。

(3) 大数据分析。云计算提供的优势之一就是能够利用大量的结构化和非结构化数据来利用提取业务价值。

(4) 文件存储。云可以提供存储文件以及从任何支持 Web 的界面访问,存储和检索文件的可能性。Web 服务接口通常很简单。提供高可用性、高速度、可伸缩性和安全性。

(5) 备份与恢复。云计算可用作备份选项,可以在其中存储文件、信息和数据等。存储在云中的数据具有较高的安全性。当数据丢失时,可以从云中的数据恢复。

习 题 4

一、选择题

1. Excel 2019 是( )。

A. 数据库管理软件　　B. 文字处理软件

C. 电子表格软件　　D. 幻灯片制作软件

2. Excel 2019 工作簿文件的默认扩展名为( )。

A. doc　　B. xlsx　　C. ppt　　D. mdb

3. 在 Excel 2019 中，对于 D5 单元格，其绝对单元格表示方法为(　　)。

A. D5　　B. D$5　　C. $D$5　　D. $D5

4. 在 Excel 2019 中，C7 单元格中有绝对引用=AVERAGE($C$3:$C$6)，把它复制到 C8 单元格后，双击该单元格中显示(　　)。

A. =AVERAGE(C3:C6)

B. =AVERAGE($C$3:$C$6)

C. =AVERAGE($C$4:$C$7)

D. =AVERAGE(C4:C7)

5. 在 Excel 2019 中，下列(　　)是正确的区域表示法。

A. A1#D4　　B. A1,D5　　C. A1:D4　　D. A1>D4

6. 下列操作中，可以删除 Excel 2019 当前工作表的是(　　)。

A. 单击当前工作表中的任意单元格，再单击工具栏中"剪切"按钮

B. 右击任意单元格，在弹出的快捷菜单中选中"删除"选项

C. 选中任意单元格，在"文件"选项卡中选中"删除"选项

D. 右击当前工作表的标签，在弹出的快捷菜单中选中"删除"选项

7. 在 Excel 2019 中，函数 MAX(6,10,20)的值为(　　)。

A. 0　　B. 6　　C. 10　　D. 20

8. 某个单元格中的数值大于 0，但其显示为######。使用(　　)操作，可以正常显示数据而又不影响该单元格的数据内容。

A. 加大该单元格的行高　　B. 使用"复制"选项复制数据

C. 加大该单元格的列宽　　D. 重新输入数据

9. SUM(number1,[number2],…)是(　　)函数。

A. 方差　　B. 求和　　C. 逻辑　　D. 乘积

10. 在 Excel 中进行数据输入时，可以使用自动填充功能，根据初始值决定其后的填充项，若初始值为纯数字，则默认状态下序列填充的类型为(　　)。

A. 等差数据序列　　B. 等比数据序列

C. 初始数据的复制　　D. 自定义数据序列

二、填空题

1. 在 Excel 2019 中，选定不连续的单元格区域时可使用鼠标和________键来实现。

2. 工作表 Sheet1 中，设已在单元格 A1 和 B1 中，分别输入数据 20 和 40，若在单元格 C1 输入公式"=A1&B1"，则 C1 的值为________。

3. 在 Excel 2019 的工作表中，若要对一个区域中的各行数据求平均值，应使用________函数。

4. 在 Excel 2019 中，在单元格中输入日期 2016 年 11 月 25 日的正确输入形式是________。

5. 工作表窗口最左边一列的 1、2、3 等阿拉伯数字，表示工作表的________；工作表窗口最上方的 A、B、C 等字母，表示工作表的________。

6. 单元格 A1,A2,B1,B2,C1,C2 内容分别为 1、2、2、3、3、3，在 D1 单元格输入公式"=SUM(A1:C2)"，D1= ________。

7. Excel 2019 工作表中，在 A3 单元格中输入公式"=B4+D5"，当公式被复制到 B2 单

元,B2 单元格中的公式为________。

8. Excel 2019 的单元格 A1 为空(未输入任何内容),在单元格 B1 中输入公式"=IF(A1>=60,"通过""不通过")",结果 B1 显示为________。

9. 在 Excel 2019 的一个单元格中输入="22/1/1",显示结果是________。

10. 在 Excel 2019 中,对单元格的引用有________,绝对引用和混合引用。

第5章　用计算机进行演示文稿处理

演示文稿可把静态展示变成动态展示，把复杂的问题变得通俗易懂，使之更加生动，给人留下更为深刻印象。进行演示文稿现在已成为人们工作生活的重要组成部分。使用演示文稿处理软件可以制作集文字、图像、声音以及视频等多媒体元素为一体的演示文稿，让信息以更轻松、更高效的方式表达出来。PowerPoint 2019 是众多演示文稿制作软件中最为流行的一种，它是 Microsoft Office 系列软件中的重要组成部分。本章以 PowerPoint 2019 为例，介绍演示文稿的基本操作。通过本章学习，可以帮助用户掌握制作多媒体演示文稿的基本方法。

【本章要点】

- 演示文稿的创建和保存。
- 演示文稿对象的编辑、设置。
- 演示文稿主题、切换方式设置。
- 演示文稿对象的动画设计。
- 演示文稿对象的超链接设置。
- 演示文稿的放映。
- 演示文稿的打印。

【本章目标】

- 掌握演示文稿的创建和编辑方法。
- 掌握在演示文稿中插入图片、图形、艺术字、文本框、音频、视频等对象的方法。
- 掌握为演示文稿中对象设置超链接的方法。
- 掌握为演示文稿中对象添加动画效果的方法。
- 掌握演示文稿主题、切换方式的设置方法。
- 掌握演示文稿的放映和打印方法。

5.1　演示文稿处理工具概述

人们的日常工作生活经常要进行文稿演示。一个演示文稿要想吸引人，除了设计人员的水平之外，所用的制作软件影响也很大。常用的演示文稿设计软件有 PowerPoint、WPS 演示、OpenOffice Impress、Keynote、Prezi、Focusky 等。

1. PowerPoint

PowerPoint 是微软公司办公套件 Microsoft Office 中的一个重要组成部分，也是目前在全世界使用最为广泛的演示文稿制作软件，可以制作出集文字、图形、图像、声音以及视频剪辑等多媒体元素于一体的演示文稿，被广泛应用于课程教学、企业宣传、产品推介、婚礼庆典、项目竞标、管理咨询等领域，正在成为人们工作生活的重要组成部分。使用它制作的演示文稿最初被保存为扩展名为 ppt 的文件，因此演示文稿通常又被称为 PPT。演示文稿软件的功能不只局限于幻灯片演示，它还能够应用于动画、游戏制作以及艺术作品设计等其他领域。演示文稿由一张张幻灯片组成，这些幻灯片为一个个独立的放映单元。演示文稿不仅可以在投影仪或者计算机上进行演示，而且还可以打印成幻灯片或制作成胶片，由幻灯片机放映。此外，还可以通过 Web 进行远程发布，或与其他用户共享。由 PowerPoint 创建的演示文稿有以下显著特点：由若干张排列有序的幻灯片组成，有丰富的多媒体内容，有强大的静态和动态视觉效果。

2. WPS 演示

WPS 演示是金山公司研发的 WPS Office 套件中的一部分。WPS 演示功能强大，并兼容 Microsoft Office PowerPoint 的 PPT 格式，同时也有自己的 DPT 和 DPS 格式。

3. OpenOffice Impress

OpenOffice Impress 是 OpenOffice 办公套件的主要模块之一。它与各个主要的办公室软件套件兼容，默认以 odf 格式存档。

4. Keynote

Keynote 诞生于 2003 年，是由苹果公司推出的运行于 Mac OS X 操作系统下的幻灯片设计软件。Keynote 不仅支持几乎所有的图片字体，还可以使界面和设计也更图形化。它借助 Mac OS X 内置的 Quartz 等图形技术，制作的幻灯片更加夺人眼球。另外，Keynote 还有真三维转换，幻灯片在切换的时候用户便可选择旋转立方体等多种方式。随着 Apple 公司 iOS 系列产品的发展，Keynote 也推出了相应的版本。这样一来，在苹果的移动设备上也可以编辑及查阅文档，并可以通过 iCloud 在 Mac、iPhone、iPad、iPod Touch 以及 PC 之间共享。

5. Prezi

作为演示文稿软件，Prezi 主要通过缩放动作和快捷动作将想法进行更加生动有趣的展示。它打破了传统 PPT 的单线条时序，采用系统性与结构性一体化的演示方式，可以以路线的呈现方式，在两个物件之间切换，配合旋转等动作则更有视觉冲击力，支持在线和本地编辑。

6. Focusky

Focusky 是一款免费、高效、操作简单的演示文稿制作软件，相比 PowerPoint 的单线条时序，Focusky 采用系统性的方式来进行演示，可将一个物体缩小，再放大拉近到另外一个物体。Focusky 最明显的优点就是能缩放演示文稿让观众的注意力从整体到局部，再从局部到整体，通过 3D 无限缩放、旋转、移动的切换方式，使演示生动有趣，带入感更强。Focusky 简单易用，提供了大量的在线模板供用户使用，可通过拖曳来添加物体，改变物体位置让制作变得更简单。在 Focusky 中，可导入 PowerPoint 文件，以便于更迅速的开始制作演示文档。用 Focusky 做好后的演示文稿也可以导出为可离线播放的格式，例如网页(.html)、视频、Windows 应用程序(*.exe)、Mac App(*.app，苹果计算机直接点击可打开)和压缩文件(*.zip)，无须再下载其他的软件便可离线演示多媒体文档。

5.2 基本操作

【案例引导】 期末，辅导员需要制作一个宣传诚信考试为主题的演示文稿，加强学生的诚信教育，引导学生诚信考试，诚信做人。通过学习该演示文稿的制作，可以掌握演示文稿的基本编辑操作,包括新建、保存演示文稿,插入、复制、移动、删除幻灯片,为幻灯片添加文字等。具体如下。

(1) 演示文稿不少于5张。

(2) 第一张幻灯片的版式设置为"标题幻灯片",其中副标题的内容是班级信息。

(3) 其他幻灯片中要求包含与主题相关的文字。

(4) 将最后一张幻灯片的版式设置为"竖排标题与文本",其他几张(除第一张和最后一张外)幻灯片的版式均为"标题与内容"。

(5) 将演示文稿应用"带状"设计主题。

(6) 保存演示文稿,文件命名为"诚信考试.pptx"。

辅导员确定用PowerPoint 2019制作,在制作该演示文稿之前,先来学习Power Point 2019的基本操作。

5.2.1 PowerPoint 2019工作界面

PowerPoint 2019的启动和退出与Office 2019中其他软件的启动和退出方法相同,用户可以通过常规启动、桌面快捷方式启动、现有演示文稿启动等方法启动PowerPoint 2019组件。如常规启动方法如下所述。

在Windows桌面的"开始"菜单中选中PowerPoint选项,启动PowerPoint 2019工作窗口。

PowerPoint 2019的工作窗口和Word 2019类似,如图5-1所示,主要由标题栏、状态栏、功能区、编辑区(工作区)、备注区、幻灯片浏览窗格等部分组成,各部分功能介绍如下。

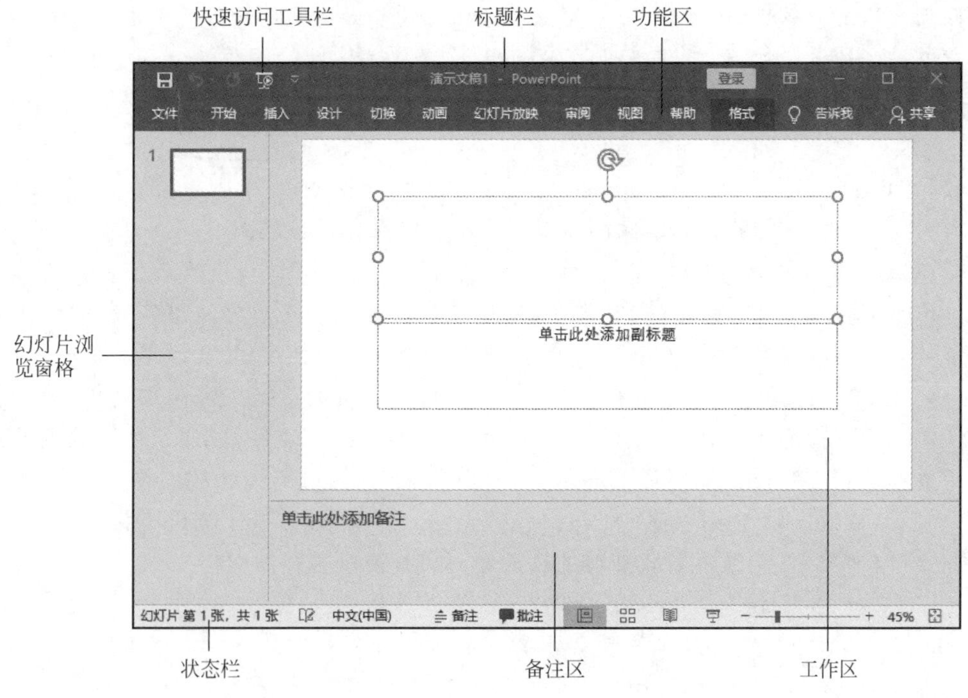

图5-1 PowerPoint 2019的主窗口

1. 标题栏

PowerPoint 2019 的标题栏在窗口的最上边，显示软件的名称 PowerPoint 和当前文档的名称，还包括最左侧的快速访问工具栏和最右侧的“最小化”“最大化”(向下还原)和“关闭”按钮。

2. 状态栏

PowerPoint 2019 的状态栏位于窗口的最下方，用于显示当前的工作状态、选项和操作过程等信息。从左边起依次显示当前处于第几张幻灯片、幻灯片总张数、使用的语言、“视图切换”按钮、“调节显示比例”控件、“显示比例调整”按钮和“幻灯片自适应窗口”按钮等。

3. 功能区

功能区中包含多个选项卡，每个选项卡中都包含了相应的选项卡，双击选中的选项卡可以显示和隐藏组，选项卡是一组相关的选项，当选项处于显示状态时，单击组内排列的选项，可以执行该选项。

在功能区右击，在弹出的快捷菜单中选中“折叠功能区”选项，则功能区只显示选项卡，组和组内选项皆被隐藏。此时，单击相应的选项卡，该选项卡的组和选项将会显示出来。

4. 编辑区

编辑区也称为工作区，是制作演示文稿的幻灯片的主要区域。在编辑区，可以完成幻灯片的编辑和修改，包括插入和编辑文本、表格、文本框、图形、图表、声音和视频等对象，创建超链接和设置动画效果等操作。

5. 备注区

备注区用来编辑幻灯片的备注信息，单击备注区可以添加备注信息。

6. 幻灯片浏览窗格

幻灯片浏览窗格可以快速查看整个演示文稿中的任意一张幻灯片，也可以完成幻灯片的新建、选定、移动、复制和删除等操作。

在幻灯片浏览窗格会显示整个演示文稿所有幻灯片的缩略图，选中某一个幻灯片，该幻灯片会突出显示，在编辑区中也将显示该幻灯片的内容。

5.2.2 PowerPoint 2019 视图方式

PowerPoint 2019 可以通过在编辑演示文稿时选用不同的视图方式使文稿的浏览和编辑更加方便。

PowerPoint 2019 提供 6 种视图方式，如图 5-2 所示，分别为“演示文稿视图”组的普通视图、大纲视图、幻灯片浏览视图、备注页视图、阅读视图，另外还有幻灯片放映视图。其中常用的 4 种介绍如下。

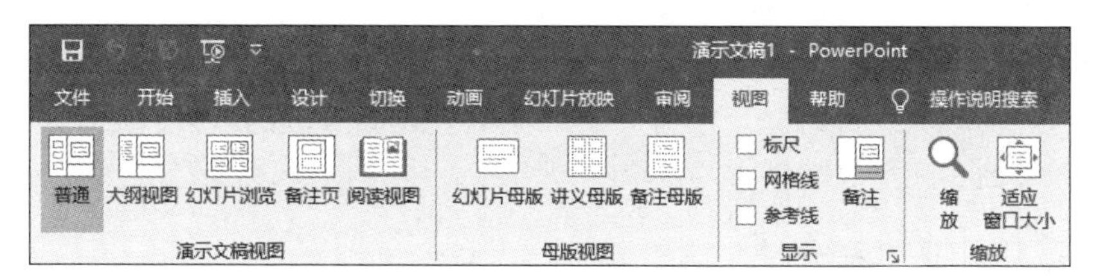

图 5-2 视图方式

1. 普通视图

普通视图是 PowerPoint 的主要的编辑视图,也是 PowerPoint 2019 默认的视图方式,它将幻灯片和大纲集成到一个视图中,既可以输入、编辑和排版文本,也可以输入备注信息。

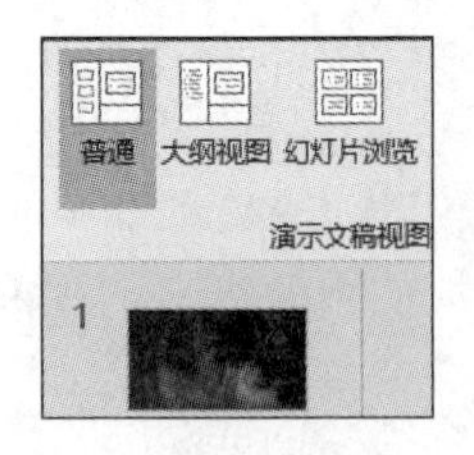

图 5-3 普通视图方式

普通视图包含幻灯片浏览窗格、幻灯片窗格和备注窗格 3 个窗格,拖曳窗格之间的分隔条可以调整窗格的大小,普通视图的窗口如图 5-3 所示。

(1) 幻灯片浏览窗格。在幻灯片浏览窗格中,幻灯片会以缩略图方式进行排列,有利于检查各个幻灯片前后是否协调、图标的位置是否合适等问题,方便用户添加、删除和移动幻灯片。在该视图中,允许在单张幻灯片中添加图片、影片和声音等对象。

(2) 幻灯片窗格。在幻灯片窗格中会显示选中的某张幻灯片,可以在该幻灯片中键入演示文稿中的文本、图形、图片、音频、视频等。

(3) 备注窗格。使用备注窗格,可以添加备注信息,并可以方便在每一张幻灯片的下方进行调整。

2. 幻灯片浏览视图

在幻灯片浏览视图中,直接显示幻灯片的缩略图。幻灯片浏览视图用于将幻灯片缩小、多页并列显示、便于对幻灯片进行移动、复制、删除、调整顺序等操作。

3. 备注页视图

备注页视图方式下用户可以编辑备注信息,如图 5-4 所示。PowerPoint 2019 备注信息具有辅助演讲的作用,对幻灯片中的内容进行补充注释,帮助用户将一些文字从版面转移到备注栏中,确保幻灯片简洁明了。

图 5-4 编辑备注信息

用户切换到需要添加备注的幻灯片中,在备注页视图下方会出现一个备注框,通过拖曳可以调节其大小,在备注框输入相应的内容,例如演讲所有的文字稿、演讲的结构和顺序的提醒,以及幻灯片中一些专业内容的解释和需要提出的问题等,备注添加修改完成后,便可以在放映幻灯片时有效使用备注。

若有第 2 个监视器或投影仪,可在"幻灯片放映"选项卡的"监视器"组选中"使用演示者视图"单选按钮,开启演示者视图功能。这样一来,在播放幻灯片时,演示者视图方式下会显示备注信息,而备注信息,只能被幻灯片播放者看到,而台下的观众则观察不到。

4. 幻灯片放映视图

在幻灯片放映视图下,幻灯片在播放的过程中全屏显示,逐页切换,可以看到图形、影片、动画等元素的实际播放效果。

5.2.3 幻灯片的基本操作

一个演示文稿一般由多张幻灯片组成。幻灯片的基本操作包括幻灯片的插入、复制、移动、删除和隐藏等操作。

1. 插入幻灯片

常用的插入幻灯片的方法包括 3 种，具体如下所述。

(1) 通过单击“新建幻灯片”按钮插入。在“开始”选项卡的“幻灯片”组中单击“新建幻灯片”按钮，从下拉菜单中选中某一版式后，便可以插入该版式的幻灯片，如图 5-5 所示。

(2) 使用快捷菜单选项插入。在幻灯片浏览窗格中，选中一张幻灯片并右击，在弹出的快捷菜单中选中“新建幻灯片”选项，就可以插入一张幻灯片。也可以在选定幻灯片的之后插入一张新幻灯片，如图 5-6 所示。

图 5-5 新建幻灯片版式

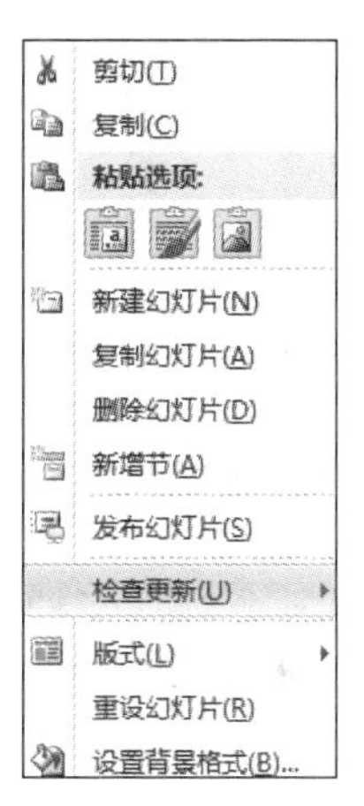

图 5-6 新建幻灯片快捷选项

(3) 使用键盘选项。在普通视图方式下，在幻灯片浏览窗格中选定某张幻灯片，按 Enter 键，可以在选定幻灯片的下方插入一张和选定幻灯片版式相同的幻灯片。

2. 复制幻灯片

在幻灯片浏览窗格中，通过执行下列操作之一选择要复制的幻灯片。

方法 1：打开目标演示文稿，在“幻灯片”选项卡上找到复制幻灯片的插入点前面那张幻灯片并右击，在弹出的快捷菜单中选中“粘贴”选项，即可复制幻灯片。

方法 2：右击要复制的幻灯片，在弹出的快捷菜单中选中“复制幻灯片”选项，如图 5-7 所示。

方法 3：如果需要复制多张连续的幻灯片，先选中第一张幻灯片，然后按住 Shift 键，再选中最后一张幻灯片，便选定了多张连续的幻灯片，右击这些幻灯片，在弹出的快捷菜单中选中“复制幻灯片”选项。如图 5-8 所示。

方法 4：要选择多张不连续的幻灯片，需按住 Ctrl 键，然后选择相应的幻灯片，松开 Ctrl 键后，在弹出的快捷菜单中选中“复制幻灯片”选项。

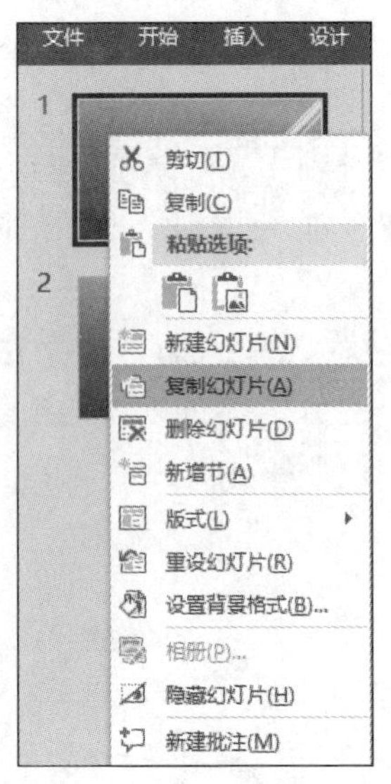

图 5-7　复制单张幻灯片

图 5-8　复制多张连续幻灯片

3. 移动幻灯片

在普通视图或幻灯片浏览视图中,按住鼠标左键将选定的移动对象拖曳至合适位置即可。也可以剪切要移动的幻灯片,然后到目标位置粘贴。

4. 删除幻灯片

删除幻灯片通常包括两种方法。

方法 1:用户可以在幻灯片浏览窗格中选定相应的幻灯片,然后右击幻灯片,在弹出的快捷菜单中选中“删除幻灯片”选项,即可删除选中的幻灯片。

方法 2:在幻灯片浏览窗格中选中相应的幻灯片,然后按 Delete 键,删除幻灯片。

5. 隐藏幻灯片

选中一张或多张幻灯片并右击,在弹出的快捷菜单中选中“隐藏幻灯片”选项。

5.2.4　演示文稿主题的应用

演示文稿的主题是对幻灯片中的标题、文字、图表和背景等元素进行统一设定的一组配置,该配置包含主题颜色、主题字体和主题效果,PowerPoint 2019 提供了大量系统预设的主题,用于快速更改幻灯片的整体外观。应用主题样式的方法如下所述。

1. 应用主题样式

(1) 应用主题样式。打开演示文稿,在“设计”选项卡“主题”组的“样式”列表中选中一个要应用的主题样式;也可以单击右侧的下拉列表按钮,在打开的“所有主题”列表选项中查看并选中某一主题样式即可,如图 5-9 所示。

(2) 设置应用范围。若要设置某个主题的应用范围,可右击主题,在弹出的快捷菜单中选中相应的选项。其中“应用于所有幻灯片”选项是将所选择的幻灯片主题应用于演示文稿中所有的幻灯片;“应用于选定幻灯片”选项是将所选择的幻灯片主题只应用于选择的幻灯片;“设置为默认主题”选项是将所选择的幻灯片主题设置为默认的主题样式;“将库添加到

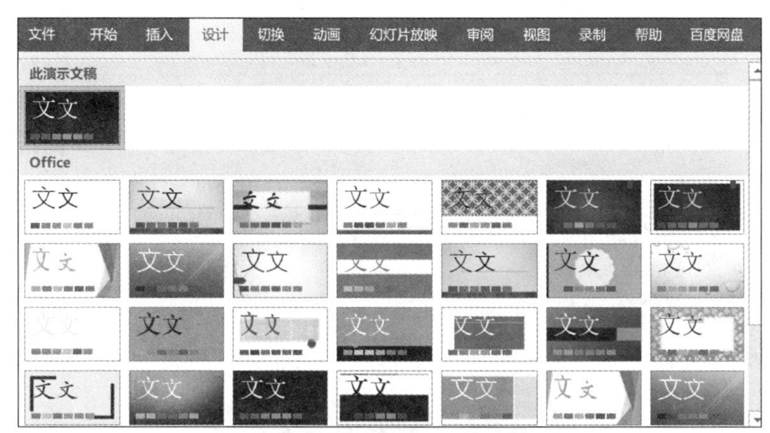

图 5-9　应用主题样式

快速访问工具栏”选项是将主题列表添加到快速访问工具栏中。

2. 修改主题样式

应用主题样式后，可对颜色、字体、效果等方面进行修改，以便使主题样式更加符合用户需求。在“设计”选项卡的“变体”组中选中“颜色”选项，在“颜色”下拉列表框中选中某种预设的颜色效果，可用于设置背景颜色、字体颜色、图形图像对象的颜色；选中“字体”选项，在“字体”下拉列表框中选中某种预设的字体效果，可用于设置中文字体、英文字体、标题字体、正文字体；选中“效果”选项，在“效果”下拉列表框中选中某种预设的效果，对图形、文本框、图片等进行设置，如图 5-10 所示。

5.2.5　演示文稿的放映

演示文稿制作完成后，通过幻灯片放映可将演示文稿展示给观众。放映时可以根据使用者的不同需要设置不同的放映方式、排练计时等，以满足不同的需求。

1. 设置放映方式

PowerPoint 2019 提供了 3 种不同的放映方式，在“幻灯片放映”选项卡的“设置”组中单击“设置幻灯片放映”按钮，弹出“设置放映方式”对话框，如图 5-11 所示。使用该对话框，可以设置放映类型、放映选项、放映幻灯片、换片方式和多监视器 5 种主要属性。

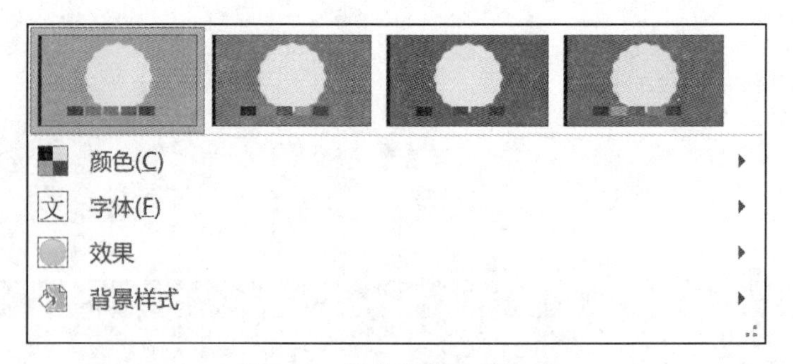

图 5-10　修改主题样式选项

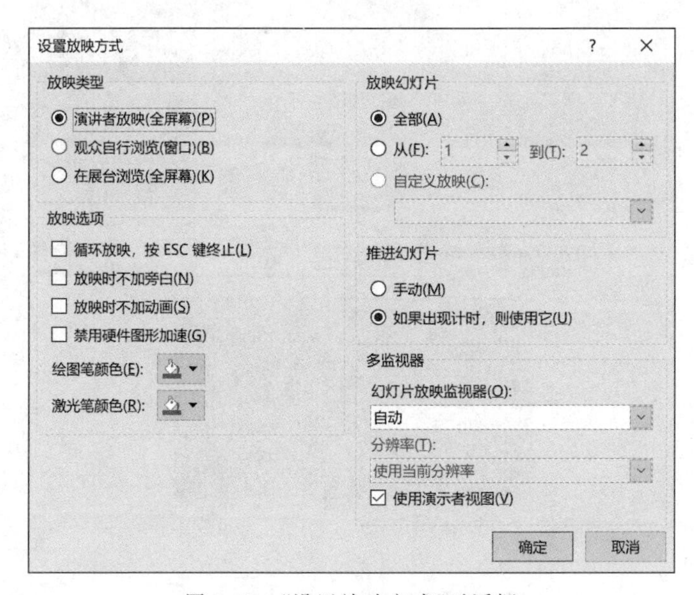

图 5-11　“设置放映方式”对话框

(1)“放映类型”栏用来确定演示文稿的显示方式。

① 演讲者放映。演讲者放映方式是默认的放映方式，以全屏方式显示演示文稿的内容，通过单击鼠标，可继续播放演示文稿的其他幻灯片。在放映过程中右击，在弹出的如图 5-12 所示的快捷菜单中选中相应的选项，便可对放映过程进行控制，若选中“下一张”选项，则从当前幻灯片跳转到下一张幻灯片；若选中“上一张”选项，则从当前幻灯片跳转到上一张幻灯片；若选中“定位至幻灯片”选项，则根据幻灯片的标题选择要定位的幻灯片。播放完成后，将自动退出播放模式。在整个放映过程中，演讲者可以控制整个演示过程。

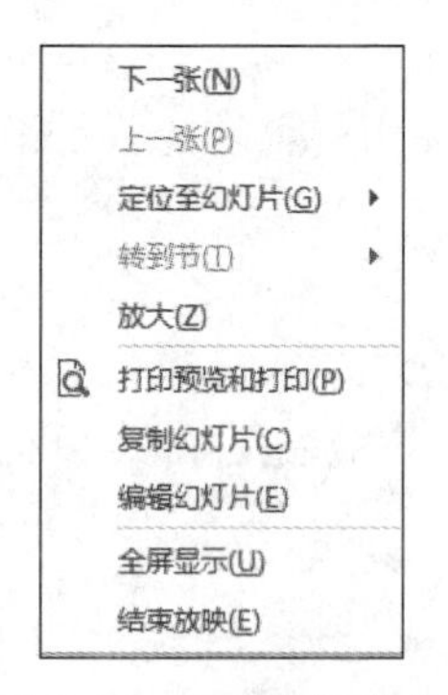

图 5-12　放映快捷菜单

② 观众自行浏览。该方式是让观众自行观看以窗口的方式显示演示文稿，只保留顶端标题栏和底端状态栏，可任意利用鼠标滚轴进行上下页切换。此外，也可以使用鼠标右键快捷菜单进行幻灯片切换。

③ 在展台浏览。该方式以全屏幕方式自动播放演示文稿，无

须用户手动操作。在播放完成后，会自动循环播放。放映过程中，除了保留鼠标用于指示外，其余功能全部失效，终止可按 Esc 键。

(2)“放映选项”栏提供了“循环放映，按 Esc 键终止”“放映时不加旁白”“放映时不加动画”等放映方式，还可设置绘图笔颜色和激光笔颜色。

(3)“放映幻灯片”栏可设置播放的幻灯片范围，如选择“全部”选项，则将播放全部的幻灯片。若选中“从”“到”选项，则可选择播放幻灯片的编号范围。如果之前设置了“自定义幻灯片放映”功能，则可在此处选择列表，根据列表内容播放。

(4)“推进幻灯片”栏用于选择幻灯片切换方式是手动还是自动。如果选中“手动”选项，则用户需要单击鼠标进行播放。而如果选中“如果出现计时，则使用它”选项，则将自动根据设置的排练时间进行播放。

(5)“多监视器”栏可以设置演示文稿放映所使用的监视器，以及演讲者视图等信息。

2. 控制放映过程

完成设置演示文稿的放映方式后，就可以进行幻灯片放映了。这里以最常用的“演讲者放映”放映方式为例，介绍幻灯片放映过程中常用的控制选项，即如何开始放映、放映过程中幻灯片之间的跳转、绘画笔的使用和如何结束放映。

PowerPoint 2019 提供了两种演示文稿开始放映方式。

(1) 使用“幻灯片放映”按钮。单击主窗口右下角“视图切换”按钮组中的“幻灯片放映”按钮，则从当前幻灯片开始以全屏幕方式放映幻灯片。

(2) 使用“开始放映幻灯片”组中的选项。在“幻灯片放映”选项卡“开始放映幻灯片”组中有“从头开始”“从当前幻灯片开始”“联机演示”“自定义幻灯片放映”4 个按钮，如图 5-13 所示。

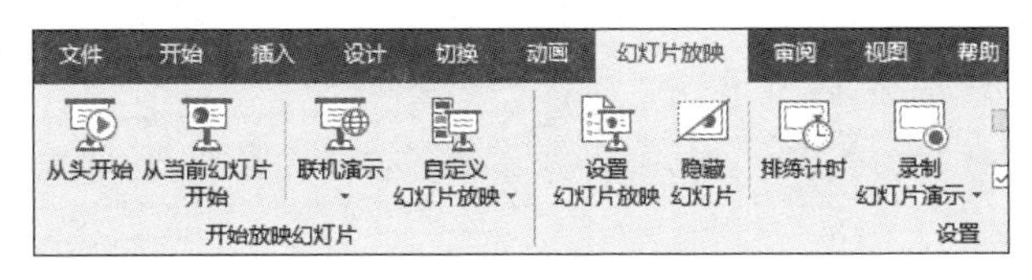

图 5-13　放映幻灯片选项

在“幻灯片放映”选项卡的“开始放映幻灯片”组中若单击“从头开始”按钮，则开始播放演示文稿，用户可从演示文稿的第一张幻灯片开始播放演示文稿；若单击“从当前幻灯片开始”选项，则可从当前选定的幻灯片开始播放；若单击“联机演示”按钮，则弹出“联机演示”对话框。在对话框中单击“连接”按钮，可以将演示文稿通过 Microsoft 账户发布到互联网中，让用户通过网页浏览器观看；若单击“自定义幻灯片放映”按钮，在下拉菜单中选中“自定义放映”选项，则弹出“自定义放映”对话框，单击“新建”按钮，在打开的“定义自定义放映”对话框中设置放映列表的名称，并选择左侧列表中的幻灯片，单击“添加”按钮将其加入到列表中，单击“确定”按钮后，即可将列表添加到“自定义放映”对话框中，单击“放映”按钮进行播放，如图 5-14 所示。自定义幻灯片放映方式，可以方便地设置需要播放部分幻灯片。

文稿演示过程中，若需要对内容进行讲解标注时，在窗口的任意位置右击，在弹出的快

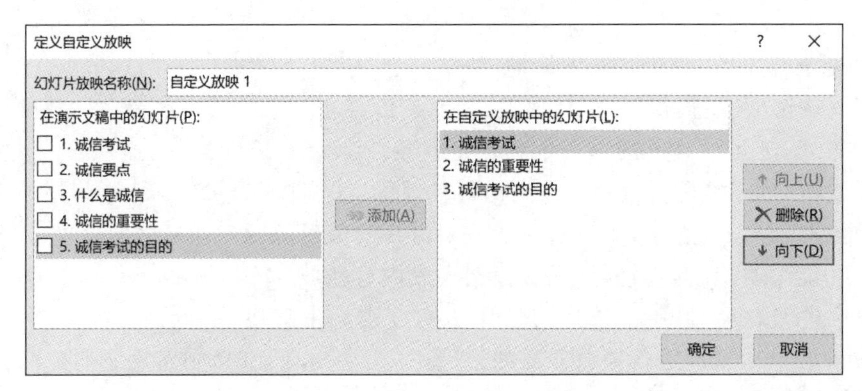

图 5-14　自定义幻灯片放映

捷菜单中选中“指针选项”选项，如图 5-15 所示，选中“笔”或“荧光笔”选项，鼠标指针会变成相应笔的形状，拖曳鼠标即可在演示文稿中书写或绘画。

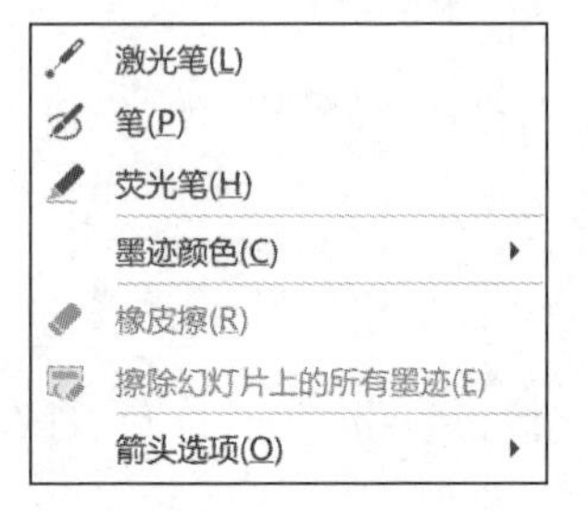

图 5-15　指针选项

如果选中“指针选项”|“墨迹颜色”选项，可在子菜单中选择某种颜色，可以修改笔的颜色。当使用绘图笔后，选中“橡皮擦”或“擦除幻灯片上的所有墨迹”选项，可以分别将绘图笔书写的内容逐步擦除或一次性全部删除。

在放映过程中，按 Esc 键，就可以跳出放映过程，返回普通视图。也可以右击空白区域，在弹出的快捷菜单中选中“结束放映”选项，退出幻灯片放映。

5.2.6　演示文稿的共享与打包

通过共享选项中的“与人共享”“电子邮件”“联机演示”选项，可以将演示文稿与其他人共享，在如图 5-16 所示选项中，可选择以下 3 种选项。

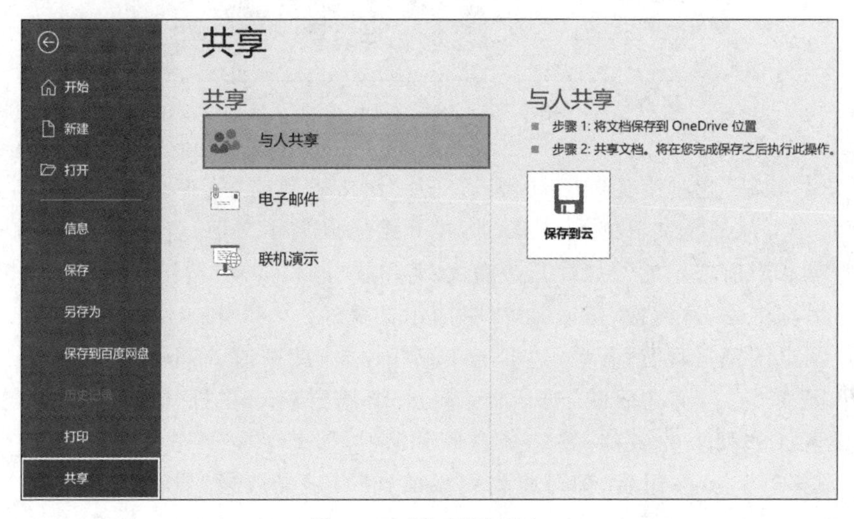

图 5-16　“共享”选项卡

1. 与人共享

通过将演示文稿保存到云并将链接发送给他人，分享演示文稿。

2. 电子邮件

选中“电子邮件”选项，可以将当前演示文档作为新邮件附件或者以 PDF 形式、XPS 形式或者 Internet 传真形式共享给其他人。

3. 联机演示

通过使用 Office Presentation Service 免费公共服务，其他用户就可以在 Web 浏览器中观看演示放映共享的演示文稿，无须进行设置。

演示文稿的“打包成 CD”功能用于将演示文稿和它所连接的文件、声音、影片等元素组合在一起，成为一个可自动演示播放的多媒体光碟，这样在没有安装 PowerPoint 的情况下也能观看。在“文件”选项卡中选中“导出”|“将演示文稿打包成 CD”选项，如图 5-17 所示。

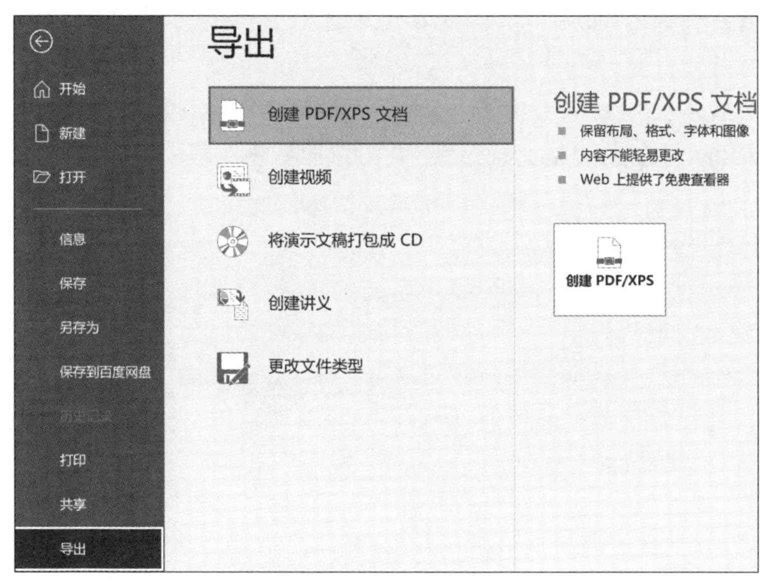

图 5-17 演示文稿打包

5.2.7 “诚信考试”演示文稿的制作案例

1. 案例目标

(1) 熟悉 PowerPoint 2019 的工作界面。

(2) 掌握演示文稿新建、保存的方法。

(3) 掌握幻灯片的新建、移动、复制、删除方法。

(4) 掌握幻灯片版式的使用以及文字、项目符号的插入方法。

(5) 掌握演示文稿设计主题的应用。

(6) 掌握演示文稿的放映方法。

2. 操作步骤

(1) 启动 PowerPoint 2019。在“开始”菜单中选中 PowerPoint 选项，启动 PowerPoint 2019，如图 5-18 所示。

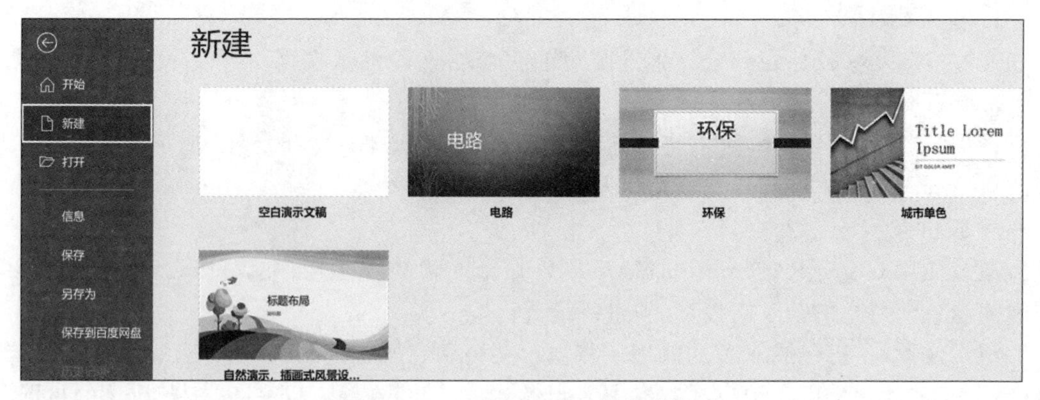

图 5-18　PowerPoint 2019 的启动界面

(2) 新建空白演示文稿。在“新建”选项卡中选中“空白演示文稿”选项，生成该演示文稿的第一张幻灯片，如图 5-19 所示。

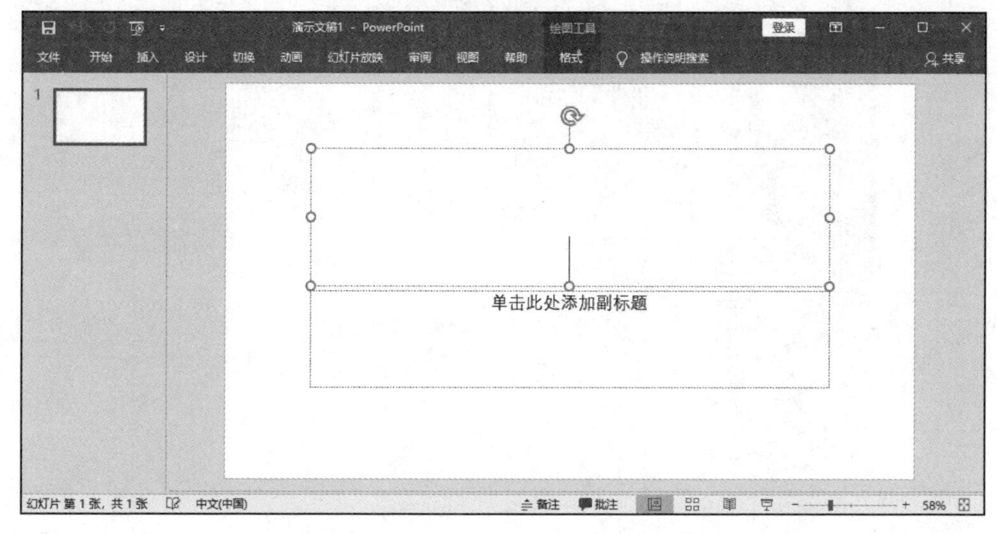

图 5-19　PowerPoint 2019 的主界面

(3) 插入第 1 张幻灯片标题和副标题。在第 1 张幻灯片中“单击此处添加标题”文本占位符位置，输入“诚信考试”，在“单击此处添加副标题”位置，输入班级的信息，如图 5-20 所示。

图 5-20　第 1 张幻灯片

（4）制作其他几张幻灯片。在“开始”选项卡中选中“新建幻灯片”选项，生成第 2 张幻灯片，第 2 张幻灯片的版式默认为“标题和内容”，在第 2 张幻灯片的文本占位符处输入文字的内容。按照上述同样的方法，分别制作剩下的几张幻灯片，并在幻灯片中输入相应的文字内容，如图 5-21 所示。

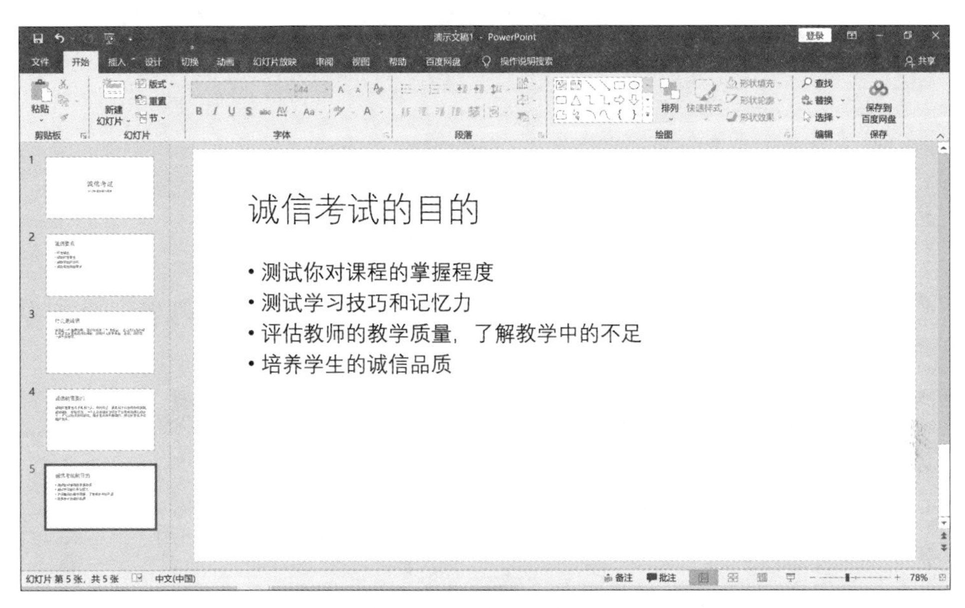

图 5-21 其他幻灯片效果

（5）改变最后一张幻灯片的版式。在幻灯片浏览窗格中选中最后一张幻灯片，右击，在弹出的快捷菜单中选中“版式”|“竖排标题与文本”选项，如图 5-22 所示，设置该幻灯片版式，效果如图 5-23 所示。

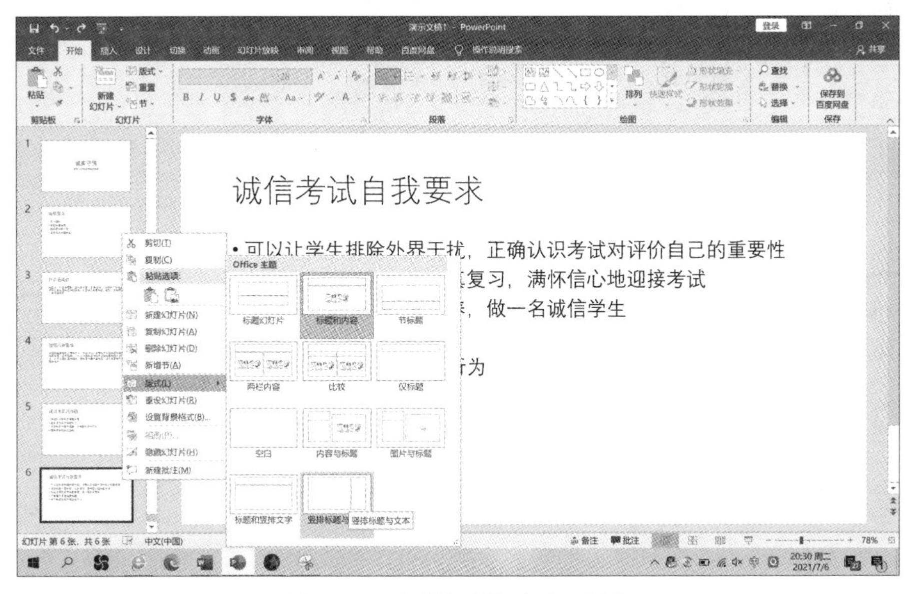

图 5-22 “竖排标题与文本”版式

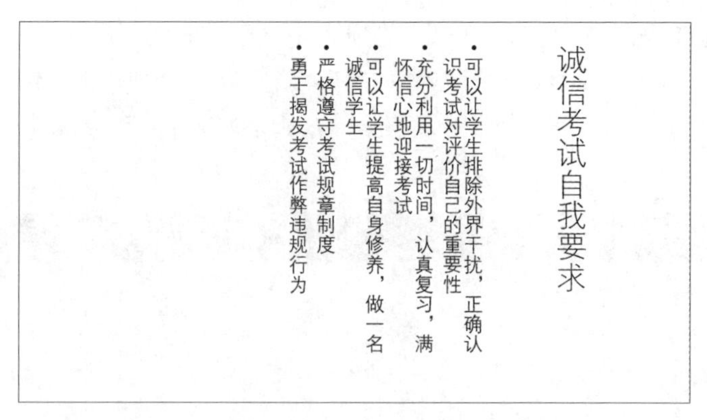

图 5-23 “竖排标题与文本”版式设置效果

(6) 应用主题。在“设计”选项卡中选中主题为“带状”,将其应用到整个演示文稿,如图 5-24 所示。

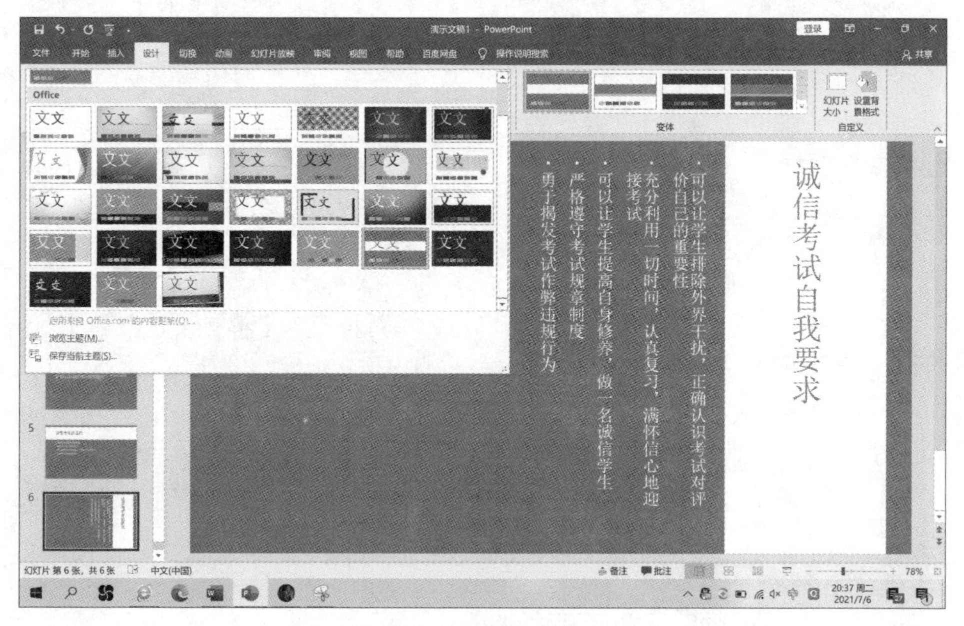

图 5-24 应用主题

(7) 幻灯片放映。在“幻灯片放映”选项卡的“开始放映幻灯片”组中单击“从头开始”按钮,观看放映效果。

(8) 保存。在“文件”选项卡选中“保存”选项,保存演示文稿到本地硬盘,文件名为“诚信考试.pptx”。

5.3 演示文稿的编辑和美化

【案例引导】 尊老爱幼是中华民族的传统美德。设计完成一个主题为尊老爱幼的演示文稿,通过本案例掌握在演示文稿中插入图片、图形、文本框、艺术字、音频、视频等多媒体对象的方法,学习幻灯片背景的设置和母版的应用方法。具体如下。

（1）幻灯片不能少于5张。

（2）第1张幻灯片插入艺术字“尊老爱幼 从我做起”，艺术字的样式为“填充：白色；边框：橙色，主题色1；发光：橙色，主题色1”，副标题中的内容是日期。

（3）第2张幻灯片的版式为空白，插入一个文本框，输入标题“目录”，字体为“宋体”，大小为“36”，文本框形状样式的设置为“彩色填充”|“橙色，强调颜色2”，形状效果及“棱台”|“松散嵌入”，“目录”下方插入一个SmartArt图形，类型为“垂直V形列表”，设置颜色为“彩色填充-个性色2”输入目录内容。

（4）第3张幻灯片中插入“心形”图形，并设置“形状效果”为“红色发光”；在图形中输入文字“尊老爱幼”，大小为“18”。

（5）在第4张和第6张幻灯片中分别插入素材图片“子路借米.jpg”和“孔融让梨.jpg”。

（6）给演示文稿插入音频文件“尊老爱幼.mp3”，并设置音乐自动播放。

（7）给演示文稿插入页脚“尊老爱幼”，给所有幻灯片添加幻灯片编号，显示自动更新的日期，并设置页脚、幻灯片编号和日期的字体为“华文隶书”，大小为“20”。

（8）为整个演示文稿应用设计主题“回顾”。

（9）保存演示文稿，文件命名为“尊老爱幼.pptx”。

文字与图片、音乐素材可以在课程的素材文件夹中取得。

5.3.1 常用元素的插入与编辑

在幻灯片中除了处理文本对象外，还可以添加表格、图片、图形、符号、艺术字、文本框、声音和视频等对象，使得幻灯片内容更加形象、易懂、生动，更易于激起观众的兴趣。

图片、图形、表格、符号、艺术字、文本框等对象的添加和编辑的方法和Word基本相同，还可以选择带有对象占位符的幻灯片版式，在占位符中插入这些对象。以图片为例简单介绍这些对象的添加和编辑。

1. 图片添加

图片的添加方法有两种：一种是在“插入”选项卡的“图像”组单击“图片”按钮，在弹出的“插入图片”对话框中找到并选中相应的图片文件，单击“确定”按钮后，可将图片插入到幻灯片中；另一种是选择带有图片占位符的幻灯片版式，在图片占位符中插入，如图5-25所示。

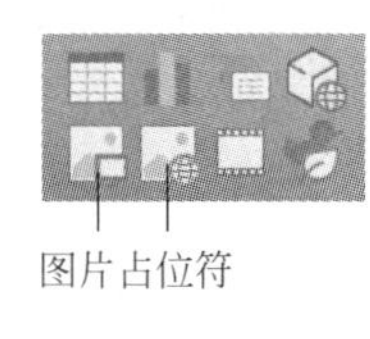

图5-25　插入图片过程

2. 编辑图片

编辑图片主要包括更改图片位置、裁剪图片、更改图片的尺寸和角度。

通过鼠标拖曳图片可以更改图片的位置；也可以右击图片，在弹出的快捷菜单中选中“大小和位置”或“设置图片格式”选项，在弹出的“设置图片格式”对话框中选中“位置”选项，然后设置图片的位置，如图 5-26 所示。

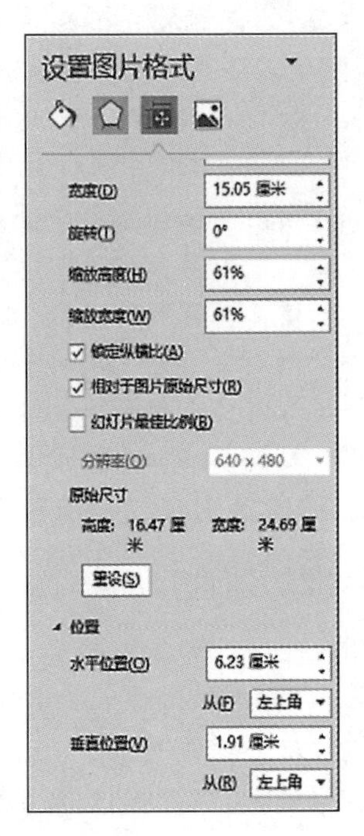

图 5-26　更改图片位置

图片裁剪的方法和 Word 相同，选中图片，在“图片工具｜格式”选项卡的“大小”组中单击“裁剪”按钮，图片周围出现控制框，拖曳控制框，图片即被裁剪。更改图片的尺寸也可以通过在该组中设置“形状高度”或“形状宽度”等属性值，精确调整图片大小，如图 5-27 所示。在“图片工具｜格式”选项卡的“大小”组中单击“裁剪”按钮，在下拉菜单中选中“裁剪为形状”选项，可以将图片裁剪为指定的形状。

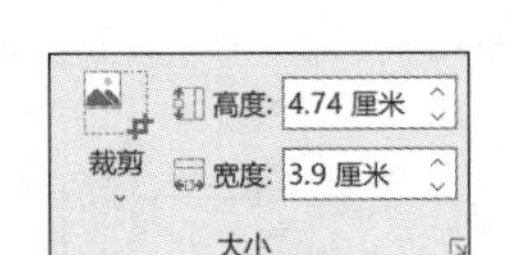

图 5-27　图片裁剪过程

粗略调整图片的大小可以通过选中图片，拖曳图片边框四周的 8 个圆形控制点，可对图片的尺寸进行粗略调整，如图 5-28 所示。

若将鼠标置于图片最上方的控制句柄上，当鼠标光标转换为环形箭头后，即可对其进行角度调整的操作，如图 5-29 所示。

图 5-28　调整图片的大小

图 5-29　调整图片的角度

5.3.2　音频和视频对象的插入与编辑

1. 声音的添加和处理

(1) 添加声音文件。选中需要插入声音文件的幻灯片，在"插入"选项卡的"媒体"组中单击"音频"按钮，在弹出的"插入声音"对话框中选中相应的声音文件，单击"确定"按钮，出现音频小喇叭图标，则将声音文件插入到幻灯片中，如图 5-30 所示。

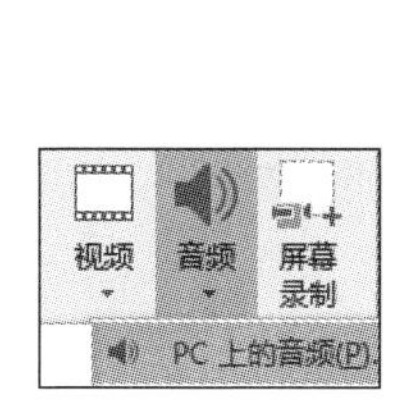

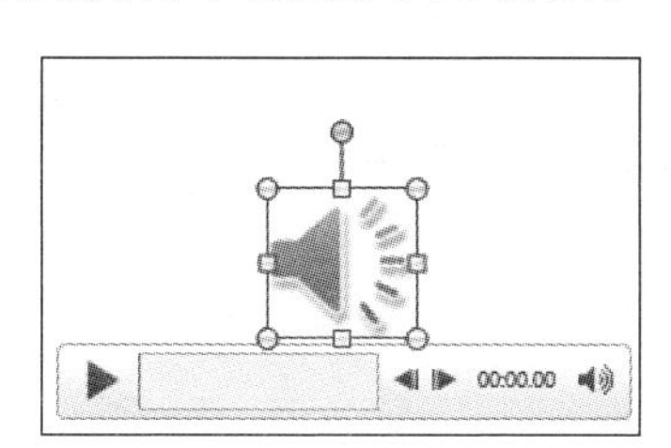

图 5-30　插入音频的过程

(2) 设置音频图标格式。选中音频，可根据需要拖曳音频图标，以便调整图标位置；拖曳图标周围 8 个控制点，可调整图标的大小。也可以在"音频工具｜格式"选项卡"图片样式"组中设置图片格式。

(3) 试听音频。单击音频图标，在打开的浮动框上单击各种播放控制按钮以控制音频的播放，浮动框中各按钮的作用，如图 5-31 所示。单击"播放/暂停"按钮，在打开的播放进度滑块中通过上下拖曳滑块来控制试听音量的大小。

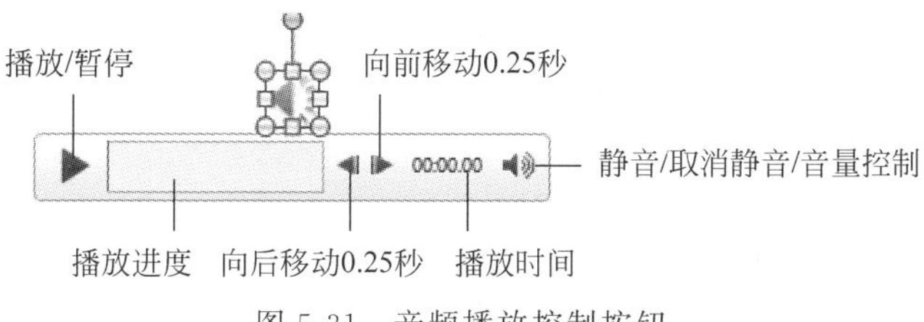

图 5-31　音频播放控制按钮

(4) 淡化音频。淡化音频是指控制音量从无声开始逐渐增大，并在音频剪辑结束的几秒内音量逐渐减小的过程。为音频设置淡化效果的方法如下所述。

选中音频,在"音频工具｜播放"选项卡"编辑"组的"渐强"或"渐弱"列表框中设置"渐强"或"渐弱"的时间即可,如图 5-32 所示。其中,"渐强"选项的作用是为音频添加开始播放几秒内音量放大效果,而"渐弱"选项的作用则是为音频添加停止播放几秒内音量缩小效果。

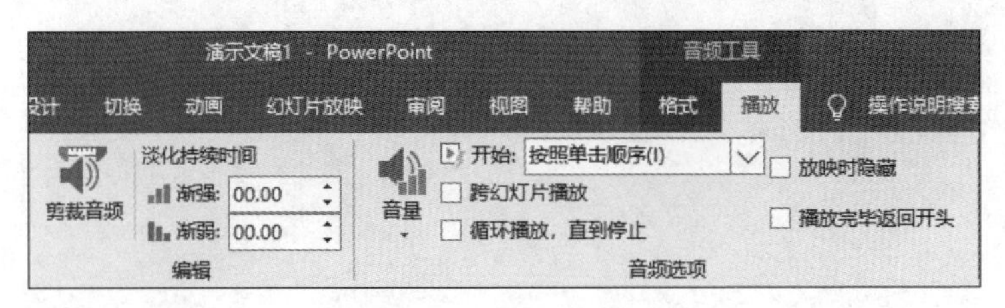

图 5-32 淡化音频设置

(5) 剪裁音频。使用 PowerPoint 2019 的剪裁音频功能可以裁剪音频。选中音频,在"音频工具｜播放"选项卡"编辑"组中单击"剪裁音频"按钮,弹出"剪裁音频"对话框。拖曳进度条中的绿色滑块调节剪裁的开始时间,调节红色滑块修改剪裁的结束时间,如图 5-33 所示。

(6) 设置音频选项。选中音频,在"音频工具｜播放"选项卡的"音频选项"组中设置音频音量、播放条件等选项,如图 5-34 所示。单击"音量"按钮,在下拉菜单中选中"高""中等""低""静音"选项,以控制音频音量的高低;在"开始"下拉列表中选中"单击时""自动""按照单击顺序"选项,以控制音频播放条件,若选中"单击时"选项,在幻灯片放映时只有单击幻灯片上的音频图标才会播放声音,若选中"自动"选项,在幻灯片放映时自动播放声音,若选中"按照单击顺序"选项,则会按照单击顺序播放声音;选中"放映时隐藏"选项,幻灯片放映时隐藏音频图标;选中"循环播放,直到停止"选项,则幻灯片放映时重复播放音频,直到停止。

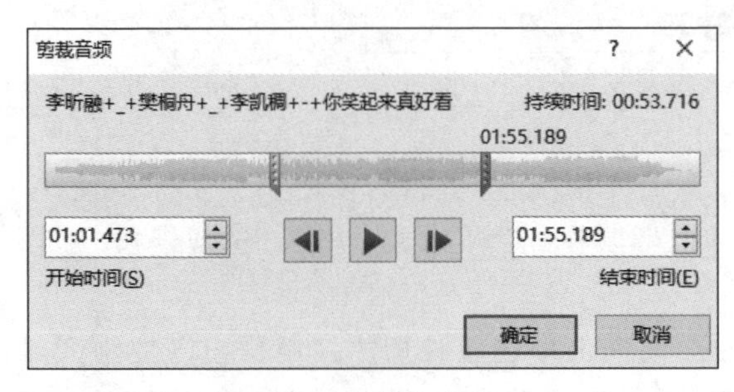

图 5-33 裁剪音频

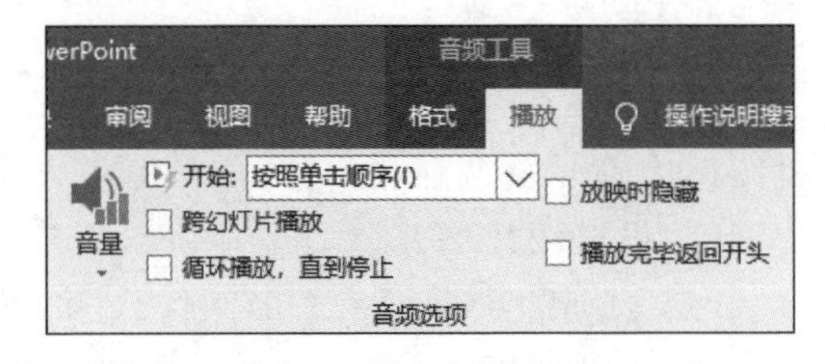

图 5-34 "音频选项"组

2. 视频的添加和处理

(1) 插入视频。选中需要插入视频文件的幻灯片,在"插入"选项卡的"媒体"组中单击"视频"按钮,在弹出的"插入视频"对话框中找到并选中相应的视频文件,单击"确定"按钮,可将视频插入到幻灯片中,如图 5-35 所示。

(2) 视频播放控制。视频插入后,在"视频工具｜播放"选项卡的"视频选项"组中对视频文件进行播放设置,相关选项的作用和设置方法与音频设置方法相同。

另外,单击视频图标,在打开的浮动框上单击各种播放控制按钮以控制视频的播放,浮动框中各按钮的作用,与音频控制按钮作用相同。

图 5-35 插入视频

5.3.3 幻灯片背景的设置

幻灯片的背景是指幻灯片中除占位符、文本框、图形图像等各种对象以外的区域，可根据需要对幻灯片背景设置。其设置方法包括以下两种。

1. 应用背景样式

PowerPoint 2019 提供了许多背景样式，用户可以快速应用。选择需要应用背景的幻灯片，在“设计”选项卡“变体”组中选择某一样式选项，如图 5-36 所示。

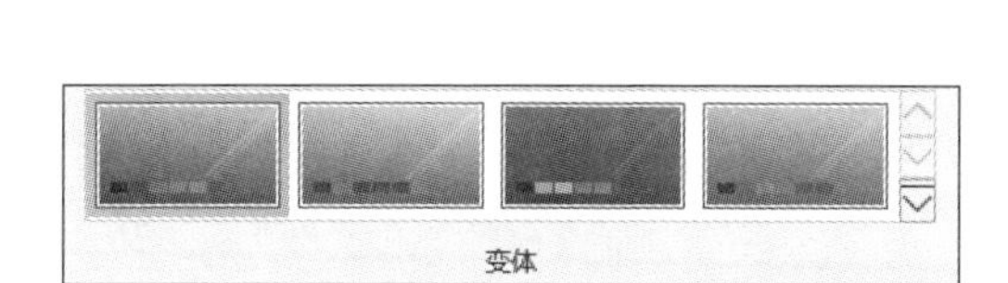

图 5-36 应用背景样式

2. 自定义背景

选中幻灯片，在“设计”选项卡的“自定义”组中单击“设置背景格式”按钮，弹出“设置背景格式”面板，如图 5-37 所示。在其中，根据需要自行设置幻灯片的背景。

如在“填充”选项中选中“纯色填充”单选项，在“填充颜色”选项中的“颜色”下拉列表框中选择某种颜色，则选中的幻灯片背景填充选定的颜色；同样，选中“渐变填充”，则可以设置双色背景；选中“图案填充”，则可以设置背景图案；选中“图片或纹理填充”，则可以设置背景图片。

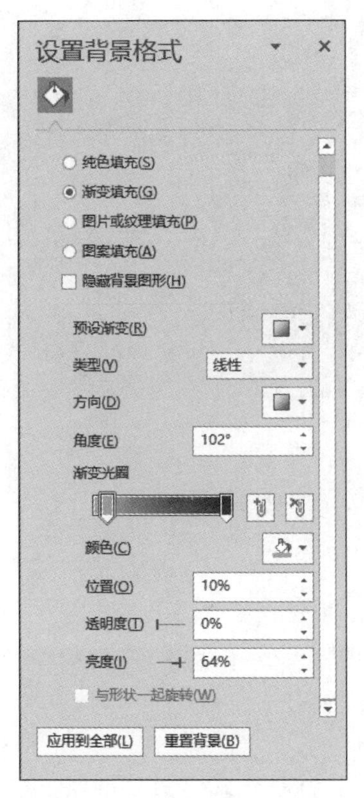

图 5-37 “设置背景格式”对话框

单击“应用到全部”按钮，则将设置的背景应用到当前演示文稿中的所有幻灯片；单击“关闭”按钮，则将设置的背景应用到选定的幻灯片。

5.3.4 幻灯片母版的应用

幻灯片母版是一种模板，记录了所有幻灯片的布局信息和版式。幻灯片的布局信息是指颜色、字体和图形等统一设计的各种元素；幻灯片版式是指幻灯片上标题和副标题文本、列表、图片、表格、图表、自选图形和视频等各元素的排列方式。使用幻灯片母版，可将演示文稿中的每张幻灯片快速设置成统一的样式。

1. 打开母版视图

打开演示文稿，在“视图”选项卡的“母版视图”组中选中的相应的母版视图。PowerPoint 2019 提供了 3 种母版类型，即幻灯片母版、讲义母版和备注母版，进入某个视图方式后，在功能区中系统会自动添加相应母版选项卡。如选中“幻灯片母版”，系统打开幻灯片母版视图，在功能区中添加“幻灯片母版”选项卡，如图 5-38 所示。

“幻灯片母版”用于控制演示文稿中所有幻灯片的格式，是最常用的一种母版，幻灯片母版视图下，左侧窗格中显示当前主题的演示文稿中包含的各种版式幻灯片，选中某个版式幻灯片，可对其内容和格式进行编辑，当关闭母版视图后，返回普通视图中，插入该版式的幻灯片后，则会自动应用设置的内容和格式。

在“讲义母版”视图中，一个页面可显示多张幻灯片，此视图下，可以设置页眉和页脚的

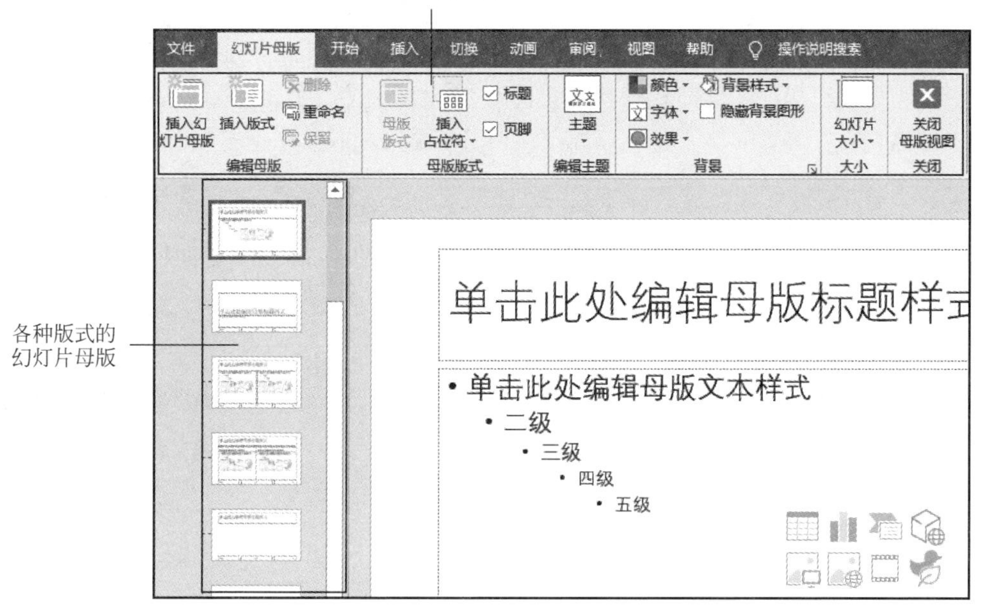

图 5-38　幻灯片母版视图

内容并调整其位置、改变幻灯片放置方向;也可以使用讲义母版视图,将讲义稿打印并装订成册。

“备注母版”用于设置备注页面的格式。若需要将幻灯片和备注页显示在同一个页面内,可以在此视图中查看。

2. 编辑母版

编辑母版的方法与编辑普通幻灯片的方法相同,进入所需要的母版视图并对母版中的内容和格式进行设置后,单击“关闭母版视图”按钮,即可退出母版编辑状态。

“幻灯片母版”在默认情况下通常包含标题占位符、文本占位符、日期占位符、页脚占位符、幻灯片编号占位符 5 种。用户可以在占位符中输入相应的内容并设置格式。也可以选择任意一个占位符,按 Delete 键将其从模板中删除。

删除某个占位符后,可以右击“幻灯片”窗格,在弹出的快捷菜单中选中“母版版式”选项,在弹出的“母版版式”对话框中选中相应的占位符,将其重新添加到母版中。

5.3.5　“尊老爱幼”演示文稿的制作案例

1. 案例目标

(1) 掌握在演示文稿中插入图形、图片、艺术字、文本框、页眉页脚等元素的方法。

(2) 掌握在演示文稿中插入音频、视频的方法。

(3) 掌握幻灯片背景的设置方法。

(4) 掌握幻灯片母版的应用。

2. 操作步骤

(1) 启动 PowerPoint 2019。从“开始”菜单中选中 PowerPoint 选项,启动 PowerPoint 2019。

(2) 新建空白演示文稿。在“新建”选项卡中选中“空白演示文稿”选项，在演示文稿中默认产生了第 1 张幻灯片。

(3) 插入第 1 张幻灯片。在第 1 张幻灯片中“单击此处添加标题”位置，插入艺术字“尊老爱幼从我做起”，艺术字样式为“填充：白色；边框：橙色，主题色 1；发光：橙色，主题色 1”，如图 5-39 所示，在“单击此处添加副标题”位置，输入“2021 年 7 月”，如图 5-40 所示。

图 5-39 插入艺术字样式

图 5-40 第 1 张幻灯片

(4) 插入文本框。插入第 2 张幻灯片，并设置其版式为“空白”，在“插入”选项卡的“文本”组中单击“文本框”按钮，从下拉菜单中选中“绘制横排文本框”选项，如图 5-41 所示。拖曳鼠标指针绘制一个横排的文本框，在文本框中输入内容“目录”，设置字体的大小，然后选中文本框，在“绘图工具|格式”选项卡的“形状样式”组中设置“形状样式”为“彩色填充-橙色，强调颜色 2”，如图 5-42 所示。形状效果为“棱台”|“松散嵌入”，如图 5-43 所示。

图 5-41 “插入文本框”选项

(5) 插入 SmartArt 图形。在“目录”下方插入一个 SmartArt 图形，类型为“垂直 V 形列表”，如图 5-44 所示。“更改颜色”为“彩色填充-个性色 2”，如图 5-45 所示。第 2 张幻灯片效果如图 5-46 所示。

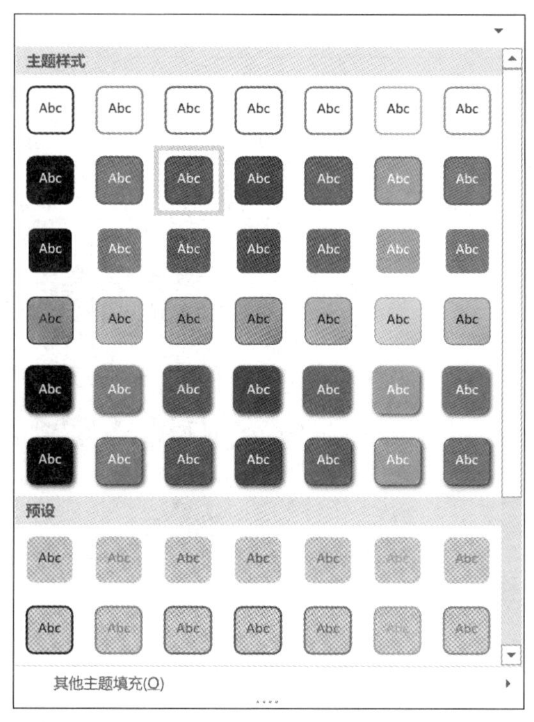

图 5-42　文本框样式

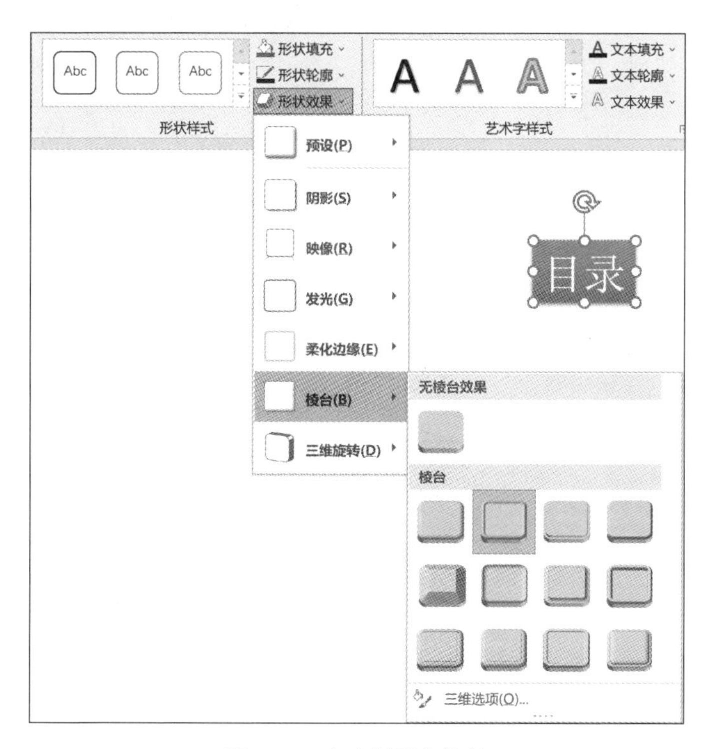

图 5-43　文本框形状效果

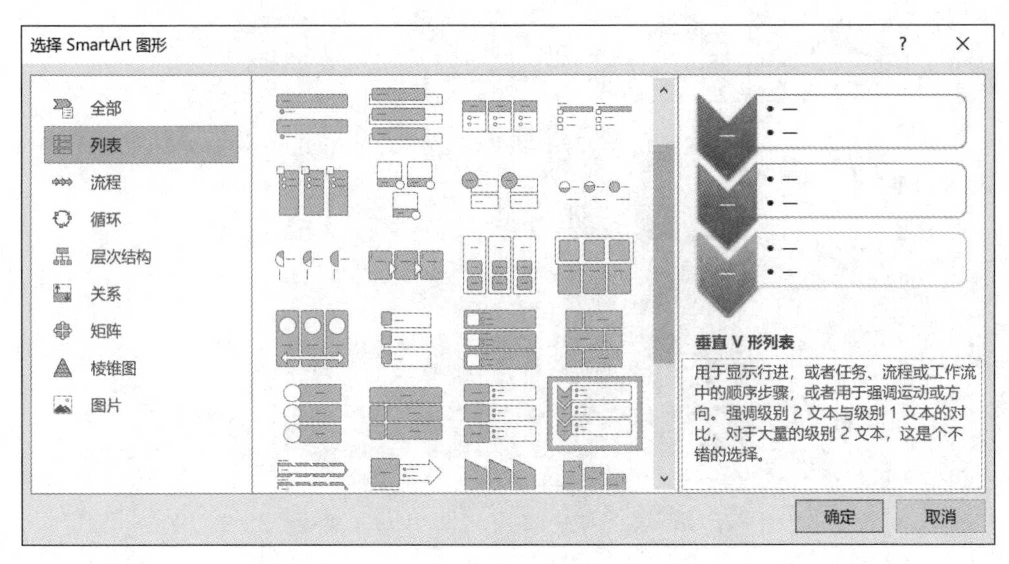

图 5-44　SmartArt 图形类型

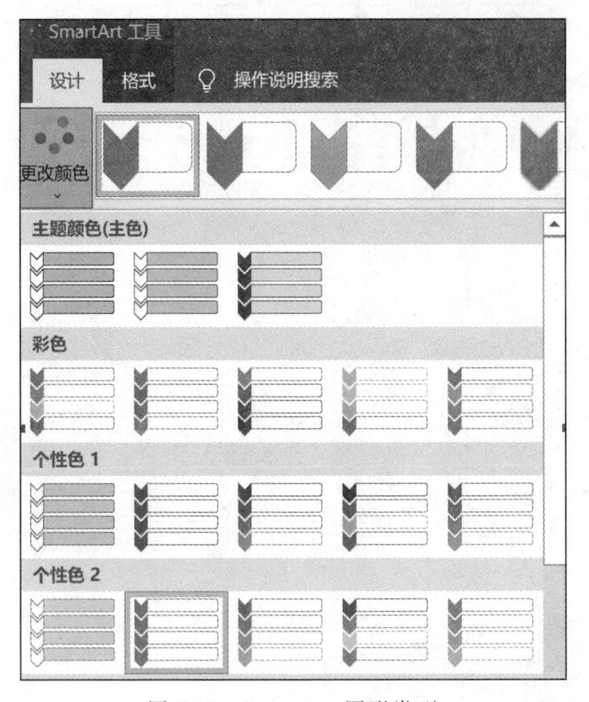

图 5-45　SmartArt 图形类型

图 5-46　第 2 张幻灯片效果图

（6）插入基本图形。生成第 3 张幻灯片，设置第 3 张幻灯片的版式为“标题和内容”，并在幻灯片标题和副标题中输入相应地文字内容，然后在“插入”选项卡的“插图”组中单击“形状”按钮，从下拉菜单中选中“心形”选项，如图 5-47 所示。拖曳鼠标指针绘制一个心形图案，并设置“形状填充”为“红色”，“形状效果”为“发光，18 磅”，如图 5-48 所示；在图形中输入文字“尊老爱幼”，设置完成效果如图 5-49 所示。

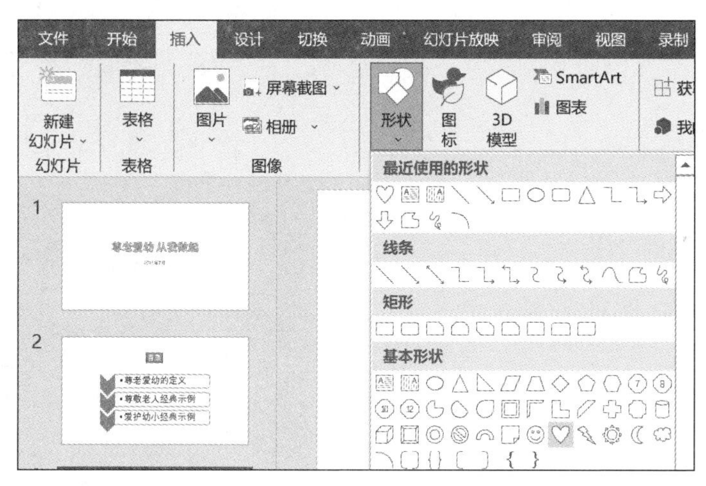

图 5-47　插入形状

（7）插入图片。选中第 5 张幻灯片，在“插入”选项卡的“图像”组中单击“图片”按钮，选中“此设备”选项，如图 5-50 所示，在弹出的“插入图片”对话框中找到需要的图片素材“子路借米.jpg”，单击“确定”按钮，即可插入图片，如图 5-51 所示。由于插入的图片大小及位置不合适，需要对图片进行编辑。用鼠标拖曳图片周围的 8 个调节柄以快速调整图片的尺寸，并移动图片至合适的位置，如图 5-52 所示。用同样的方法在第 7 张幻灯片中也插入相应的图片，并调整好位置和大小，如图 5-53 所示。

（8）添加音频。选中第 1 张幻灯片，在“插入”选项卡的“媒体”组中单击“音频”按钮，从下拉菜单中选中“PC 上的音频”选项，接着在弹出的“插入音频”对话框中找到素材中的音频文件。单击“确定”按钮后，将音频插入到幻灯片中，如图 5-54 所示。在“音频工具|播放”选项卡的“音频选项”组中单击“开始”按钮，从下拉菜单中选中“自动”选项，如图 5-55 所示。

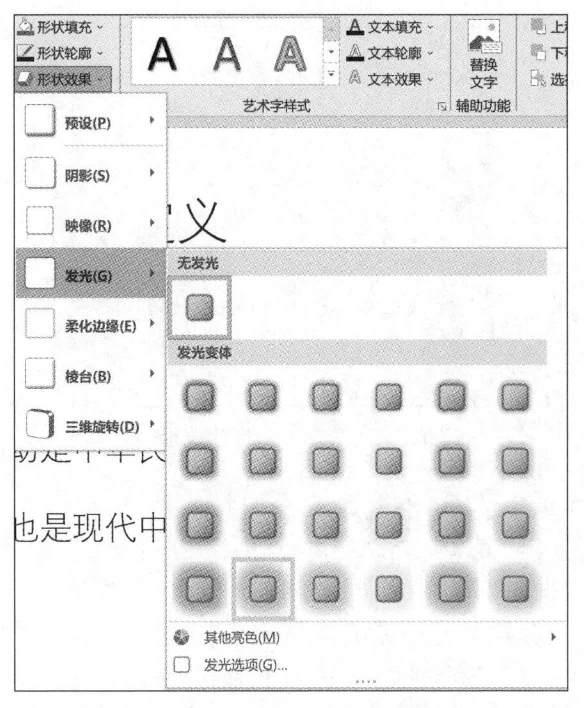

图 5-48　形状效果设置

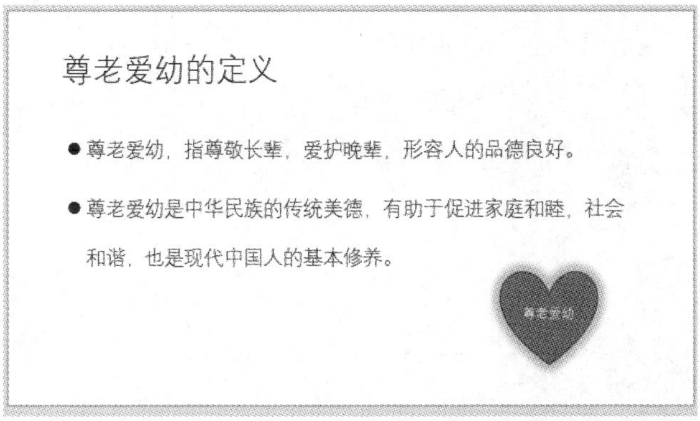

尊老爱幼的定义

● 尊老爱幼，指尊敬长辈，爱护晚辈，形容人的品德良好。

● 尊老爱幼是中华民族的传统美德，有助于促进家庭和睦，社会和谐，也是现代中国人的基本修养。

尊老爱幼

图 5-49　第 3 张幻灯片效果图

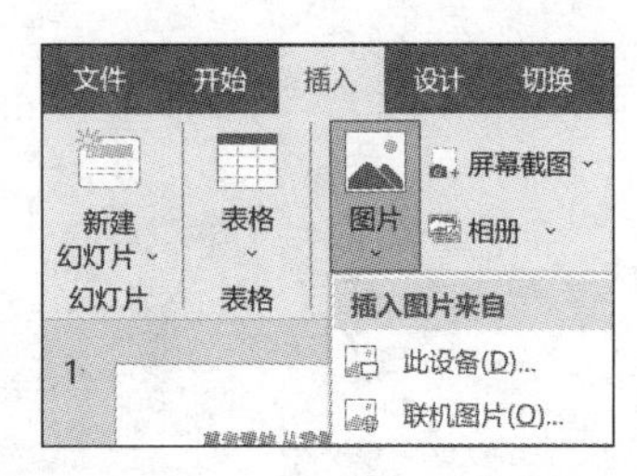

图 5-50　“插入图片”选项

图 5-51　插入图片

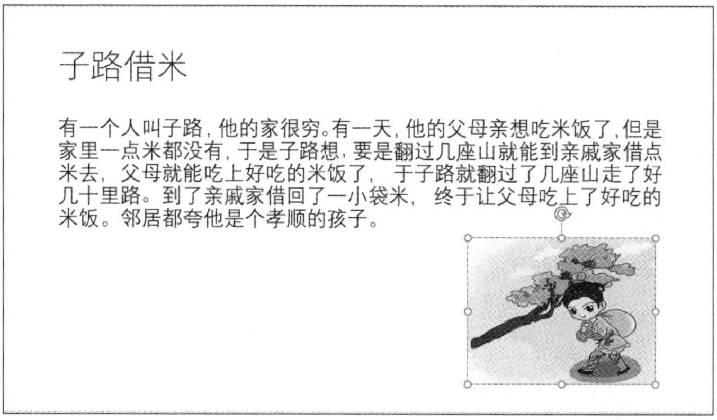

子路借米
有一个人叫子路，他的家很穷。有一天，他的父母亲想吃米饭了，但是家里一点米都没有，于是子路想，要是翻过几座山就能到亲戚家借点米去，父母就能吃上好吃的米饭了，于子路就翻过了几座山走了好几十里路。到了亲戚家借回了一小袋米，终于让父母吃上了好吃的米饭。邻居都夸他是个孝顺的孩子。

图 5-52　调整图片大小

爱幼
爱幼，就是关爱幼小。爱幼自古以来也是中华民族的传统美德，人们也一直把爱幼作为一种责任和行为规范。

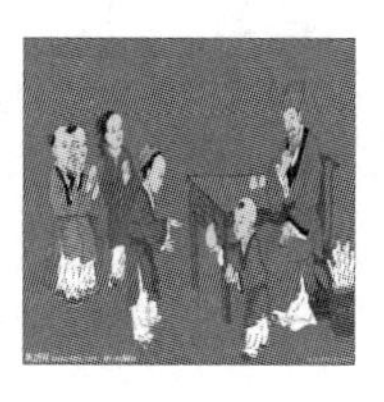

图 5-53　第 7 张幻灯片

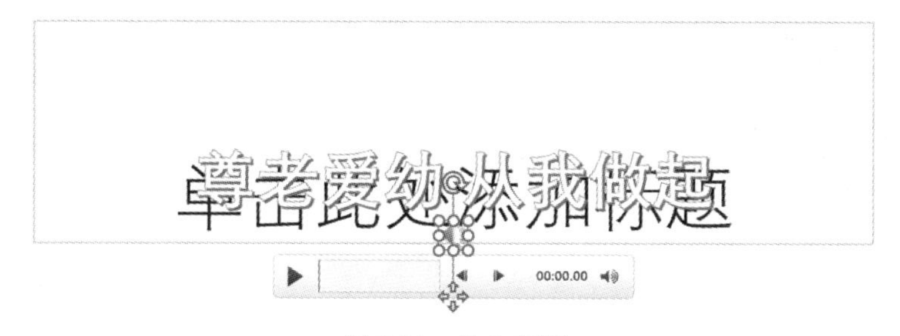

尊老爱幼 从我做起
00:00.00

图 5-54　插入音频

开始: 自动(A)
跨幻灯片播放
循环播放，直到停止
音量
音频选项

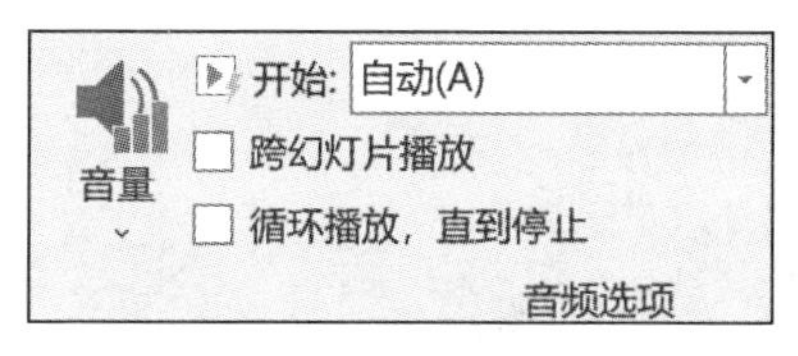

图 5-55　音频选项

(9) 插入页眉和页脚。选中任意一张幻灯片，在“插入”选项卡的“文本”组中单击“页眉页脚”按钮，在弹出的“页眉和页脚”对话框中进行设置，单击“全部应用”按钮，如图 5-56 所示。

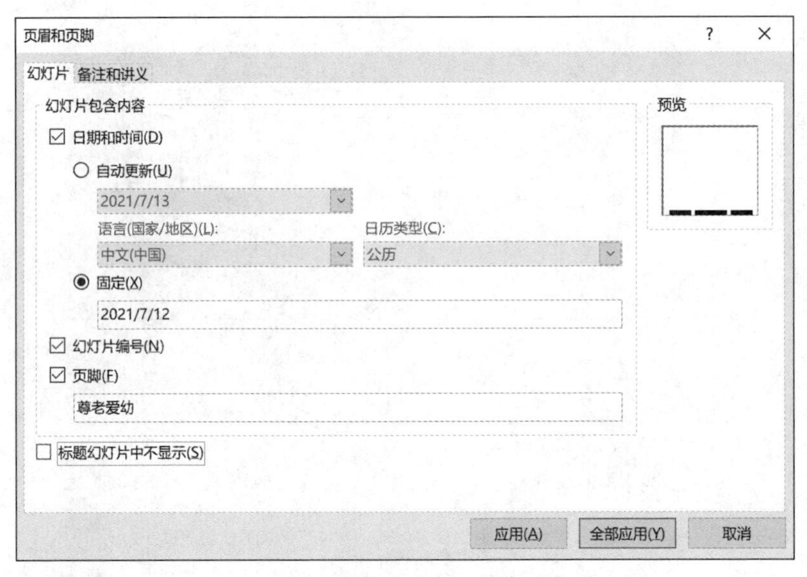

图 5-56 “页眉和页脚”对话框

(10) 应用母版。在“视图”选项卡的“母版视图”组中单击“幻灯片母版”按钮，打开母版视图，选中左侧窗格中的“Office 主题 幻灯片母版：由幻灯片 1-7 使用”，如图 5-57 所示。在右侧同时选中日期、幻灯片编号和页脚，设置其字体为“华文隶书”，大小为“20”，如图 5-58 所示，关闭母版视图。

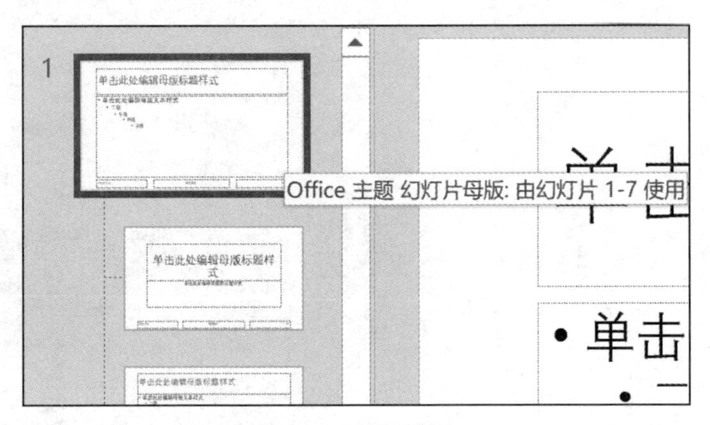

图 5-57 母版视图

(11) 应用设计主题。在“设计”选项卡的“主题”组中，为幻灯片设置“回顾”主题，如图 5-59 所示。设置完后演示文稿效果如图 5-60 所示。

(12) 幻灯片放映。进行“幻灯片放映”，观看放映效果。

(13) 保存。保存演示文稿到本地硬盘，文件名为“尊老爱幼.pptx”。

图 5-58　应用母版后效果

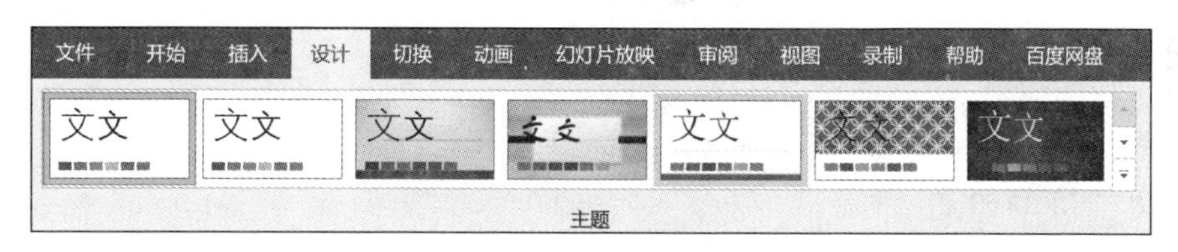

图 5-59　应用“回顾”主题

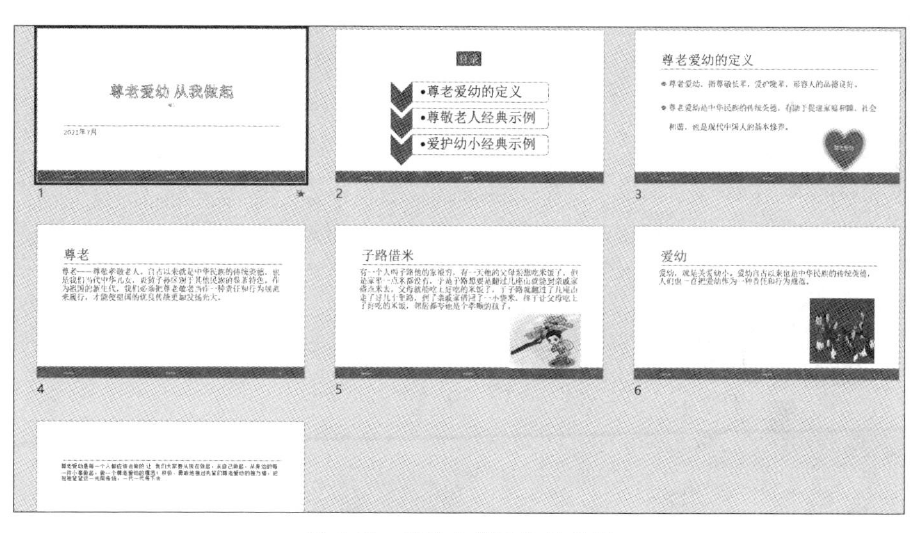

图 5-60　设置主题后的效果图

5.4　演示文稿的动画设计

【案例引导】　和谐、文明的社会是人类的共同追求。构建和谐文明社会需要每一个人的不断努力和共同参与。按以下要求制作一个主题为“构建和谐文明社会”的宣传演示文稿,通过该案例掌握在演示文稿中设置超链接和动画效果,以及幻灯片切换方式的方法。具体如下。

(1) 幻灯片不能少于5张;第1张幻灯片是"标题幻灯片",其中副标题中的内容是演示文稿制作人的信息,包括"姓名、院系";其他幻灯片中要包含有与题目要求相关的图形、图片或艺术字。

(2) 为该演示文稿应用主题"带状"。

(3) 给第3张幻灯片中的文字添加超链接,单击"利用教育的力量,从源头抓起"跳转至第4张幻灯片,单击"依靠法制的力量,必不可少"跳转至第5张幻灯片;给第4张和第5张幻灯片分别添加一个可以跳转到第3张幻灯片的自定义动作按钮。

(4) 在第2张幻灯片中,为SmartArt图形添加"缩放"的进入动画,持续时间为1.5秒。为第4张幻灯片中的图片添加"擦除"的进入动画效果,方向自左侧,持续时间1秒;第5张幻灯片的图片进入动画设置为"飞入",方向自底部,持续时间为1秒;为最后一张幻灯片中的艺术字添加动画效果"浮入",声音为"鼓掌"。

(5) 为幻灯片设置统一的切换效果"平滑"。

(6) 保存演示文稿,文件命名为"构建和谐文明社会.pptx"。

图片素材可以在课程的素材文件夹中取得。

5.4.1 超链接的设置

创建超链接的目的是实现幻灯片与幻灯片、其他演示文稿、Word文档、网页或电子邮件地址之间的跳转,演示文稿在放映时,当鼠标移到或单击链接源时,可以链接到目标对象。PowerPoint可以为幻灯片中的文本、图形、图像、占位符、图表等元素添加超链接,方法如下。

1. 使用超链接选项

选中超链接源对象,在"插入"选项卡的"链接"组中单击"超链接"按钮;也可以右击源对象,从弹出的快捷菜单中选中"超链接"选项,弹出"插入超链接"对话框,如图5-61所示。

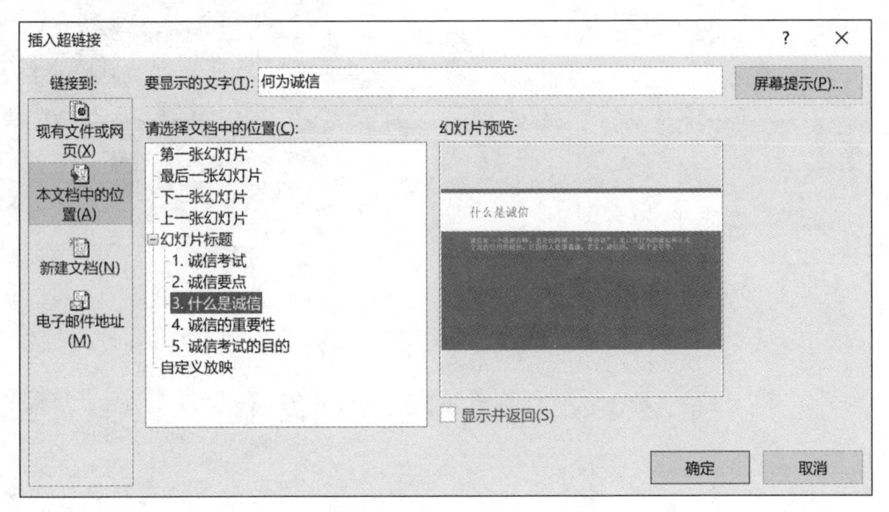

图5-61 "插入超链接"对话框

(1) 现有文件或网页。该选项允许用户从本地磁盘或网络索引文档,将磁盘文件或网络文档的 URL 地址插入演示文稿,作为超链接的目标。

(2) 本文档中的位置。将本文档中某一个幻灯片作为超链接目标。选中该选项,将显示本演示文稿中的幻灯片和一些功能选项。选中相应的位置单击“确定”按钮即可。

(3) 新建文档。新建一个演示文稿,将其作为超链接的目标。选中该选项,即可在“新建文档名称”文本框中输入演示文稿名称,单击“更改”按钮,选择新建文档要保存的位置,即可开始编辑新演示文稿。

(4) 电子邮件地址。该选项允许用户将电子邮件地址设置为超链接的目标。在“电子邮件地址”文本框中输入电子邮件地址,在“主题”文本框中输入邮件的主题信息,单击“确定”按钮,将其添加到演示文稿中。

2. 使用动作按钮

用户还可以通过动作按钮,为演示文稿对象添加超链接。选择添加动作的对象,在“插入”选项卡的“链接”组中单击“动作”按钮,弹出“操作设置”对话框,如图 5-62 所示。在“单击鼠标”选项卡的“单击鼠标时的动作”选项中选中“超链接到”选项,再在弹出的“超链接到”列表框中选中相应的选项即可,例如选中“下一张幻灯片”选项,单击“确定”按钮,在播放状态下,单击添加此动作的对象,则会链接到下一张幻灯片。

图 5-62 “操作设置”对话框

如果链接位置是其他幻灯片,可单击“超链接到”按钮,在下拉菜单中选择相应的连接位置或对象即可。

5.4.2 动画效果的设置

1. 动画效果的类型

在 PowerPoint 2019 中,幻灯片内的各种对象如文本、图片、形状、表格等,都可以被赋予进入、退出和强调等动画效果,甚至可以按照指定的路径移动。

(1)“进入”动画效果。“进入”动画效果是通过设置显示对象的运动路径、样式、艺术效果等属性,制作该对象从隐藏到显示的动画过程,例如对象飞入或弹跳进入。

(2)“强调”动画效果。“强调”动画主要是以突出显示对象自身为目的,为对象添加各种具有显示功能的动画元素,如对象放大或缩小、更改颜色等。

(3)“退出”动画效果。“退出”动画是通过设置显示对象的各种属性,制作该对象从显示到消失的动画过程,例如对象飞出、淡出或消失等。

(4)“动作路径”动画效果。“动作路径”动画是一种典型的动作动画,用户可为显示对象指定移动的路径轨迹,控制显示对象按照这一轨迹运动,如对象直线移动、弧线移动或沿着圆形图案移动等。

以上 4 种动画可以单独使用,也可组合使用,使一个对象同时具有多种动画效果。

2. 添加动画效果

为对象添加动画效果的方法包括以下两种,操作过程如下所述。

方法 1:使用“动画样式”选项。选中幻灯片中的一个或多个对象,在“动画”选项卡的“动画”组中选中希望的效果,将其应用到显示对象上。可以选中“进入”“退出”“强调”“动作路径”4 种类型的动画预设效果,如图 5-63 所示。

如果需要浏览更多的动画样式,则可分别选中“更多进入效果”“更多强调效果”“更多退出效果”“其他动作路径”等选项。例如在选中“更多进入效果”选项后,即可打开“更改进入效果”对话框,如图 5-64 所示。

图 5-63　动画样式(1)

图 5-64　动画样式(2)

方法 2:使用“添加动画”选项。选中幻灯片中对象,在“动画”选项卡的“高级动画”组中单击“添加动画”按钮。

3. 调整动画效果

选中包含动画效果的对象，设置过动画的对象左侧会显示数字标记，单击某一数字标记，在“动画”选项卡的“动画”组中单击效果选项按钮，如图 5-65 所示。

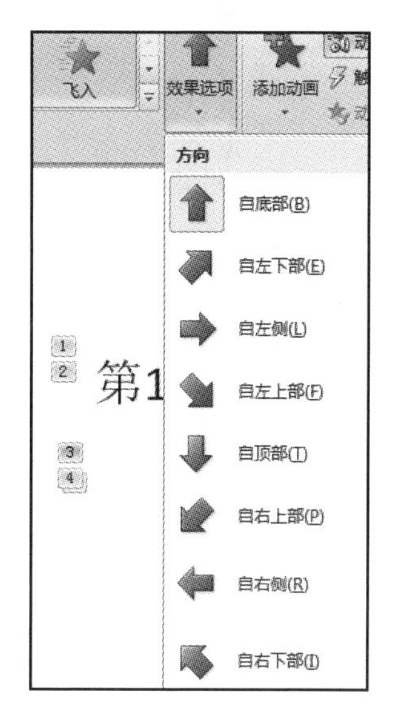

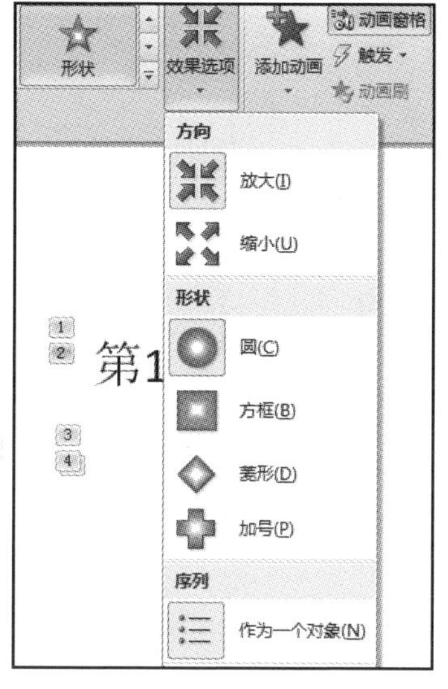

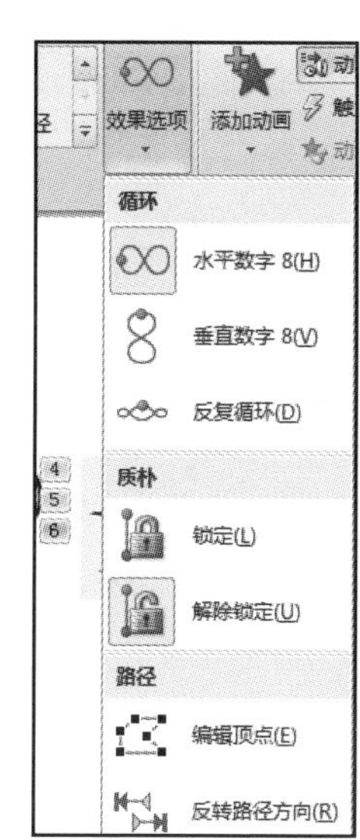

图 5-65　动画效果

(1) 调整方向。动画效果方向的调整，如将“飞入”进入动画的方向从“自顶部”调整为“自底部”。

(2) 调整形状。动画效果形状的调整，如将“形状”进入动画的形状从“菱形”调整为“圆”。

(3) 调整序列。多段文本对象进行调整，若调整“作为一个对象”，表示将多段文本作为一个整体应用动画效果；“按段落”表示多段文本按段落顺序依次应用动画效果。

4. 高级动画设置

在“动画”选项卡的“高级动画”组中对动画对象进行更高级的管理，从而制作出更加丰富的个性化的动画效果。此处主要介绍动画窗格、触发动画、动画刷的使用。

(1) 使用动画窗格管理动画。选中包含动画效果的对象，在“动画”选项卡的“高级动画”组中单击“动画窗格”按钮，弹出“动画窗格”对话框，如图 5-66 所示。

在该对话框中，选中某个动画选项，单击“播放”按钮，就可以预览动画效果；若选中某个动画选项，按 Delete 键，可将动画效果删除；动画窗格中的数字编号代表幻灯片中各对象动画的播放顺序，若选中某个动画选项，单击动画窗格下方的“上移”或“下移”按钮，可以调整其播放顺序，也可以通过直接拖曳某个动画选项，改变动画播放的顺序。

(2) 触发动画。触发动画是指设置指定的操作后才能播放对应的动画效果，在“动画”选项卡的“高级动画”组中单击“触发”按钮，在打开的列表中选择触发的对象即可，如图 5-67 所示。

(3) 使用动画刷复制动画效果。为了提高动画设置效率，可以使用动画刷快速复制动画效果。操作方法与格式刷相同，选中已设置动画效果的对象，在“动画”选项卡的“高级动画”组中单击“动画刷”按钮，当鼠标指针变成小刷子形状时，单击目标对象，则目标对象会添

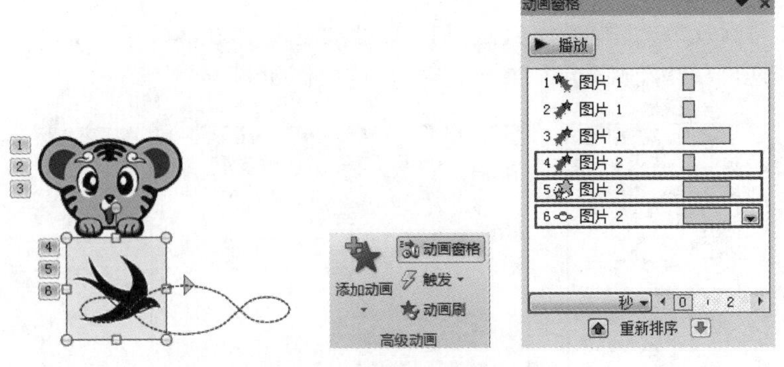

图 5-66 “动画窗格”对话框

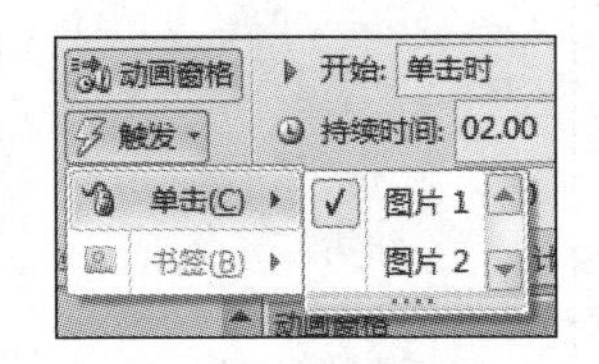

图 5-67 动画触发设置

加了同种类型的动画效果。

5. 动画计时设置

在“动画”选项卡的“计时”组中可以设置动画效果持续时间、延迟时间、重新排序等。如图 5-68 所示。

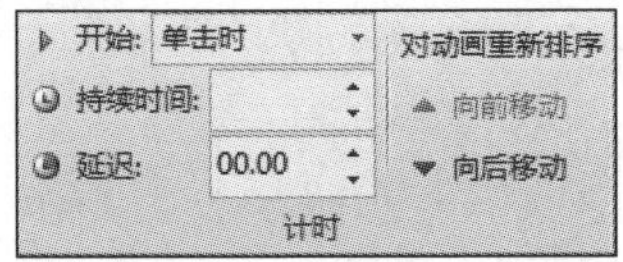

图 5-68 设置计时动画

“开始”选项用于设定激发动画的条件，包括单击鼠标、与上一动画同时或上一动画之后等 3 种条件；“持续时间”选项用于设定该动画持续的时间；“延迟”选项用于设定动画满足开始条件后的延迟时间；“对动画重新排序”选项用于调整当前幻灯片中对象的开始顺序。

5.4.3 幻灯片切换方式的设置

幻灯片切换效果是指放映演示文稿时，一张幻灯片从屏幕上消失的方式和另一张幻灯片在屏幕上显示方式，幻灯片默认的切换方式是以一张幻灯片代替另一张幻灯片，也可以使幻灯片以特殊的效果出现在屏幕上，以便幻灯片之间衔接更加自然、生动、有趣，提高演示文稿的观赏性。

1. 添加切换效果

选中幻灯片，在“切换”选项卡的“切换到此幻灯片”组中选中要应用于此幻灯片的切换效果即可设置切换效果。

若要删除切换效果，在“切换”选项卡上的“切换到此幻灯片”组中选中“无”选项，若在“切换”选项卡的“计时”组中单击“应用到全部”按钮，则会删除所有幻灯片的切换效果。

2. 调整切换效果

选择添加了切换效果的幻灯片，在“切换”选项卡上的“切换到此幻灯片”组中单击“效果选项”按钮,在菜单中选中所需要效果选项即可重新调整切换效果,如图 5-69 所示。

图 5-69 调整切换效果

3. 计时切换

为幻灯片添加切换效果后,根据需要可以进行切换声音、切换时的持续时间等方面的设置。在“切换”选项卡的“计时”组中选中相应的选项进行调整即可,如图 5-70 所示。

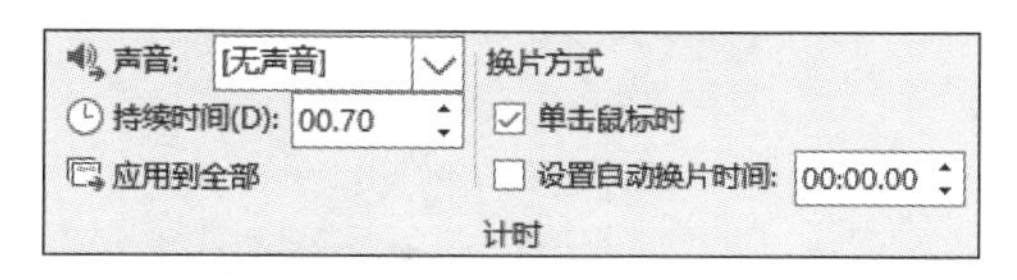

图 5-70 “计时”组选项

若在“声音”下拉列表框选择相应选项,幻灯片切换时则伴随声音;若在“持续时间”列表框中设置或输入所需时间,可设置当前幻灯片切换效果的持续时间时;若在“换片方式”选项中选中“单击鼠标时”复选框,则可指定单击鼠标时从当前幻灯片切换到下一张幻灯片;若在“设置自动换片时间”列表框中设置或输入所需时间,则可以控制经过设置的时间后移至下一张幻灯片;若执行“应用到全部”选项,则将设置切换效果应用于全部幻灯片,否则只应用于当前幻灯片。

5.4.4 “构建和谐文明社会”演示文稿的制作案例

1. 案例目标

(1) 掌握演示文稿中插入超链接的方法。

(2) 掌握为演示文稿对象添加动画效果的方法。

(3) 掌握幻灯片切换的设置方法。

2. 操作步骤

(1) 幻灯片文字、图形、图片的艺术字的添加。给每张幻灯片添加适当的文字,为第 1 张幻灯片添加艺术字主标题“提高文明素养构建和谐文明社会”,为第 2 张幻灯片添加 SmartArt 图形,为第 4、5 张幻灯片分别添加图片素材“学校教育.jpg”和“法制教育.jpg”,为第 6 张幻灯片添加艺术字“文明带来和谐,构建和谐社会,人人有责!”。添加完成后效果如图 5-71 所示。

(2) 演示文稿主题的应用。选中幻灯片,应用主题“带状”,应用主题之后如图 5-72 所示。

图 5-71　添加幻灯片基本对象

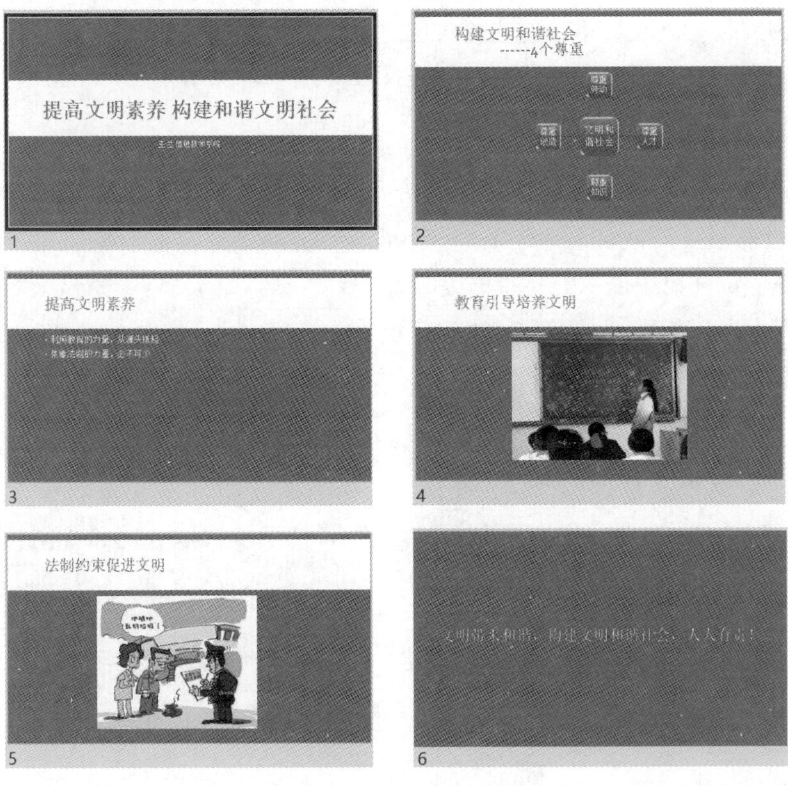

图 5-72　应用主题后效果

(3) 设置文字超链接。选中第 3 张幻灯片中的文字“利用教育的力量，从源头抓起”，在“插入”选项卡的“链接”组中单击“链接”按钮，如图 5-73 所示，打开“插入超链接”对话框，对话框左侧“链接到”选项中设置为“本文档中的位置”，在右侧“文档中的位置”项设置为“下一张幻灯片”，右侧“幻灯片预览”项可以看到链接到幻灯片的预览效果，如图 5-74 所示。按照同样的方法可以设置“依靠法制的力量，必不可少”文字超链接到第 5 张幻灯片。

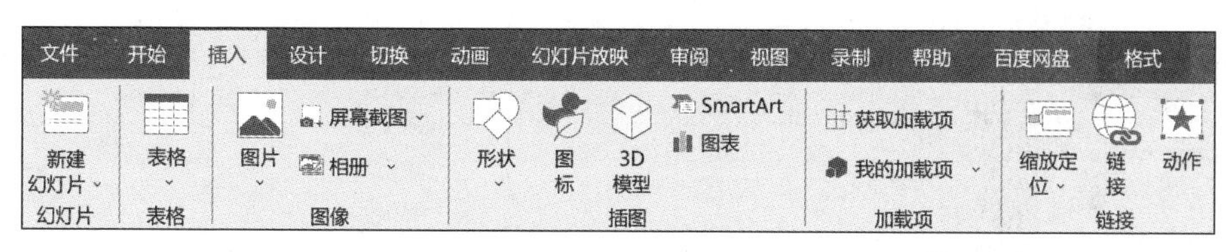

图 5-73 “链接”组

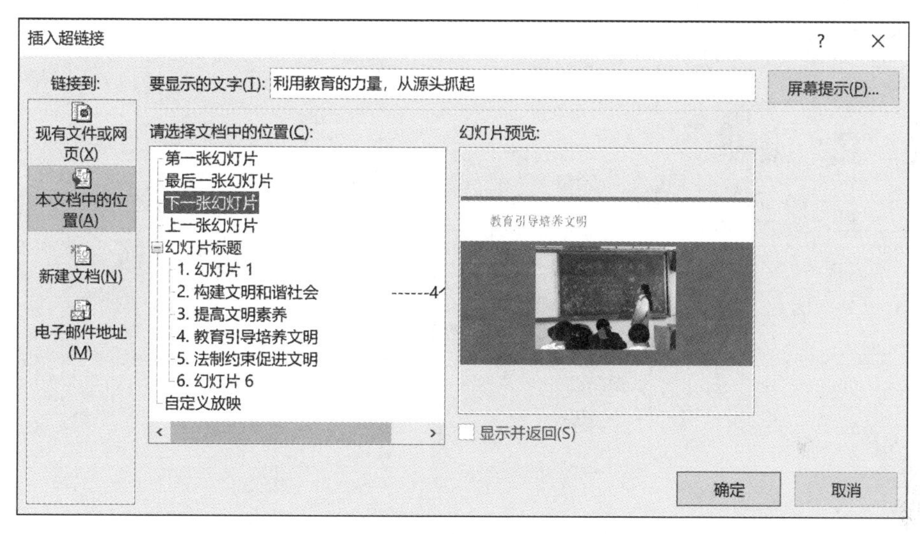

图 5-74 “插入超链接”对话框

(4) 设置动作按钮超链接。单击第 4 张幻灯片，在“插入”选项卡“插图”组中单击“形状”按钮，单击“动作按钮”栏的“动作按钮：空白”，如图 5-75 所示，此时鼠标指针呈十字形，拖曳鼠标，画出动作按钮，弹出“操作设置”对话框，在其中选中“超链接到上一张幻灯片”选项，如图 5-76 所示。右击该按钮，在弹出的快捷菜单中选中“编辑文字”选项，如图 5-77 所示，在按钮中输入文字“返回第 3 张幻灯片”。按照同样的方法设置由第 5 张返回到第 3 张幻灯片的动作按钮。

(5) 设置动画效果。选中第 2 张幻灯片中的 SmartArt 图形对象，在“动画”选项卡的“动画”组中将“进入”效果选为“缩放”，如图 5-78 所示。然后选中“动画”选项卡中“计时”分组，在“持续时间”中设置为 1.5 秒，如图 5-79 所示。

选中第 3 张幻灯片中的图片，按照上述同样的方法设置“擦除”动画效果，在“动画”栏的“效果选项”中设置“擦除”动画方向为“自左侧”，持续时间为 1 秒，如图 5-80 所示。同样方法设置第 5 张幻灯片中图片的动画效果为“飞入”，持续时间为 1 秒。

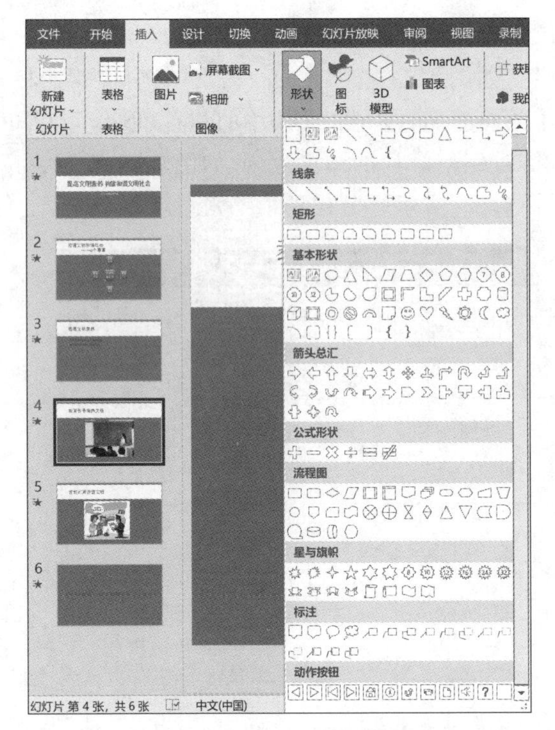

图 5-75 “插入动作按钮”选项

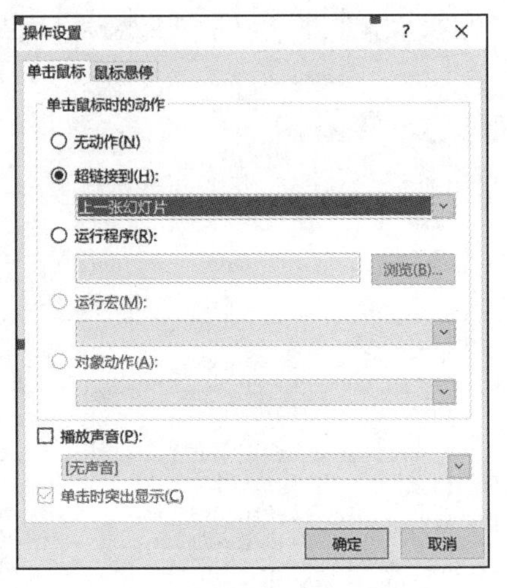

图 5-76 “操作设置”对话框

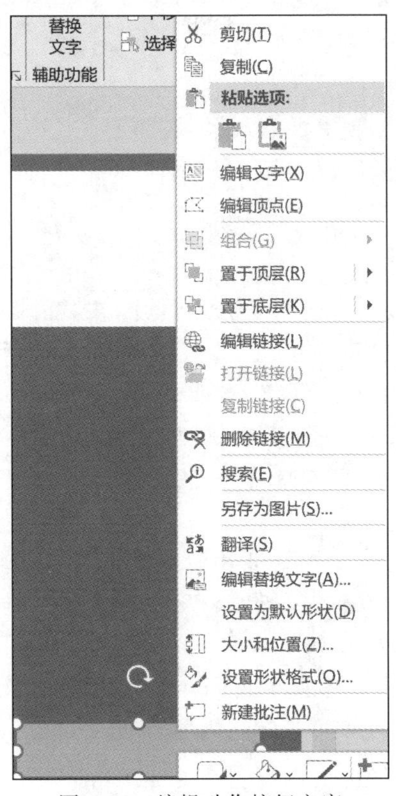

图 5-77 编辑动作按钮文字

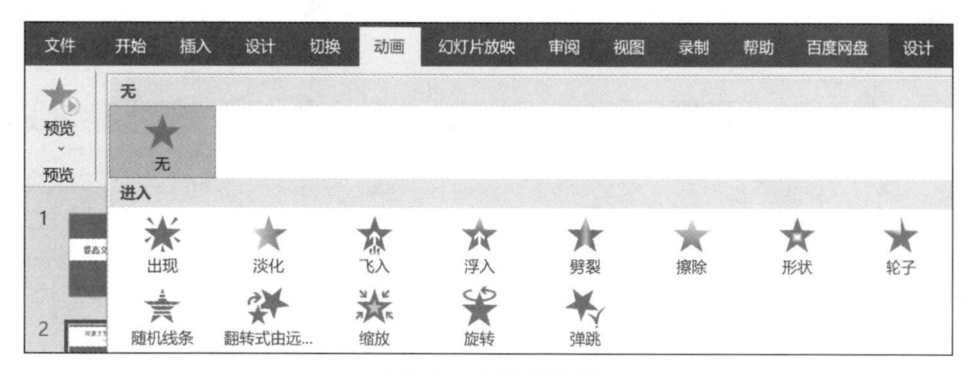

图 5-78 “动画”选项

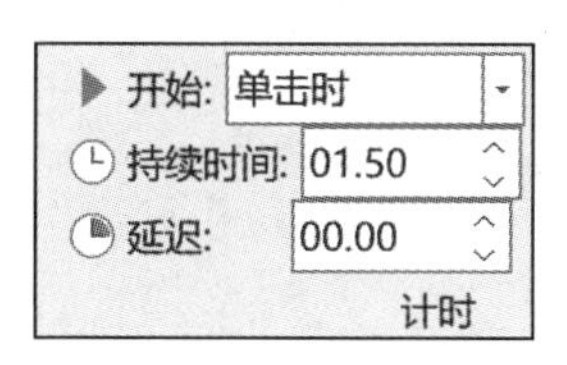

图 5-79 “计时”选项

图 5-80 动画方向设置

选中最后一张幻灯片的艺术字,设置动画效果“浮入”。打开右侧动画窗格,单击下拉按钮,选择“效果选项”,在“效果”选项卡中设置声音为“鼓掌”,如图 5-81 所示。

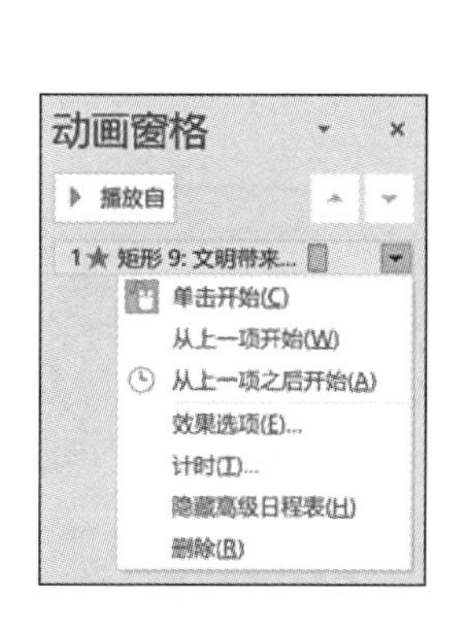

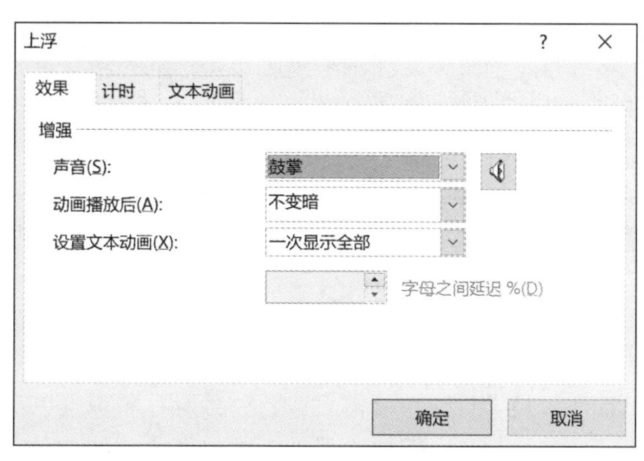

图 5-81 动画声音设置

(6) 设置切换效果。选中一张幻灯片,在“切换”选项卡的“切换到此幻灯片”组中单击

“平滑”按钮，设置“平滑”的切换效果，并在“计时”组中单击“应用到全部”按钮，即将所有幻灯片都设置为“平滑”切换效果，如图 5-82 所示。

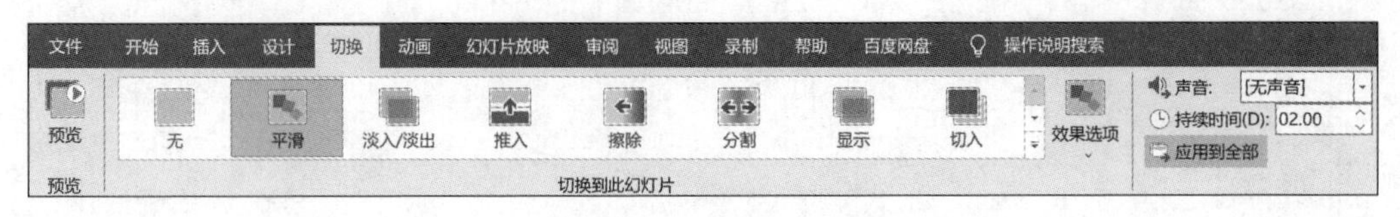

图 5-82　切换效果设置

本章小结

PowerPoint 是一款用于制作演示文稿的应用软件，是 Microsoft Office 系列软件中的重要组成部分，用户不仅可在计算机上进行演示，而且还可以将演示文稿打印出来，制作成胶片。本章以 PowerPoint 2019 为例，通过具体的案例介绍了演示文稿的创建和内容编辑，演示文稿的美化和修饰、演示文稿的动画设计、超链接的添加、演示文稿的放映及打印等内容。

知识拓展

增强现实

1. 增强现实的概念

增强现实(augmented reality，AR)是一种实时地计算摄影机影像的位置及角度并加上相应图像、视频的技术，是一种将真实世界和虚拟世界的信息“无缝”集成的新技术，把原本在现实世界中一定时间、空间范围内很难体验到的实体信息(视觉信息、声音、味道、触觉等)通过计算机技术，模拟仿真后与叠加，将虚拟的信息应用到真实世界，被人类感官所感知，从而实现超越现实的感官体验。真实的环境和虚拟的物体实时地叠加到同一个画面或空间同时存在。这种技术的目标是在屏幕上把虚拟世界与现实世界进行叠加与互动。

增强现实技术不仅展现了真实世界的信息，而且将虚拟的信息同时显示出来，相互补充、叠加。在视觉化的增强现实中，用户利用头盔显示器，把真实世界与计算机图形多重合成在一起，便可以看到真实的世界围绕着它。

2. 增强现实技术

(1) 跟踪注册技术。为了实现虚拟信息和真实场景的无缝叠加，需要虚拟信息与真实环境在三维空间中进行配准注册。这包括使用者的空间定位跟踪和虚拟物体在真实空间中的定位两方面的内容。移动摄像头与虚拟信息的位置要相互对应，这就需要通过跟踪技术实现。跟踪注册技术首先检测需要“增强”的物体特征点以及轮廓，跟踪物体特征点，自动生成二维或三维坐标信息。跟踪注册技术的好坏直接决定着增强现实系统的成功与否，常用的跟踪注册方法有基于跟踪器的注册、基于机器视觉跟踪注册、基于无线网络的混合跟踪注册技术 4 种。

(2) 显示技术。在增强现实技术中，显示系统是比较重要的内容，为了与虚拟场景相结合得更加真实,使实际应用的便利程度不断提升,使用色彩丰富的显示器十分重要,增强现实所用的显示器包含头盔显示器和非头盔显示器,透视式头盔能够为用户提供虚拟与现实融合在一起的场景,在具体操作过程中,这些系统的操作原理和虚拟现实领域中所用的沉浸式头盔相似度比较高。它和使用者交互的接口及图像综合在一起,使用更加真实、有效的环境,通过微型摄像机拍摄外部环境图像,使计算机图像在得到有效处理的同时,可以和虚拟以及真实环境相融合,并且两者之间的图像也能够得以叠加。光学透视头盔显示器可以在这一基础上利用安装在用户眼前的半透半反光学合成器,充分和真实环境综合在一起,真实的场景可以在半透镜的基础上,为用户提供支持,并且满足用户的相关操作需要。

(3) 虚拟物体生成技术。增强现实技术的,应用目标是使得虚拟世界的相关内容在真实世界中得到叠加,在有效算法程序的应用基础上,促使物体动感操作有效实现。当前,虚拟物体的生成是在三维建模技术的基础上实现的,该方法能够充分体现虚拟物体的真实感,在对增强现实动感模型研发的过程中,需要能够全方位对物体对象展示出来。在虚拟物体生成的技术中,自然交互是比较重要的内容。在具体实施时,对现实技术的有效实施与有效辅助,可使信息注册得以更好地实现;利用图像标记实时监控外部输入信息内容,可使得增强现实的信息操作效率得以提升;在进行用户信息处理时,可以有效实现信息的加工,提取其中的有用内容。

(4) 交互技术。与在现实生活中不同,增强现实是将虚拟事物在现实中进行呈现,而交互就是为虚拟事物在现实中进行更好的呈现做准备,因此想要等到更好的 AR 体验,交互就是重中之重。

AR 设备的交互方式主要分为以下 3 种。

① 现实世界中的点位选取来进行交互是最为常见的一种交互方式,例如最近流行的 AR 贺卡和毕业相册就是通过图片位置来进行交互的。

② 将空间中一个或多个事物的特定姿势或者状态加以判断,这些姿势都对应着不同的选项。使用者可以任意改变和使用这些选项进行交互,例如用不同的手势表示不同的指令。

③ 使用特制工具进行交互。例如,谷歌地球就是利用类似于鼠标一样的设备进行操作,来满足用户对于 AR 互动的要求。

(5) 合并技术。增强现实的目标是将虚拟信息与输入的现实场景进行无缝结合,为了增加 AR 使用者的现实体验,要求 AR 具有很强真实感,为了达到这个目标不单单只考虑虚拟事物的定位,还需要考虑虚拟事物与真实事物之间的遮挡关系以及以下 4 个条件:几何一致、模型真实、光照一致和色调一致,这四者缺一不可,任何一种的缺失都会导致 AR 效果的不稳定,从而严重影响 AR 的体验。

3. 增强现实的应用

AR 技术不仅广泛应用在飞行器的研制与开发、数据模型的可视化、娱乐与艺术等与 VR 技术类似的应用领域。由于其能够对真实环境进行增强显示,所以在精密仪器制造和维修、工程设计和远程机器人控制等领域具有比 VR 技术更加明显的优势。

(1) 工业制造和维修领域。它是实现增强现实技术应用的第一个领域。在需要施工的特定场合上,通过头戴式显示器描述物体的图像。例如,微软公司开发的 Hololens 智能眼镜就可将三维影像叠加在真实场景上。

(2) 医疗领域。利用增强现实技术,医生可在手术的过程中可以看到病人身上叠加的

MRI 和 CT 图像,图形绘制模块可以将虚拟的模型进行实时的动态渲染,同时将视频文件播放出来。不仅如此,增强现实技术已经被应用在医疗培训中,大大增强了医务人员的业务水平。除此之外,增强现实技术还可以用于虚拟手术,虚拟人体功能,虚拟人体解剖和远程手术等。

(3) 军事领域。可以利用增强现实技术提供战场周边环境的重要信息,进行方位识别,获得所在地实时的地理数据等重要军事数据。例如,显示建筑物另一侧的入口;显示军队的移动,从而让士兵转移到敌人看不到的地方。

(4) 电视转播领域。增强现实技术可以在电视台转播节目时将辅助信息实时叠加到拍摄画面中,使观众获得更多的实时体验。例如,CCTV5 在转播 2014 年世界杯的时候,通过运用自然特征的图形标记来定位球场位置及其内部具体情况从而可以在节目现场展示被三维渲染的世界杯球场。在摄像头捕捉到标记后,由后台运算系统计算出自然标记的位置信息,最后由三维渲染系统将三维动画绘制在屏幕上。

(5) 娱乐、游戏领域。增强现实游戏可以让位于全球不同地点的玩家,共同进入一个真实的自然场景,以虚拟替身的方式进行网络游戏。

(6) 教育领域。增强现实技术可以将静态的文字、图片读物立体化,增加阅读的互动性、趣味性。

(7) 古迹复原和数字化遗产保护。文化古迹的信息可以以增强现实的方式呈现给参观者,使之不仅能看到枯燥的文字解说,还能直观地看到遗址上残缺部分的虚拟重构。例如,国内在基于增强现实技术的圆明园景观数字重现的应用中,当游客把手机摄像头对准被焚毁的遗址,就能够看到古建筑被破坏前的原貌,了解建造年月、主持建造者、所用建筑材料等相关信息。

习　题　5

一、单项选择题

1. PowerPoint 2019 是(　　)家族中的一员。

   A. Linux　　B. Windows　　C. Office　　D. Word

2. PowerPoint 2019 中新建文件的默认名称是(　　)。

   A. DOCl　　B. SHEETl　　C. 演示文稿 1　　D. BOOKl

3. PowerPoint 2019 的主要功能是(　　)。

   A. 电子演示文稿处理　　B. 声音处理

   C. 图像处理　　D. 文字处理

4. 在 PowerPoint 2019 中,“审阅”选项卡可以检查(　　)。

   A. 文件　　B. 动画　　C. 拼写　　D. 切换

5. 没有在状态栏中显示的视图按钮是(　　)。

   A. 普通　　B. 幻灯片浏览　　C. 幻灯片放映　　D. 备注页

6. PowerPoint 2019 演示文稿的扩展名是(　　)。

   A. pptx　　B. ppzx　　C. potx　　D. ppsx

7. 按住(　　)可以选择多张不连续的幻灯片。

A. Shift 键　　　B. Ctrl 键　　　C. Alt 键　　　D. Ctrl+Shift 组合键

8. 按住鼠标左键,并拖曳幻灯片到其他位置是进行幻灯片的(　　)操作。

A. 移动　　　B. 复制　　　C. 删除　　　D. 插入

9. 光标位于幻灯片窗格中时,在"开始"选项卡的"幻灯片"组单击"新建幻灯片"按钮后,插入的新幻灯片位于(　　)。

A. 当前幻灯片之前　　　B. 当前幻灯片之后

C. 文档的最前面　　　D. 文档的最后面

10. 幻灯片的版式是由(　　)组成的。

A. 文本框　　　B. 表格　　　C. 图标　　　D. 占位符

二、填空题

1. 在 PowerPoint 中,要调整幻灯片的排列顺序,最好在________视图下进行。

2. 新建一个演示文稿时,第一张幻灯片的默认版式是________。

3. 幻灯片的背景颜色是可以调换的,可以通过右键快捷菜单中的________选项设置。

4. 制作演示文稿时如果对页面版式不满意,通过________选项卡中的"幻灯片版式"来调整。

5. 在 PowerPoint 2019 中,如果希望在演示中终止幻灯片的放映,可随时按________键。

6. 在幻灯片放映时,每一张幻灯片的切换都可以设置切换效果,方法是单击________选项卡中选择幻灯片的切换方式。

7. 在 PowerPoint 2019 中,启动幻灯片放映的快捷键是________。

8. 在 PowerPoint 2019 中,更改幻灯片对象动画出现的顺序,应在________任务窗格中设置。

9. 演示文稿中每张幻灯片都是基于某种________创建的,它预定义了新建幻灯片的各种占位符布局情况。

10. 要实现在播放时幻灯片之间的跳转,可采用的方法是________。

第6章　计算机网络与应用

在当今社会中，人们在不知不觉中应用着各种网络。计算机网络的出现和迅速发展，使世界范围内的信息传递变得更加方便快捷，借助计算机操作系统友好的图形界面，人们只需操纵鼠标和键盘就可轻松地浏览世界各地的信息、管理企业、共享资源、指挥军队等。计算机网络正以其强大的魅力席卷全球，成为许多人生活中不可或缺的一部分。从某种意义上讲，计算机网络的发展水平不仅反映了一个国家的计算机科学和通信技术水平，而且已成为衡量其综合国力及现代化程度的重要标志之一。本章在内容安排上以基础性和实用性，不仅包括了计算机网络基础知识，还涉及了网络发展的前沿内容。

【本章要点】

- 计算机网络的定义。
- 计算机网络的组成、分类、功能及体系架构。
- 局域网的基本概念和分类。
- 计算机网络IP、IP地址的分配。
- Internet的文件传输、WWW及Web服务。

【学习目标】

- 了解计算机网络的起源与发展历程。
- 了解计算机网络的组成、分类、体系结构的基本概念。
- 掌握计算机网络IP、IP地址的分配。
- 理解现代网络IP地址的分配方法。
- 掌握相关的计算机网络软硬件的知识。
- 了解现代计算机网络的常用配件。
- 了解Internet的基础知识和基本服务。

6.1　计算机网络概述

计算机网络是计算机技术与通信技术紧密结合的产物，涉及计算机和通信两个领域。它的出现与迅速发展不仅使计算机体系结构发生了巨大变化，而且改变了人们的工作、学习和生活方式，目前已成为计算机应用领域的一个重要分支。计算机网络的普及不仅对社会发展、经济结构等有着深远的影响，还对人类社会的进步做出了巨大贡献。

6.1.1　计算机网络的定义

计算机网络发展初期，人们认为利用通信介质将分散的计算机、终端及其附属设备连接起来，实现相互通信就组成了计算机网络。

随着计算机网络体系结构的标准化，计算机网络又被定义为，将分布在不同地理位置、功能独立的多台计算机及其外部设备、网络设备和其他信息系统互连起来，在网络管理软件、网络协议、网络操作系统的管理和协调下，能够实现资源共享和信息传递的计算机系统。注意，计算机网络定义中包含计算机、互连和通信协议 3 个基本要素。

6.1.2 计算机网络的发展历程

随着计算机和通信技术的发展以及计算机与通信的紧密结合，使计算机网络得到逐步发展。计算机网络从形成、发展到广泛应用经历了半个多世纪的历史，大致可概括为以下 4 个阶段。

1. 初级阶段——面向终端的计算机通信网（20 世纪 60 年代末至 20 世纪 70 年代初）

这种网络实际是一种计算机远程多终端系统。远程终端可以共享计算机资源，但终端本身没有独立的可供共享的资源。其特点是将一台计算机经通信线路与若干台终端直接相连，计算机是网络的中心和控制者，终端一般只具备输入输出功能，处于从属地位，围绕中心计算机分布在各处，呈分层星形结构，各终端通过通信线路共享主机的硬件和软件资源，计算机的主要任务还是进行批处理。为了避免联机系统中计算机与每个终端之间都需要加装收发器，在 20 世纪 60 年代初研制出可公用的多重线路控制器（multiline controller），它可以使多个终端相连，形成网络的雏形。

2. 发展阶段——分组交换网（20 世纪 70 年代中后期）

基于电路交换方式的电话线路系统在双方通话时用户要独占线路，而计算机网路传输数据具有随机性和突发性，在联网期间也不是持续地传输数据，因此将会造成线路的瞬时拥挤或空置浪费。为了解决该问题，20 世纪 70 年代中期提出分组交换的概念并开始实施应用。

分组交换网由通信子网和资源子网组成，以通信子网为中心，不仅共享通信子网的资源，还可以共享资源子网的硬件和软件资源。网络的共享采用排队方式，即由结点的分组交换机负责分组的存储转发和路由选择，给两个进行通信的用户段续（或动态）分配传输带宽，这样就可以大大提高通信线路的利用率，非常适合突发式的计算机数据。

3. 成熟阶段——体系结构标准化的计算机网络（20 世纪 80 年代至 90 年代后期）

由于早期的网络没有统一的标准，各公司的网络不能互相兼容，因而阻碍网络的发展。为了使不同体系结构的计算机网络都能互连，国际标准化组织（International Standardization for Organization，ISO）提出了一个能使各种计算机在世界范围内互连成网的标准框架——开放系统互联参考模型（open system interconnection reference model，OSI-RM）及各种网络协议建议。只要遵循 OSI 标准，一个系统就可以和位于世界上任何地方的、也遵循同一标准的其他任何系统进行通信。后来又不断进行扩展和完善，从而使网络的软硬件产品有了共同的标准，结束了诸侯割据的局面，使计算机网络得到空前的发展和普及。

由于局域网覆盖的地理范围终究有限，为了在更大范围内实现计算机资源的共享，将局域网与广域网互连起来，形成规模更大的网络，这就是互联网。UNIX 是目前功能最强大的网络操作系统。

4. 现代网络——高速计算机网络（20 世纪 90 年代末至今）

现代网络的特点是采用高速网络技术，综合业务数字网的实现，多媒体和智能型网络的兴起。人类进入了信息社会，信息产业已成为一个国家的主要支柱产业。1993 年，美国提出国家信息基础设施(national information infrastructure,NII)计划,就是把分散的计算机资源通过高速通信网实现共享,提高国家的综合实力和人民的生活质量,计算机的发展与网络融为一体,体现了"网络就是计算机"的理念。1997 年中国公用计算机互联网实现了与中国金桥信息网(GBN)、中国教育和科研网、中国科技网(CSTNET)3 个互联网络的互连互通,标志着中国互联网的真正实现。据中国互联网信息中心统计,截至 2020 年 12 月,我国网民规模达 9.89 亿,手机网民规模达 9.86 亿,互联网普及率达 70.4%。以"双十一"为代表的网络购物、共享单车、网约车、短视频等相关应用在快速增长,超级计算机、虚拟现实、人工智能、大数据和工业互联网等信息技术正引领着互联网朝着互连、高速、智能化、精细化、移动化和全球化的方向发展。

6.2 认识计算机网络

随着计算机科学和信息技术的发展,计算机网络作为当今社会信息化、电子化最重要的基础设施,在我国现代化进程中正发挥着越来越重要的作用。本节通过计算机网络的组成、分类、功能、体系结构等来了解和认识计算机网络。

6.2.1 计算机网络的组成

计算机网络由网络硬件、传输介质和网络软件 3 部分组成,其组成结构如图 6-1 所示。

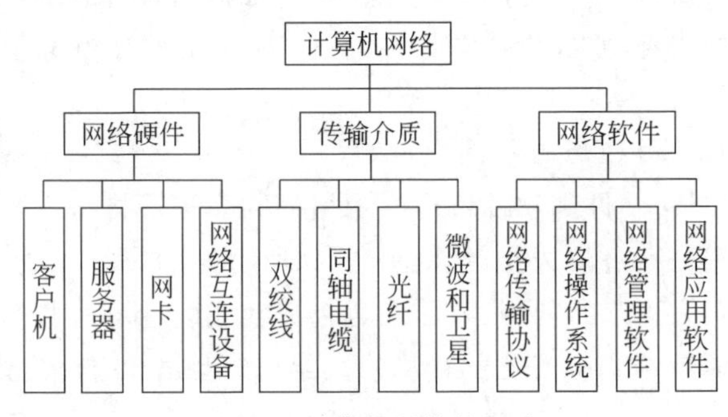

图 6-1 计算机网络的组成

1. 网络硬件

网络硬件包括客户机、服务器、网卡和网络互连设备。网络互连设备包括集线器、中继器、网桥、交换机、路由器、网关等。

(1) 客户机。客户机是指用户上网使用的计算机,也可理解为网络工作站、结点机、主机。客户机又称为用户工作站,是用户与网络打交道的设备,一般由用户 PC 担任,每一个客户机都运行在它自己的、并为服务器所认可的操作系统环境中。客户机主要通过服务器享受网络上提供的各种资源。

(2) 服务器。服务器是提供某种网络服务的计算机,由运算功能强大的计算机担任。由于服务器要具备承担响应服务请求、承担服务、保障服务的能力。因此一般服务器应该具有可扩展性、易使用性、可靠性、可用性和可管理性。

(3) 网卡。网卡是一块被设计用来允许计算机在计算机网络上进行通信的计算机硬件。网卡也称为网络适配器或网络接口卡(network interface card,NIC),在局域网中用于将用户计算机与网络相连,大多数局域网采用以太网卡。它通常工作在物理层和数据链路层。

(4) 交换机。交换机(switch)是一种用于电(光)信号转发的网络设备。它可以根据数据链路层信息做出帧转发决策,同时构成自己的转发表,并且可以访问 MAC 地址,并将帧转发至该地址。最常见的交换机是以太网交换机。

(5) 路由器。路由器(router)是连接两个或多个网络的硬件设备,在网络间起网关的作用,是读取每一个数据包中的地址然后决定如何传送的专用智能性的网络设备。路由器有 3 个特征:工作在网络层上;能够连接不同类型的网络;具有路径选择能力。

2. 传输介质

传输介质是计算机网络最基本的组成部分,任何信息的传输都离不开它。常用的传输介质分为有线传输介质和无线传输介质两大类。传输介质不同,其特性也各不相同,对网络中数据通信质量和通信速度有较大影响。

有线传输介质分为有双绞线、同轴电缆和光纤。双绞线和同轴电缆传输电信号,光纤传输光信号。无线传输介质主要有微波、卫星、激光等。

(1) 双绞线。双绞线(twisted pair,TP)是一种综合布线工程中最常用的传输介质。它是一种由一对相互绝缘的金属导线缠绕而成的通用配线,属于信息通信传输介质,典型直径为 1mm。

(2) 同轴电缆。同轴电缆(coaxial cable)是一种电线及信号传输线,是一种宽带高、误码率低、性价比较高的传输介质,广泛应用在早期的局域网中。顾名思义,同轴电缆是由一组共轴心的电缆构成的。其具体的结构由内到外包括中心铜线、绝缘层、网状屏蔽层和塑料封套 4 部分。应用在计算机网络的同轴电缆主要有粗缆和细缆两种。同轴电缆可用于模拟信号和数字信号的传输,适用于各种各样的应用,其中最重要的有电视传播、计算机系统之间的短距离连接以及局域网等。

(3) 光纤。光纤(fiber optic)即光导纤维,是一种由玻璃或塑料制成的纤维,可作为光传导工具。它利用内部全反射原理来传导光速的传输介质,有单模和多模之分。单模光纤多用于通信业,多模光纤多用于网络布线系统。

(4) 微波和卫星。微波和卫星都属于无线传输介质,传输方式均以空气为传输介质,以电磁波为传输载体,连网方式较为灵活,适合应用在不易布线、覆盖面积大的地方。

3. 网络软件

网络软件包含网络传输协议、网络操作系统、网络管理软件和网络应用软件 4 部分。

(1) 网络传输协议。网络传输协议是连入网络的计算机必须共同遵守的一组规则和约定,以保证数据传输与资源共享能顺利完成。

(2) 网络操作系统。网络操作系统指能够控制和管理网络资源的软件,是计算机网络的核心软件。网络操作系统是一种能代替操作系统的软件程序,是网络的心脏和灵魂,是向网络计算机提供服务的特殊的操作系统。目前常用的网络操作系统有 Windows、Linux 等。

(3) 网络管理软件。网络管理软件就是能够完成网络管理功能的网络管理系统,简称网管系统。它的主要功能是对网络中大多数参数进行测量和控制,以确保为用户提供安全、可靠、正常地各种网络服务的软件。借助于网管系统,网络管理员不仅可以经由网络管理员与被管理系统中代理交换网络信息，而且可以开发网络管理应用程序。

(4) 网络应用软件。网络应用软件是指能够为网络用户提供各种服务的软件，它用于提供或获取网络上的共享资源。如浏览器软件、传输软件、远程登录软件等。随着网络应用的普及，网络应用软件将会越来越多，为用户带来极大的便利。

6.2.2 计算机网络的分类

计算机网络的种类繁多，性能各不相同，根据不同的分类原则，可以得到各种不同类型网络的计算机网络。常见的分类方式有覆盖范围、拓扑结构等。

1. 按覆盖范围分类

依据覆盖范围不同，可将计算机网络分为局域网、城域网和广域网 3 类。

(1) 局域网。局域网(local area network，LAN)是指在一个局部地理范围内，将各种计算机、外部设备等互连而成的计算机网路。覆盖范围一般在几米至几千米之间，限于单位内部或建筑物内部的计算机网络，是目前最常见且应用最为广泛的计算机网络。它的特点是分布距离近、传输速度高、连接费用低、数据传输可靠、误码率低等。例如政府或企业单位内部的办公网、实验室网及学校的校园网等。

(2) 城域网。城域网(metropolitan area network，MAN)是在一个城市范围内所建立的计算机通信网。城域网也称都市网或市域网，它是介于广域网和局域网之间的一种高速网络，覆盖范围约为 10～100km，大约是一个城市的规模。

(3) 广域网。广域网(wide area network，WAN)也称远程网，是由远距离的计算机组成的计算机网络。其覆盖范围是从几十到几千千米，可覆盖一个国家、地区或横跨几个洲，形成国际性的远程网络。例如我国的公用数字数据网(China DDN)、电话交换网(PSDN)等。

在网络技术不断更新的今天，用网络互连设备将各种类型的广域网、城域网和局域网互连起来，形成了称为互联网的网中网。

2. 按拓扑结构分类

如果把网络中的计算机看作一个节点，把通信线路看作一根连线，抽象出计算机网络的拓扑结构。计算机网络按拓扑结构分类，可分为总线结构、星形结构、环形结构、树状结构和网状结构，如图 6-2 所示。局域网由于覆盖范围小，拓扑结构相对简单，通常选用星形结构、总线结构或环形结构，而广域网由于分布范围广，结构复杂，一般采用网状结构。

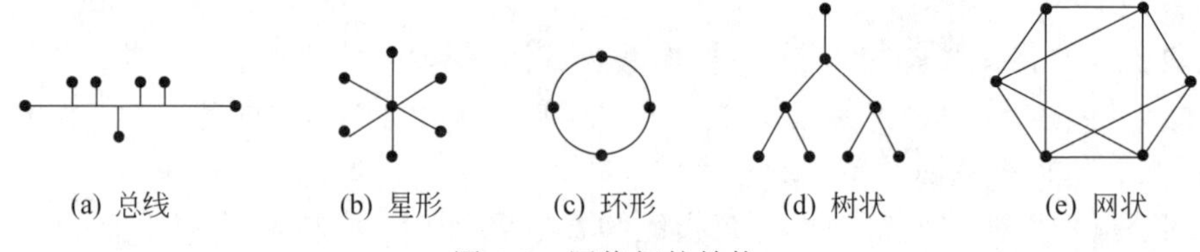

图 6-2 网络拓扑结构

6.2.3 计算机网络的功能

计算机网络的功能有很多，其中最主要的是数据通信、资源共享和分布处理 3 种功能。

(1) 数据通信。数据通信是计算机网络最基本的功能,它用来快速传送计算机与终端、计算机与计算机之间的各种信息,包括文字信件、新闻消息、咨询信息、图片资料、报纸版面等。利用这一特点,可实现将分散在各个地区的单位或部门用计算机网络联系起来,进行统一的调配、控制和管理。

(2) 资源共享。资源是指网络中所有的软件、硬件和数据资源。共享是指网络用户能够部分或全部地享受这些资源。例如,某些地区或单位的数据库(如机票、饭店客房等)可供全网使用;某些单位设计的软件可供需要的地方有偿调用;一些外部设备如打印机,可面向用户,使不具有这些设备的地方也能使用这些硬件设备。

(3) 分布处理。当某台计算机负担过重或该计算机正在处理某项工作时,网络可将新任务转交给空闲的计算机来完成,这样就能均衡各计算机的负载,提高处理问题的实时性;在处理大型综合性问题时,可将问题各部分交给不同的计算机分头处理,充分利用网络资源,扩大计算机的处理能力,即增强实用性。在解决复杂问题时,多台计算机联合使用并构成高性能的计算机体系,通过协同工作、并行处理来替代昂贵的大型高性能计算机进行工作。

6.2.4 计算机网络体系结构

计算机网络体系结构是指计算机网络层次结构,它是各层的协议以及层次之间的端口的集合。在计算机网络中实现通信必须依靠网络通信协议,目前广泛采用的是国际标准化组织在 20 世纪 80 年代提出的开放系统互连参考模型(OSI-RM),如图 6-3 和图 6-4 所示。

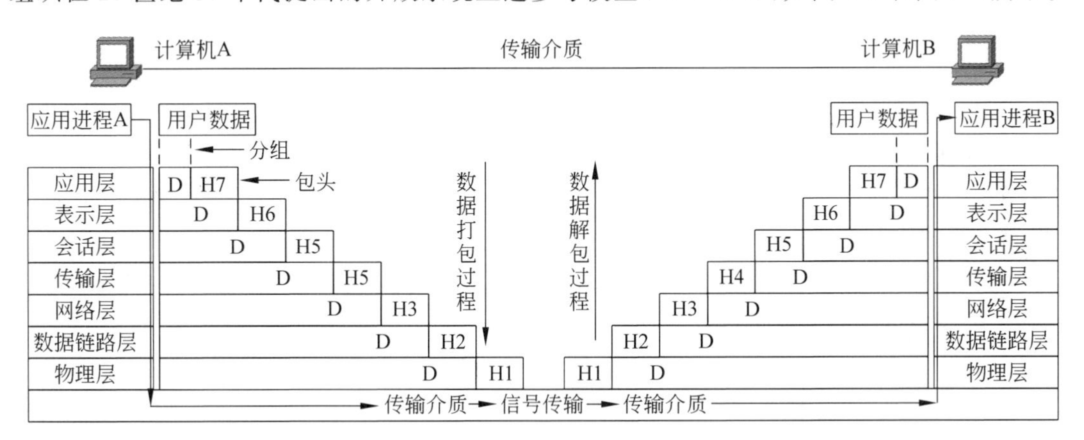

图 6-3　开放系统互连参考模型

(a) TCP/IP参考模型
应用层(各种应用协议如FTP等)
传输层
互联网络层
网络接口层

(b) 开放系统互连参考模型
应用层
表示层
会话层
传输层
网络层
数据链路层
物理层

(a) TCP/IP参考模型　　(b) 开放系统互连参考模型

图 6-4　两种参考模型的比较

OSI-RM 将计算机网络通信协议分为 7 层。从上到下分别是应用层、表示层、会话层、传输层、网络层、数据链路层、物理层。每层完成一定的功能，每层都直接为上层提供服务，并且所有层次都互相支持。其中高层（即应用层、表示层、会话层、传输层）定义了应用程序的功能，下面 3 层（即网络层、数据链路层、物理层）主要面向通过网络的端到端的数据流。各层功能概括如下。

（1）应用层（application layer）。应用层是 OSI-RM 当中的第 7 层，这是 OSI-RM 的最高层，与应用程序的通信服务对应。应用层确定进程之间通信的性质以满足用户的需求，以及提供网络与用户软件之间的接口服务，如 Telnet、HTTP、FTP、NFS、SMTP 等。

（2）表示层（presentation layer）。表示层是 OSI-RM 当中的第 6 层，主要解决用户信息的语法表示问题。表示层主要负责数据的压缩和解压缩、定义数据格式及加密和解密工作。

（3）会话层（session layer）。会话层是 OSI-RM 当中的第 5 层，主要任务是进行会话的管理和数据传输的同步。在该层和以上各层中，数据传输的单位都是报文，会话层不参与具体的传输，它提供包括访问验证和会话管理在内的建立以及维护应用之间的通信机制。

（4）传输层（transport layer）。传输层是 OSI-RM 当中的第 4 层，主要任务是通过通信子网的特性，最佳地利用网络资源，并以可靠与经济的方式为两个主机的会话层之间建立一条连接通道，以传输报文。传输层向会话层提供一个可靠的端到端的服务，使上层不清楚传输层以下的数据通信细节。

（5）网络层（network layer）。网络层是 OSI-RM 当中的第 3 层，定义了端到端的包传输、能够标识所有结点的逻辑地址以及路由实现和学习的方式。网络层传输数据是以分组（packet）为单位。它的主要任务是为要传输的分组选择一条合适的路径，使发送分组能够正确无误地按照给定的目的地址找到目的主机，交付给目的主机的传输层。

（6）数据链路层（data-link layer）。数据链路层是 OSI-RM 当中的第 2 层，主要任务是负责在两个相邻的结点之间的链路上实现无差错的数据帧传输，并且每帧中都包括一定的数据和必要的控制信息。数据链路层就是把一条有可能出错的实际链路变成让网络层看起来像不会出错的数据链路。实现的主要功能有帧的同步、差错控制、流量控制、寻址、帧内定界、透明比特组合传输等。

（7）物理层（physical layer）。物理层是 OSI-RM 中的第 1 层，它要传递信息就需要一些如双绞线、同轴电缆等物理传输介质。它的主要任务是为上层提供一个物理的连接、确定与传输媒体的接口的机械、电气、功能和过程特性以及实现透明的比特流传输。对于该层的数据来说还没有组织，因此将其作为原始的比特流传递给上层——数据链路层。

OSI-RM 对各个层次的划分遵循下列原则。

（1）网中各结点都有相同的层次。

（2）不同结点的同等层具有相同的功能。

（3）同一结点内相邻层之间通过接口通信。

（4）每一层使用下层提供的服务，并向其上层提供服务。

（5）不同结点的同等层按照协议实现对等层之间的通信。

OSI-RM 是一个理论模型，实际应用则千变万化，因此更多把它作为分析、评判各种网络技术的依据。OSI 制定周期漫长、实施过于复杂、追求理想化等，因此符合该模型的网络却从未被实现过。与此同时，TCP/IP 网络体系结构很快占领了计算机网络市场，并成为实际上的国际标准。

6.3 认识局域网

局域网是在一个封闭较小的范围(如企业、家庭、学校等)内的计算机网络,通过通信线路把许多计算机及外设连接起来,以实现数据通信和资源共享的功能。局域网技术是当前计算机网络研究和应用的一个重要分支,同时也是目前计算机网络技术发展最迅速的领域之一。局域网作为一种重要的基础网络已得到广泛应用。

6.3.1 局域网的概念

局域网是指将某一小区域内的各种通信设备互连在一起的通信网络。从该定义可以看出,局域网是一个通信网络,有时也称其为计算机局部网络。这里提到的数据通信设备是广义的,包括计算机、终端、各种外围设备等。所谓小区域可以是一个建筑物内、一个办公室或者是直径为几十千米的一个区域。

局域网一般为一个部门或单位所有,建网、维护以及扩展等比较容易,系统灵活性高。其主要的典型特点如下。

(1) 覆盖范围较小。常常在一个相对独立的局部范围内,如一个学校或实验室(小于25km)。

(2) 高数据传输率。通过采用较高特性的传输介质进行联网实现了较高的数据传输率(100Mb/s～10Gb/s)。

(3) 低误码率。通信延迟短,可靠性较高(10^{-8}～10^{-11})。

(4) 局域网是封闭型的。可以由办公室内的两台计算机组成,也可以由一个公司内的上千台计算机组成。

(5) 局域网可以支持多种传输介质。

6.3.2 局域网的分类

局域网通常分为以下 3 种类型,它们所采用的技术、应用范围和协议标准都是不同的。

(1) 局部区域网(LAN)。这是局域网中最普通的一种。

(2) 高速局域网(HSLN)。这种局域网的传送数据速率较高(大于等于 100Mb/s),除此之外,其他性能与 LAN 类似。它主要用于大型主机和高速外围设备的连网。

(3) 计算机交换机(CBX)。它主要用于采用线路交换技术的局域网。

表 6-1 对以上 3 种类型局域网的主要性能进行了比较。

表 6-1 3 种类型局域网的主要性能比较

比较项	LAN	HSLN	CBX
传输介质	双绞线、电缆、光纤	CATA 电缆	双绞线
拓扑结构	总线、环形、星形	总线	星形

续表

比　较　项	LAN	HSLN	CBX
传输速率	1～20Mb/s	50Mb/s	10.6～64kb/s
最大传输距离/ km	25	1	1
变换技术	分组	分组	线路
接入网的设备数	几百至几千	几十	几百至几千

6.3.3　局域网的工作模式

在局域网的工作模式中,主要有客户-服务器模式与对等计算模式两种。

(1) 客户-服务器模式(client-server model)。该模式所描述的是进程之间服务和被服务的关系,其中客户(client)和服务器(server)均是指通信过程所牵涉的两个应用进程,图 6-5 所示。该模式当中的客户是服务的请求方,服务器是服务的提供方。客户-服务器模式实际上是客户机向服务器发出请求并获得服务的一种网络形式,多台客户机可以同时共享服务器提供的各种资源。该模式是目前最常用、最重要的一种模式类型。而客户软件和服务器软件。

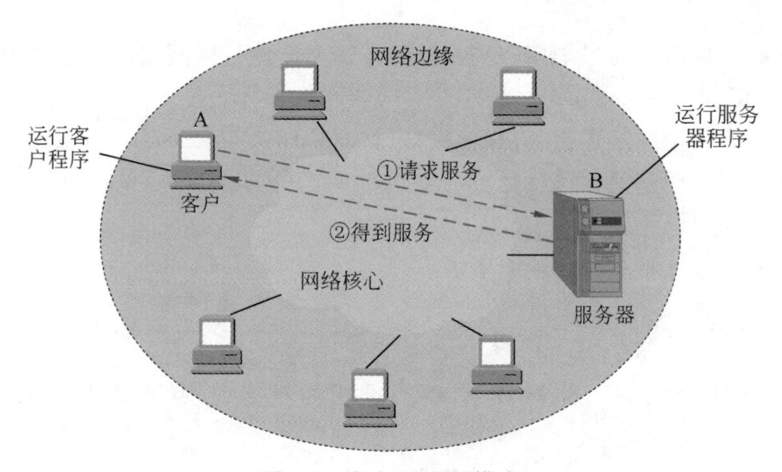

图 6-5　客户-服务器模式

(2) 对等计算模式(peer-to-peer,P2P)。该模式是一种点对点的模式,与客户-服务器模式有着明显的区别,在对等计算模式中没有专用服务器,每个工作站彼此之间是对等的关系,如图 6-6 所示。对等计算模式是指两个主机在通信时并不区分哪一个是服务请求方还是服务提供方,只要两个主机都运行了对等连接软件(P2P 软件),它们就可以进行平等的、对等连接通信。对等连接方式从本质上看仍然是使用客户/服务器模式,只是对等连接中的每一个主机既是客户又同时是服务器。对等计算模式通常在即时通信方案中应用广泛(例如实时音视频通信、实时文件传输甚至文字聊天等)。

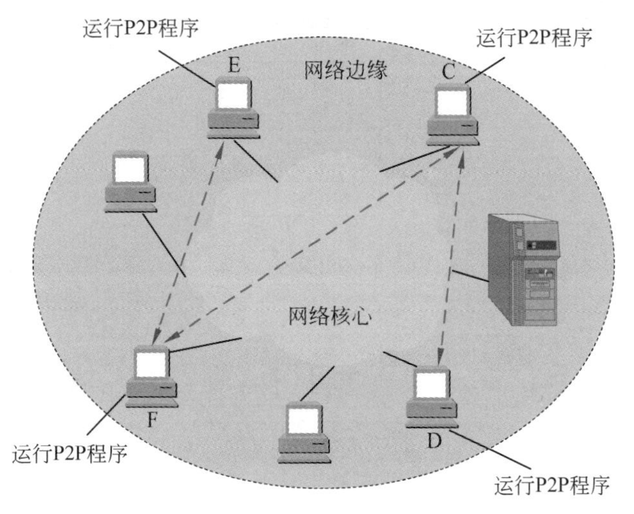

图 6-6　对等计算模式

6.4　Internet 基础

Internet 是当今世界上最大的计算机网络，可以将世界各地的计算机连接在一起，进行数据传输和通信。它并非某个具有独立结构的网络，而是一个无人控制的世界性的规模巨大的逻辑网络。Internet 不仅范围广，而且网上资源极其丰富，已成为全球最大的知识宝库之一。Internet 的出现是人类文明史上的一个重要里程碑。本节将对 Internet 的概念、发展历程和核心技术进行简单的介绍。

6.4.1　Internet 简介

1. 什么是 Internet

Internet（因特网）是一个全球性的网络，不属于任何个人，也不属于任何组织。它并不是一个具有独立形态的网络，而是将分布在世界各地的、类型各异的、规模大小不一的、数量众多的计算机网络互连在一起而形成的网络集合体，是当今最大的和最流行的国际性网络，如图 6-7 所示。它包含如下两方面的含义。

（1）从结构角度看，Internet 是一个使用网络互连设备将分布在世界各地的、数以千万计的规模不同的计算机网络互连起来的大型国际互连网络，是世界上规模最大的计算机网络。

（2）从使用者的角度看，Internet 是由大量计算机连接在一个巨大的通信系统平台上而形成的一个全球范围的信息资源网。

2. Internet 的起源与发展历程

Internet 起源于美国国防部高级研究计划局（Defence Advanced Research Projects Agency，DARPA）于 1968 年主持研制的用于支持军事研究的计算机实验网 ARPANET（阿帕网），该网于 1969 年投入使用。由此，ARPANET 标志着现代计算机网络的诞生。ARPANET 建网目的是帮助美国军方工作的研究人员通过计算机交换信息，它的主要设计

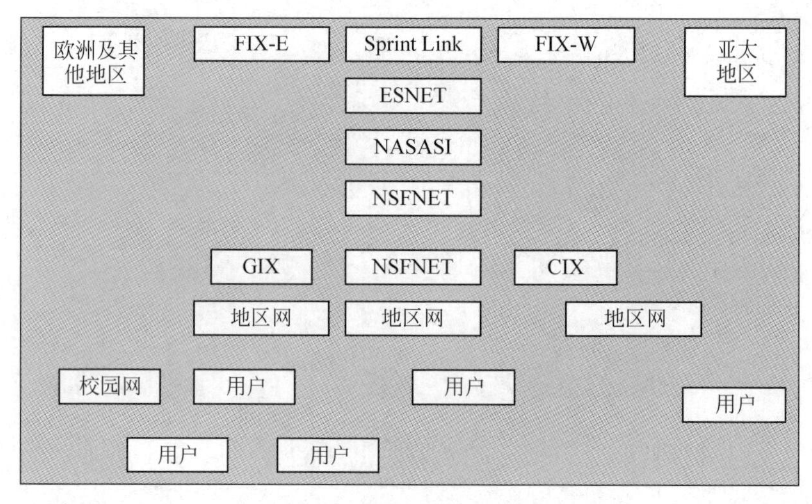

图 6-7　国际互联网示意图

思想是，网络要经得住考验，可维持正常工作，当网络一部分因受攻击而失去作用时，网络的其他部分仍能维持正常通信。

最初它只连接了 4 台主机，即斯坦福研究所(SRI)、Santa Barbara 的加利福尼亚大学(UCSB)、洛杉矶的加利福尼亚大学(UCLA)和犹他大学。随着新团体不断加入网络，ARPANET 得到了迅速发展，变得越来越大，功能也越来越完善。1982 年，ARPANET 实现了与其他多个网络的互连，从而形成了以 ARPANET 为主干网的国际互联网。

1983 年，ARPANET 被分开为两部分，ARPANET 和纯军事用的 MILNET。同时，局域网与广域网的产生和迅速发展对 Internet 的进一步发展起到了重要的作用。美国科学基金会(NSF)建立了为科研教育服务的、连接 5 个超级计算中心的专用网络 NSFNET。NSFNET 按地区划分计算机广域网，并将它们与计算机中心互连，最后将各超级计算机互连起来，通过连接各广域网的高速数据专线，构成了 NSFNET 的主干网。随着越来越多的机构、学校、政府部门、企业的采用，NSFNET 逐渐代替 ARPANE，成为互联网的主干。

1994 年 5 月，中国国家计算机网络设施(the national computing and network facility of China，NCFC)与 Internet 互连。当时，只要有计算机、调制解调器和国内直拨电话就能与 Internet 相连。用户通过中国互连网络(CHINANET)或中国教育科研计算机网(CERNET)都可与 Internet 相连。之后，CHINANET、CERNNET、CSTNET、CHINAGBNET 等多个 Internet 项目在全国范围相继启动，Internet 项目在全国范围相继启动，Internet 开始进入公众生活，中国也作为第 71 个国家级网络加入 Internet，并在中国得到了迅速发展。

自 1997 年后，中国的 Internet 用户快速增长。据中国互联网络信息中心(CNNIC)发布的《中国互联网络发展状况统计报告》统计，截至 2020 年 12 月，我国网民规模达 9.89 亿，互联网普及率达 70.4%，较 2020 年 3 月提升 5.9 个百分点。在线教育、在线医疗用户规模、网络购物用户规模、网络支付用户规模、短视频用户规模分别为 3.42 亿、2.15 亿、7.82 亿、8.54 亿、8.73 亿，占网民整体的 34.6%、21.7%、79.1%、86.4%、88.3%。2020 年，我国互联网行业在抵御新冠肺炎疫情和疫情常态化防控等方面发挥了积极作用，并为使我国成为全球唯一实现经济正增长的主要经济体、国内生产总值首度突破百万亿，圆满完成脱贫攻坚任务做出了重要贡献。同时，我国在5G、人工智能、云计算和大数据等信息技术领域取得了突破性的发展和进步，而Internet也正朝着互连、高速、智能化、移动化和全球化的方向发展。

6.4.2 Internet的核心技术

1. TCP/IP

协议通常指的是计算机相互通信时使用的标准规范，计算机在进行通信时必须使用相同的通信协议，即是必须建立在统一的规范上；否则信息将会变得不可理解，甚至计算机之间根本不能互连。协议能够使通信的信息可以理解，因此有人将计算机网络协议称为计算机通信的语言。有了通信的语言，网络中的计算机才能相互“交谈”，交谈的双方才能相互“沟通”。

计算机网络必须要有网络协议，网络中每个主机系统都应配置相应的协议软件，以确保网中不同系统之间能够可靠、有效地相互通信和合作。TCP/IP（传输控制协议/互联网协议）是Internet最基本的协议，也是Internet的基础。它不仅是一组工业标准协议，还是网络互连的核心协议，并为因特网提供了最基本的通信功能。虽然从名字上看TCP/IP仅仅包括两个协议，但实际上TCP/IP是因特网所使用的一组协议集的统称，它包含上百个各种功能的协议，主要有网络层、传输层和应用层协议，而其中最主要的两个协议是TCP和IP，它们共同形成一个独立的系统来操作网络设备。这些协议分别具有不同的功能，以满足用户应用程序的需要。

（1）网络层协议。该层中主要有以下协议。

① 互联网协议（internet protocol，IP）。该协议用于数据包的传输寻址，规定了网络之间传送数据包的格式（每个数据包由IP地址和信息区两部分组成），并将数据准确地传送到目的地。同时，IP还有另一个重要的功能，即路由选择功能，用于选择从网络上一个结点到另一个结点的传输路径。

② 互联网控制报文协议（internet control message protocol version，ICMP）。该协议用于IP主机、路由器之间传输分组投递过程中的差错等控制信息。控制信息实际上是指网络通不通、路由是否可用等信息。虽然这些控制信息不会传输用户数据，但是对用户数据的传递起着重要的作用。

③ 地址解析协议（address resolution protocol，ARP）。该协议用于实现IP地址到物理地址的解析。

④ 反向地址解析协议（reverse address resolution protocol，RARP）。该协议用于实现物理地址到IP地址的解析。

（2）传输层协议。该层中主要包含如下协议。

① 传输控制协议（transmission control protocol，TCP）。该协议用于对发送的整体信息进行数据分解，保证可靠性传送并按序组合，它用于解决传输过程中出现的差错问题，例如，数据是否到达，是否重复及数据是否丢失或损坏等。因此，TCP提供的是面向连接的、可靠的传输服务。

② 用户数据报协议（user datagram protocol，UDP）。该协议用于用户之间不可靠的数据报传送服务，传输数据之前源端和终端不建立连接。因此，UDP提供的是不可靠的无连

接传输服务。

(3) 应用层协议。该层中主要包含如下协议。

① 远程上机协议(telnet protocol)。该协议是远程登录服务的标准协议,用于给用户提供在本地计算机上完成远程主机工作的能力。

② 文件传送协议(file transfer protocol,FTP)。该协议用于提供文件传输服务。

③ 简单邮件传送协议(simple mail transfer protocol,SMTP)。该协议用于提供简单电子邮件交换服务,主要用于发送邮件。

④ 邮局协议第 3 版(post office protocol version 3,POPv3)。该协议用于邮件交换服务,主要用于接收邮件。

⑤ 超文本传送协议(hypertext transfer protocol,HTTP)。该协议用于万维网(WWW)浏览服务。

⑥ 域名系统(domain name system,DNS)。该协议用于域名与 IP 地址的映射。TCP/IP 起初是为 ARPANET 网络设计,后经多年的补充和完善,现在成为全球性因特网所采用的主要协议。TCP/IP 的特点主要有两点:标准化,几乎任意网络软件或设备都可在该协议上运行;可路由性,用户可以将多个局域网连接成一个大型互连网络。

2. IP 地址

Internet 由数千万个网络和数十亿台计算机组成,而接入 Internet 的任何两台计算机都能够准确地通信,所依赖的标识就是给每台计算机指定一个唯一的 IP 地址。IP 地址是一个逻辑地址,其目的是屏蔽物理网络细节,使得 Internet 从逻辑上看起来是一个整体网络。

1) IP 地址的定义及格式

IP 地址是每台连接到因特网上的主机分配的一个在全世界范围内唯一的 32 位的标识符,相当于通信时每台主机的名字。IP 地址的格式由 RFC(request for comment,征求意见稿)进行规定,IP 地址的分配统一由因特网编号分配机构(Internet assigned numbers authority,IANA)管理。

IP 地址的格式采用分层的结构,由网络号(net-id)和主机号(host-id)两部分组成,用来标识特定主机的位置信息。图 6-8 所示为 IP 地址的结构,其中网络号用来标识一个逻辑网络,主机号用来标识在这个逻辑网络中的一台主机。IP 地址的结构可以使人们在 Internet 上很方便地找到相应的计算机,即先按网络号找到 Internet 上的一个物理网络,再根据主机号找到网络中的这台计算机。一台接入 Internet 的主机至少包括一个 IP 地址,而且这个 IP 地址是网络中唯一的地址。如果一台主机有两个或者多个 IP 地址,那么这台主机将属于两个或多个逻辑网络。

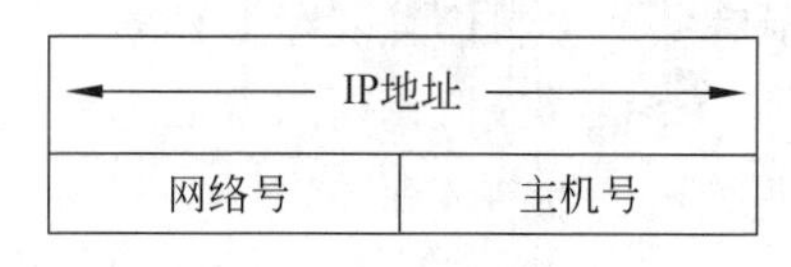

图 6-8 IP 地址的结构

按照 IPv4 的规定,每个 IP 地址用一个 32 位的二进制编码表示,为了方便使用,往往写成点分十进制形式。例如,某高校一台计算机分配到的地址为 11010011 01000011 01010001 00001010,这个 32 位的 IP 地址表示为 211.67.81.10。IP 地址的这种用 4 组 3 位十进制数表示法称为点分十进制表示法。

2) IP 地址的分类

根据不同的取值范围,IP 地址可以划分为 A、B、C、D、E 五类,其中 A、B、C 类地址是主类地址，D 类地址为广播地址，E 类地址保留给将来使用，如图 6-9 所示。

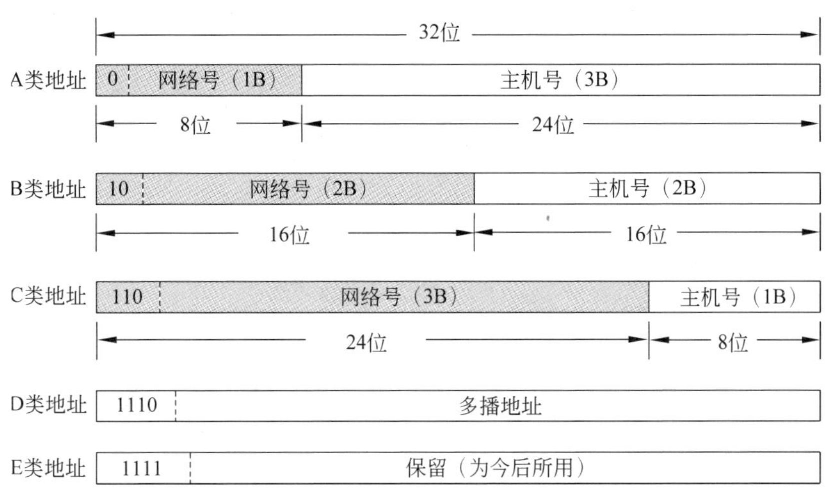

图 6-9　IP 地址的分类

(1) A 类地址(1.0.0.1～126.255.255.254)。一个 A 类地址由 1B 的网络地址和 3B 的主机地址组成，其中最高位必须是 0，网络地址空间是 7 位，主机地址空间长度为 24 位。可用网络地址范围从 0～127，可用网络地址有 126(2^7-2)个，减 2 的原因是，网络地址全为 0 的 IP 地址是保留地址，意思是“本网络”；而网络号为 127 的地址保留作为本机回路测试用。由于有 7 位的网络地址空间，所以允许有 126 个不同的 A 类网络，同时 24 位的主机地址空间，所以 A 类地址可提供的主机地址为 16 777 214($2^{24}-2$)个，减 2 的原因是：主机地址全为 0 是保留地址，意思是“本主机”；而全为 1 用作广播地址。A 类地址适用于拥有大量主机的大型网络。

(2) B 类地址(128.0.0.1～191.255.255.254)。B 类地址由 2B 的网络地址和 2B 的主机地址组成，网络地址空间是 14 位，最高位必须是 10，可用网络地址有 16 382($2^{14}-2$)个，可用的 B 类主机号有 65 534($2^{16}-2$)个，每个网络能容纳 65 534 万台主机。适用于中等规模的网络。

(3) C 类地址(192.0.0.1～223.255.255.254)。C 类地址由 3B 的网络地址和 1B 的主机地址组成，网络地址空间是 24 位，最高位必须是 110，C 类网络可达 209 万余个，每个网络能容纳 254(2^8-2)个主机。用于规模较小的局域网。

(4) D 类地址(224.0.0.0～239.255.255.255)。D 类地址的首字节以 1110 开始，它是一个专门保留的地址。它并不指向特定的网络，目前这一类地址被用在多播(multicast)中。多播地址用来一次寻址一组计算机，它标识共享同一协议的一组计算机。

(5) E 类地址(240.0.0.0～255.255.255.255)。以 11110 开始，为将来使用保留。全“0”(0.0.0.0)的 IP 地址对应于当前主机。全“1”的 IP 地址(255.255.255.255)是当前子网的广播地址。

例如，某高校一台计算机分配到的地址为 211.67.81.10。

地址的首字节在 192～223 范围内，因此它是一个 C 类地址，按照 IP 地址分类的规定，它的网络地址为 211.67.81，它的主机地址为 10。

3）特殊 IP 地址

RFC 标准文档规定了两种类型的 IP 地址，一种是在因特网上使用的 IP 地址，称为公有地址，这类地址不允许重复。另外一种 IP 地址允许在不同企业的局域网内部重复使用，但是这些 IP 地址不能在因特网上使用，这些 IP 地址称为私有地址（内网地址）。使用私有地址计算机，和因特网上的主机通信时，要经过网络地址转换（network address translation，NAT）方法，由路由器或其他网络设备将私有地址转换公有地址。RFC 规定的特殊 IP 地址如表 6-2 所示。

表 6-2　特殊 IP 地址

地址类型	IP 地址范围	说　明
A 类公网地址	1.0.0.1～126.255.255.254	126 个网络号，每个网络 16 777 214 台主机
B 类公网地址	128.0.0.1～191.255.255.254	16 384 个网络号，每个网络 65 534 台主机
C 类公网地址	192.0.0.1～223.255.255.254	2 097 152 个网络号，每个网络 254 台主机
D 类公网地址	224.0.0.0～239.255.255.255	用于组播或已知的多点传送
E 类公网地址	240.0.0.0～254.255.255.255	实验地址，保留给将来使用
A 类私网地址	10.0.0.0～10.255.255.255	用于企业局域网，不能在因特网上使用
B 类私网地址	172.16.0.0～172.31.255.255	用于企业局域网，不能在因特网上使用
C 类私网地址	192.168.0.0～192.168.255.255	用于企业局域网，不能在因特网上使用
A 类保留地址	0.0.0.0、126.255.255.255	网络号和广播地址
B 类保留地址	128.0.0.0、191.255.255.255	网络号和广播地址
C 类保留地址	192.0.0.0、223.255.255.255	网络号和广播地址
保留测试地址	127.0.0.0～127.255.255.255	用于本机测试

3. IPv6

目前网络所用的主要技术是第二代互联网 IPv4 技术。IPv4 中规定 IP 地址长度为 32 位，最大地址个数为 232；网络地址资源有限，现在的 IP 地址已于 2011 年分配完毕。中国 IPv4 地址数量达到 2.5 亿，远远落后于 4.2 亿网民的需求，已经严重地制约中国及其他国家互联网的应用和发展。

IPv6（internet protocol version 6，互联网协议第 6 版）是因特网工程任务组（Internet engineering task force，IETF）设计的用于替代 IPv4 的下一代协议，IPv6 中 IP 地址的长度为 128 位，即最大地址个数为 2128。与 32 位地址空间相比，其地址空间增加了 2128－232 个。IPv6 的出现不仅解决了网络地址资源数量有限的问题，而且也解决了多种接入设备连入互联网的障碍。

IPv6 的地址长度为 128 位，是 IPv4 地址长度的 4 倍，IPv4 点分十进制格式不再适用，采用十六进制表示。IPv6 有 3 种表示方法。

1）冒号分十六进制表示法

格式为

```
X:X:X:X:X:X:X:X
```

其中,每个 X 表示地址中的 16 位,以十六进制表示,例如:

```
ABCD:EF01:2345:6789:ABCD:EF01:2345:6789
```

这种表示法中,每个 X 的前导 0 是可以省略的,例如:

```
2001:0DB8:0000:0023:0008:0800:200C:417A
```

可表示为

```
2001: DB8:0: 23: 8: 800:200C:417A
```

2) 0 位压缩表示法

在某些情况下,一个 IPv6 地址中可能包含很长的一段 0,可以把连续的一段 0 压缩为“: ”。但为保证地址解析的唯一性,地址中的“:”只能出现一次,例如:

```
FF01:0: 0: 0: 0: 0: 0:1101→FF01::1101
0: 0: 0: 0: 0: 0: 0:1→::1
0: 0: 0: 0: 0: 0: 0: 0→::
```

3) 内嵌 IPv4 地址表示法

为了实现 IPv4-IPv6 互通,IPv4 地址可以嵌入 IPv6 地址中,此时地址常表示为 X:X:X:X:X:X:d.d.d.d,前 96 位采用冒号分十六进制表示,而最后 32 位地址则使用 IPv4 的点分十进制表示,例如:192.168.0.1 与 FFFF:192.168.0.1 就是两个典型的例子,注意在前 96 位中,压缩 0 位的方法依旧适用。

4. 域名系统

为了使 IP 地址便于用户记忆和使用,同时也易于维护和管理,可以以文字符号方式同样唯一标识计算机,因此,Internet 引入了域名服务系统(domain name system,DNS),域名系统是一个遍布在因特网上的分布式主机信息数据库系统。

域名实际上是 Internet 上主机的名字,用户也可以通过一个确定的域名来与其他用户通信,但计算机之间互相只识别 IP 地址,域名与 IP 地址之间是对应的,它们之间的转换工作称为域名解析。域名解析需要由专门的域名解析服务器来完成,DNS 的任务就是自动地将 Internet 的域名从左至右地进行解析成 IP 地址。

Internet 设有一个分布式命名系统,它是一个树状结构的计算机域名服务器网络。每个 DNS 保存一个常用的 IP 地址和域名的转换表,当有计算机要根据域名访问其他计算机时,它自动执行域名解析,把已经注册的域名转换为 IP 地址。如果此服务器查不到该域名,该 DNS 会向它的上一级 DNS 发出查询要求,直到最高一级的 DNS 返回一个 IP 地址或返回未查到信息。

域名系统采用典型的分层树状结构。域名系统将整个 Internet 划分为多个顶级域名,如表 6-3 所示。顶级域名由国际互联网络信息中心(InterNIC)负责管理。中国互联网络信息中心(CNNIC)将顶级域名的管理权授予指定的管理机构,各个管理机构再为它们所管理的域分配二级域名,并将二级域名的管理权授予其下属的管理机构。在国别域名下的二级域名由各个国家自行确定,这样就形成了层次结构的域名体系,如表 6-4 所示。计算机域名

的命名方法是以“.”隔开的若干级域名。自左向右，从计算机名开始，域的范围逐步扩大。即

结点名.三级域名.二级域名.顶级域名

表 6-3　部分顶级域名分配表

顶级域名	域名类型
com	商业机构
edu	教育机构
gov	政府机构
int	国际机构
mil	军事机构
net	网络服务机构
org	非赢利性组织
cn	中国
fr	法国
ca	加拿大

表 6-4　部分二级域名分配表

二级域名	域名类型
ac	科研机构
com	商业机构
edu	教育机构
gov	政府部门
int	国际组织
net	网络支持中心
org	各种非赢利性组织
ah	安徽
sh	上海
zj	浙江
bj	北京
tj	天津

域名的级数通常有 3～5 级。例如，人民网的域名为 www.peopledaily.com.cn，其中主机别名为 www；机构名为 peopledaily；网络名为 com 表示该站点为商业机构；顶层域名为 cn 表示该网站位于中国。

6.5　Internet 的基本服务

Internet 能够如此快速地发展和受到大量用户的青睐的主要原因是它提供了丰富多彩的服务。本节将对 Internet 的常用服务进行简要介绍。

6.5.1　WWW 服务

1. WWW 服务概述

WWW(world wide web，万维网，简称 Web)服务，是一种建立在超文本语言(HTML)与 HTTP 基础上的用于浏览与查询因特网信息的服务。它可以交互方式查询和访问存放于远程计算机的信息资源，为多种 Internet 的浏览与检索访问提供了一个一致的访问机制。这些信息资源分布在全球众多的 Web 服务器上，由提供信息的专门机构进行管理和更新。用户通过和 WWW 服务和 Web 浏览器软件(例如 Microsoft Edge 浏览器)就可以在 Internet 上浏览和访问 Web 站点上的各种信息，并可通过单击文本或图形的“超链接”，就可以转到世界各地的其他 Web 站点，访问其中的信息资源。它不仅可以查看文字，还可以欣赏图片、音乐、视频。

另外，它还制定了一套标准的、易为人们掌握的超文本标记语言、信息资源的统一定位符(uniform resource locator，URL)和超文本传送协议。随着技术的发展，传统的 Internet 服务如 Telnet、FTP、Gopher 和 Usenet News(Internet 的电子公告服务)现在也可以通过 WWW 的形式进行实现。通过使用 WWW，一个不熟悉网络的人也可以很快成为 Internet 的行家，自由地使用 Internet 中的资源。

2. WWW 的工作原理

WWW 上的信息以超文本页面为基础进行组织，在超文本中使用超链接技术，可以从一个信息页跳转到另一个信息页。WWW 中的信息资源主要由一系列 Web 文档构成。这些 Web 网页采用超文本的格式，即可以含有指向其他 Web 网页或自身内部特定位置的超链接。

超文本实际上是一种描述信息的方法。HTML 对 Web 页的内容、格式及超链接进行了规定和描述。例如，它规定了文件的标题、段落等内容如何显示，如何将超链接引入超文本，以及如何在超文本文件中嵌入图像、声音和视频等内容。Web 浏览器的作用就是读取 Web 站点上的 HTML 文档，再根据此类文档中的描述组织并显示对应的 Web 页面。

WWW 是采用客户-服务器方式工作的。上述这些供用户浏览的超文本文件被放置在 Web 服务器上，用于记录通过 Web 客户端(Web 浏览器)发出 HTTP 请求，Web 服务器接收到请求后，经过处理后返回相应的 Web 网页至用户浏览器，用户就可以在浏览器上看到自己所请求的内容了，如图 6-10 所示。

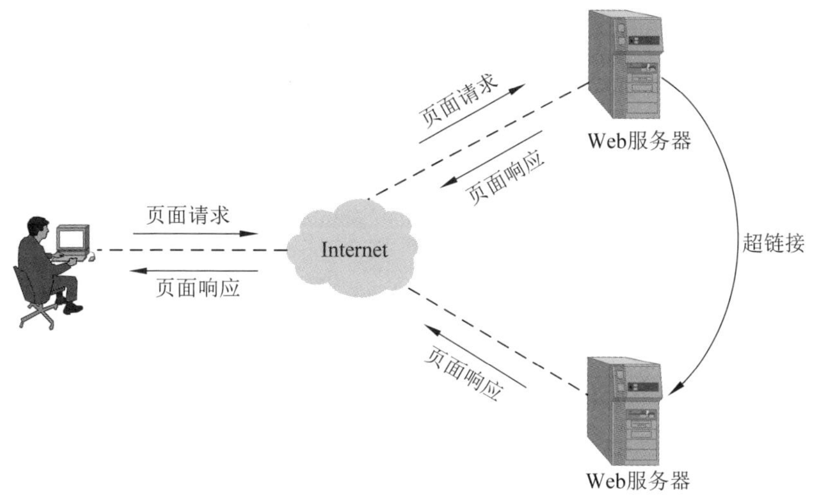

图 6-10　WWW 服务原理

3. WWW 的相关术语及技术支持

从技术方面上来看，WWW 涉及的技术和相关术语如下：URL 实现全球资源的精确定位，用应用层协议(例如 HTTP)实现分布式的信息传送，以超文本技术(例如 HTML)实现信息的描述和显示，以及 Web 网站和 Web 网页。

(1) 网页(Web page)。它是浏览 WWW 资源的基本单位。每个网页对应磁盘上一个单一的文件，其中可以包含文字、表格、图片、声音、视频等。Web 网页采用超文本格式，即每个 Web 文档不但包含自身信息，而且还包含其他 Web 网页的超链接，由超链接指向的

Web 网页可以在用户近处的一台计算机上,也可能是远在万里之外的一台计算机上。但对用户来说,单击网页上的超链接,所需信息就会立刻显示。

(2) Web 网站也称为 Web 站点或 WWW 服务器。它提供 WWW 服务的网站,每个 Web 网站由许多个网页所组成。实际上可以将 Web 网站视作 Internet 上的大型图书馆,Web 站点上的信息资源就像图书馆里的一本本图书,Web 网页则是书中的某一页,Web 站点上的信息资源由许许多多的 Web 网页组成的。现在的网页不但可以放入文字、图形,而且可以放入动画、音乐、视频等多种信息。

Web 网站采用客户-服务器工作模式。一般用户使用的计算机称为客户机,服务器是一种提供服务的高性能计算机,作为网络的结点,存储、处理网络上大量数据、信息,根据服务器提供的不同服务,可以分为邮件服务器和文件传输服务器等。所有的客户端和服务器统一使用 TCP/IP,这样就将客户端和服务器逻辑连接变成简单的端对端的连接,用户只需提出查询请求就可以完成查询操作。

(3) 统一资源定位符。它用来确定互联网上资源的位置和访问方法,是互联网上标准资源的网络地址。互联网上的每个文件都有一个唯一的 URL。URL 完整格式为

资源类型://域名:端口号/路径/文件名

即

protocol://hostname[:port]/path/filename

其中,protocol(协议)用于指定使用的传输协议,表 6-5 列出协议属性的有效方案名称。最常用的是 HTTP,它是目前 WWW 中使用最广泛的协议;hostname(主机名)是指存放资源的服务器的域名系统(DNS)、主机名或 IP 地址;port(端口号)是整数,可选,省略时使用协议的默认端口,各种传输协议都有默认的端口号,如 HTTP 的默认端口为 80。path(路径)由多个"/"隔开的字符串,用来表示主机上的一个目录或文件地址;filename(路径)网页文档名称。

表 6-5 协议属性的有效方案名称

协议名	访问资源方式	格式
File	资源是本地计算机上的文件	file://
FTP	通过 FTP 访问资源	FTP://
Gopher	通过 Gopher 协议访问该资源	
HTTP	通过 HTTP 访问该资源	HTTP://
HTTPS	通过安全的 HTTPS 访问该资源	HTTPS://
MMS	通过支持 MMS(流媒体)协议播放该资源	MMS://
ed2k	通过支持 ed2k(专用下载链接)协议的 P2P 软件访问该资源	ed2k://
Flashget	通过支持 Flashget(专用下载链接)协议的 P2P 软件访问该资源	Flashget://
Thunder	通过支持 Thunder(专用下载链接)协议的 P2P 软件访问该资源	Thunder://
News	通过 NNTP 访问该资源	

(1) 超文本传送协议是一个客户端和WWW服务器端间语言交流的协议，用于Web服务器与浏览器之间传送文件。

一次HTTP操作称为一个事务，其工作过程可分为4步，如图6-11所示。首先，客户机与服务器需要建立连接；建立连接后，客户机发送一个请求给服务器；服务器接到请求后，给予相应的响应信息；客户端接收服务器所返回的信息通过浏览器显示在用户的显示屏上，然后客户机与服务器断开连接。

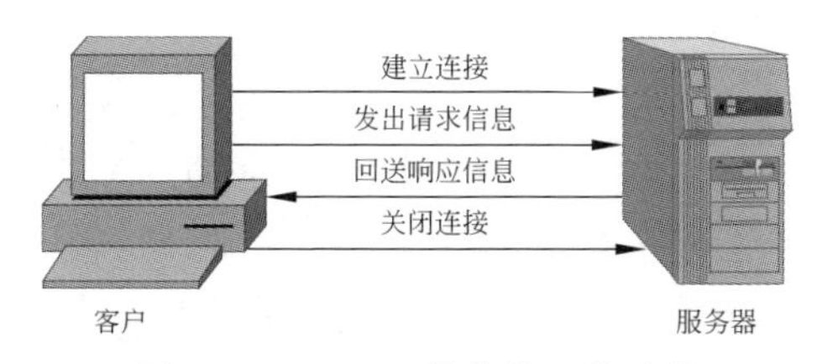

图6-11　HTTP操作的工作过程

(2) 超文本标记语言是一种用来制作超文本文档的简单标记语言。用HTML编写的超文本文档称为HTML文档，它独立于各种操作系统平台，该类型的文档的后缀一般为.htm或.html。

6.5.2　文件传输服务

文件传输服务是Internet的另一项重要的服务，它是Internet中最早提供的服务功能之一，目前仍被广泛使用，它主要负责的是用户在主机之间或主机与用户终端之间互相传送文件，不仅文件的类型不限(例如文本文件、二进制可执行文件、声音文件、图像文件、数据压缩文件等)，而且还能保证传输的可靠性。除此之外，FTP还提供登录、目录查询、文件操作、选项执行及其他会话控制功能。网上文件传输的实现依赖于FTP的支持。

1. FTP的工作原理

文件传输服务也称FTP服务，它的工作原理并不复杂，采用的客户-服务器工作方式，用户计算机称为FTP客户端，远程提供FTP服务的计算机称为FTP服务器。文件的上传和下载过程如图6-12所示。用户通过一个支持FTP的客户端程序连接到远程主机上的FTP服务器程序。用户通过客户端程序向服务器程序发出选项，服务器程序执行用户发出的选项，并将执行的结果返回给客户端。

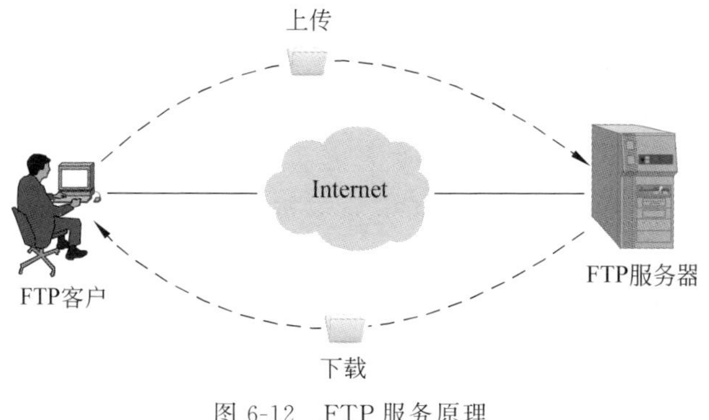

图6-12　FTP服务原理

FTP是一种实时的联机服务，用FTP传输文件，用户首先应在远方系统上注册，成为合法用户后才能享受FTP服务以实现上传和下载文件操作。但是，也有许多FTP服务器运行用户以anonymous(匿名)为用户名，以用户的电子邮箱的地址为口令进行连接，这种FTP服务器称为匿名服务器，它给未注册的用户设定了特别的子目录，其中的内容对访问者完全开放。例如访问微软公司的FTP服务器：在Internet Explorer浏览器地址栏中输入ftp://ftp.microsoft.com/，并按Enter键，即可连接成功。浏览器界面显示出服务器文件目录结构，用户就可以上传或下载资源。

2. FTP的工作方式

FTP通常有两种工作方式：主动方式(PORT)和被动方式(PASV)。

(1) 主动方式的工作过程。客户端向服务器FTP端口(默认是21)发送连接请求，服务端接受连接请求，从而建立了一条链路。当需要传输数据时，客户端就会在该链路上通过利用PORT命令来实现数据的传输。

(2) 被动方式的工作过程。客户端向服务器FTP端口(默认是21)发送连接请求，服务端接受连接请求，从而建立了一条链路。当需要传输数据时，客户端就会在该链路上通过利用PASV命令来实现数据的传输。

6.5.3 电子邮件服务

电子邮件(E-mail)是一种利用计算机网络提供信息交换的通信方式，它是Internet上最受欢迎、应用最广的服务之一。通过电子邮件服务，用户可以用低廉的价格，非常快速地与世界上任何一个角落的网络用户联系；电子邮件内容可以是文字、图像、视频等形式。由于电子邮件的使用简易、投递迅速、收费低廉，易于保存，它使人们的交流方式发生极大的改变。另外，电子邮件支持一次发送给许多人。

1. E-mail服务的工作原理

电子邮件系统是现代通信技术与计算机技术紧密结合的产物。在这个系统中有一个核心既是邮件协议。邮件协议一般包括SMTP和POP3。SMTP负责寄信；POP3负责收信。邮件服务器采用性能高、速度快、容量大的计算机担当，该系统内的邮件收发均要经邮件服务器。

电子邮件系统通常由邮件服务器端与邮件客户端两部分组成。邮件服务器包括接收邮件服务器和发送邮件服务器，发送邮件服务器采用SMTP，接收邮件服务器采用POP3。当用户发送电子邮件时，发送方通过邮件客户程序，将编辑好的电子邮件向发送邮件服务器(SMTP服务器)发送，发送邮件服务器识别接收者的地址，并向管理该地址的邮件服务器即接收邮件服务器(POP3服务器)发送消息，接收邮件服务器将消息存放在接收者的电子信箱内，并告知接收者有新邮件到来。接收者通过邮件客户程序连接到服务器后，就会看到服务器的通知，进而打开自己的电子信箱来查收邮件。电子邮件系统工作原理如图6-13所示。

2. E-mail地址

E-mail地址就是电子邮件的地址，它不仅指某个特定的电子邮件的地址，所有邮箱的地址都可统称为E-mail地址。在Internet上发送电子邮件必须要知道收件人的电子邮箱地址，就像去邮局发信需要填写发信人、收信人地址一样，它是用来标识用户在邮件服务器

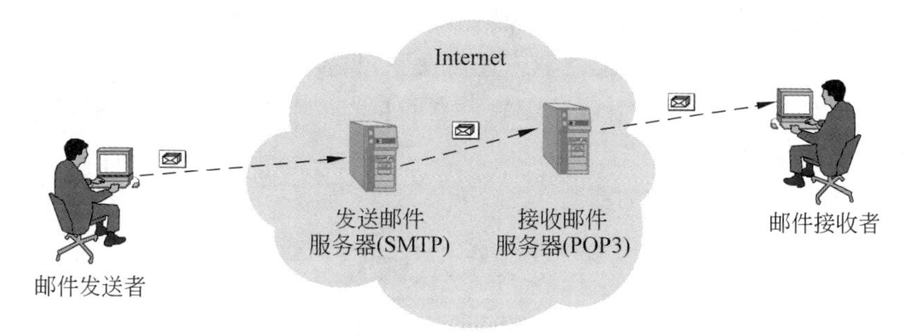

图 6-13 电子邮件系统工作原理

上信箱的位置。Internet 中每个用户的电子邮箱地址都是唯一的,这样可使邮件的收发更加便捷。一个完整的 Internet 邮件域名地址格式为

用户名@主机名.域名

其中,@读作"at",表示"在"的含义;主机名和域名则标识了该用户的机构或计算机网络,三者相结合就得到了标识网络上某个人唯一地址。例如:miaomiao@163.com、88888888@qq.com 或 sun@public.web.hb.cn 均是一个完整的 E-mail 地址。

电子邮件具有使用简单方便、安全可靠、便于维护等优点,同时也具有用户在编写、收发、管理电子邮件的全过程都需要连网的缺点。

6.5.4 搜索引擎服务

信息检索是指将信息按一定的方式组织和存储起来,并根据用户的需要找出有关信息的过程。而搜索引擎(search engine)则是信息检索过程中所使用的主要手段。随着网络的快速发展与普及,Internet 日益成为信息共享的平台。各种各样的信息充斥整个网络,既有很多有用的信息,也有很多垃圾信息。那么如何快速准确地在浩瀚的网络资源中找到真正需要的信息也已变得极其重要。搜索引擎是一种网上信息检索工具,它可以帮助用户迅速、全面且准确地在成千上万的网络资源中找到所需的信息。

1. 搜索引擎

搜索引擎是在 Internet 上对信息资源进行组织的一种主要方式。从广义上讲,搜索引擎是用户对浩瀚万千的网络信息资源进行管理和检索的一系列软件。因特网上的信息不仅多还毫无秩序,搜索引擎则为用户绘制一幅清晰有序的信息地图,供用户随时查阅。它通过从互联网上提取各个网站的信息来建立起数据库,进而检索出与用户查询条件相匹配的记录,按照一定的顺序返回结果。搜索引擎主要的功能是信息搜集、信息处理和信息查询等。

2. 搜索引擎的种类

搜索引擎根据组织信息的方式,将其分为全文检索、目录索引等。

(1) 全文检索。全文检索(full-text search)引擎实质上是能够对网络的每个网页中的单字进行搜索。它是目前使用最广泛的主流搜索引擎,国外有代表性的搜索引擎是 Google,国内最大中文搜索引擎是百度。这种搜索引擎依靠关键词(keyword)进行查询,它的特点是查全率高且搜索范围广,但缺乏一目了然的层次结构,查询结果中重复链接较多。

(2) 目录索引。目录(directory)搜索引擎也称为分类检索,是 Internet 上最早提供的资

源查询服务,它是将信息进行归类,形成像图书馆目录一样的分类树状结构索引,搜索代表是新浪分类目录搜索。目录索引无须输入任何文字,只要根据网站提供的主题分类目录,层层单击进入,便可查到所需的网络信息资源。它的特点是查准率高、查全率低,比较适合对某方面有所了解的用户。

本章小结

计算机网络是功能独立的多台计算机通过通信线路和通信设备互连起来,以实现彼此交换信息和共享资源为目的的计算机系统。它是计算机技术与通信技术紧密结合的产物。本章主要介绍计算机网络的一些基本概念、原理、方法,以及与 Internet 相关的知识,使读者能从整体上对计算机网络有直观的了解。本章所牵涉的内容主要包括以下几点。

(1) 计算机网络概述,主要介绍了计算机网络的定义与发展历程。

(2) 认识计算机网络,主要讲述了计算机网络的组成、分类、功能和体系结构。

(3) 认识局域网,由于局域网是整个计算机的基础,因此在该部分对其的概念、分类和工作模式进行了详细介绍。

(4) Internet 基础,主要包括 Internet 的概念和常用的核心技术。

(5) Internet 的基本服务,主要讲述了 Internet 提供的常用服务:WWW、文件传输、电子邮件及搜索引擎服务。

知识拓展

物联网

物联网(internet of things,IoT)是一项重要的计算机新技术,通过射频识别(radio frequency identification,RFID)、红外感应器、全球定位系统、激光扫描器等信息传感设备,按约定的协议,把任何物品与互联网相连接,进行信息交换和通信,以实现智能化识别、定位、跟踪和监管的一种网络。物联网主要解决物品到物品(thing to thing,T2T)、人到物品(human to thing,H2T),人到人(human to human,H2H)之间的连接。

物联网具有 3 个特征。

(1) 全面感知。物联网利用射频识别、传感器、红外线、二维码等技术随时随地感知、捕获、获取物体的信息,实现对物体信息的全面采集。

(2) 可靠传递。物联网是以互联网为基础的网络,通过各种网络(例如互联网、电信网、电网和交通网等网络)与互联网相融合,建立起物联网内物品与物品之间的广泛互连,实现了物体与物体之间信息的实时获取、准确地传递。

(3) 智能处理。由于物联网上的传感器采集的信息数量种类多,数据量大。利用数据融合、云计算和模式识别等智能计算技术,对传感器获得的海量数据和信息进行处理、分析、加工和挖掘出有用的数据和信息。

物联网已经广泛应用到人们日常生活、生产、工作中,如智能家居、车联网、智慧农业、智慧城市、智慧医疗、智慧交通、智慧物流、智能安防、智能零售、智慧建筑、智能电网、智能手表、环境与安全检测、照明控制、个人健康、食品安全控制、敌情侦察和情报搜集等各个领域。把传统的信息通信技术延伸到更为广泛的物理世界，实现了人类社会与物理世界的有机整合。

习　题　6

一、单项选择题

1. 计算机网络是计算机技术与(　　)技术紧密结合的产物。

A. 通信　　B. 电话　　C. Internet　　D. 卫星

2. 以下关于计算机网络的分类中，不属于按照覆盖范围分类的是(　　)。

A. 局域网络　　B. 对等网络　　C. 城域网　　D. 广域网

3. 计算机中网卡的正式名称是(　　)。

A. 集线器　　B. T 形接头连接器

C. 终端匹配器　　D. 网络适配器

4. TCP/IP 体系中的应用层对应于 OSI-RM 中的(　　)。

A. 应用层、表示层、会话层　　B. 应用层

C. 物理层　　D. 应用层、网络层、传输层

5. 网址 www.pku.edu.cn 中的 cn 表示(　　)。

A. 英国　　B. 美国　　C. 日本　　D. 中国

6. 关于 Internet，以下说法正确的是(　　)。

A. Internet 属于美国　　B. Internet 属于联合国

C. Internet 属于国际红十字会　　D. Internet 不属于某个国家或组织

7. 学校的校园网络属于(　　)。

A. 局域网　　B. 广域网　　C. 城域网　　D. 电话网

8. IP 地址由一组(　　)的二进制数字组成。

A. 8 位　　B. 16 位　　C. 32 位　　D. 64 位

9. 在 Internet 中，能够提供任意两台计算机之间传输文件的协议是(　　)。

A. WWW　　B. FTP　　C. Telnet　　D. SMTP

10. TCP/IP 是 Internet 事实上的国际标准，根据网络体系结构的层次关系，其中传输层使用 TCP，(　　)使用 IP。

A. 应用层　　B. 物理层　　C. 网络层　　D. 链路层

11. HTML 是(　　)。

A. 传输协议　　B. 超文本标记语言

C. 统一资源定位器　　D. 机器语言

12. HTTP 是(　　)。

A. 统一资源定位符　　B. 远程登录协议

C. 文件传送协议　　D. 超文本传送协议

13. 使用匿名 FTP 服务，用户登录时常常使用(　　)作为用户名。

A. anonymous　　B. 主机的 IP 地址

C. 自己的 E-mail 地址　　　　D. 结点的 IP 地址

14. 下面选项中,(　　)是电子邮件地址。

A. www.263.net.cn　　　　B. cssc@263.net

C. 192.168.0.100　　　　D. http://www.sohu.com

15. 使 Telnet 服务器所起的作用是(　　)。

A. 一个新闻组服务器　　　　B. 一个聊天服务器

C. 一个远程登录服务器　　　　D. 一个常用的服务器

二、填空题

1. 目前最大的计算机互连网络是________。
2. Internet 最早起源于美国国防部的________网络。
3. ________代表邮局协议,用于接收电子邮件。
4. DNS 表示________。
5. IEEE 将网络划分为 LAN、________和 WAN。
6. 计算机网络最主要的功能 3 种是数据通信、________和分布处理。
7. 计算机网络由网络硬件、________和网络软件 3 部分组成。
8. Internet 使用的通信协议是________。
9. IP 地址 192.9.200.21 是________类地址。
10. IP 地址是由________和主机号两部分组成。

第 7 章　常用工具软件

工具软件是指在使用计算机进行工作和学习时使用的软件。目前,几乎所有的工具软件都可以通过网络下载使用。

常用的工具软件非常多,本章主要介绍安全工具火绒安全、阅读器软件 Adobe Reader、编辑器软件 Adobe Acrobat PDF、影音制作软件 Movie Maker Live 这几个工具软件的下载、安装与卸载方法,其他工具软件的使用方法可参考上述工具。

【本章要点】

- 工具软件的下载、安装。
- 常用工具软件的使用方法。

【本章目标】

- 了解工具软件的下载、安装与卸载方法。
- 学会使用计算机系统安全工具。
- 学会 PDF 阅读器、编辑器的使用方法。
- 学会音频与视频的剪辑。

7.1　工具软件概述

工具软件在人们日常生活中经常用到。其特点是占用空间小、功能单一、使用方便、更新较快,几乎所有的工具软件可以在网络上直接下载使用。

7.1.1　工具软件的类型

工具软件按用途与功能可以分为系统安全工具、维护工具、阅读工具、翻译工具、图像图形工具、多媒体播放工具和其他功能软件等。各个类型下又包含了多种工具软件,如表 7-1 所示。用户应根据自己的需求选择合适的工具软件。

表 7-1　常用工具软件类型

软件类型	常用软件
系统安全工具	系统安全工具、文件保护工具(如加密大师)、系统优化工具、硬件维护工具、杀毒软件(卡巴斯基)等
阅读翻译工具	阅读工具(如 Adobe Reader)、文字识别工具(如有道翻译)等
多媒体类工具	音频播放工具(如网易云音乐)、音频剪辑工具(如 Movie Maker Live)等
其他类别工具	文件压缩工具(如 WinRAR)、资源下载工具(如迅雷)、虚拟光驱工具等

7.1.2　工具软件的下载

用户可以根据自身的需求选择并购买所需商业性的工具软件的安装光碟,由于大部分工具软件是免费的，用户可以通过网络下载获取工具软件的安装程序。一般可以从软件开发商官方网站直接下载或通过第三方软件网站下载，用户使用浏览器中访问第三方下载网站，通过网站所提供的搜索引擎查找指定的工具软件并下载。

当要下载的工具软件安装包文件过大时，应使用迅雷、QQ旋风等专用的下载工具进行下载，可提高下载的成功率。

7.1.3 工具软件的安装

工具软件下载后，要将软件安装到计算机中才能使用。工具软件的安装方法大同小异，直接双击扩展名为EXE的可执行文件，在安装向导的带领完成。注意，软件安装过程中，一般默认安装路径为C:\Program Files\。随着大量软件的安装，系统盘C盘的空间会越来越小，以至于影响计算机运行速度，所以在安装软件时，尽量将应用软件安装在C盘以外的磁盘分区。

7.1.4 工具软件的使用

工具软件安装到计算机硬盘上，用户就可以使用了，所有工具软件的启动和退出与前面章节介绍的办公软件相同，在这不再重复说明；所有工具软件启动后，都会出现工作窗口，并且工作窗口也与办公软件相似，一般都由标题栏、菜单栏、工具栏、工作区以及状态栏五部分组成，每部分的功能和使用方法也与办公软件相似，只不过工具软件的具体功能各不相同。如果用户使用工具软件时，想要快速学会工具软件的选项按钮的功能，或想快速解决遇到的问题，可以使用工具软件的帮助功能。

帮助功能为用户提供了工具软件的各项操作选项的功能介绍和使用方法，以帮助用户更好的理解和使用。要想获取工具软件的帮助信息，可在工具软件的工作窗口中单击问号图标 ? 或按F1键，弹出工具软件的帮助功能，在帮助功能窗口中的搜索框内可以搜索出相应问题的解决方案。

7.2 扫描计算机并查杀病毒案例

【案例引导】 某同学新买了一台微型计算机，需要扫描计算机有无木马或病毒感等安全风险，并安装一些安全工具软件用保护计算机系统的安全。通过学习系统安全工具的使用，可以对微型计算机进行保护，更加安全的使用微型计算机。具体如下。

(1) 下载一个系统安全工具软件。

(2) 对微型计算机进行病毒扫描。

(3) 发现威胁后进行处理。

在计算机进行扫描和查杀木马程序或病毒之前，先要学习并了解一下系统安全工具和系统安全工具软件的操作方法。

7.2.1 系统安全工具软件简介

计算机病毒是编制者在计算机程序中插入的破坏计算机功能或者数据的代码，能影响计算机使用、能自我复制的一组计算机指令或者程序代码。

计算机病毒是一段执行的程序，就像生物病毒一样，具有我繁殖、传染、激活、再生等生物病毒特征。计算机病毒有独特的复制能力，能够快速蔓延，常常难以根除。它们能把自身附着在多种类型的文件上，当文件从一个用户传送到另一个用户时，它们就随同文件一起蔓延，影响计算机正常运行、破坏操作系统。

木马病毒是指通过特定的程序(木马程序)来控制另一台计算机的程序。与一般的病毒不同，木马不会自我繁殖、不会感染其他文件，它通过将自身伪装成用户无法辨别的文件吸引用户下载执行，盗取用户在计算机中的私密信息。

安全工具软件是对病毒、木马等一切已知的对计算机有危害的程序代码进行清除的程序工具，是辅助用户管理微型计算机计算机安全的软件程序。

7.2.2 安全工具软件的分类

按照软件的功能不同，安全工具软件可分为杀毒软件、辅助安全软件、反流氓软件和加密软件。

1. 杀毒软件

杀毒软件又称为反病毒软件，如卡巴斯基安全部队、火绒安全、小红伞、瑞星杀毒软件、金山毒霸、Microsoft Security Essentials、诺顿、G Data、腾讯电脑管家、百度杀毒、360 杀毒等。

反病毒软件通常通过在系统添加驱动程序进驻系统，并随操作系统启动，其任务是实时监控和扫描磁盘。

实时监控的方式有两种：一种是通过在内存里划分一部分空间，将计算机中通过内存的数据与反病毒软件自身所带的病毒库特征码相比较，以判断病毒的存在；另一种是在被分配的内存里，虚拟执行系统或用户提交的程序，根据其行为或结果做出判断。

扫描磁盘是指反病毒软件将磁盘上所有的文件(或者用户自定义的扫描范围内的文件)做一次检查。

2. 辅助安全软件

辅助安全软件主要是清理垃圾、修复漏洞、防木马的软件，例如百度卫士、金山卫士、瑞星安全助手、腾讯电脑管家、360 安全卫士等。

3. 反流氓软件

反流氓软件主要是清理流氓软件，保护系统安全的软件，常用的有百度卫士、恶意软件清理助手、超级兔子、Windows 清理助手等。

4. 加密软件

加密软件的功能主要是通过对数据文件进行加密，以防止外泄，从而确保信息资产的安全。按照实现方法的不同，加密软件可划分为被动加密和主动加密。目前，驱动层透明加密技术是最可靠、最安全的加密技术。

7.2.3 云安全技术

当计算机与互联网相连后，系统的安全性会大大降低，杀毒软件无法有效地处理日益增多的恶意程序，来自互联网的主要威胁正在由微型计算机病毒转向恶意程序及木马。在这样的情况下，采用的特征库判别法显然已经过时，因而一种新的云安全技术应运而生。

云安全技术是通过连网的大量客户端对网络中软件行为的异常监测，获取互联网中木马、恶意程序的最新信息，并把监测结果推送到服务器进行自动分析和处理，再把病毒和木马的解决方案分发到每个客户端。云安全技术把并行处理、网格计算、未知病毒行为判断等新兴技术融合在一起，在识别和查杀病毒时，不再仅依靠本地硬盘中的病毒库，而是依靠庞大的网络服务，实时进行采集、分析以及处理，这就使整个互联网变为一个巨大的“杀毒软件”，参与者越多，每个参与者就越安全，整个互联网就会更安全。

例如，腾讯电脑管家于2013年就实现了云鉴定功能，能够实现QQ平台中更精准的网址安全检测，防止用户因访问恶意网址而造成的财产或账号损失，在QQ聊天中，每一条传输的网址都将在云端的恶意网址数据库中进行验证，并立即返回鉴定结果到聊天窗口中。目前，腾讯电脑管家已建立起全球最大的恶意网址数据库，通过云举报平台实时更新，在防网络诈骗、反钓鱼等领域，已处于全球领先水平。

如今，百度杀毒、腾讯电脑管家、瑞星、卡巴斯基、迈克菲(McAfee)、赛门铁克(Symantec)、江民科技、熊猫(Panda)、金山、360等公司都推出了云安全解决方案。

7.2.4 火绒安全杀毒软件的使用

火绒安全软件是针对互联网PC终端设计的安全软件，适用于Windows XP、Windows Vista、Windows 7、Windows 8、Windows 10、Windows Server(2003 sp1及以上)的消费者防病毒软件。火绒安全软件主要针对杀、防、管、控等方面进行功能设计，主要有病毒查杀、防护中心、访问控制、安全工具4部分功能，由拥有连续15年以上网络安全经验的专业团队研发打造而成，特别针对国内安全趋势，自主研发拥有全套自主知识产权的反病毒底层核心技术。

火绒安全软件基于目前PC用户的真实应用环境和安全威胁而设计，除了拥有强大的自主知识产权的反病毒引擎等核心底层技术之外，更考虑到目前互联网环境下，用户所面临的各种威胁和困境，有效地帮助用户解决病毒、木马、流氓软件、恶意网站、黑客侵害等安全问题，追求“强悍的性能、轻巧的体量”，让用户能够“安全、方便、自主地使用自己的微型计算机”。

火绒安全软件常用的软件功能有病毒查杀、防护中心、访问控制，以及各类安全工具。火绒5.0新增支持简体中文、繁体中文和英文3种语言。

1. 病毒查杀

火绒安全软件在病毒查杀时能主动扫描在微型计算机中已存在的病毒、木马威胁。当选择了需要查杀的目标后，火绒将通过自主研发的反病毒引擎高效扫描目标文件，及时发现病毒、木马，并有效处理清除相关威胁。

2. 防护中心

火绒防护中心一共有四大安全模块，共包含21类安全防护内容。当发现威胁动作触发所设定的防护项目时，火绒将精准拦截威胁，帮助计算机避免受到侵害。防护中心包含病毒防护、系统防护、网络防护三大模块。

3. 访问控制

当使用微型计算机时，可以通过上网时间、程序执行控制、网站内容控制、设备使用控制等功能对密码保护、上网时段控制、网站内容控制、程序执行控制和U盘等访问行为进行限制。

7.2.5 查杀病毒案例

1. 案例目标

(1) 学会系统安全软件的下载。

(2) 学会病毒查杀的方法。

2. 操作步骤

(1) 下载并安装软件,进入火绒安全的官网,选择火绒安全5.0(个人用户)个人用户进行下载,如图7-1所示。

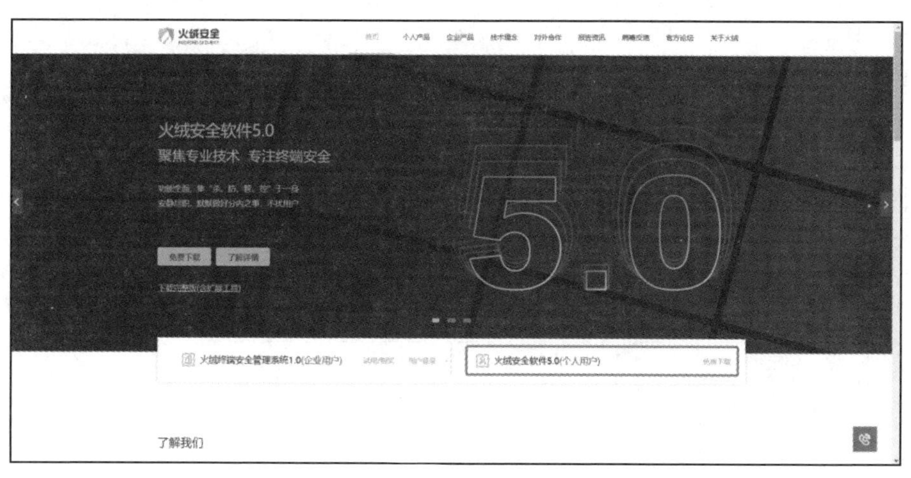

图7-1 火绒安全的官网

(2) 打开火绒安全软件,主界面如图7-2所示。单击“病毒查杀”选项,选中“快速查杀”,界面如图7-3和图7-4所示。

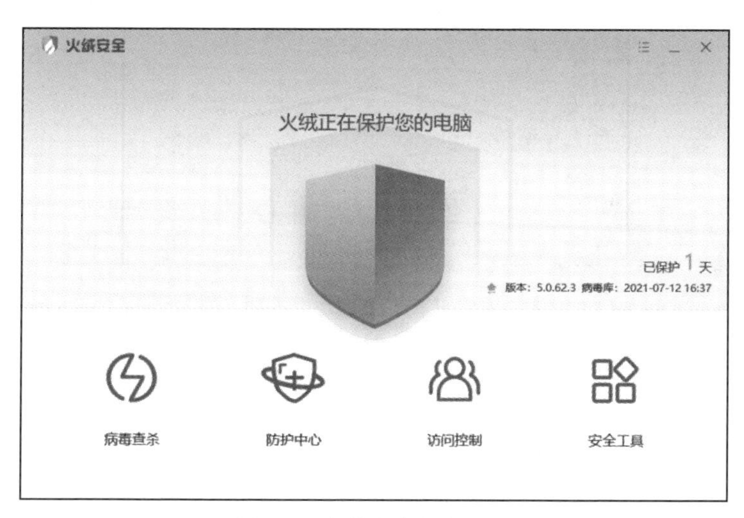

图7-2 火绒安全的主界面

(3) 如果发现威胁,火绒会实时显示发现风险项的个数,可通过“查看详情”实时查看当

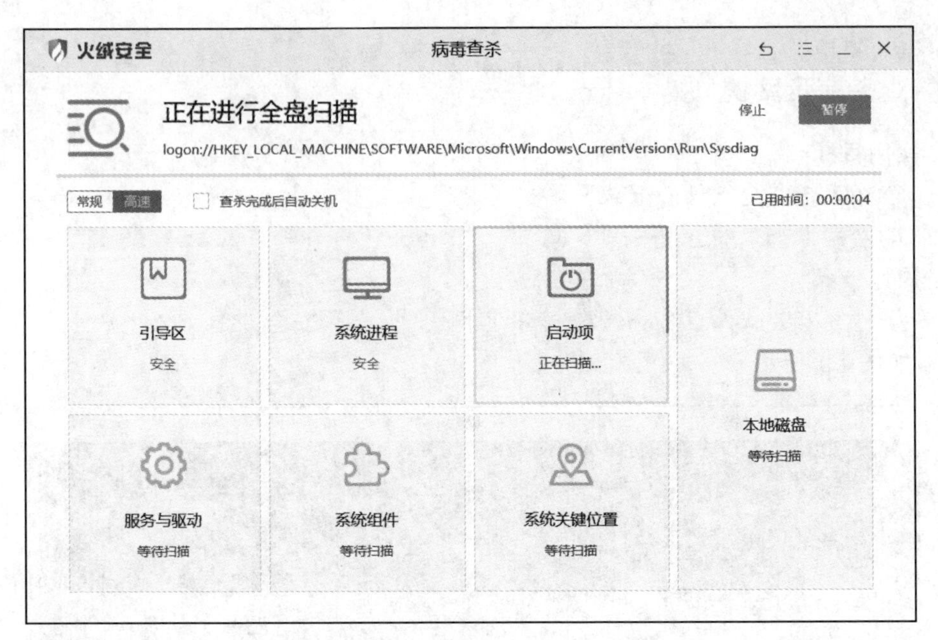

图 7-3　病毒查杀

图 7-4　快速查杀结果

前已发现的风险项。单击“立即处理”即可处理威胁文件。

7.3　下载工具的使用

【案例引导】 在2019年国庆节期间上映了一部优秀影片——《我和我的祖国》。学校要求学生们观看电影并写一篇读后感。某同学在之前并没有看过这部影片，需要借助下载工具在网络上下载电影进行观看。通过学习下载工具的使用，可以对歌曲、电影、文档进行下载。具体如下。

(1) 下载一个下载工具软件。

(2) 搜索电影并找到下载地址。

(3) 进行下载并储存电影文件。

在计算机进行扫描和查杀木马程序或病毒之前,先要学习并了解一下系统安全工具和系统安全工具软件的操作方法。

7.3.1 下载工具简介

下载工具是一种可以快速地从网上下载文本、图像、图像、视频、音频、动画等信息资源的软件。用下载工具下载资源迅速的原因在于采用了多点连接(分段下载)技术,充分利用了网络上的多余带宽;采用断点续传技术,随时接续上次中止部位继续下载,有效避免了重复劳动,大大节省了下载者的下载时间。

1. 基本原理

(1) 多余带宽。多余带宽可以分为网站服务器的多余带宽和上网者的多余带宽。假设一个网站的站点服务器可以允许 100 个人同时连线浏览,每个连接者的最高下载速率为 50KB/s,那么网站的带宽就是 100×50=5000KB/s。又假设当前在线浏览的只有 30 个人,那么它只达到了网站带宽的 30%,另外的 70%就属于网站的多余带宽。

(2) 多点连接。多点连接又称分段下载,指的是充分利用网络多余带宽,把一个文件分成多个部分同时下载。当网站的多余带宽和上网者的多余带宽同时存在时,上网者就可以利用下载工具向网站服务器提交多于 1 个的连接请求,其中每个连接被称作一个线程,每个线程负责要下载的文件的一部分。

2. 下载工具分类

(1) HTTP 下载。HTTP(hyper text transportation protocol,超文本传送协议)和 FTP(file transportation protocol,文件传送协议)是两种网络传输协议,它们是计算机之间交换数据的方式,也是两种最经典的文件下载方式。Web 服务器可直接通过 HTTP 提供下载服务。用户使用浏览器或专门的下载工具软件可直接访问 HTTP 下载服务。用户使用浏览器在 Web 服务器上访问指向不能浏览或阅读的文件的链接(或 URL)时,都会提示用户下载该文件。

(2) 多资源超线程下载。使用的多资源超线程技术基于网格原理,能够将网络上存在的服务器和计算机资源进行有效的整合,构成独特的网络,通过网络各种数据文件能够以最快的速度进行传递。

(3) CDN 下载。CDN 空间意指利用 CDN 技术嵌入传统虚拟主机,让传统虚拟主机功能倍增的一种空间系统。它是通过在现有的 Internet 中增加一层新的网络架构,其是 CDN、智能域名解析、负载均衡系统等多种网络新技术结合体的产物。

7.3.2 迅雷下载软件

迅雷下载软件是迅雷公司开发的一款基于多资源超线程技术的下载软件,作为宽带时期的下载工具,迅雷针对宽带用户做了优化,并同时推出了"智能下载"的服务。迅雷利用多资源超线程技术基于网格原理,能将网络上存在的服务器和计算机资源进行整合,构成迅雷网络，通过迅雷网络能够传递各种数据文件。多资源超线程技术还具有互联网下载负载均衡功能，在不降低用户体验的前提下，迅雷网络可以对服务器资源进行均衡。

迅雷公司利用获得国际专利的 P2SP 下载加速技术优势，面向个人用户和企业用户制造了下载加速、影音娱乐等产品及服务，为用户创造了互联网体验。迅雷利用多资源超线程技术基于网格原理，能将网络上存在的服务器和计算机资源进行整合，构成迅雷网络，通过迅雷网络能够传递各种数据文件。多资源超线程技术还具有互联网下载负载均衡功能，在不降低用户体验的前提下，迅雷网络可以对服务器资源进行均衡。注册并用迅雷 ID 登录后可享受到更快的下载速度，拥有非会员特权(例如高速通道流量的多少、宽带大小等)，迅雷还拥有 P2P 下载等特殊下载模式。

7.3.3 下载电影《我和我的祖国》案例

1. 案例目标

(1) 学会从网络上下载和安装下载工具软件。

(2) 学会在网页中找到下载链接。

(3) 学会下载电影并保存。

2. 操作步骤

首先进入迅雷官方页面 https://www.xunlei.com/，在首页单击立即下载按钮，如图 7-5 所示。应用程序保存在“下载”文件夹或者可以自定义文件夹保存。

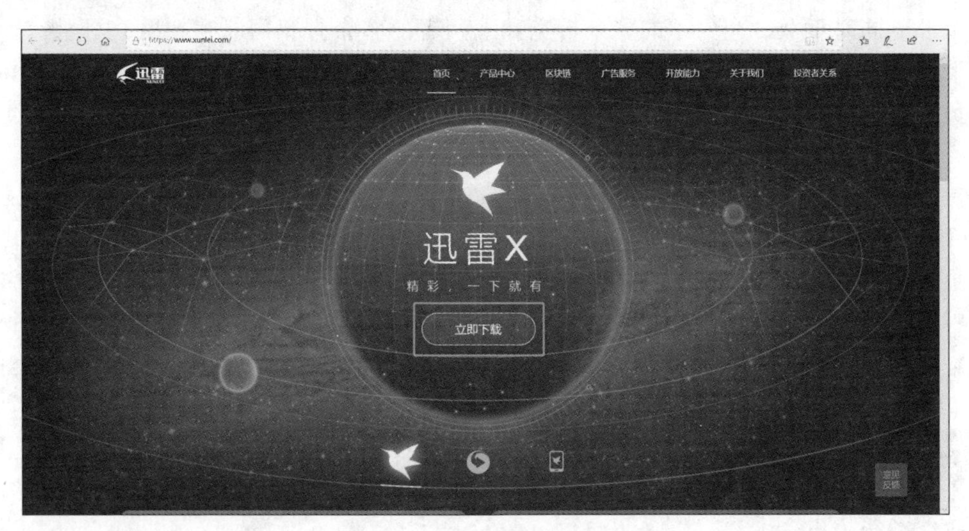

图 7-5 迅雷下载页面

下载成果后进行应用程序的安装，双击应用程序，在弹出的对话框中单击文件夹符号浏览，选择要安装的位置，如果不进行更改，默认将应用程序装在 C 盘的 Program Files (x86) 文件夹下。之后将右下角不想安装的推荐软件取消，单击“开始安装”按钮，如图 7-6 所示。

安装成功后，软件会自动启动，启动首页面如图 7-7 所示。迅雷下载器会自动创建桌面快捷方式进行启动，也可以在“开始”菜单的“所有程序”界面单击应用程序进行启动。

下面进入下载练习，首先在网上搜索要下载的电影文件——《我和我的祖国》。

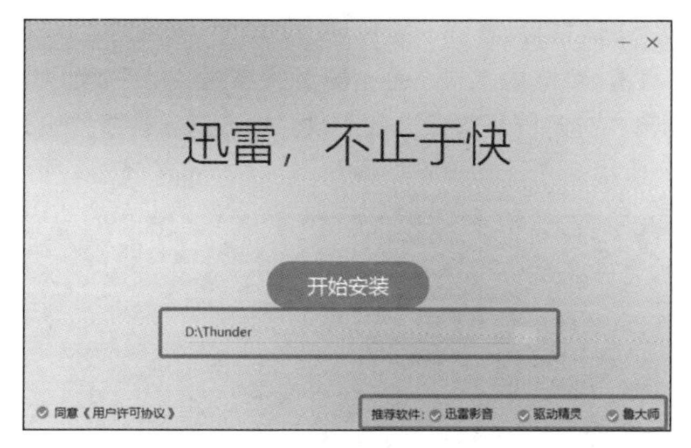

图 7-6　自定义下载地址

图 7-7　迅雷启动首页

(1) 打开浏览器,进入搜索引擎页面,输入影片名,进入电影下载页面,如图 7-8 所示。

图 7-8　下载链接的搜索

（2）找到页面中的下载链接，复制下载地址。

（3）打开迅雷下载器，将链接复制在最上方的搜索框中，下载的对话框会自动弹出，可以修改下载地址后单击“立即下载”按钮进行下载。也可以在搜索框中直接搜索影片名或文件进行下载，如图 7-9 所示。

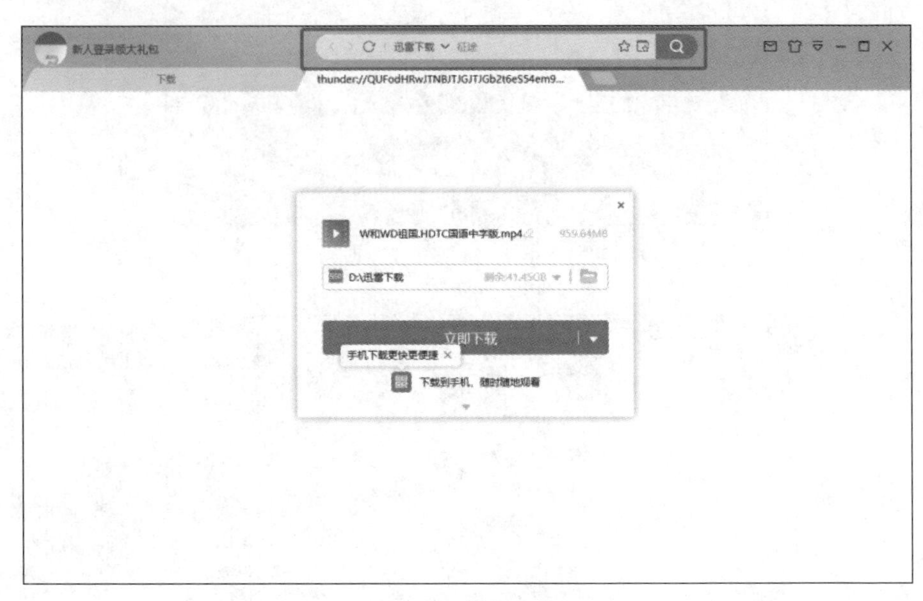

图 7-9　搜索文件

（4）在下载界面的左边可以看到下载进程，下载时间，也可以对下载任务进行暂停和删除，如图 7-10 所示。

图 7-10　下载任务管理

7.4 PDF 工具的使用

【案例引导】 某同学的老师发给大家两个 PDF 文件，需要打开一个 PDF 文件并且修改一部分的内容，并将两个文件合并为一个。通过学习 PDF 阅读器和编辑器工具的使用，可以对 PDF 文件的页面进行提取、删除、修改、合并等操作。具体如下。

(1) 为文章《中国计算机及芯片和部件等的发展》中加上标题。

(2) 将两篇文章进行合并。

(3) 将新制作的文章进行保存。

在进行文章修改和合并之前，先要学习并了解一下 PDF 阅读器和编辑器以及这些对 PDF 页面进行编辑的方法。

7.4.1 Adobe Reader

Adobe Reader 是美国 Adobe 公司开发的一款优秀的 PDF 文件阅读软件，PDF 是由 Adobe 公司用于与应用程序、操作系统、硬件无关的方式进行文件交换所发展出的文件格式。它将文字、字形、格式、图形、颜色、图像、超文本链接、声音和影像等电子信息封装在一个特殊的整合文件中。目前 PDF 格式文件已经成为数字化信息事实上的一个工业标准，如 Adobe Reader、Foxit Reader 和超星阅读器等都支持 PDF 文档的查看、阅读、打印和管理。本节以 Adobe Reader 为例，介绍 PDF 文档阅读工具的使用方法，用户可以通过 Adobe 公司的官方网站免费下载软件的最新版本安装到计算机中，双击桌面上快捷图标即可启动软件。

1. 打开 PDF 文档

在 Adobe Reader 的工作窗口中选中“文件”|“打开”菜单项，弹出“打开”对话框。找到需要使用的 PDF 文件所在的文件夹，在列表中选择需要打开的文件，单击“打开”按钮，即可在 Adobe Reader 工作窗口中浏览阅读该文档。

2. 阅读 PDF 文档

浏览阅读 PDF 文档时，单击工具栏上的“放大”按钮⊕或“缩小”按钮⊖，可以放大和缩小浏览区域中的文档内容；单击工具栏中的“上一页”按钮或“下一页”按钮，可完成上下翻页；在具栏的“页数”数值框中输入数值，按 Enter 键后快速定位到数值所对应的页面。

3. 视图模式选择

在 Adobe Reader 的工作界面中选中“视图”|“阅读模式”菜单项，会使工具栏变为浮动状态，可将更多的内容显示在屏幕中，方便用户阅读，如图 7-11 所示。

4. PDF 文档内容的复制

PDF 文档中的文本和图像复制和 Word 操作相似，将鼠标指针移到文档浏览区并右击，在弹出的快捷菜单中选中“选择工具”选项，鼠标变为“I”形。单击文本起始点并按住鼠标左键拖曳鼠标，直到目标位置后释放鼠标左键；右击被选中的文本，在弹出的快捷菜单中选中“复制”选项，启动 Word 或记事本等其他软件；在其工作窗口中右击，在弹出的快捷菜单中选中“粘贴”选项或按 Ctrl+V 组合键，即可将 PDF 文档中选择的文本复制到文字处理工具中。

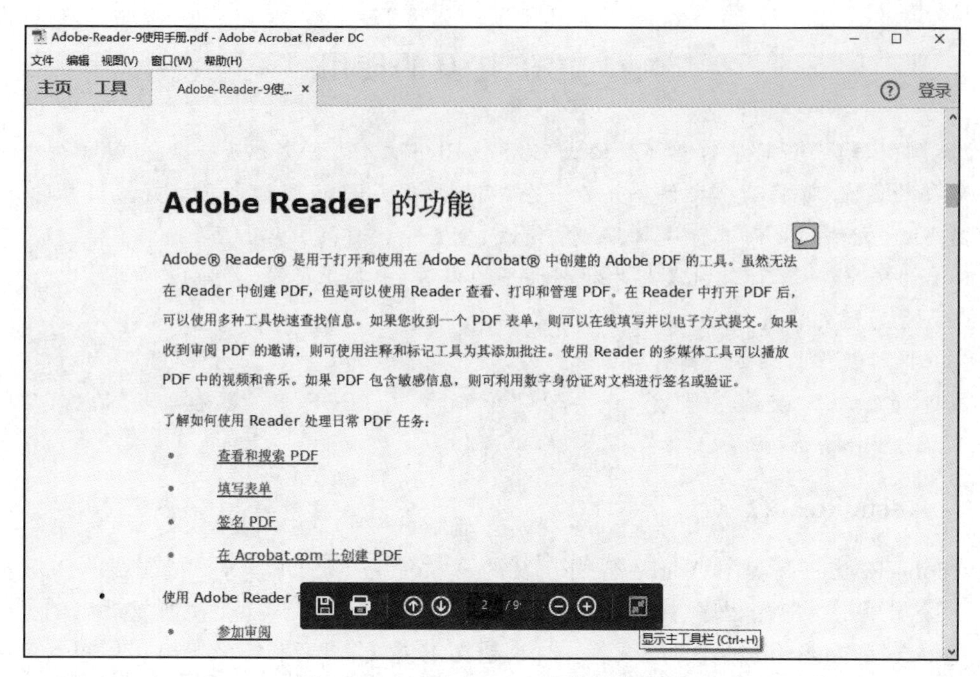

图 7-11　Adobe Reader 阅读文档内容

复制图像的方法是，右击图片，在弹出的快捷菜单中选中"复制图像"选项或按 Ctrl+C 组合键，在 Word 或其他文字处理工具窗口中单击工具栏中的"粘贴"按钮或按 Ctrl+V 组合键即可。

7.4.2　Adobe Acrobat

Adobe Acrobat 是由 Adobe 公司开发的一款 PDF（portable document format，便携式文档格式）编辑软件。借助它，可以以 PDF 格式制作和保存文档，供日后浏览和打印。

Adobe 公司是全球最著名的图形、图像软件公司之一。该公司的 Photoshop、Illustrator、InDesign 等都是平面设计领域的专用软件。随着网络的不断发展和普及，Adobe 公司也不断推出各种网络图形处理软件，如 Fireworks（已停止开发）、Muse 等。而其中，Adobe Acrobat 就是一款非常优秀的软件。

1. 扫描至 PDF 与转换 PDF 文档

使用 Adobe Acrobat 内置的 PDF 转换器，可以将纸质文档、电子表单 Excel、电子邮件、网站、照片、Flash 等各种内容扫描或转换为 PDF 文档。

（1）将纸质文件扫描至 PDF。扫描纸质文档和表单并将它们转换为 PDF。利用 OCR（光学字符阅读器）实现扫描文本的自动搜索，然后检查并修复可疑错误。可以导出文本，在其他应用程序重用它们。

（2）将 Word、Excel 文件转化为 PDF 文件。集成于微软 Office 办公软件中使用一键功能转换 PDF 文件，包括 Word、Excel、Access、PowerPoint、Publisher 和 Outlook。

（3）将文件打印到 PDF。在任何选择 Adobe PDF 作为打印机进行打印的应用程序中创建 PDF 文档。Adobe Acrobat 能捕获原始文档的外观和风格。

(4) HTML 页面转化为 PDF。在 Internet Explorer 或 Firefox 中单击即可将网页捕获为 PDF 文件,并将所有链接保持原样。也可以只选择所需内容,转换部分网页。

2. 编辑 PDF、将 PDF 文件转化为其他文件

(1) 快速编辑 PDF 文档格式。在 PDF 文件中直接对文本和图像做出编辑、更改、删除、重新排序和旋转 PDF 页面。

(2) PDF 转 Word、Excel。将 PDF 文件导出为 Microsoft Word 或 Excel 文件,并保留版面、格式和表单。

7.4.3 PDF 工具的使用案例

1. 案例目标

(1) 学会将文本文件转化为 PDF 文件。

(2) 掌握 PDF 文件修改的方法。

(3) 掌握多个 PDF 文件合并的方法。

2. 操作步骤

(1) 下载应用程序安装软件安装包后,双击进行安装,选择要安装的地址,如图 7-12 所示。

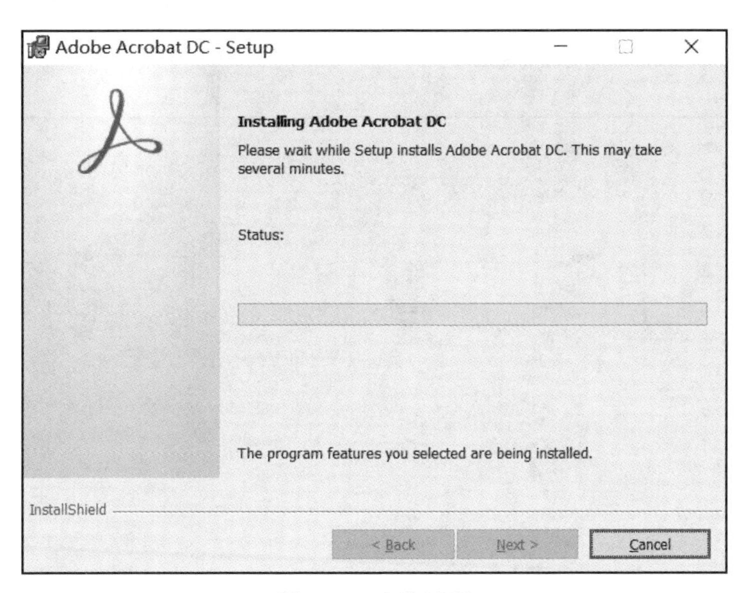

图 7-12 安装过程

(2) 安装成功后,双击桌面的图标打开应用程序。单击 Accept 按钮同意许可协议并继续,弹出如图 7-13 所示的窗口。

(3) 单击"工具"选项卡,单击"创建 PDF"按钮,使用转换功能将一篇文章由 Word 格式转化为 PDF 格式,如图 7-14 所示。

可以选择单一文件或多个文件进行创建,这里选择了一篇 Word 文档进行转换,如图 7-15 所示。

上传成功后,可以使用提供的工具进行编辑,如图 7-16 所示。

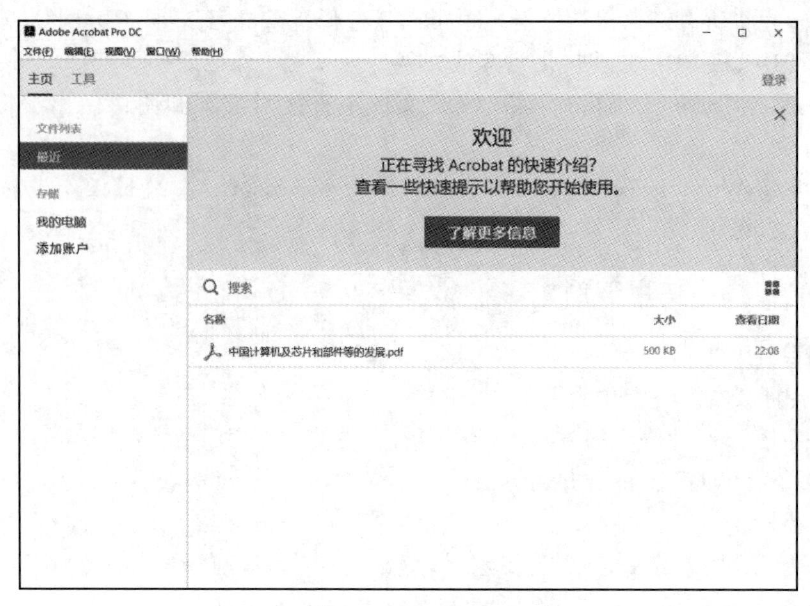

图 7-13　阅读器首页

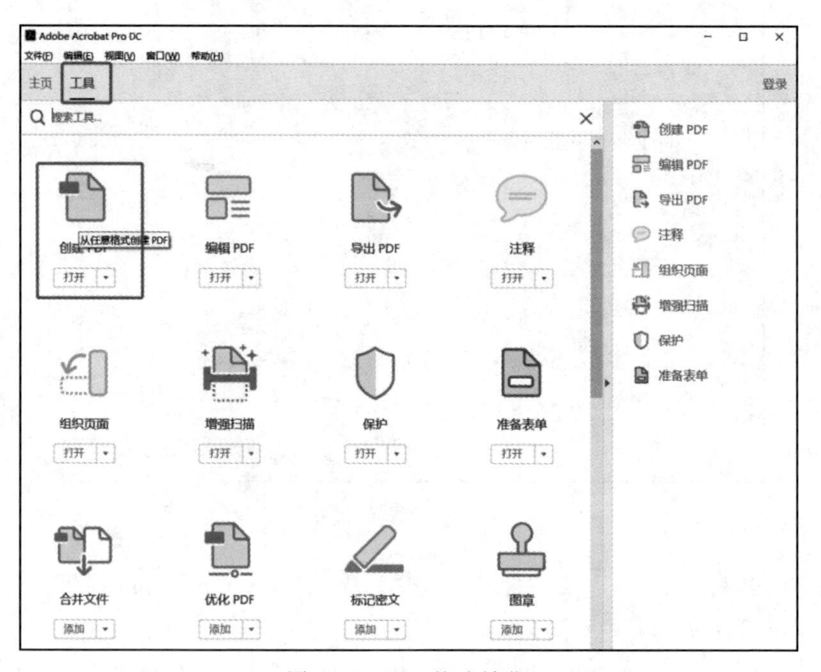

图 7-14　PDF 格式转化

图 7-15 文件类型

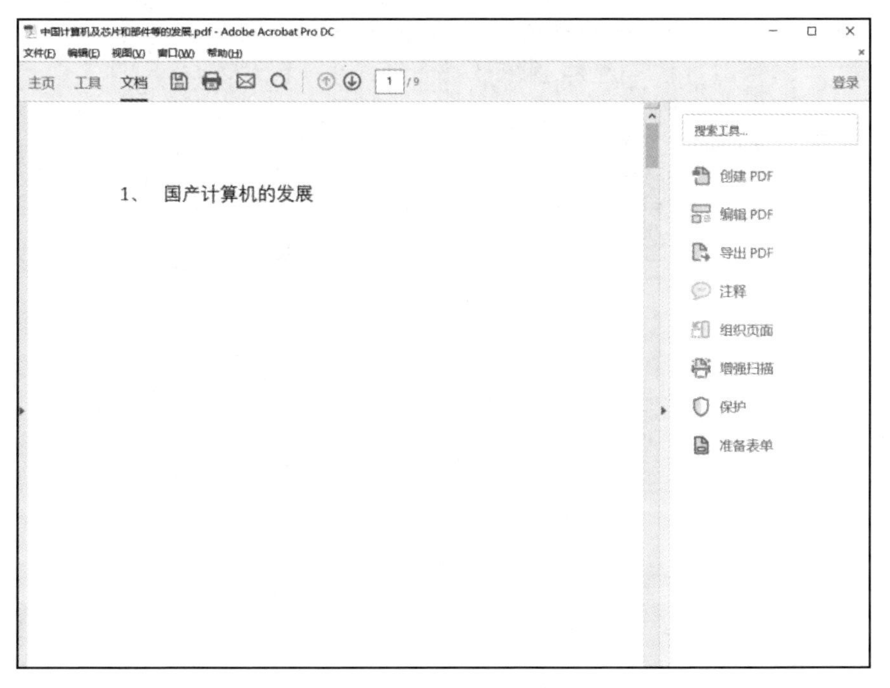

图 7-16 编辑工具栏

(4) 可以直接在文章中添加字数或进行语句段落的修改和删除。编辑成功后进行保存,如图 7-17 所示。

(5) 使用 Adobe Acrobat 工具也可将多个 PDF 文件合并为一个文件。回到初始页面,在“工具”选项卡中,单击“合并文件”按钮,弹出如图 7-18 所示的对话框。

将需要合并的文件拖至对话框内,或者单击对话框上方的“添加文件”按钮进行添加。

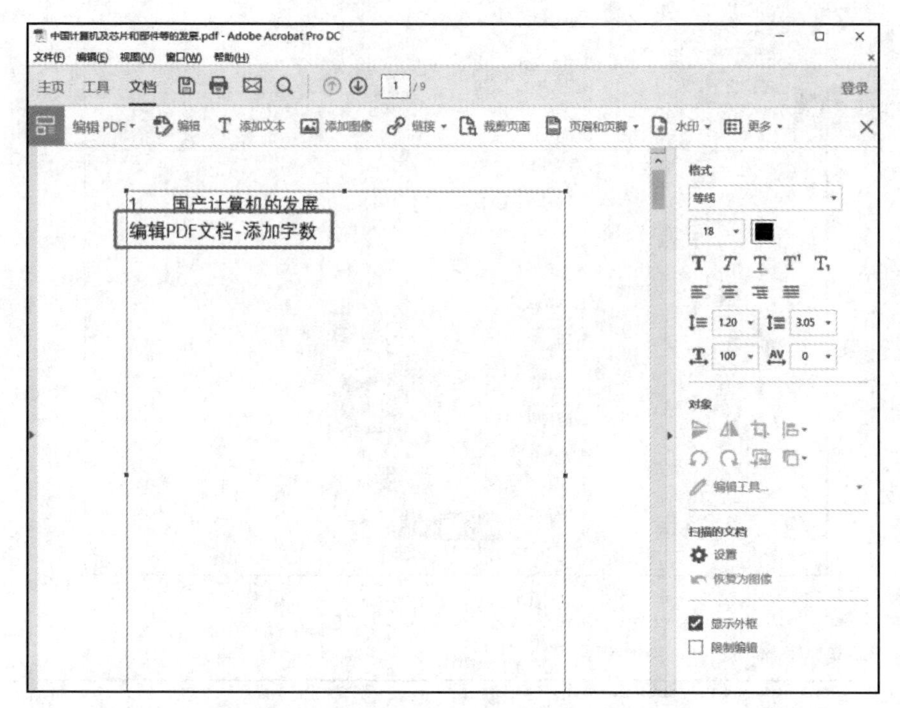

图 7-17 修改文字

图 7-18 合并文件

添加成功后，可以将两个文件的先后顺序位置进行排版。也可以将不想要的页面进行删除，单击某个页面，选中后单击“删除”按钮，进行删除。调整好之后单击右下角的“合并文件”按钮，将两个文件进行合并，如图 7-19 所示。

(6) 合并成功后，如果需要对页面进行进一步的调整或删除，可以再一次单击“工具”选项卡中的“组织页面”按钮，将所有的页面呈现在面前。这时，可以进行页面的重新排版，单击页面进行拖曳可以将页面放在需要放置的位置。如果想删除某个页面，选中页面后，单击

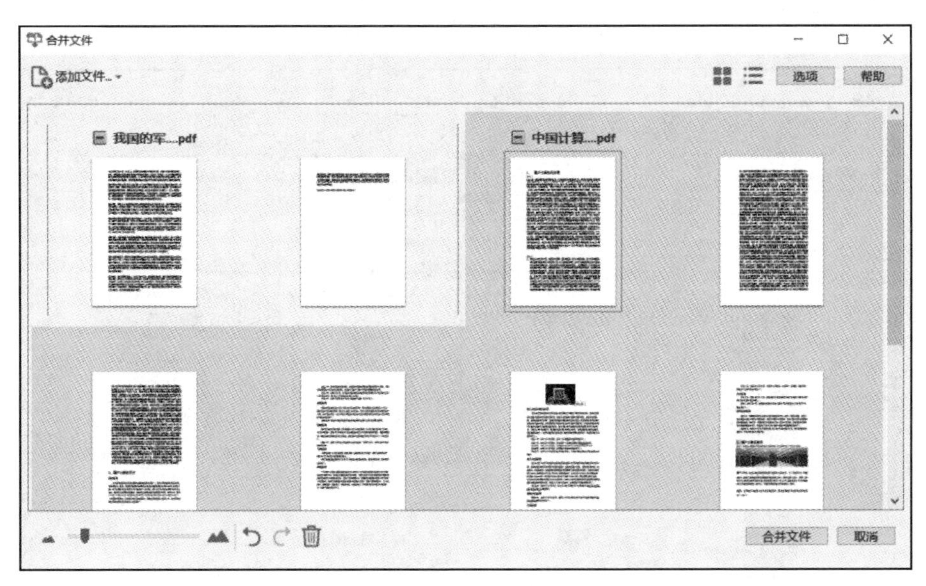

图 7-19　调整页面顺序

页面上出现的“删除”按钮，可以将单张页面进行删除。在组织页面中，还允许将页面进行旋转，选中需要调整的页面，单击页面上出现的顺时针或顺时针旋转按钮可以将页面进行旋转，如图 7-20 所示。

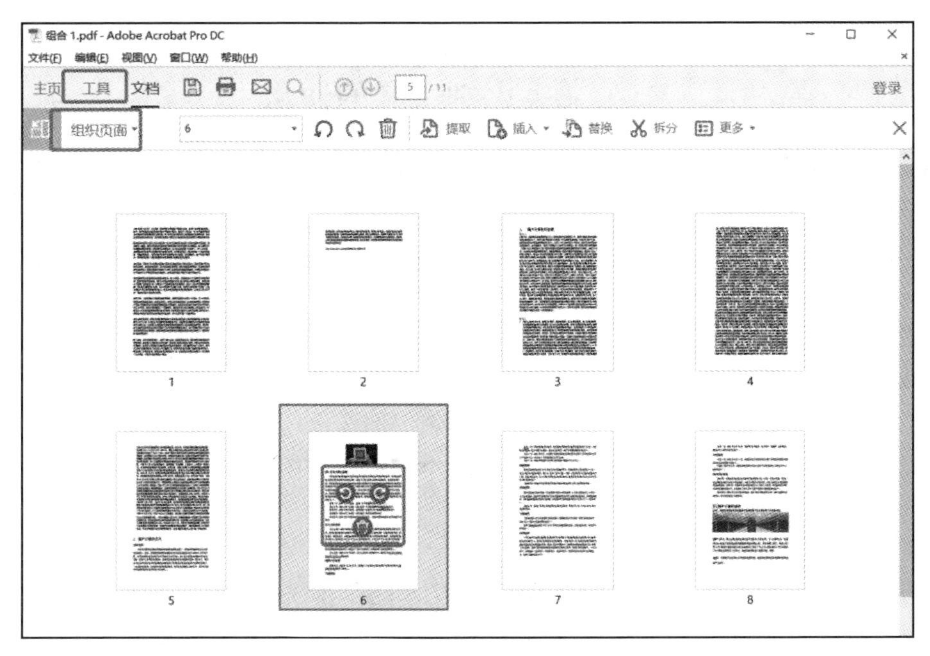

图 7-20　调整单张页面

在组织页面中还可以将一个 PDF 文件进行拆分，单击希望提取的选项卡，选择需要提取的页面，如果需要提取多个页面，按住 Ctrl 键后单击相应页面。提取页面有两种方式，可以在提出需要的页面之后将其他页面删除，也可以将提取的页面另存为一个新的文档，如

图 7-21 所示。

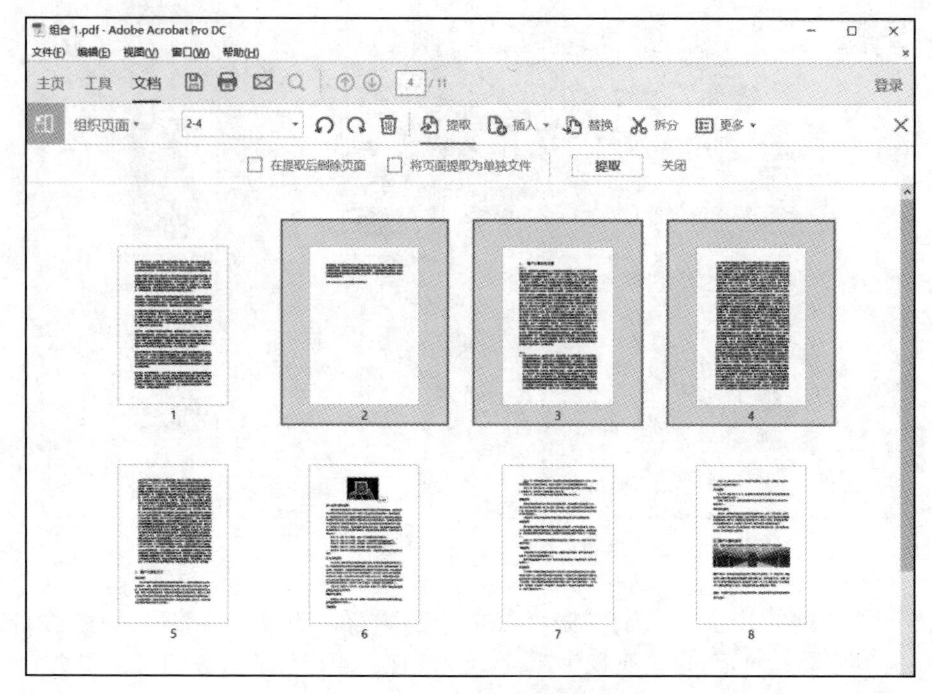

图 7-21 单张页面提取

7.5 文字识别工具的使用

【案例引导】 在上数据库课时，某同学因为没有及时记下课堂笔记，使用手机拍下了课堂上演示文稿的内容，准备课下整理成文字内容以便复习。但图片上的文字内容无法直接复制，如果能将图片中文字直接识别成文字就会便于使用。通过使用文字识别工具，可以提高学习和办公的效率。具体如下。

(1) 下载文字识别软件。

(2) 将照片导入文字识别软件。

(3) 保存并编辑。

在帮助某同学进行文字识别转换之前，先要学习文字识别软件的使用方法。

7.5.1 文字识别技术

计算机文字识别是利用光学技术和计算机技术把印在或写在纸上的文字读取出来，并转换成一种计算机能够处理、人又可以理解的格式。OCR 技术是实现文字高速录入的一项关键技术。

在生产和生活中，人们要处理大量的文字、报表和文本。为了减轻人们的劳动，提高处理效率，20 世纪 50 年代开始探讨一般文字的识别方法，并研制出光学字符识别器。20 世纪 60 年代，出现了采用磁性墨水和特殊字体的实用机器。20 世纪 60 年代后期，出现了多种字体和手写体文字识别机，其识别精度和机器性能基本能满足要求。例如，用于信函分拣的手写体数字识别机和印刷体英文数字识别机。20世纪70年代主要研究文字识别的基本理论和研制高性能的文字识别机,并着重于汉字识别的研究。

文字识别可应用于许多领域,例如阅读、翻译、文献资料的检索、信件和包裹的分拣、稿件的编辑和校对、大量统计报表和卡片的汇总与分析、银行支票的处理、商品发票的统计汇总、商品编码的识别、商品仓库的管理,水、电、煤气、房租、人身保险等费用的征收业务中的大量信用卡片的自动处理和办公室打字员工作的部分自动化,以及文档检索、各类证件识别,方便用户快速录入信息,提高各行各业的工作效率。

随着我国信息化建设的全面开展,文字识别技术经历从实验室技术到产品的转变,已经进入行业应用开发的成熟阶段。相比发达国家的广泛应用情况,文字识别技术在国内各行各业的应用还有着广阔的空间。随着国家信息化建设进入内容建设阶段,为文字识别技术开创了一个全新的行业应用局面。文通、云脉技术、汉王、天若等中国文字识别的领军企业将会在信息化建设的各个领域更加深入。

7.5.2 天若OCR文字识别

天若OCR文字识别(简称天若OCR)是一款运行在Windows系统中的文字识别软件,可将截图与文字识别技术结合,使用起来非常便捷,而且功能也很丰富,主要有七大功能。

1. 识别文字

天若OCR可调用各大服务器,可利用百度、腾讯、阿里等一系列服务商接口实现云端识别,并可识别多国语言,可自动段落合并,可对表格、文本、公式、条码等进行多种识别。软件的接口为百度、搜狗、腾讯等一系列表格文字接口以及Mathpix提供的公式接口。可以对表格进行导出、合并、拆分等一系列操作。

2. 识别翻译

天若OCR可对识别的文字进行多种语言翻译,提供百度、搜狗、彩云小译及自定义接口功能。

3. 截图功能

天若OCR具有丰富的截图标注功能,可以对图片进行二次编辑,有矩形、圆形、铅笔、箭头、高亮、马赛克、模糊和序号等多种标注工具。

4. 贴图功能

通过天若OCR,可进行简单贴图、取色、文本便签,并可以进行编辑。

5. 录制GIF功能

通过天若OCR,可进行基本的GIF文件录制,优化了异步分析透明像素,自动删除重复帧,尽可能增加压缩速度和减少GIF文件体积,可以加文本水印,十分方便。

6. 右键快捷菜单

天若OCR具有右键快捷菜单、排版、拼音、搜索等附加功能。

7. 其他功能

除上述功能外,天若OCR还具有识别后文本叠加、识别后自动复制粘贴板、截图时可同时复制图片和图片文件(可以粘贴到文件夹中)等其他功能。

该软件只有文字识别功能需要付费,云配置、截图等其他常用功能全部免费。

7.5.3 文字识别工具的使用案例

1. 案例目标

（1）了解文字识别的发展过程。

（2）学会将图片转化为文字。

2. 操作步骤

（1）下载工具软件。首先进入天若OCR官方页面，在首页单击“下载”按钮，如图7-22所示。可根据自身计算机操作系统，选择64位或者32位的应用程序安装包，如图7-23所示。应用程序保存在“下载”文件夹或者可以自定义文件夹保存。

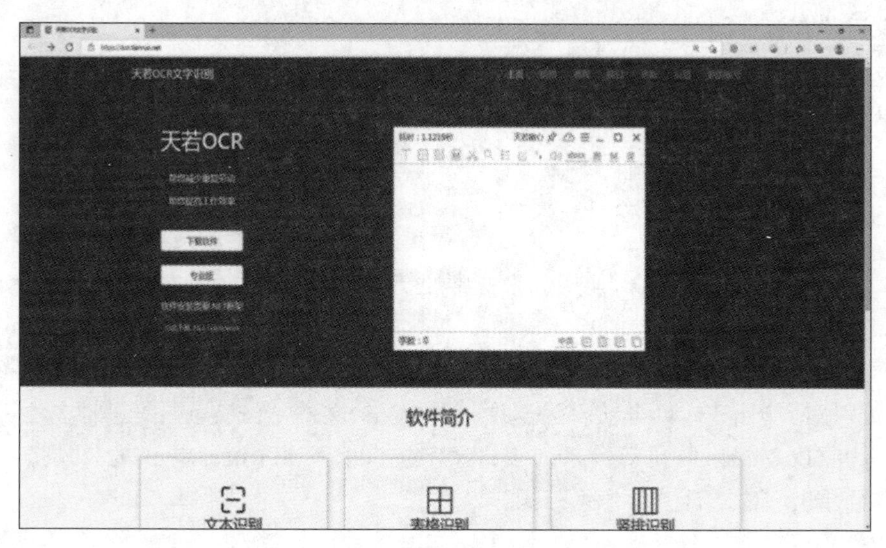

图7-22 天若OCR的下载页面

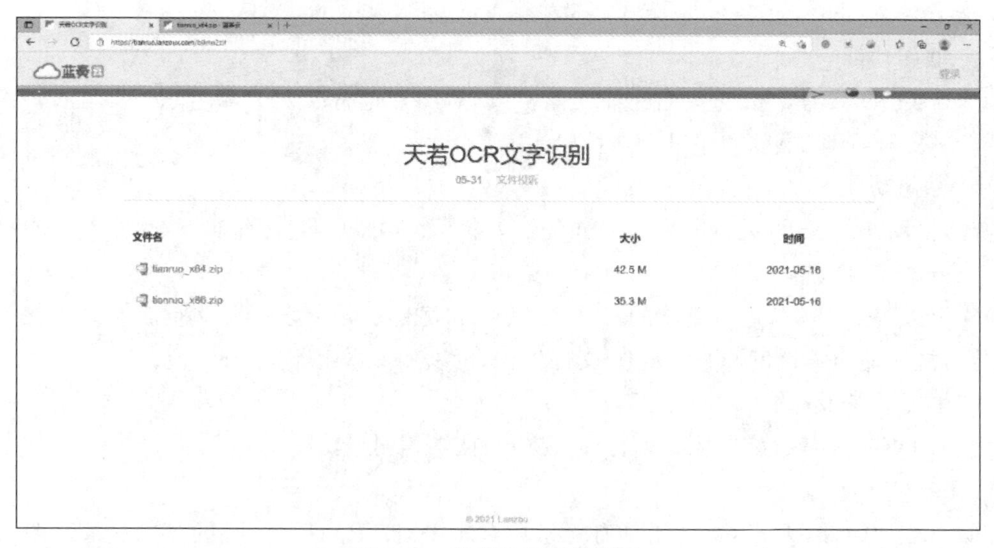

图7-23 安装包的下载页面

（2）应用程序的安装，双击应用程序 TianruoOCR64.exe，开始安装。当出现安全警告弹窗时，单击“运行”按钮即可，如图 7-24 所示。

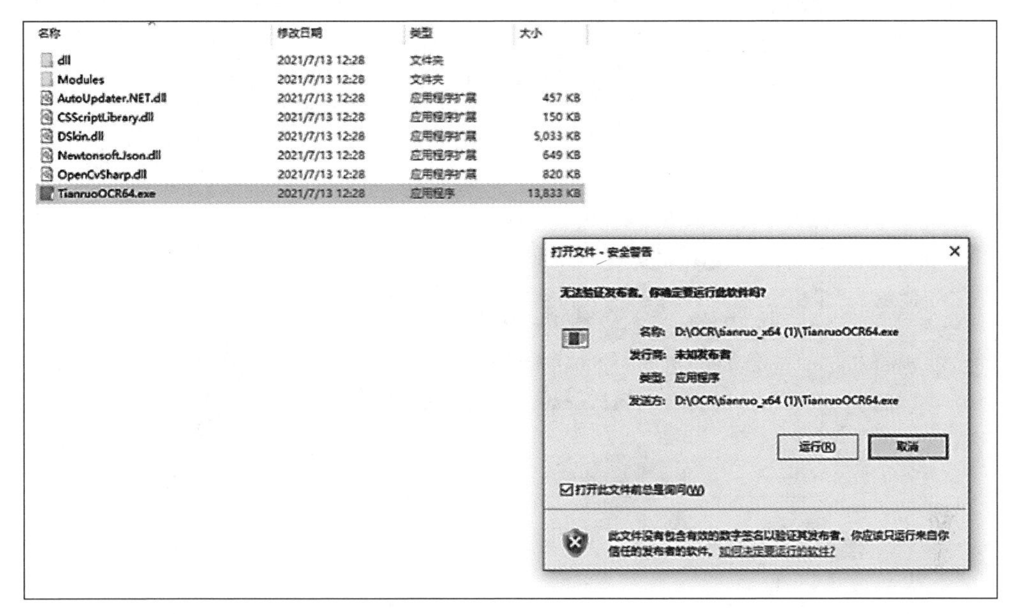

图 7-24　运行安装程序

（3）启动软件。安装成功后，软件会自动启动，启动首页面如图 7-25 所示，分为工具栏和主界面。天若 OCR 会随着开机自动启动，也可以创建桌面快捷方式进行启动。

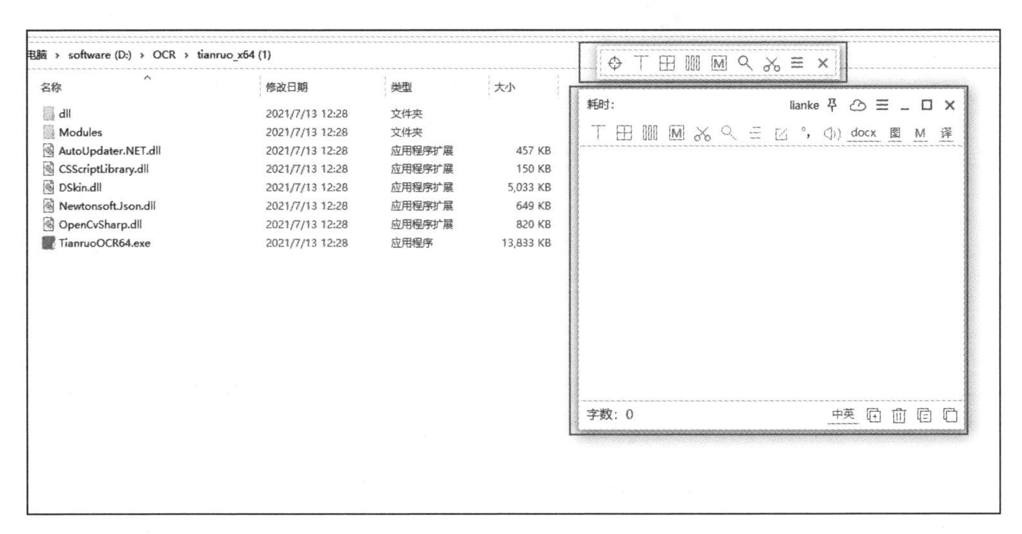

图 7-25　天若 OCR 启动首页

（4）进行文字识别练习。首先打开要进行文字识别的图片，本次任务是识别数据库课件幻灯片的一页内容。

① 打开课件的图片，如图 7-26 所示。

② 单击工具栏或者主页面中图标为“T”的文字识别工具，如图 7-27 所示。

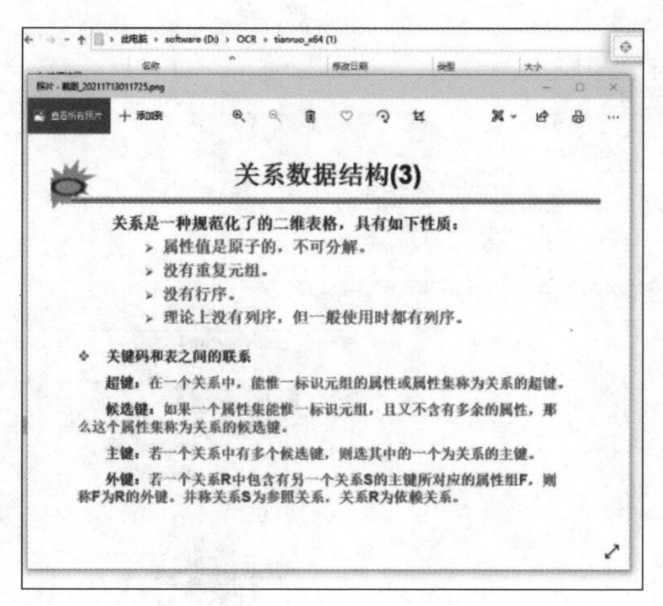

图 7-26　打开需要文字识别的图片

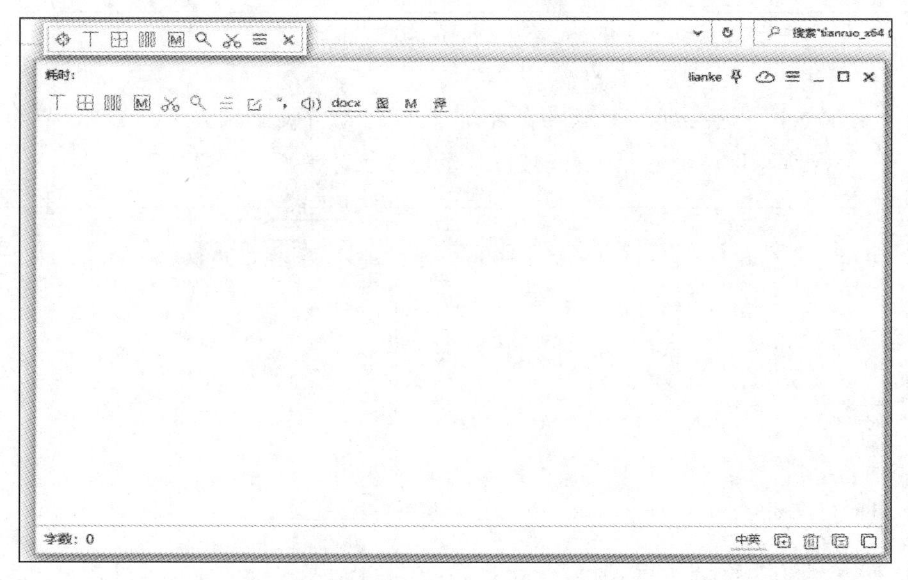

图 7-27　单击“文字识别”工具按钮

③ 用指针框选需要识别的文字区域，如图 7-28 所示。

④ 文字识别工具自动识别出框选区域文字内容，并显示在天若 OCR 主界面中，其中的文字内容可进行复制，如图 7-29 所示。

除此之外，天若 OCR 还具备表格识别、竖排识别、公式识别、识别搜索、截图等功能，如图 7-30 所示。

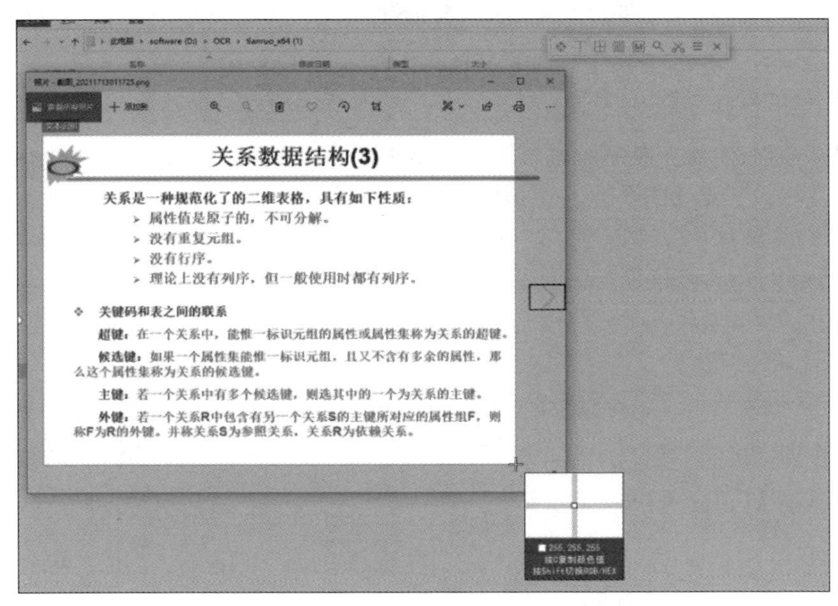

图 7-28　框选需要识别的区域

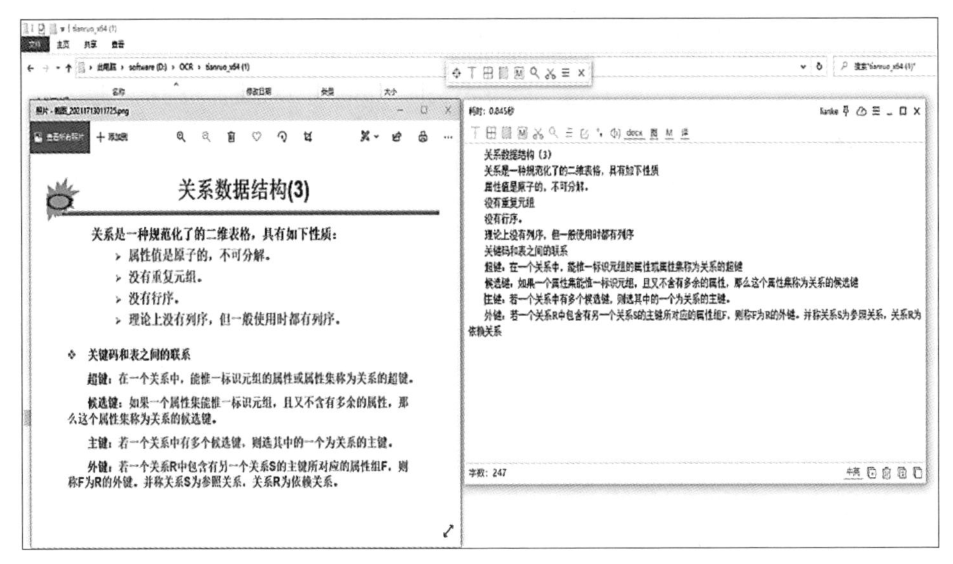

图 7-29　文字识别完成

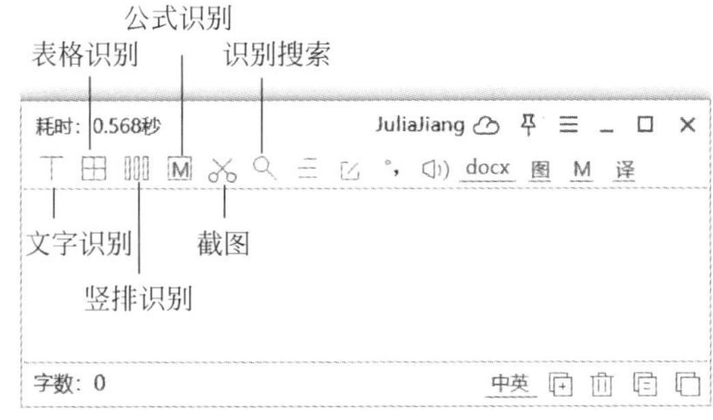

图 7-30　其他功能

7.6　影音制作软件的使用

【案例引导】 学校一年一度的校园歌曲大赛即将召开，报名歌手可选择一首歌曲参加选拔赛，演唱时长不超过2分钟。现在需要将所选的演唱歌曲《我的祖国》进行剪辑，选取第一段进行演唱。通过学习音频剪辑工具的使用，可以对歌曲、电影进行剪辑。具体如下。

(1) 导入歌曲《我的祖国》。

(2) 播放音乐进行片段的剪辑。

(3) 保存剪辑的片段。

在进行音乐剪辑之前，先要学习并了解一下影音制作软件 Movie Maker Live 基本功能，和剪辑方法。

7.6.1　Movie Maker Live

Movie Maker Live 是 Windows Vista 及以上版本附带的一个影视剪辑小软件(Windows XP 带有 Movie Maker)。它功能比较简单，只要将镜头片段拖入，就可以组合镜头、声音加入镜头切换的特效，适合家用摄像后的一些小规模的处理。通过 Windows Movie Maker Live(影音制作)，可以将家庭视频和照片转变为家庭电影、音频剪辑或商业广告。只需单击一下，就可为剪裁视频、添加配乐和一些照片添加主题，从而为视频添加匹配的过渡和片头。

1. 主要功能

(1) 导入并编辑幻灯片和视频。快速将照片和录像从 PC 或数字照相机添加到影音制作中，然后按照喜欢的方式精心调整，随意移动、快进或慢放。

(2) 编辑配乐并添加主题。使用音频和主题来改善视频。影音制作将自动添加转换和效果，以使视频看起来精美。

(3) 在线共享。在视频准备就绪之后，即可将其在社交网络和视频共享网站上在线共享，以电子邮件的形式将视频链接发送给家人和朋友。

2. 文件导入

要进行影音制作，微型计算机上需要有一些照片和视频素材。可以从数字照相机、闪存卡、DVD 或手机导入。

要将照片和视频导入影音制作，可使用 USB 数据线将数字照相机连接至微型计算机，然后打开照相机。单击“影音制作”按钮，然后单击“从设备中导入”。“照片和视频将被导入到照片库”消息出现时，单击“确定”按钮。

单击要从中导入照片和视频的设备，然后单击“导入”。在“找到新照片和视频”页上，单击“立即导入所有新项目”，为所有照片和视频键入一个名称，然后单击“导入”按钮。

在照片库中，选中要在影片中使用的所有照片或视频左上角的复选框。在“创建”选项卡上的“共享”组中单击“影片”按钮。当这些照片和视频出现在影音制作中时，就可以开始制作影片了。

3. 编辑音频

使用影音制作中的音频编辑工具，可以为影片提供绝佳音效。通过添加配乐和使用编辑功能调整音量、音乐淡入或淡出等效果，可使录制的影片显得精美和专业。

(1) 添加音乐。可以为影片配乐并对其进行编辑，使音乐在影片适合的片段中播放。

在“主页”选项卡的“添加”组中单击“添加音乐”按钮。单击要使用的音乐文件，然后单击“打开”按钮。

(2) 音乐淡入或淡出。该功能是使音频在开始时缓缓淡入并在结束时自然淡出，使影片的画面和音效显得专业。

要使音乐淡入或淡出，可单击希望编辑的音乐，然后，在“音乐工具”的“选项”选项卡的“音频”组中执行以操作。

① 更改音乐的起始点和终止点。剪辑音乐的起始点或终止点，从而在最终的影片中仅播放需要的歌曲部分。剪辑音乐的起始点或终止点，单击希望编辑的音乐，然后将情节提要上的播放指示器拖到要在影片中开始或停止播放音乐的位置。

② 更改音频音量。可以更改音乐或视频中音频的音量。这样，无论播放什么音频或音乐，视频中的音量都合适。更改音乐的音量的方法是，单击希望编辑的音乐。在“音乐工具”下“选项”选项卡的“音频”组中单击“音乐音量”按钮，然后左右移动滑块以降低或提高音量。更改视频中音频的音量，请单击希望编辑的视频。在“视频工具”的“编辑”选项卡的“音频”组中单击“视频音量”按钮，然后左右移动滑块以降低或提高音量。

7.6.2 剪辑歌曲《我的祖国》案例

1. 案例目标

(1) 学会将音乐导入 Windows Movie Maker 程序。

(2) 学会将音乐剪辑为若干个片段。

(3) 学会将需要的片段保存为副本文件。

2. 操作步骤

(1) 打开 Windows Movie Maker 程序，单击“任务”选项，选中“导入音频或音乐”选项，如图 7-31 所示。

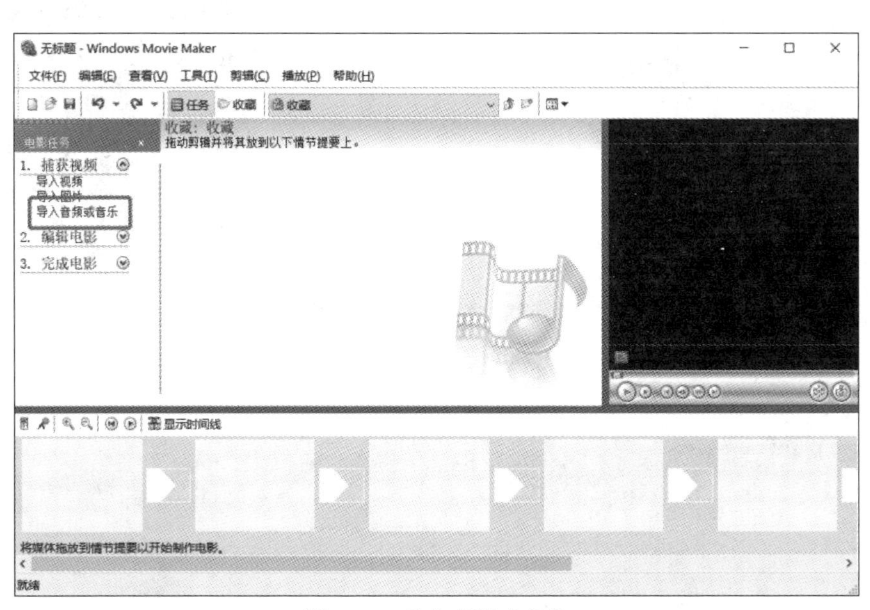

图 7-31 导入音频或音乐

(2) 在本地计算机中选中音乐《我的祖国》并打开,然后对它进行剪辑,如图 7-32 所示。

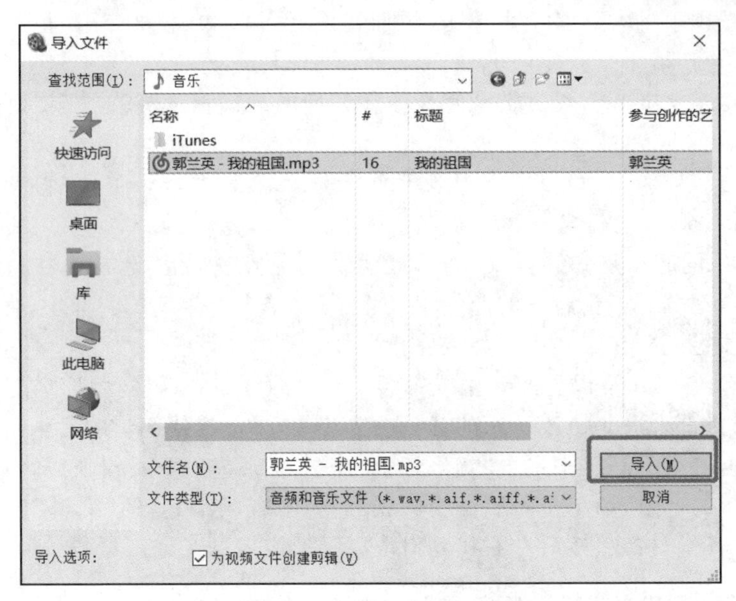

图 7-32 导入本地文件

(3) 选中导入的音乐,单击“播放”按钮,播放到开始剪切的地方时单击“暂停”按钮。也可以直接拖曳播放滑块到起始点。这一步很重要,是要确定剪切开始的地方。剪辑的选项里有个拆分功能,就像使用剪刀一样,如图 7-33 所示。

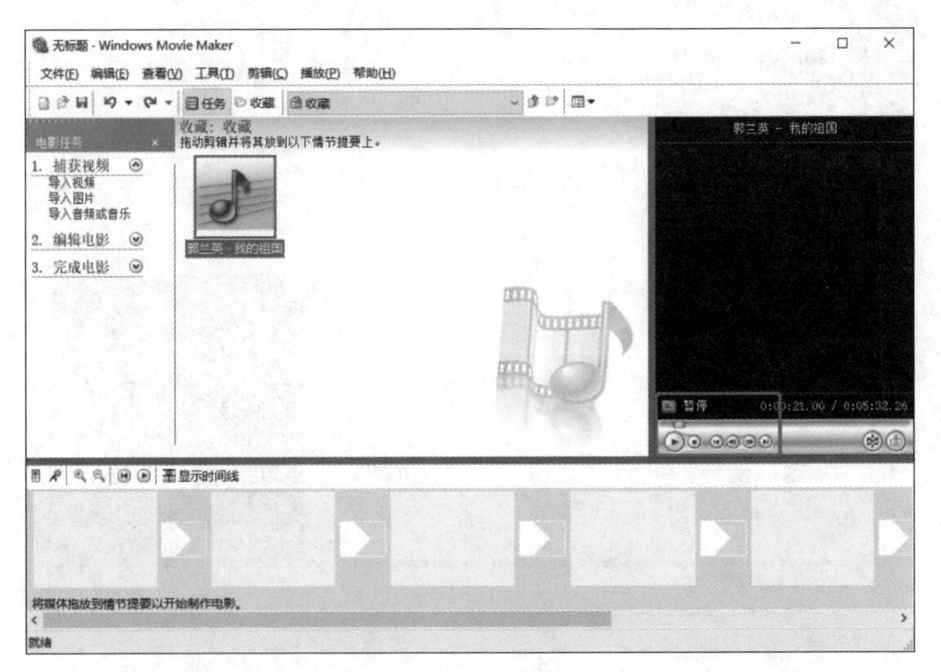

图 7-33 确定剪辑的起始点

(4) 选中“剪辑”|“拆分”菜单项,如图 7-34 所示。

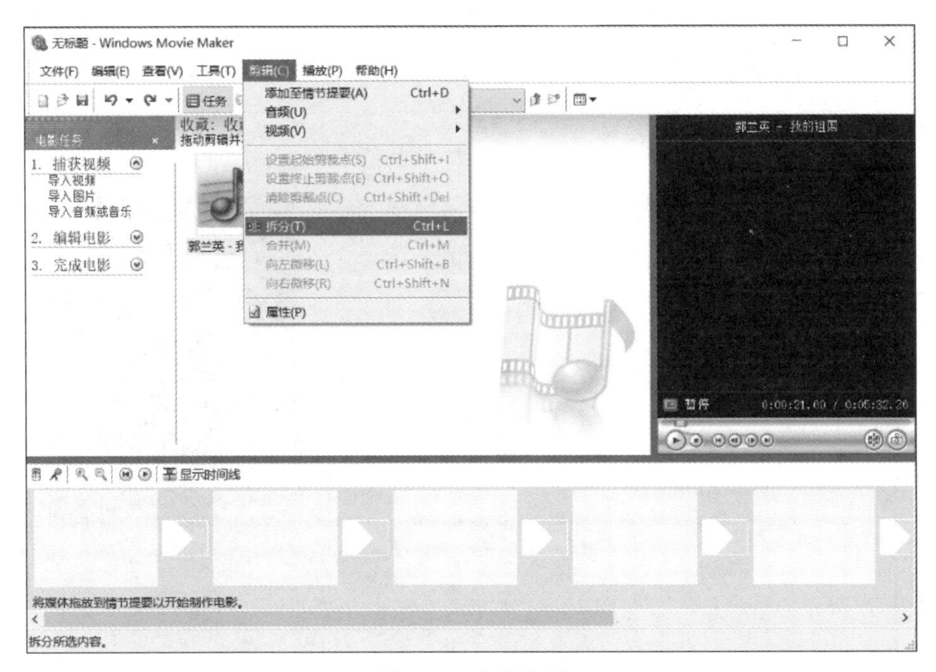

图 7-34　剪辑音乐

（5）这样原来的音乐素材就被一分为二，第一个片段是不要的，单击选中第二个片段，单击“播放”按钮，直到需要结束处单击“暂停”按钮，也可以直接拖曳播放滑块到需要终止的点。单击“剪辑”按钮，再单击“拆分”按钮，把视频一分为二，如图 7-35 所示。

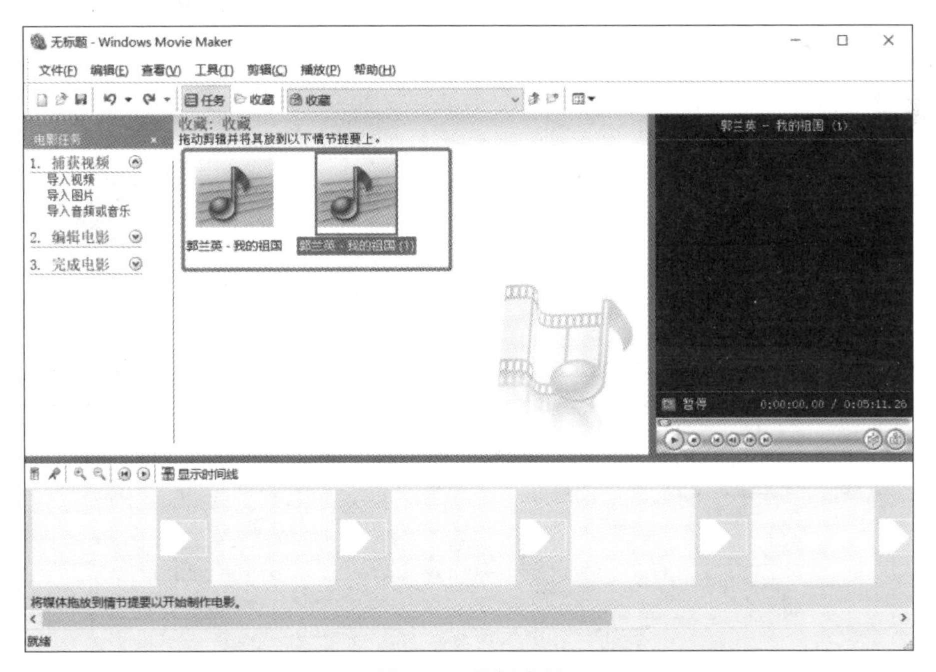

图 7-35　剪辑成果

（6）把需要留下的部分拖到时间轴。第一和第三个片段是不要的，留下第二个片段。

右击第二个片段，即“我的祖国(1)”，选择添加到时间线。还可以把音频分割成若干个不连续片段，然后把需要的片段都添加到时间轴进行合并，如图 7-36 所示。

图 7-36　完成剪辑

（7）保存和转换格式。单击“完成电影”按钮，选中“保存到我的计算机”选项，完成音频的剪辑和保存任务。默认保存格式是 WMA，如果需要转换成 MP3 格式，可以使用其他工具进行转换，如图 7-37 所示。

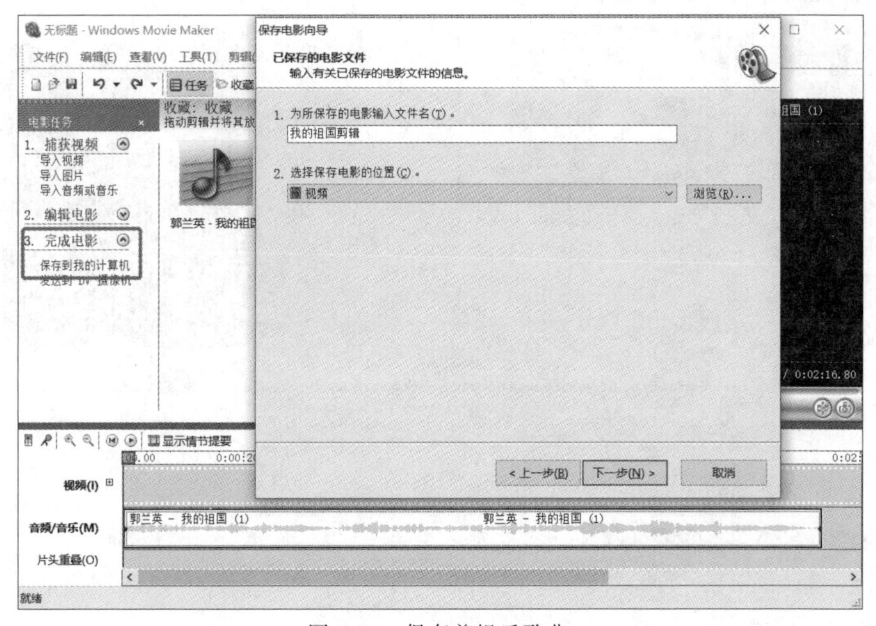

图 7-37　保存剪辑后歌曲

7.7 屏幕录像工具的使用

【案例引导】 某同学通过老师分享的在线直播课进行课堂学习，为了不错过课堂内容，需要将老师的直播课进行录制，并且保存在计算机中。通过学习屏幕录制工具的使用，可以对需要长期保存的直播视频进行录制。具体如下。

(1) 下载屏幕录像工具软件。

(2) 录制一节课程。

(3) 将课程保存为 MP4 格式文件。

在帮助进行直播课程的录制之前，先要学习屏幕录制软件的使用方法。

7.7.1 屏幕录像工具简介

屏幕录像软件是指录制来自于计算机视窗环境桌面操作、播放器视频内容(例如 QQ 视频、游戏视频、视窗播放器等)的专用软件。主要用于视频图像的采集，教学操作视频的制作。

1. 软件性质

在多媒体领域，屏幕录像软件属于录像软件的范畴。一直以来，人们对于屏幕录像软件的理解，都是录制桌面操作的软件。从严格意义上说，屏幕录像软件是计算机多媒体术语，除了包含录制微型计算机的桌面操作，屏幕录像软件还包括了另一个重要来源，即录制计算机视窗环境中的视频内容，例如录制播放器视频、录制 QQ 视频、录制游戏视频等。由于录制计算机视窗环境的视频内容同时是视频录像软件的功能范畴，因此录制计算机视窗环境视频，是屏幕录像软件和视频录像软件的交集，而视频录像软件和屏幕录像软件的并集。综上所述，屏幕录像软件最终的定义是，录制来自计算机视窗环境中桌面操作、播放器视频内容，包括录制 QQ 视频、录制游戏视频、录制视窗播放器的视频等功能的专用软件，主要用于视频图像的采集，教学操作视频的制作。

2. 技术特点

(1) 屏幕录像软件的用途是录像，因此就必须遵守“录像”所具备的基本功能特征，那就是拥有捕捉、暂停、保存这 3 个基本功能。

(2) 屏幕录像软件同时也是一种计算机软件，因此也同样具备数字化的保存特征。优秀的屏幕录像软件不但能支持保存为数字化视频格式，还必须支持尽可能多的应用视频格式，以方便日后的观看。因为是视频的录制，所以对压缩率也有非常高的要求。压缩率和质量通常是成反比的，压缩率越大，质量越差；反之，压缩率越小，质量越好。优秀的屏幕录像软件必须两者兼顾，或者供用户自行设置质量与压缩率。

(3) 从屏幕录像软件的定义不难发现，除了录制基本桌面操作，还必须具备录制动态视频功能，这是屏幕录像软件与视频录像软件定义的重叠之处，屏幕录像软件要求对各种视窗环境的视频都能够自由录制，例如录制游戏画面、应用程序动画、网页视频、计算机中播放的视频等。

7.7.2 迅捷屏幕录像工具

迅捷屏幕录像工具是由上海互盾信息科技有限公司研发的微型计算机录屏软件，可用于录制网页视频、网络课件、聊天页面、游戏视频、微型计算机屏幕等内容。录制时可根据自身需要调整视频、音频、画质、格式和模式等相关参数。

1. 优点

迅捷屏幕录像工具具有以下优点。

(1) 原画视频高清录制：支持标清、原画、高清 3 种清晰度选择。

(2) 声音画面同步录制：确保录制过程中画面，声音同步录制。

(3) 提供全屏区域录制：可选择录制屏幕部分区域也可选择全屏录制。

(4) 不限时长：不限录制时间长度，可自由录制视频。

2. 功能

迅捷屏幕录像工具具有以下功能。

(1) 模式随心选：可匹配不同场景需求，支持全屏、区域录屏，可录制微型计算机操作、在线会议、游戏、直播视频等。

(2) 声音画面同步录制：音画同步高清录制，支持自定义音源，让用户录屏无忧。

(3) 多样化的视频输出格式：支持将录屏文件导出为 MP4、AV、FLV 等格式。高清原画更清晰，录制不卡顿，提供标清、高清及原画录屏，捕捉每个精彩瞬间。

(4) 画笔工具：可在录屏过程中添加线条、涂鸦、填充等，标记每个重点。

7.7.3 屏幕录像工具的使用案例

1. 案例目标

(1) 学会屏幕录制工具参数的设置。

(2) 学会录制过程中画图笔的使用。

(3) 学会查看已录制的视频。

2. 操作步骤

(1) 下载工具软件。首先进入迅捷视频官方页面，在首页单击“立即下载”按钮，如图 7-38 所示。应用程序保存在“下载”文件夹或者可以自定义文件夹保存。

图 7-38 迅捷视频官方页面

下载成功后进行应用程序的安装，双击安装程序，在弹出的对话框中单击文件夹符号浏览，选择要安装的位置，如果不进行更改，默认将应用程序装在C盘 Program Files (x86)文件夹下。单击“开始安装”按钮，如图7-39所示。

图7-39　安装界面

安装成功后，软件会自动启动，界面首页如图7-40所示。该软件会自动创建桌面快捷方式进行启动，也可以在“开始”菜单的所有程序界面单击应用程序进行启动。

图7-40　界面首页

(2) 修改屏幕录像的参数。将录制格式调为MP4格式。

(3) 开始屏幕的录制。打开老师的直播课程，然后单击“开始录制”按钮。录制过程如图7-41所示。在录制过程中，可以用画笔做笔记和记录，使用画笔的效果如图7-42所示。

(4) 查看录制的视频。停止录制后，在软件界面单击视频列表可以查看刚才录制的视频，如图7-43所示。在“操作”选项可以打开文件所在的文件夹，来进一步使用文件。

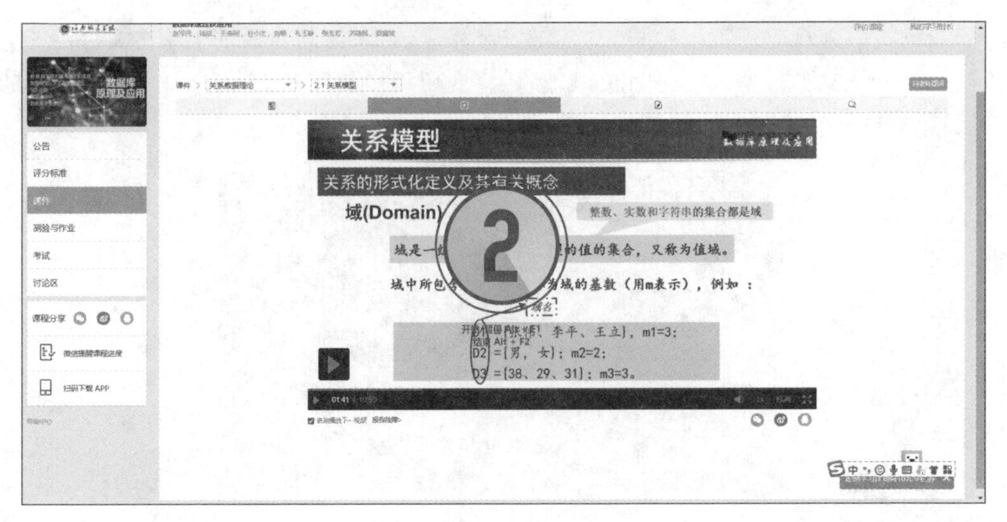

图 7-41　录制前界面

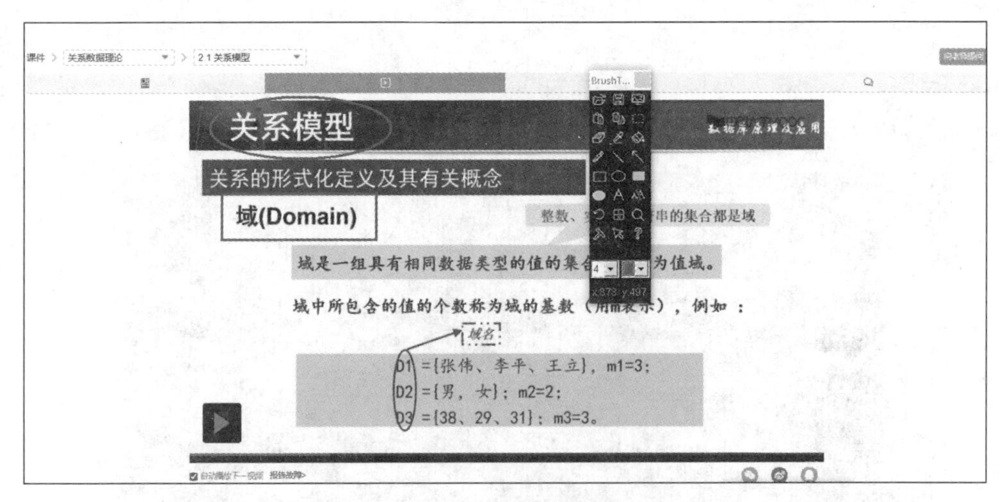

图 7-42　画笔的使用

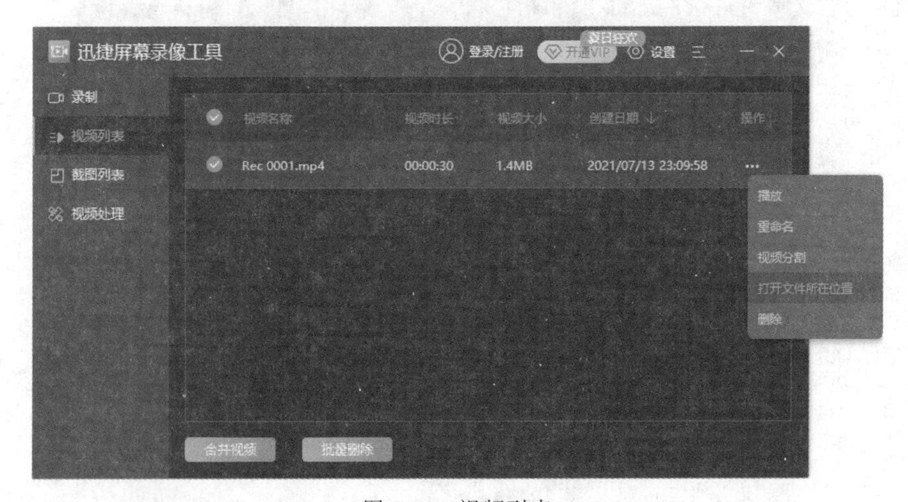

图 7-43　视频列表

本章小结

本章主要介绍各种常用工具软件的类型、下载、安装方法、启动与退出方法。简单介绍了火绒安全、迅雷下载、Adobe Reader PDF 阅读器、Adobe Acrobat PDF 编辑器、影音制作软件 Movie Maker Live 等常用工具软件的相关知识和使用技巧。

知识拓展

5G

1. 5G 的概念

第五代移动通信技术(5th generation mobile networks 或 5th generation wireless systems,5G)是最新一代移动通信技术,为 4G(LTE-A、WiMAX-A)系统后的延伸。5G 旨在将所有人和所有内容连接在一起,包括机器、对象和设备。5G 的性能目标是高数据速率、减少延迟、节省能源、降低成本、提高系统容量和大规模设备连接。5G 无线技术旨在为更多用户提供更高的峰值数据速度、超低延迟、更高的可靠性、庞大的网络容量、更高的可用性和更统一的用户体验。更高的性能和更高的效率赋予了新的用户体验,并连接了新的行业

国际电信联盟(ITU)定义了 5G 的三大类应用场景:增强移动宽带(enhanced mobile broadband,eMBB)、超高可靠低时延通信(ultra Reliable and low latency communication,uRLLC)和海量机器类通信(massive machine type of communication,mMTC)。增强移动宽带主要面向移动互联网流量爆炸式增长,为移动互联网用户提供更加极致的应用体验,主要关注峰值速率和用户体验速率等;超高可靠低时延通信主要面向工业控制、远程医疗、自动驾驶等对延迟和可靠性具有极高要求的垂直行业应用需求,主要团住延迟和移动性;海量机器类通信主要面向智慧城市、智能家居、环境监测等以传感和数据采集为目标的应用需求,主要关注连接数密度。

5G 技术将为人们创造了一个更智能、更安全、更可持续的未来。

2. 5G 的关键技术

(1) 移动云计算技术。该项技术的平台架构不但包含基础设施、平台、软件服务、客户端,充分体现 5G 技术的特征,还能加强移动终端的性能,提供多样化服务功能。随着手机和平板用户数量的增加,5G 技术中的移动云计算技术可以支持物联网服务。将移动云计算技术应用到 5G 技术中,能够按照实际需求将远程服务商接入智能终端上,使用户及时获取所需信息和资源。在 5G 技术中,云计算技术不仅能够存储资源信息,还能够灵活。

(2) SDN/NFV 技术。可扩展技术属于 5G 技术中的关键技术,在运营网络融合及云计算服务技术快速提升背景下,5G 技术在可展开与安全性方面都进行技术规划。SDN/NFV 技术是一种网络功能虚拟化和软件定义网络技术,在通信网络中属于全新架构。它能够进行数据分离控制, 促进 5G 技术实现软件化和虚拟化发展。在 5G 移动通信网络技术中 SDN/NFV 技术属于基础技术,结合网络技术后便能建立应用层、控制层和基础层。在以上各层中,5G 采用开放式 API 接口调用程序, 可以有效替代手动配置,可对 5G 技术网络管理中烦琐的步骤进行简化。5G 技术拥有转发和分离功能,能对网络通信系统起到优化作

用，确保该项技术在可控范围内运行。通过网络功能虚拟化和软件定义网络技术的相互配合，可以建立虚拟网络框架，并以此提供不同业务服务。

(3) MIMO技术。在5G网络系统中，MIMO技术不但能够在接收端和发送端布设天线，增加复用和分集效益，还能确保在通信网络中不断提升空间的利用率。在5G通信网络移动终端均安装有基站和天线，可解决容量局限性问题。在应用移动通信技术时需要采用散落式和集中式方法确保设备提升空间利用率，降低发射功率，加强抗干扰能力。由于MIMO技术的规模比较大，因此5G移动通信技术的应用必须充分考虑信道模型的频率效率和容量问题，以及按照基站天线和用户数量匹配适宜的规模数据值。

(4) 超密集异构网络技术。由于5G技术具备智能化和多元化的特点，并且移动数据流量增长趋势呈线性增加，因此通过应用超密集异构网络技术能够缩短结点与终端之间的距离，从根本上扩展5G网络系统的容量，提升网络运输效果。为了加强异构网络技术的应用效率，在实际运行过程中对邻近结点进行有效感知，确保5G技术和超密集异构网络技术之间的协调性，必须适当降低运行压力。在应用超密集异构网络技术时，可以应用网络动态部署技术。由于5G网络结点的启闭会呈现随机性和突发性，因此通过应用网络动态部署技术能够避免结点遭受干扰，避免网络拥堵。

3. 5G的应用

(1) 政务与公用事业。目前，政务与公用事业对5G的应用主要在智慧政务、智慧安防、智慧城市基础设施、智慧楼宇、智慧环保5个细分场景。例如，进行智慧安防时，通过利用5G高传输速率的特性，可以有效改善视频监控中延迟的问题；此外，5G所具备的多连接特性，也能促进监控范围的进一步扩大。

(2) 工业。5G在工业中的应用主要体现在智能制造、远程操控、智慧工业园区3方面。例如，智能制造中，它以端到端的数据流为基础，实时通信、海量传感器与人工智能平台的信息交互对通信网络有着严苛的要求，而5G网络可以为高度模块化的柔性生产系统提供多样化、高质量的通信保障。

(3) 农业。农业对5G的应用主要在智慧农场、智慧林场、智慧畜牧和智慧渔场四方面。例如在无人农场模式中，农业云平台综合信息管理系统可以利用5G、图像识别、卫星遥感、大数据等先进技术驱动各类无人驾驶农机装备实现自动化作业。目前，农业大数据正由技术创新向应用创新转变，5G因在带宽、延迟、连接规模等方面的优良特性，为推动智慧农业的发展演进助力。

(4) 文体娱乐。5G在文体娱乐中的应用主要体现在视频制播、智慧文博、智慧院线和云游戏4个细分应用领域。例如，在5G技术的影响下，电影画面的清晰度、影像的观感以及互动性将加强，电影将变得更加"好看""好玩"。此外，随着5G的推进，院线的发展方向也将更偏重于体验型电影院，例如以高度真实感、沉浸感为代表的VR智能综合体验馆等。

(5) 医疗。医疗对5G的应用主要在远程诊断、远程手术和应急救援方面。例如，传统的远程会诊通常采用有线连接方式进行视频通信，建设和维护成本较高、移动性较差。而在5G网络中，4K或8K的远程高清会诊和医学影像数据的高速传输与共享已成为可能。与此同时，专家可以随时随地开展会诊，提升了诊断的准确率和指导效率，促进了优质医疗资源的下沉。

(6) 交通运输。5G在交通运输中的应用主要体现在车联网与自动驾驶、智慧公交、智慧铁路、智慧机场、智慧港口和智慧物流等方面。以智慧物流为例，依托5G技术打造的智慧物流园将综合使用自动化、无人驾驶技术、实时监控技术实现人、车、货高效匹配，使调动便捷、管理方便、全程可控。

(7) 金融。5G在金融中的应用主要体现在智慧网点和虚拟银行等方面。以虚拟银行为例，通过目标与环境识别、超高清与XR播放、高速信息采集与精准服务，实现远程识别用户身份、基于XR的交易服务，从而提高银行的经营效率。

(8) 旅游。旅游对5G的应用主要在智慧景区和智慧酒店两方面。以智慧酒店为例，用户可以直接使用自己的手机接入5G网络，体验高速下载与上传，通过智能机器人进行信息查询、目的地指引及送货等服务，从而提升酒店服务效率。

(9) 教育。5G在教育中的应用主要体现在智慧教学和智慧校园等方面。以智慧教学为例，“5G＋全息互动课堂”技术将深刻改变教学形式，有助于打破时间和地域限制，为学生提供可交互、沉浸式的三维学习环境，促进教育均衡，真正落实国家倡导的全时域、全空域、全受众的教学要求。

(10) 电力。5G在电力中的应用主要体现在智慧新能源发电、智慧输变电、智慧配电和智慧用电等方面。以智慧配电为例，5G的应用比较广泛，涵盖故障监测定位到精准负荷控制的全流程。这些应用对低时延的要求较高，需要管理的连接数也比较大，而5G高速率、大连接数的优点能够满足智慧配电的需求。

习　题　7

一、单项选择题

1. 在IE浏览器中进行搜索时，如果把搜索范围限定在网页标题中，则在输入查询内容时，特别是关键词的部分，用(　　)作前导。

A. site：　　B. intitle：　　C. inurl：　　D. “”

2. 在IE浏览器中进行搜索时，如果把搜索范围限定在特定站点中，则在输入查询内容时，加上(　　)站点域名。

A. site：　　B. intitle：　　C. inurl：　　D. “”

3. 在Foxmail中，当联系人越来越多时，靠大脑记住大量的电子邮件地址是非常困难的，Foxmail的(　　)可以非常方便地管理所有的联系人。

A. 收藏夹　　B. 地址簿　　C. 地址　　D. 文件夹

4. 腾讯QQ是一款基于Internet的即时(　　)软件。

A. 在线聊天　　B. 视频对话　　C. 文件传送　　D. 通信

5. BBS的中文含义是(　　)。

A. 电子公告板　　B. 文件传输　　C. 信息服务　　D. 信息公布板

6. WinGate是(　　)同时访问Internet的一种解决方案。

A. 多个用户通过多个连接　　B. 多个用户通过一个连接

C. 一个用户通过多个连接　　D. 一个用户通过一个连接

7. 在SnagIt安装目录中找到(　　)文件，并将其复制到Office的启动文件夹后，启动Word，会在“插入”选项卡中会多出一个SnagIt选项。

A. Snagmw 97.dot　　B. Snagmw 97.exe

C. Snagmw 97.com　　D. Snagmw 97.doc

8. PPLive有别于其他同类软件,它采用比较前沿的(　　)技术,内核采用了独特的内聚算法和(　　)多播技术。

A. ALM　　B. P2P　　C. CPU　　D. CAI

9. AxCrypt是一款(　　)工具。

A. 文件加密　　B. 文件解密　　C. 杀毒软件　　D. 文件分割

10. 计算机系统将硬盘的数据存储区以(　　)为单位划分并编号使用。

A. 磁道　　B. 柱面　　C. 扇区　　D. 簇

二、填空题

1. 工具软件获取方法主要有________、________两种。

2. 不论是哪一种搜索引擎,都是由________、________、检索器和用户4部分组成。

3. 在工具软件中,CutFTP是一个基于________,用于在互联网上浏览、下载和上传文件的软件。

4. Foxmail是一款________软件。

5. CTerm是针对国内BBS特点设计开发的一个________软件。

6. WinGate是一款基于________平台的代理服务器软件。

7. ACDSee广泛用于图片的________、________、________和优化。

8. WinRAR压缩功能强大,完全兼容________和________格式。

9. 硬盘一般被划分为________、________、文件分配表、目录分配表和数据存取区5部分。

10. Partition Magic是一款非常优秀的________管理工具。

11. Windows优化大师的主要功能有________、________、清理功能和系统维护功能4部分。

12. 天网防火墙把网络分为________和________,可以针对来自不同网络的信息,来设置不同的安全方案。

13."长角牛网络监控机"采用________识别用户,可靠性高。

14. 美萍网管大师使用________底层。

15. 超星阅览器的版本中的标准版提供了________的基本功能,增强版还提供了文字识别、个人扫描等完整功能。

第 8 章　用计算机进行图像处理

21 世纪是一个充满信息的时代，作为感知世界的视觉基础，图像是人类获取信息、表达信息、传递信息的重要手段。因此，如何处理图像已成为 21 世纪的一个重要话题，也是必须具备的技能。本章主要介绍几种现在流行的图片处理软件。

【本章要点】

- 掌握 Photoshop 2019 的基本选项的使用方法。
- 掌握美图秀秀的基本使用技巧。
- 掌握动态图片处理软件 Ulead GIF Animator 的基本使用技巧。

【本章目标】

- 了解图像处理的方法。
- 掌握对图像进行各种平面处理的方法。
- 掌握修复图片的方法。
- 学会处理动态图片和视频。

8.1　Photoshop 2019

8.1.1　初识 Photoshop 2019

图像处理是对已有的位图图像进行编辑、加工、处理，运用一些特殊效果。常用的图像处理软件有 Photoshop 2019、PhotoPainter、PhotoImpact、PaintShopPro。Photoshop 是由 Adobe 公司开发的跨平台平面图像处理软件，是专业设计人员的首选，主要应用于平面设计、网页设计、数字暗房、建筑效果图后期处理以及影像创意等。

Photoshop 2019 的界面由菜单栏、工具选项栏、工具箱、图像窗口、浮动调板、状态栏等组成，如图 8-1 所示。

1. 菜单栏

Photoshop 2019 的菜单有“文件”“编辑”“图像”“图层”“文字”“选择”“滤镜”“3D”“视图”“窗口”“帮助”。

2. 工具选项栏

工具选项栏上的内容会随所用工具的不同而变化。

3. 工具箱

将鼠标光标放在具体工具的上方，上面会显示该工具的具体名称。当选中某工具后，工具选项栏则列出该工具的相关选项。

4. 浮动面板

浮动面板可在窗口菜单中显示各种调板，常用的操作如下。

(1) 选中“窗口”|“图层”选项，可以打开或隐藏面板。

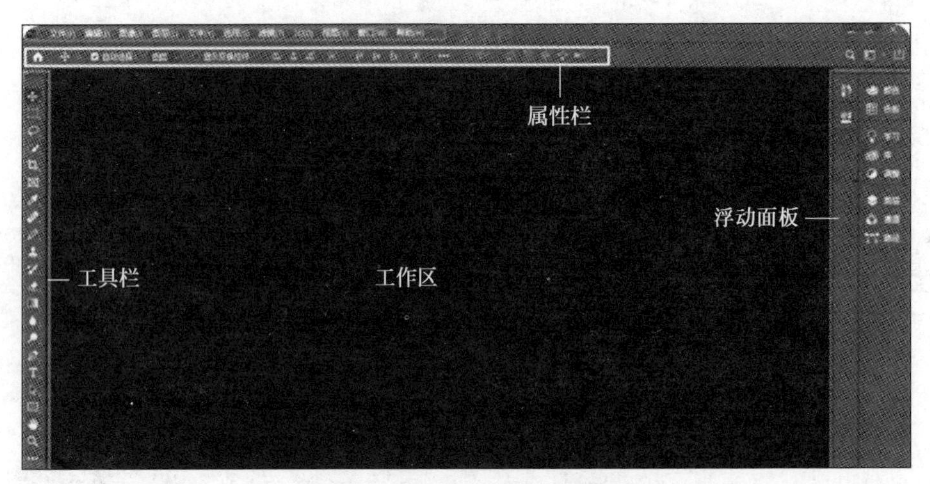

图 8-1　Photoshop 2019 界面

（2）将光标放在面板上，就可以拖曳鼠标移动面板。将光标放在“图层”面板名称上拖曳鼠标，可以将“图层”面板移出所在面板，也可以将其拖曳至其他面板。

（3）拖曳面板下方的按钮可以调整面板大小。当鼠标指针变成双箭头时拖曳鼠标，可调整面板大小。

（4）单击面板右上角的“关闭”按钮，可以关闭面板。

（5）按 F5 键，可以打开“画笔”面板，按 F6 键可以打开“颜色”面板，按 F7 键可以打开“图层”面板，按 F8 键可以打开“信息”面板，按 Alt＋F9 组合键可以打开“动作”面板（如果使用的是笔记本计算机，通常情况下需要同时按住键盘上的 Fn 键）。

（6）单击“调整”面板右下角的“默认情况下添加蒙版”选项，则在创建调整“图层”时会自动生成“蒙版”。

8.1.2　Photoshop 2019 的相关概念

在学习 Photoshop 2019 的过程中，经常会遇到一些专业术语，下面对一些 Photoshop 2019 常用的、比较难理解的术语进行简单讲解。

1. 像素

像素是构成图像的最基本元素，它实际上是一个个独立的小方格，每个像素都能记录它所在的位置和颜色信息。如图 8-2 所示，每个小方格就是一个像素点，它记载着图像的各种信息。

2. 选区

选区又称选取范围，是 Photoshop 2019 对图像做编辑的范围，任何编辑只对选择区内有效，对选区外都是无效的。而当图像上没有建立选择区时，相当于全部选择。如图 8-3 中的黑白相间的细线就是选择区的边界线。

3. 羽化

羽化是对选择区的边缘做软化处理，其对图像的编辑在选区的边界产生过渡，范围为 0～255，如图 8-4 是对不同羽化值选区填充的效果。当选区内的有效像素小于 50％时，图像上不再显示选区的边界线。

图 8-2　像素图

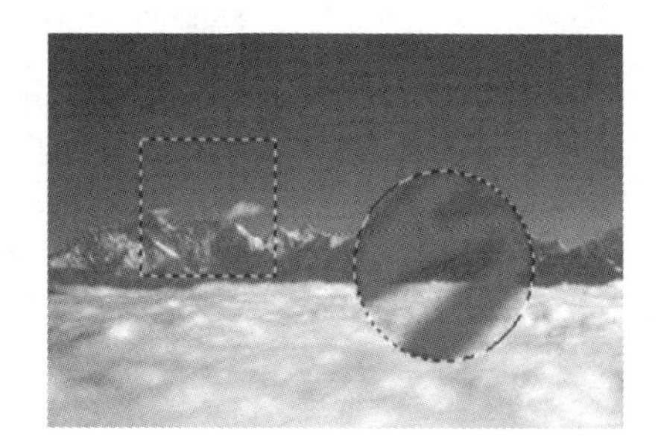

图 8-3　选区图

4. 消除锯齿

在对图像进行编辑时，Photoshop 2019 会对其边缘的像素进行自动补差，使其边缘上相邻的像素点之间的过渡变得更柔和。图 8-5 中是对消除锯齿和保留锯齿的选区填充的效果。

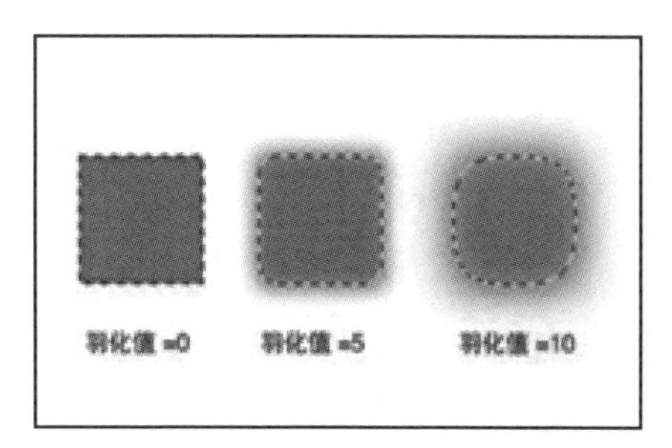

图 8-4　对不同羽化值选区填充效果对比图

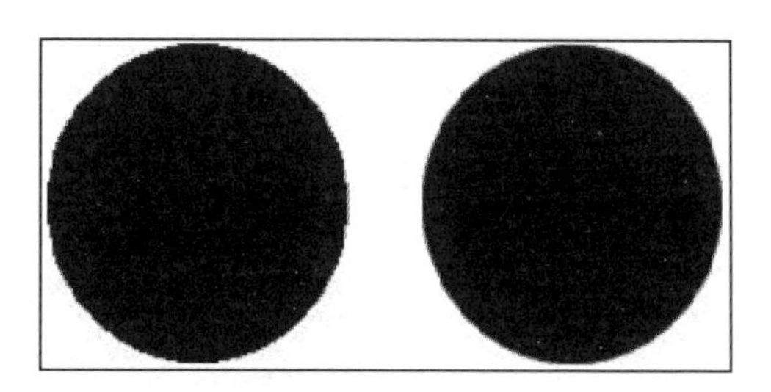

图 8-5　消除锯齿和保留锯齿效果对比图

5. 容差

图像上像素点之间的颜色范围容差越大，与选择像素点相同的范围越大，其数值为 0～255。如图 8-6 所示，是用魔术棒工具在不同容差值下对图像做不连续选区的效果图。

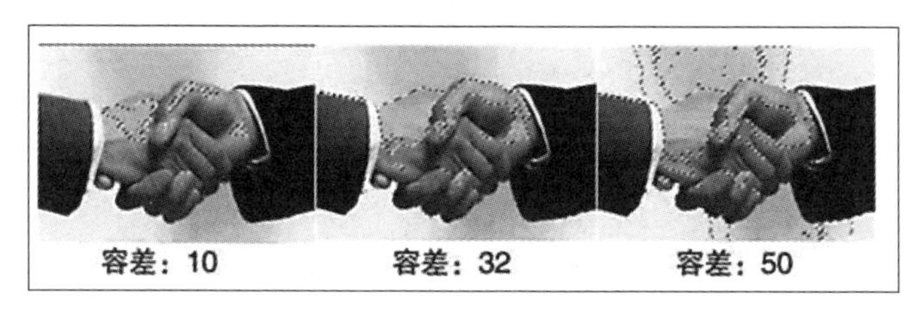

图 8-6　不同容差效果对比图

6. 混合模式

将一种颜色根据特定的混合规则作用到另一种颜色上，从而得到结果颜色的方法，称为颜色的混合，这种规格就称为混合模式，又称混色模式。Photoshop 2019 中有 6 组 22 种混合模式。例如，将红色用不同的混合模式作用到图片上的效果如图 8-7 所示。

7. 流量

流量是控制画笔作用到图像上的颜色浓度。流量越大，产生的颜色深度越强，其数值为 0～100%。用同样的画笔在不同流量下对图像操作的结果，如图 8-8 所示。

(a) 原图

(b) 饱和度混色模式

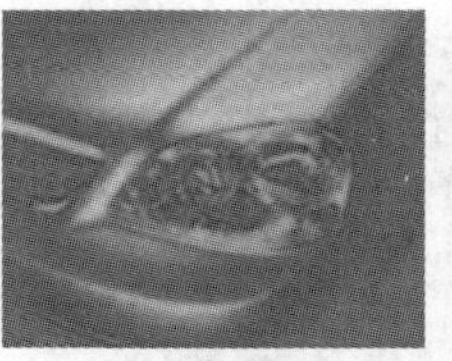

(c) 排除混色模式

(d) 叠加混色模式

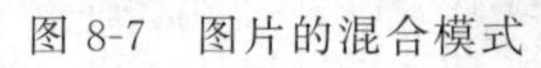

图 8-7 图片的混合模式

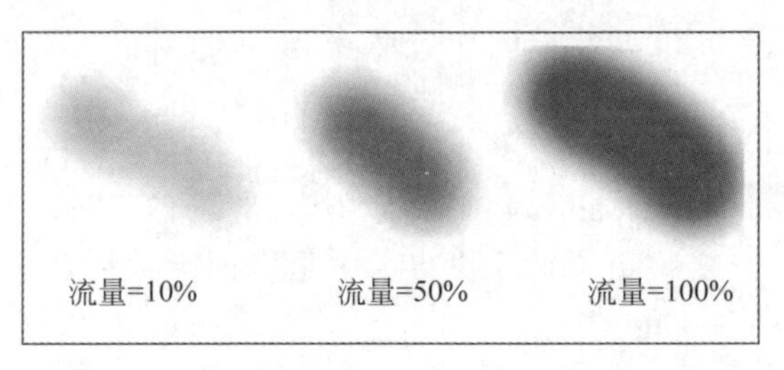

图 8-8 3 种流量控制下图像操作效果对比图

8. 样式

样式是对活动图层或选区进行定制的风格化编辑。对图像的各个图层内容指定不同样式的结果如图 8-9 所示。

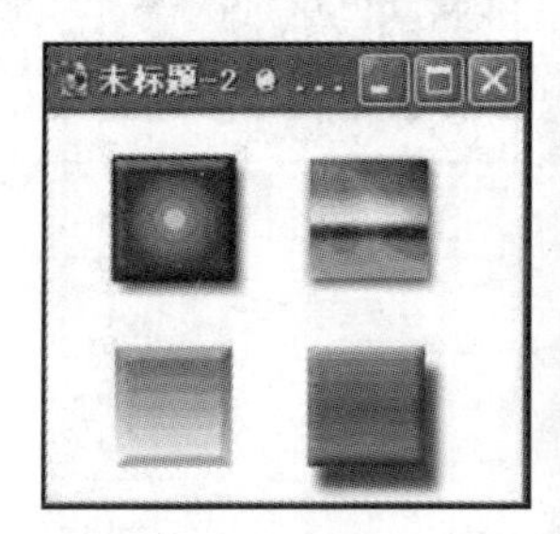

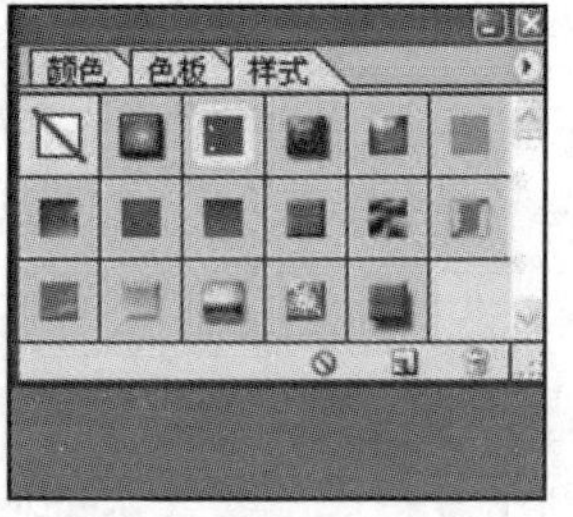

图 8-9 样式图像的各个图层内容指定不同样式的结果

9. 去网

去网是对扫描的印刷品去除印刷网纹，从而得到较精美的图像。注意，任何扫描过的文件去网后都不可能达到原印刷品的质量。扫描后的文件，在它的上面可以很清楚地看到网纹(图像上的小圆点)。质量不太好的图像，去网处理后的效果如图 8-10 和图 8-11 所示。

图 8-10 去网之前

图 8-11 去网之后

10. 分辨率

分辨率是单位长度内(通常是1英寸)像素点的数量。针对不同的输出要求对分辨率的大小也不一样,如常用的屏幕分辨率为72像素/英寸,而普通印刷的分辨率为300像素/英寸。

11. 文件格式

文件格式是为了满足不同的输出要求,对文件采取的存储模式,会根据一定的用途对图像的信息和品质进行取舍。Photoshop常用的文件格式,如图8-12所示。

12. 切片

为了加快网页的浏览速度,在不损失图像质量的前提下用切片工具将图片分割成数块,使网页的加载速度提高。图8-13中,每个方格就是一个切片,可以分块输出。

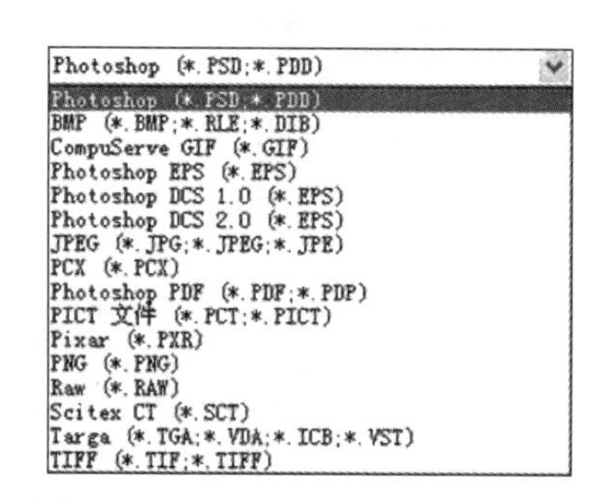

图8-12 Photoshop常用的文件格式

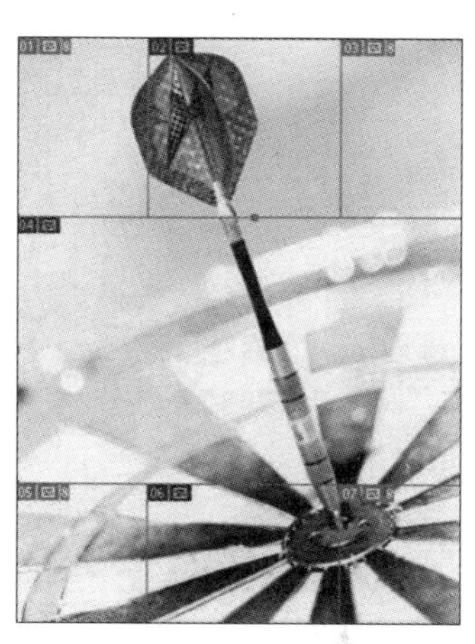

图8-13 切片图

13. 输入

输入是以其他方式获取图像或特殊对象的方法,例如扫描、注释等。

14. 输出

输出是将图像转换成其他的文件格式,以达到不同软件之间文件交换的目的,或是满足其他输出的需求。

15. 批处理

批处理是使多个文件执行同一个编辑过程(动作)。

16. 色彩模式

将图像中的像素按一定规则组织起来的方法,称为色彩模式。用途不同,输出图像的色彩模式也不同。常用的色彩模式有RGB、CMYK、Lab等。

17. 图层

为了便于图像编辑,可将图像中的各个部分独立出来,对任何一部分的编辑操作对其他部分不起作用。图8-14是由多个图层合成的一张成品图。

18. 蒙版

蒙版的作用是保护图像的特定区域不受编辑的影响,并将对它的编辑作用到所在的图层。如图8-15所示,蒙版将对其的黑白控制转化为不透明变,并作用到图像上,蒙版上黑色

图 8-14　多个图层合成图像效果图

部分为完全透明，白色为完全不透明。

图 8-15　蒙版效果图

19. 通道

通道用于记录组成图像各种单色的颜色信息和墨水强度，并能存储各种选择区域、控制操作过程中的不透明度。图 8-16 是一张色彩模式为 RGB 的图像在彩色(RGB)、红色(R)、绿色(G)、蓝色(B)通道下的显示效果。

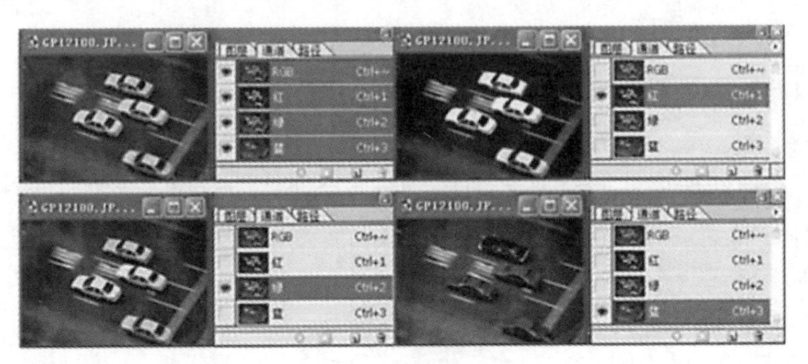

图 8-16　不同通道

20. 位图图像

位图又称栅格图，由像素点组成，每个像素都具有独立的位置和颜色属性。在放大图像的物理像素后，图像质量会降低。

21. 矢量图形

矢量图形由矢量的直线和曲线组成，在对它进行放大、旋转等编辑时，不会对图像的品质造成损失。例如，AI、CDR、EPS 文件等都属于矢量图形文件。

22. 滤镜

人们在摄影时常常使用滤镜产生特殊的效果。Photoshop 2019 中的滤镜效果是该软件最神奇的部分。Photoshop 2019 中有 13 大类(不包括 Digmarc 滤镜)近百种内置滤镜。图 8-17 是原图,图 8-18 是对原图使用不同的滤镜得到的结果。

图 8-17 原图

图 8-18 滤镜效果图

23. 色域警告

Photoshop 2019 将不能用打印机准确打印的颜色用灰色遮盖并加以提示。适用于 RGB 和 Lab 颜色模式。图 8-19(a)是一幅 RGB 图像,图 8-19(b)所示的灰色遮罩的部分为超过打印机色彩打印范围的颜色,如果仍以这种模式打印,则在打印时会用相似的颜色来代替这部分颜色。

(a) 原图

(b) 显示色域警告效果

图 8-19 色域警告

8.1.3 用 Photoshop 2019 处理图像

1. 图层的应用

在使用 Photoshop 2019 处理图片时,"图层"面板是必不可少的功能面板。图层就像在一张张透明的胶片,透过上面的胶片可以看见下面胶片的内容,但是无论在上一层胶片上如何涂画都不会影响下面的胶片,上面一层会遮挡住下面的图像。最后将胶片叠加起来,通过移动各层胶片的相对位置或者添加更多的胶片即可改变最后的合成效果,这就是"图层"面板在 Photoshop 2019 中所起的作用。

1）Photoshop 2019 中图层的相关应用技巧

（1）如果只想显示某个图层，只需要按住 Alt 键后单击该图层的指示“图层”可视性图标，即可将其他图层隐藏，再次按一次则显示所有图层。

（2）按住 Alt 键后单击当前层前的画笔图标就可以将所有的“图层”与其取消链接关系。

（3）要改变当前的活动工具或“图层”不透明度，可以使用小键盘上的数字键。按“1”则代表 10％的不透明度，“5”则代表 50％。而“0”则是代表 100％的不透明度。而连续地按下数字，例如“45”，则会得出一个不透明度为 45％的结果。

注意：上述方法也会影响当前活动的画笔工具，因此如果想要改变活动“图层”的不透明度，则要在改变前先切换到移动工具或是其他的选择工具。

（4）按住 Alt 键后单击“图层”调板底部的删除“图层”图标，则能够在不弹出任何确认提示的情况下删除“图层”，而这个操作在通道和路径中同样适用。

注意：这条技巧同样也能够用在“图层”蒙版和剪切路径中，现在适当的缩略图上单击，接着按住 Alt 键后单击“删除”图标，这样就能够在不出现任何确认提示的情况下将“蒙版”或“路径删除”。

（5）按住 Alt 键后单击“图层”调板底部的删除“图层”图标，就能够同时将所有相关的“图层”都同时删除。

注意：如果所有的“图层”都是相关联的，这个技巧则不能使用，这是因为不可能将一个图像中的每个图层都删去，因为一个图像中至少需要有一个图层。

（6）当前正在使用移动工具，或是按住 Ctrl 键后在画布的任意之处右击，都能够在鼠标指针之下得到一个图层的列表，按照从最上面的图层到最下面的图层这样按顺序排列，在列表中选择一个图层的名称能够让这个图层处在活动状态。

注意：按住 Alt 键后右击，即可选中最上方的图层。同样地，在移动工具被选中时，可以在“选项”调板中启用“自动选择‘图层’”选项。如果按住 Alt＋Shift 组合键再右击，则能够将最上方的图层与当前图层关联或取消关联。

（7）选中移动工具时，按住 Ctrl 键单击或拖曳就能够自动选中或移动鼠标指针下最上方的图层。按住 Ctrl＋Shift 组合键后单击或拖曳则能够将最上方的图层与当前活动的图层相关联。

（8）按住 Ctrl 键后单击“图层”调板底部的“创建新图层”或“创建新组”按钮，就能让新的“图层”或组插入到当前“图层”或组的下方。按住 Ctrl＋Alt 组合键后单击，则能显示出与新“图层”或组相关的对话框。

（9）按住 Alt 键后双击“图层”调板中的“图层”名称，则能够显示“图层属性”对话框，在里面可以对“图层”进行重命名。

注意：按住 Alt 键后在一个“背景”图层上双击，则能够将它转变为一个名为“图层 0”的一般图层，而这过程不会出现任何确认提示。

（10）如果要降低一个图层中某部分的不透明度，可先创建一个选区，接着按住 Shift＋Backspace 组合键打开“填充”对话框，将混合模式设置为“清除”，接着为需要设置不透明度的选区做出设置。另一个方法是选中“编辑”|“清楚”菜单项，选定的区域，建立一个历史状态，接着使用“填充”选项和内容设置存储选定区域的内容，对历史记录设置需要的不透

明度。

(11) 在默认情况下,形状是会按照颜色填充图层来设定的。要改变这样的设置,可以在"图层"|"更改图层内容"菜单项中选择一个新的填充/调整图层。

(12) 使用表 8-1 所示的键盘快捷方式,可以用来移动活在图层之间导航。

表 8-1 快捷键图

快 捷 键	作 用
Alt+/	激活上一个或下一个可见图层
Alt+Shift+/	激活底部或顶部可见图层
Ctrl+/	将图层向下或上移动
Ctrl+Shift+/	将图层移动到底部或顶部

(13) 要在文档之间拖曳多个图层,可以先将它们链接,接着使用移动工具将它们从一个文档窗口拖到另一个文档窗口中。

注意:不能将多个图层从"图层"调板中拖到另一个文档中,即使它们是相互链接的,这条操作仅适用于选中的"图层"的移动。

(14) 可以将一个图层拖到"图层"调板底部的"创建新图层"("创建新快照")按钮上来对一个图层创建副本;也可以使用"图层"调板菜单中的"复制图层"进行操作。

(15) 使用 Ctrl+J 组合键("图层"|"新建"|"通过拷贝的图层")可以在没有活动选区的情况下,对当前"图层"创建副本。

(16) 按住 Alt 键后将一个"图层"拖到"图层"调板底部的"创建新图层"图标上可以将这个"图层"复制到一个新文档中。

2) "图层"混合模式例子

(1) 空中楼阁。

① 将"岳阳楼.jpg"图像进行羽化处理后,置于"蓝天白云.jpg"图像中,如图 8-20 所示。

图 8-20 空中楼阁

② 选中"岳阳楼"图层并右击,在弹出的快捷菜单中选中"混合选项",如图 8-21 所示。

③ 默认情况下"混合颜色带"的选项为"灰色"。设置参数如图 8-22 所示。

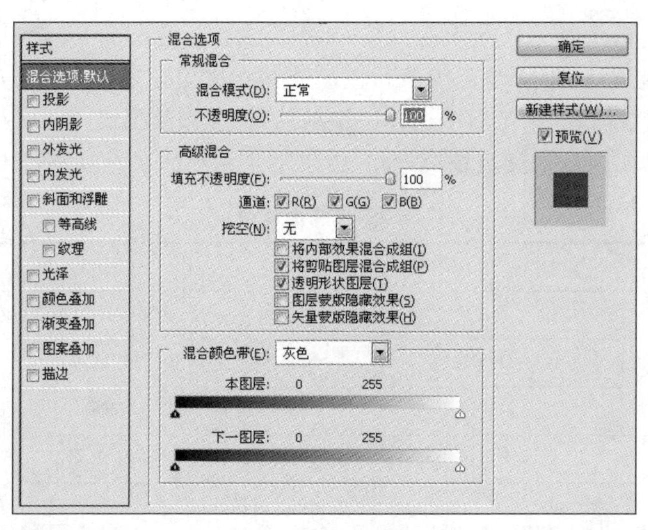

图 8-21　混合选项

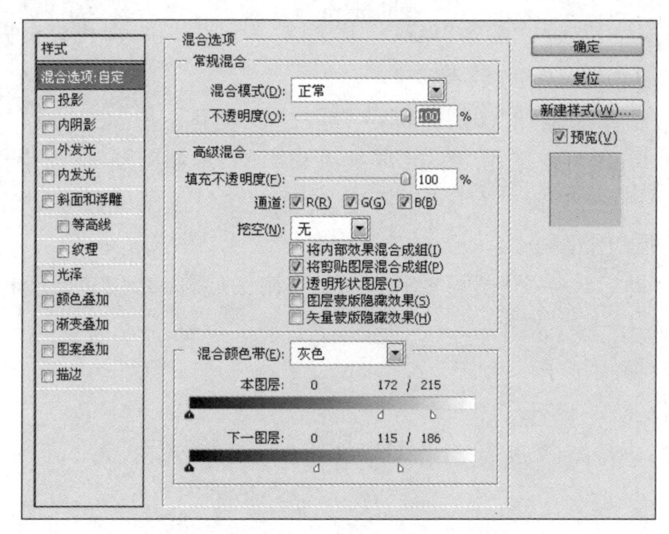

图 8-22　参数设置

（2）白云上的金鱼。

① 将“鱼缸.jpg”图像直接拖入“白云.jpg”图像中，如图 8-23 所示。

图 8-23　白云上的金鱼

② 选中“鱼缸”“图层”并右击，在弹出的快捷菜单中选中“混合选项”，设置参数如图 8-24 所示。

③ 选择橡皮擦工具，将笔尖形状调整成柔角适当大小，将周边的虚白涂抹掉，如图 8-25 所示。

2. 选区的应用

Photoshop 2019 提供了多种方法建立选取区域，在前面讲述基本工具箱时有过介绍。主要有矩形选取工具、套索工具等，它们是用拖曳鼠标的方式选取的，也可以使用钢笔工具、磁性笔工具等建立精确的

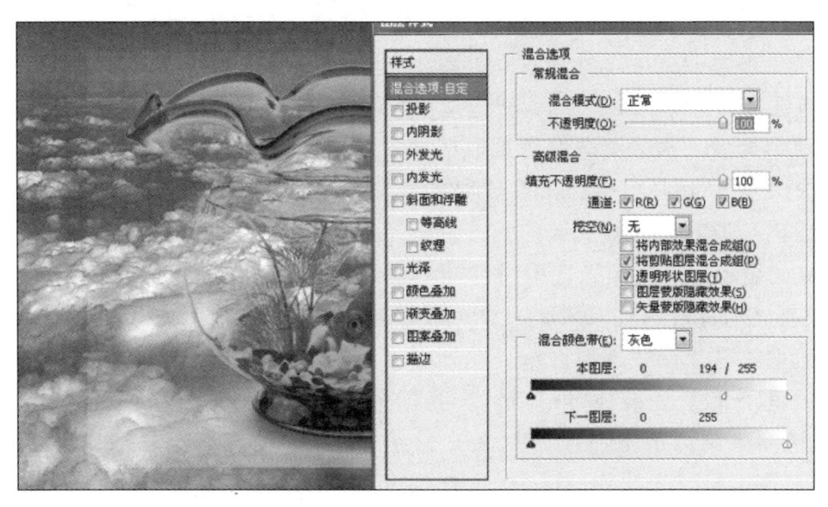

图 8-24 混合选项参数设置

图 8-25 最终效果

外框形态来圈选出一区域，还可以用魔术棒与色彩范围选项以图像色彩分布为基础分隔出选取区域。在上述这些选取工具中，每一项都对应有选项浮动窗口。使用色彩范围建立选取区域打开一幅图像，选中“色彩范围”选项，弹出“色彩范围”对话框。

选取了区域之后，如果对选取区域的位置、形状、大小不满意，可以对选取的区域进行调整和编辑。在建立选取区域后，只要在图像范围内右击，从弹出的快捷菜单中选中相应选项就可以对选取区域进行编辑。

1）选取区域的基本操作

(1) 移动选取区域。使用任何一种选取工具选取好一定区域后，把光标移动到选取的区域中间，会出现一个白色的小三角形光标，这时就可以在图像范围内任意移动选择区域。如果同时打开了两幅图像，就可以拖曳一幅图像选择的区域到另一幅图像中。

(2) 全选。选中“选择”|“全选”菜单项或者直接按 Ctrl＋A 组合键，就可以选择图像或作用图层的全部像素。

（3）取消选择。选中“选择”|“取消选择”菜单项或直接按快捷键 Ctrl+D 组合键，可以取消选取区域。在选取区域之外任意一处单击，也可以取消选择区域。

（4）重新选择。选中“选择”|“重新选择”菜单项或直接按 Shift+Ctrl+D 组合键，就可以载入在图像中最后一次取消选取的选取区域。

（5）反选。选中“选择”|“反选”菜单项或直接按 Shift+Ctrl+I 组合键，就可以在建立选取区域后反向选取其余未被选取的其余部分。

（6）隐藏或显示选取区域。选中“视图”|“显示额外内容”菜单项，也可按 Ctrl+H 组合键，可以隐藏或显示目前的选取区域。对选取区域进行增加、减少或相交先设定选取区域，然后用任何选取工具来调整选取区域。

① 增加选取区域。先按住 Shift 键（在光标旁出现“+”），然后选取想要增加的区域。

② 减少选取区域。先按住 Alt 键（在光标旁出现“－”），然后选取想要删除的区域。

③ 相交选取区域。先按住 Alt + Shift 组合键（在光标旁出现“×”），然后选取想要相交的区域，则 Photoshop 2019 会仅保留新选取区域与原始选取区域相交的区域。

2）使用“选择”菜单调整选区

可以使用“选择”|“选取”菜单项，选取区域内的像素进行编辑和修改。

（1）羽化。选中“选择”|“羽化”菜单项，或直接按 Alt+Ctrl+D 组合键，就可弹出“羽化选区”对话框。

（2）修改。修改包括扩边、平滑、扩展和收缩。选中“选择”|“修改”菜单项，在弹出的“修改”对话框中选中“扩边（或平滑、扩展、收缩）”选项然后再输入数值，对选取区域进行修改。

（3）扩大选取与选取相似。“扩大选取”与“选取相似”菜单项可以根据魔术棒工具选项浮动面板的容差误差值的大小以扩大色彩相近的选取区域。

① 扩大选取。选中“选择”|“扩大选取”菜单项，会根据误差值区域内色彩相似的邻近像素而扩大选取区域。

② 选取相似。选中“选择”|“选取相似”菜单项，会根据误差值区域大小而对整个图像扩大色彩相近的选取区域。选取相似与扩大选取功能相似，但它是对整个图像的相近色彩起作用，而扩大选取针对的是色彩相似的邻近像素。

（4）变换选区。选中“选择”|“变换选区”菜单项，在选取线框外调整外框。通过拖曳调整手柄上的各个调整点可以自由调整或旋转选取区域。待调整好位置后，按 Enter 键或在调整外框内双击即可完成。

3）选框工具的使用方法

（1）制作正方形与圆形选区需配合使用 Shift 键。

（2）以鼠标为中心向四周延展出选区需配合使用 Alt 键。

（3）以鼠标为中心向四周延展出正方形或圆形需配合使用 Shift+Alt 组合键。

（4）同样可以通过工具选项栏中的参数来设置选区的固定大小与比例等，并且可以设置选区的叠加方式。

（5）当绘制选区时，不要松开鼠标，同时按住空格键并拖曳鼠标，即可移动选区。

3. 图层蒙版

图层蒙版可以理解为在当前图层上面覆盖一层透明胶片，这种透明胶片有全透明的、半透明的和不透明的。然后用各种绘图工具在蒙版(透明胶片)上涂色(只能涂各种灰度的黑色),涂黑色的地方蒙版变为透明的,看不见当前图层的图像;涂白色则使涂色部分变为不透明,可看到当前图层上的图像;涂灰色使蒙版变为半透明,透明的程度有涂色的灰度深浅决定,是 Photoshop 2019 中一项十分重要的功能。

1) 图层蒙版

图层蒙版的主要作用是遮挡掉图像中不需要的部分,以及两幅图像之间无痕迹的过度。蒙版技术在 Photoshop 2019 中属于非破坏性图像修整的范畴。尽管不用蒙版也可以做出与蒙版相同的效果,但是既麻烦又不便于控制和修改。在图层与蒙版之间有一个锁链标志,表示蒙版与当前层的图像位置是锁定的,移动图像时,蒙版也会跟着移动。

(1) 添加蒙版。添加蒙版就是在该图层上增加一个通道,所以蒙版在一定程度上是和通道相通的,都可以用来存储选区。

(2) 删除蒙版。按住 Shift 键后单击图层蒙版缩略图,缩略图上出现红色的叉,可以删除蒙版。

2) 矢量蒙版

矢量蒙版是以图形的方式对图像做出所需要的遮挡。相对于图层蒙版,矢量蒙版有小巧灵活、方便修改的特点,还能产生反相相切的效果。

把矢量蒙版结合图层蒙版一起使用,可以使图像更加丰富。

(1) 添加矢量蒙版。先选择适量工具,再选中模式为“路径”,在图像中画出路径,选中“图层”|“添加矢量蒙版”|“当前路径”菜单项。

(2) 编辑矢量蒙版。矢量蒙版的编辑与路径的编辑方法完全相同,改变后的路径仍带有矢量蒙版,用起来非常方便,还可以进行多图形反相相切,即在现有的矢量图形中再画矢量图形。注意,此操作可嵌套。

(3) 创建的矢量蒙版会在路径中显示,而图层蒙版会在通道面板中显示。

(4) 文字、圈选同样可以转成路径,建立矢量蒙版,这样可以做出很多漂亮的效果。

3) 图层蒙版与矢量蒙版的区别

虽然在编辑状态下都可以在两种蒙版上建立矢量图形,但是两者存在区别,矢量蒙版可以任意变形和挪动,而图层蒙版却不行,而且矢量蒙版能够嵌套(反向相切),这一功能是对一个图层只能建立两个蒙版的有力补充。

4) 快速蒙版

快速蒙版位于工具箱的最下面一组。利用快速蒙版结合“颜色范围”菜单项可以精确的圈选复杂的物体。具体操作如下:用“颜色范围”选项大体选出图像(设置好适当的颜色容差),在工具箱中单击“以快速蒙版模式编辑”按钮,将图像放大,用毛笔工具把前景色在黑白之间变换来涂抹,就可以增加或减少蒙版区域,即增加或减少选区。

注意:

(1) 操作时应反复在“蒙版显示模式”与“普通显示模式”之间切换以查看选区,多减少补。

(2) 如果对快速蒙版的半透明红色不满意,可以双击“快速蒙版”图标来改变快速蒙版的颜色和不透明度。

一般的图像都可以这样处理,非常方便。只要做出了一个选区,就可以用快速蒙版来做精确调整。

5）关于蒙版

Photoshop 2019 中的一个图层有且只有两个蒙版，选中一个图层，在“图层”面板下创建蒙版时，默认的是先建立图层蒙版；再创建蒙版，才是矢量蒙版。若只创建矢量蒙版，则可先画出矢量图形，再选中“图层”|“矢量蒙版”|“当前路径”选项，就可为图层率先添加矢量蒙版。

4. 路径选择工具

路径选择工具就是用来选择整条路径工具。使用的时候只需要在任意路径上单击一下就可以移动整条路径。同时还可以框选一组路径进行移动。用这款工具在路径上右击，还会有删除锚点、增加锚点、转为选区、描边路径等一些路径的常用操作功能出现。同时按住 Alt 键可以复制路径。

直接选择工具是用来选中路径中的锚点工具，使用的时候用这款工具在路径上单击一下，路径的各锚点就会出现，然后选择任意一个锚点就可以随意移动或调整控制杆。这款工具可以同时框选多个锚点进行操作。按住 Alt 键也可以复制路径。图 8-26 是 Photoshop 2019 中的路径选择工具和直接选择工具示意图。

使用 Photoshop 2019 时，路径选择工具可以选择一个或多个路径并对其进行移动、组合、对齐、分布和复制等操作，当路径上的锚点全部显示为黑色时，表示该路径被选中。

1）选择路径

（1）用路径选择工具在需要选择的路径上单击，当该路径上的锚点全部显示为黑色时，表示这个路径被选中，如图 8-27 所示。

图 8-26　选择工具　　　　图 8-27　选择路径

（2）按住 Shift 键后单击路径，可以选择多个路径，如图 8-28 所示；按住 Shift 键后单击已选中路径，可以取消路径的选中状态。

（3）按住鼠标左键，在 Photoshop 2019 图像窗口中拖曳会出现一个虚线框，松开鼠标后虚线框中的路径将被选中，如图 8-29 所示。

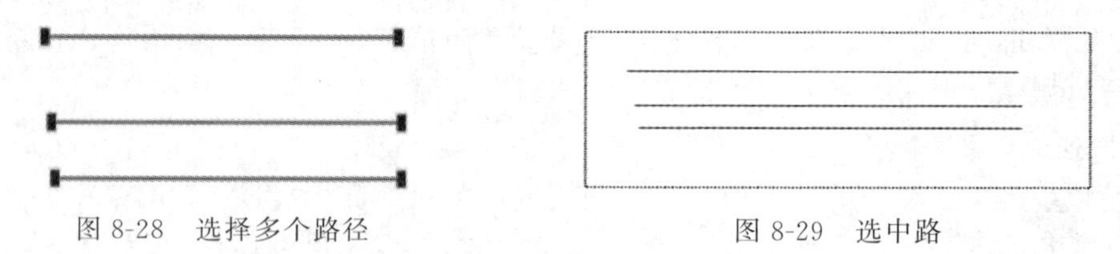

图 8-28　选择多个路径　　　　图 8-29　选中路

2）复制、移动和删除路径

使用 Photoshop 2019 路径选择工具可以调整路径的位置，也可以对选中的路径进行复制。

（1）按住 Alt 键，将鼠标指针移动到路径上，按住鼠标左键拖曳鼠标，到合适位置松开鼠标和 Alt 键，即可复制路径。

（2）单击选中路径并按住鼠标左键拖曳，即可移动被选中的路径。

（3）选中路径，按 Delete 键可删除所选路径。

3）Photoshop 2019 路径选择工具的属性栏

Photoshop 2019 路径选择工具的属性栏如图 8-30 所示。

图 8-30　路径选择工具的属性栏

（1）选中钢笔工具，设置其属性栏“形状”，如图 8-31 所示，设置填充和描边颜色。

图 8-31　设置钢笔属性

（2）选中路径选择工具，单击图像窗口中的三角形，此时属性栏中相关的填充、描边等选项被激活，如图 8-32 所示。

图 8-32　属性栏中选项被激活

（3）更改 Photoshop 2019 钢笔工具绘制的路径的填充和描边颜色等。例如更改填充颜色为黑色，描边为绿色，描边粗细为 10，描边线为虚线，如图 8-33 所示。

（4）填充和描边选项框，如图 8-34 所示。

图 8-33　路径的填充和描边

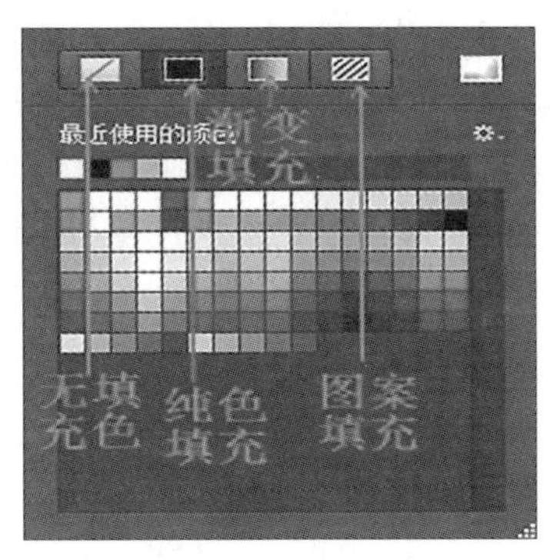

图 8-34　填充和描边选项框

（5）路径的高度和宽度。可输入数值更改 Photoshop 2019 路径的宽度和高度，如图 8-35 所示。

（6）对齐边缘绘制路径时可自动对齐网格。选中“窗口”|“显示”菜单项，在打开的“显示”选项对话框中选中“网格”，打开网格，如图 8-36 所示。

（7）选中约束路径并拖曳，只会针对所选择的一段路径进行更改，而不会影响其他段路径，如图 8-37 所示。

图 8-35　路径的宽度和高度

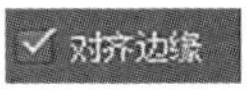

图 8-36　对齐边缘

图 8-37　约束路径拖动

5. 滤镜

1）滤镜

滤镜主要是用来实现图像的各种特殊效果。滤镜通常需要同通道、图层等联合使用，才能取得最佳艺术效果。如果想在最适当的时候应用滤镜到最适当的位置，除了平常的美术功底之外，还需要用户的滤镜的熟悉和操控能力，甚至需要具有很丰富的想象力。这样，才能有的放矢地应用滤镜，发挥出艺术才华。

2）滤镜分类

（1）杂色滤镜。杂色滤镜分为蒙尘与划痕、去斑、添加杂色、中间值滤镜，主要用于较正图像处理过程（如扫描）的瑕疵。

（2）扭曲滤镜。扭曲滤镜共有 12 种。这一系列滤镜都是用几何学的原理来把一幅影像变形，以创造出三维效果或其他的整体变化。每一个滤镜都能产生一种或数种特殊效果，对影像中所选择的区域进行变形、扭曲。

（3）抽出滤镜。抽出滤镜主要用于抠图。抽出滤镜的功能强大、使用灵活、简单易用、容易掌握，如果使用得好，那么抠出的效果非常好，抽出既可以抠繁杂背景中的散乱发丝，也可以抠透明物体和婚纱。

（4）渲染滤镜。渲染滤镜可以在图像中创建云彩图案、折射图案和模拟的光反射。也可在 3D 空间中操纵对象，并用灰度文件创建纹理填充以产生类似 3D 的光照效果。

（5）CSS 滤镜。CSS 滤镜总体的应用上和其他的 CSS 语句相同。CSS 滤镜可分为基本滤镜和高级滤镜两种。滤镜分类可以直接作用于对象上，并且立即生效的滤镜称为基本滤镜。配合 JavaScript 等脚本语言，能产生更多变幻效果的则称为高级滤镜。

（6）风格化滤镜。Photoshop 2019 中风格化滤镜是通过置换像素和通过查找并增加图像的对比度，在选区中生成绘画或印象派的效果。它是完全模拟真实艺术手法进行创作的。在使用"查找边缘"和"等高线"等突出显示边缘的滤镜后，可应用"反相"选项用彩色线条勾勒彩色图像的边缘或用白色线条勾勒灰度图像的边缘。

（7）液化滤镜。液化滤镜可用于推、拉、旋转、反射、折叠和膨胀图像的任意区域。创建的扭曲可以是细微的或剧烈的，这就使液化滤镜成为修饰图像和创建艺术效果的强大工具。可将液化滤镜可应用于 8 位/通道或 16 位/通道图像。

（8）模糊滤镜。模糊滤镜共 6 种，可以使图像中过于清晰或对比度过于强烈的区域，产生模糊效果。它通过平衡图像中已定义的线条和遮蔽区域的清晰边缘旁边的像素，使变化显得柔和。

8.1.4　用 Photoshop 2019 抠图的案例

抠图是图像处理中最常做的操作之一，将图像中需要的部分从画面中精确地提取出来，就称为抠图，抠图是后续图像处理的重要基础。在本案例里给出了 Photoshop 2019 中抠图的相关技巧和实例。通过这个案例的学习，可以掌握更简便、快速、高效的抠图方法。

1. 案例目标

（1）掌握新建图层的方法。

（2）学会使用魔术棒工具。

（3）掌握抠图的相关技巧。

（4）学会图片融合的方法。

2. 案例步骤

（1）首先，打开 Photoshop 2019 软件，新建一个 1024×1024 大小的白色画布。

(2) 双击 Photoshop 2019 窗口灰色区域，打开背景素材图片，如图 8-38 所示。

图 8-38　背景图片

(3) 把背景图层所在层的模式改为“滤色”，并新建一个图层，如图 8-39 所示。

图 8-39　滤色图层

(4) 打开要插入的图片，如图 8-40 所示。

(5) 用魔术棒工具选取。用鼠标在左侧工具栏中选取 ，在图片中单击，背景区域呈现

图 8-40 插入图片

被选中状态。按住 Shift 键,通过左键扩大选区,按 Ctrl+D 组合键取消选区,如图 8-41 所示。

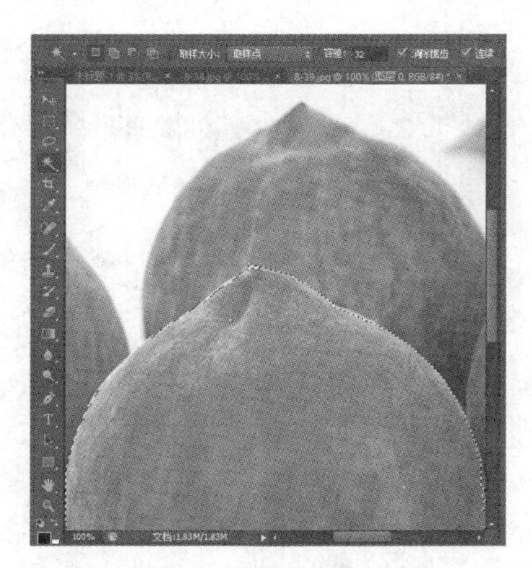

图 8-41 魔术棒选区

(6) 选区选好后,按 Ctrl+D 组合键,打开背景图片,选取“图层”2,按 Ctrl+V 组合键最终效果图如图 8-42 所示。

注意:这种抠图的方法只适用于图像成分比较简单、对图像质量要求不高的作品适用。

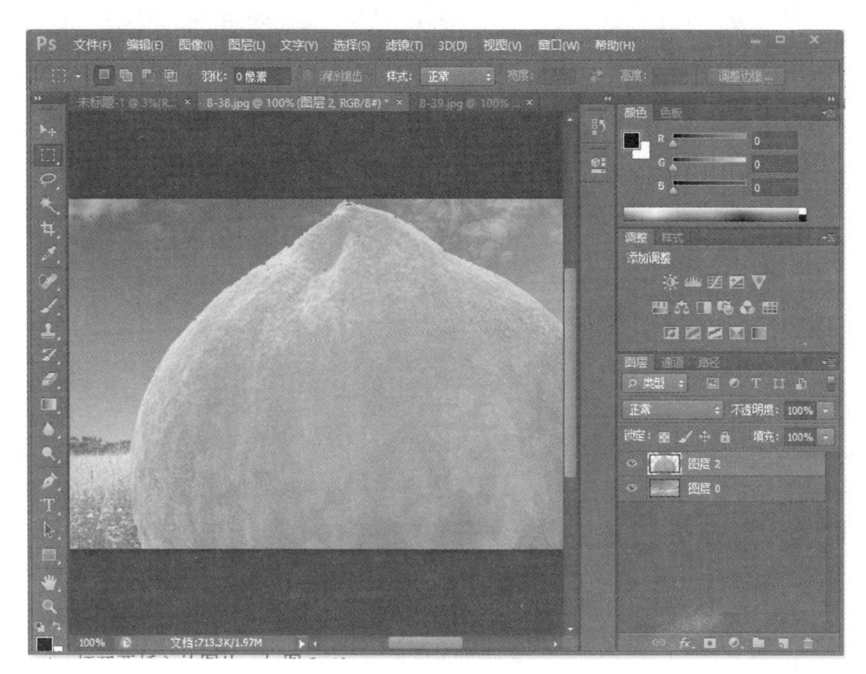

图 8-42 最终效果图

8.2 美图秀秀

8.2.1 初识美图秀秀

美图秀秀是一款免费的影像处理软件,全球累计超 10 亿用户,在影像类应用排行上保持领先优势。2018 年 4 月美图秀秀推出社区,并且将自身定位为“潮流美学发源地”,这标志着美图秀秀从影像工具升级为让用户变美为核心的社区平台。

美图秀秀是一款简单易用,功能强大,海量的饰品、边框、场景素材以及独有图片特效处理软件,美图秀秀新增的一个功能,主要是用户批量处理图片。

美图秀秀操作简单,特别适用于图片处理新手。它包括了图片特效美化、美容、拼图、场景、边框、饰品、九宫切图等功能,还有每天更新的素材,一键下载即可运用,可以在短时间内做出想要的效果。除了 PC 版,美图秀秀还推出了 iPhone 版、Android 版、iPad 版及网页版。

8.2.2 美图秀秀主要功能

美图秀秀可以图片美化、人像美容、视频美化、拼图(把多张图片拼在接成一幅图片,有很多模板),还可以刷视频、图片美化有消除笔、贴纸、文字处理、批处理。

美图秀秀的操作界面主要由图像窗口、工具栏、菜单栏、在线素材栏、特效栏等部分组成,如图 8-43 所示。

美图秀秀的基本操作如下。

(1) 计算机安装美图秀秀后,在桌面找到快捷方式图标并双击,进入美图秀秀的工作界面。若桌面没有安装快捷方式,则从“开始”菜单中找到“美图秀秀”并单击,也可进入美图秀

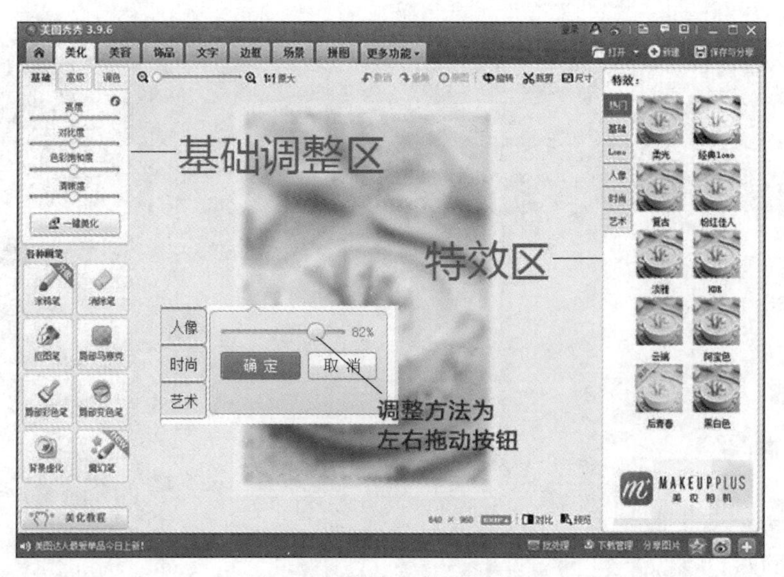

图 8-43　美图秀秀功能界面

秀的工作界面,如图 8-44 所示。

图 8-44　美图秀秀工作界面

(2) 常用的处理图片工具就是“美化图片”按钮,如果需要处理图片可直接单击该按钮,如图 8-45 所示。

(3) 进入处理图片程序,要处理图片,首先要打开这张图片,单击“打开一张图片”按钮,按照图片的路径,打开一张图片,如图 8-46 所示。

(4) 打开了一张图片,对这张图片可以进行很多处理,如图 8-47 所示。

(5) 菜单栏里面有美化、美容、视频、文字、边框、场景、拼图等,当然还有更多的功能,如图 8-48 所示。

图 8-45　美图秀秀工作界面中的"美化图片"按钮

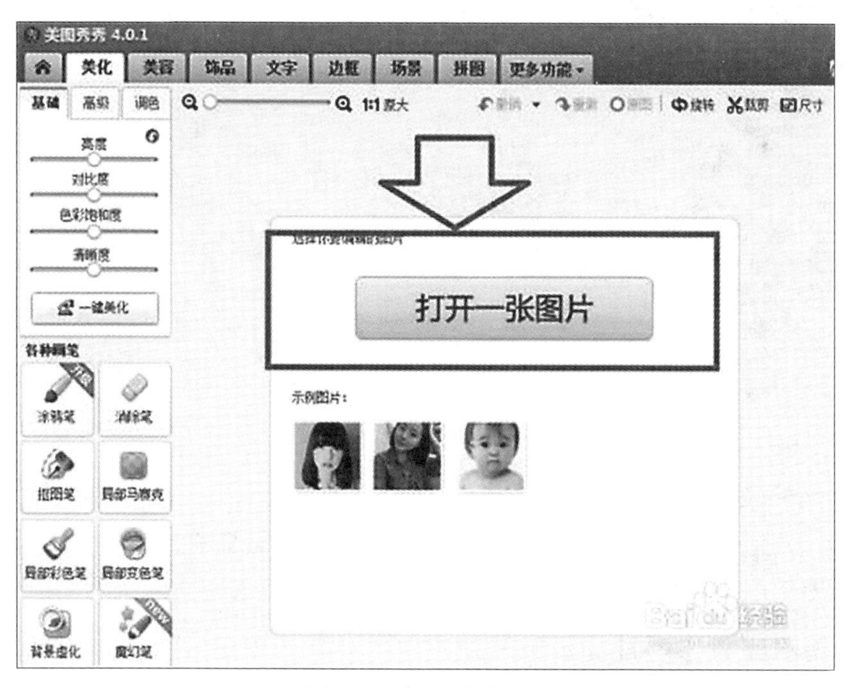

图 8-46　打开图片界面

图 8-47　特效图片处理工作界面

图 8-48　美图秀秀菜单栏工作界面

(6)“美化”页签的左侧是光线、亮度、对比度等基础的调整，如图 8-49 所示。

(7)“美化”页签的右侧的是一些高级特效，用 Photoshop 需要很多步才能完成的操作，可用美图秀秀一键设置，如图 8-50 所示。

8.2.3　用美图秀秀修复风景图片案例

1. 案例目标

(1) 掌握美图秀秀处理图片的基本方法。

(2) 学会使用消除笔工具。

(3) 掌握消除图片中不需要的字、符号或图标的相关技巧。

(4) 图片插入文字的使用方法。

图 8-49 “美化”页签

图 8-50 “特效”选项

（5）掌握文字的荧光、描边、阴影、透明属性的使用。

（6）学会批处理图片。

2. 案例步骤

1）消除图片中不需要的字、符号或图标

（1）打开美图秀秀，单击“打开图片”按钮，将希望编辑的图片打开，如图 8-51 所示。

（2）单击“消除笔”按钮，放大图片后，用画笔涂抹遮盖需要消除的物体（涂抹时注意尽量不要超出该物体的范围。）再次放大图片，或适当缩小画笔继续涂抹以达到最佳效果。

（3）“消除笔”的使用方法。

① 在界面左侧拖曳滑块自行选择“画笔大小”，根据图片大小不同画笔大小就会不同。

② 利用鼠标控制画笔，涂抹图片中需要消除的字、符号或图片即可。

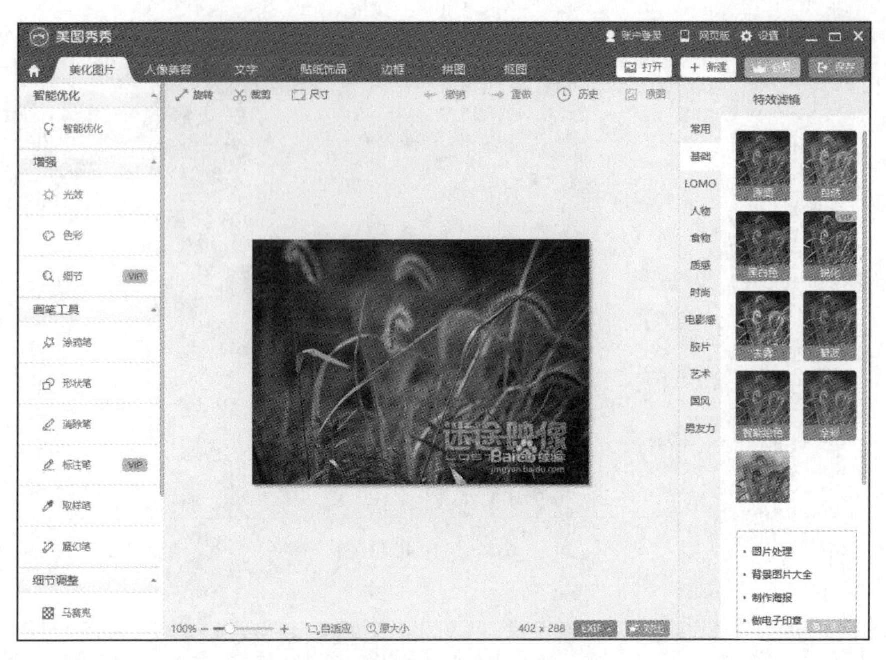

图 8-51　打开图片

③ 涂抹有误时可撤销上一次动作,单击“向左箭头”即可。注意,在涂抹擦除过程中,体会画笔效果,自行慢慢调整才会得到较好效果,如图 8-52 所示。

图 8-52　最终效果图

2）利用“特效”功能变换图片风格

(1) 打开美图秀秀,单击“打开图片”按钮,出现如图 8-53 所示的界面。

图 8-53 打开图片

（2）从“特效滤镜”选中“常用”|“反色”选项，打开“反色”窗口，效果如图 8-54 所示。

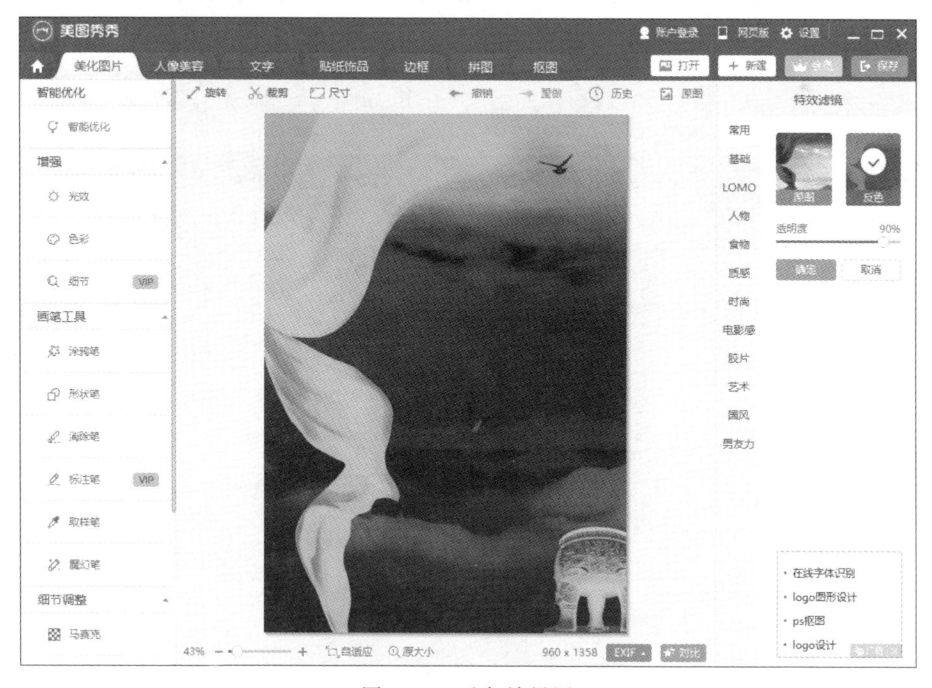

图 8-54 反色效果图

特效滤镜有基础、LOMO、人物、食物、质感、时尚、电影感、胶片、艺术等，其中有很多功能，根据需要选择调用。

3）让图片插入文字的使用方法

打开美图秀秀，打开案例 2 的图片。

（1）在“文字”选项卡的文字编辑框中输入文字，然后对文字的样式、大小、颜色等进行设置，如图 8-55 所示。

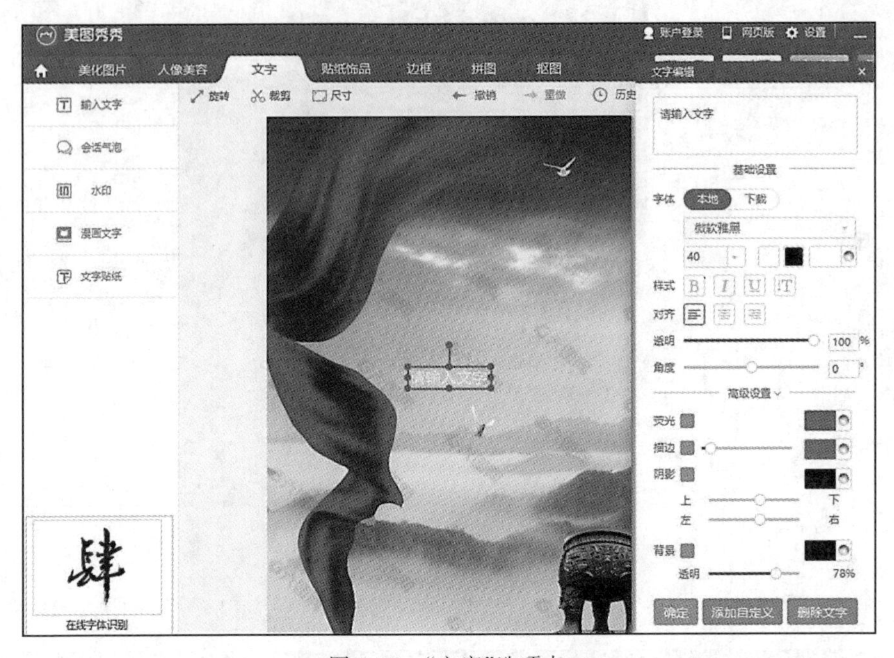

图 8-55 “文字”选项卡

（2）分别设置荧光、描边、阴影和透明属性，结果如图 8-56 所示。

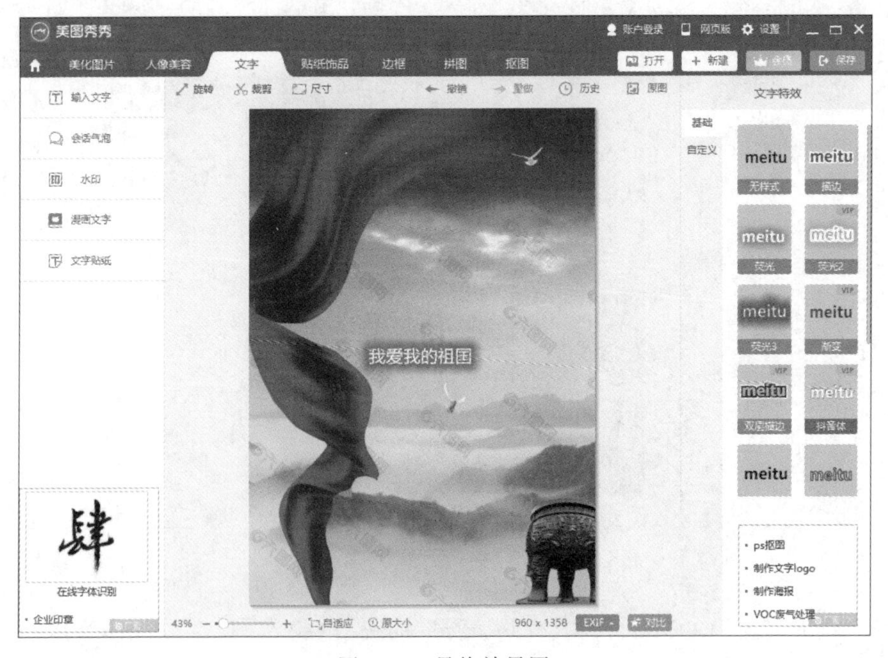

图 8-56 最终效果图

4）批处理图片

（1）打开美图秀秀批处理工具，在主页面可以看到最左侧有添加图片提示，单击后找到要进行批处理的图片路径，选中要进行批处理的图片，这样就可完成了图片的添加工作，如图 8-57 所示。

图 8-57　多幅图片的添加

（2）选中“美图秀秀批处理”中的“文字”选项，在图片上添加文字“我爱我的祖国”。如图 8-58 所示。

（3）利用边框功能可给图片加个边框。方法如下。

① 选中“美图秀秀批处理”中的“文字”选项。

② 根据需要选择使用。选中“简单边框”选项，会出现“简单边框”（如果要选用动态边框、动态文字，图片保存格式必须选择 gif），如图 8-59 所示。

图 8-58　添加文字

图 8-59　批处理添加边框

8.3　Ulead GIF Animator

8.3.1　Ulead GIF Animator 介绍

Ulead GIF Animator 是一款方便易用的 GIF 动图片制作编辑软件。可以轻松地将短视频转换为动图,可以很容易地制作 GIF 动图,软件内置了多种特效技术模板,可以直接使用这些特效制作，而不需要自己制作。这使 GIF 动图制作瞬间变得非常简单。拥有 Compose（组合）、Edit（编辑）、Optimize（优化）和 Preview（预览）选项，用户可以在图像编辑时快速进行切换，GIF 制作更加方便，它不仅支持制作 GIF 图像，还可以将 AVI 文件转成动画 GIF 文件，可以直接转换 AVI 文件为动画文件，省去了制作步骤，自动生成 GIF 动图，并且支持将动画 GIF 图片最佳化，即可以给 GIF 动图进行"瘦身"，大大缩减网页的动图体积，浏览网页速度大大加快。

8.3.2 Ulead GIF Animator 的主要功能

1. Ulead GIF Animator 的主界面

Ulead GIF Animator 的主界面如图 8-60 所示。

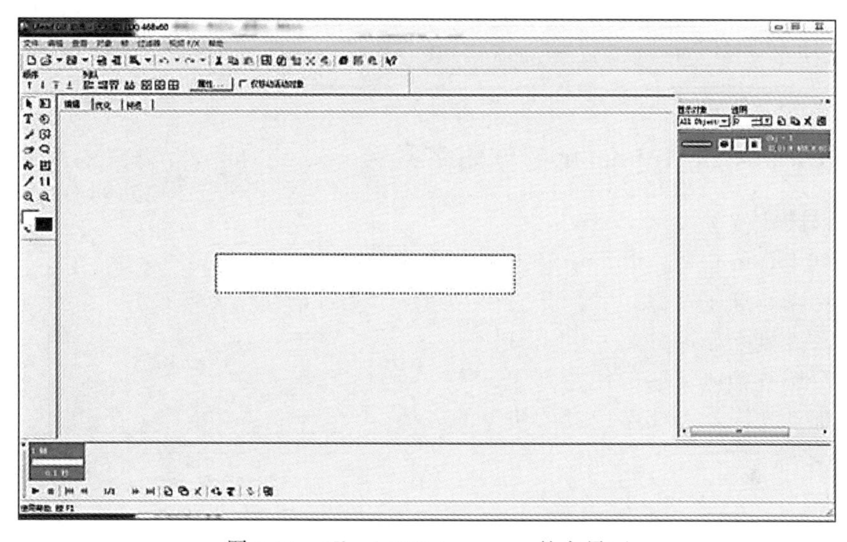

图 8-60 Ulead GIF Animator 的主界面

2. Ulead GIF Animator 图片处理软件的主要特点

（1）崭新的界面。Ulead GIF Animator 拥有全新界面，使得工作过程就像在流水线上加工产品，所需的按钮和工具都放在触手可及的地方。在工作区中加入了颜色面板，并且有 4 个选项卡，使编辑和优化图像层时更加顺手。

（2）便捷的工作模式。Compose（组合）、Edit（编辑）、Optimize（优化）和 Preview（预览）4 个选项卡可使工作进程的切换更快捷。

（3）加强的图像层显示。通过单击就可以轻易地用 3 种模式显示图像层。

（4）层叠模式。通过 Edit（编辑）选项卡，可用层叠模式工作，在这种模式下，可在当前图像的下面看见以前的图像，从而使操作更加精确。

（5）新的选取工具。使用 Edit（编辑）模式中新的选取工具，可以灵活地控制正在编辑的图像，还可以使用滤镜来处理被选取的图像。

（6）动画融合功能。可以将两个动画融合为一个新的动画，创造出独特的效果。

（7）动态标题文本效果。能产生非常漂亮的标题文本，让标题文本在动画中滚动，显示一条消息，或是简单地改变颜色。

（8）新增的 Video FX。两个新的 Video FX 组件可以产生极佳的动画效果：Run & Stop Push 效果在动画中插入一个图像由模糊、抖动变得清晰、稳定的片断；而 Power Off 效果则在动画中插入一段好似关闭电视一样的效果，Power Off 效果一般可在动画结束时使用。

(9) 改进的优化。新的计算方法使图像在压缩比很高的前提下仍能保证非常好的质量。并且，可以很方便地使用优化向导或以前保存的设置来优化保存图像文件。

(10) 预设置管理。这项特性可以很好地管理您以前在优化选项中保存的设置，并且根据使用的频率对它们排序，以便提高工作效率。

(11) 批处理功能。如果要重新优化整个网站中所有的 GIF 动画文件，这款软件就可以批处理图片和视频。使用批处理，可以使用 GIF Animator 优化引擎运行每一个 GIF 动画文件，几秒后，就可以看到优化以后的效果。

(12) 改进的动画打包。新的设置可使打包动画时有更多的自由，例如超级链接某个动画、设置消息框的风格等。

(13) 用户预览。在预览时可以指定某个浏览器来查看动画。

(14) 改进的重定义尺寸。这些选项可以重定义动画尺寸，指定动画的质量，以便于更好地满足用户的特殊要求。

8.3.3 用 Ulead GIF Animator 制作闪字案例

1. 案例目标

(1) 掌握 Ulead GIF Animato 图片的基本方法。

(2) 学会动态文字“闪烁”“缩放”“抖动”“打字”属性的使用方法。

(3) 学会处理动态图片。

(4) 学会图片插入文字的使用方法。

(5) 掌握动态图片和文字速度的快慢的方法。

2. 案例步骤

1) Ulead GIF Animato 闪字制作

(1) 启动 Ulead GIF Animato，在“图片效果”的“GIF 背景”中选择“黑色背景”，如图 8-61 所示。

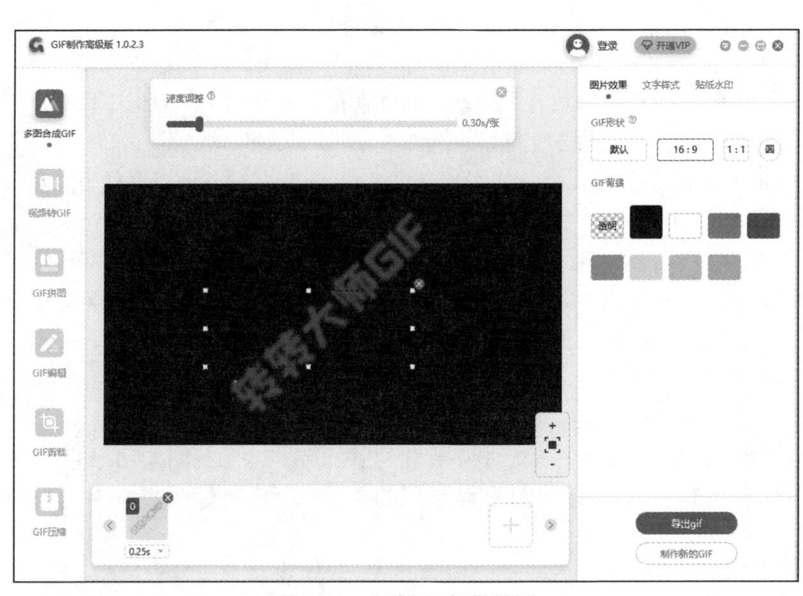

图 8-61　闪烁文字背景图

(2) 在“文字样式”中设置文字的大小、颜色、样式等，如图 8-62 所示。

图 8-62 文字的设置

(3) 在设置完文字的大小、颜色、样式后，将文字效果分别设置为无、闪烁、缩放、抖动、渐变、打字，观察最终出现的效果。

(4) 导出“闪烁”文字效果，如图 8-63 所示。

图 8-63 导出“闪烁”文字效果

2) 外部图片，闪字制作

(1) 启动 Ulead GIF Animato，打开需要上传图片所在的文件夹，如图 8-64 所示。

(2) 在“文字样式”中设置文字的大小、颜色、样式等，在文字效果中选择“渐变”，如图 8-65 所示。

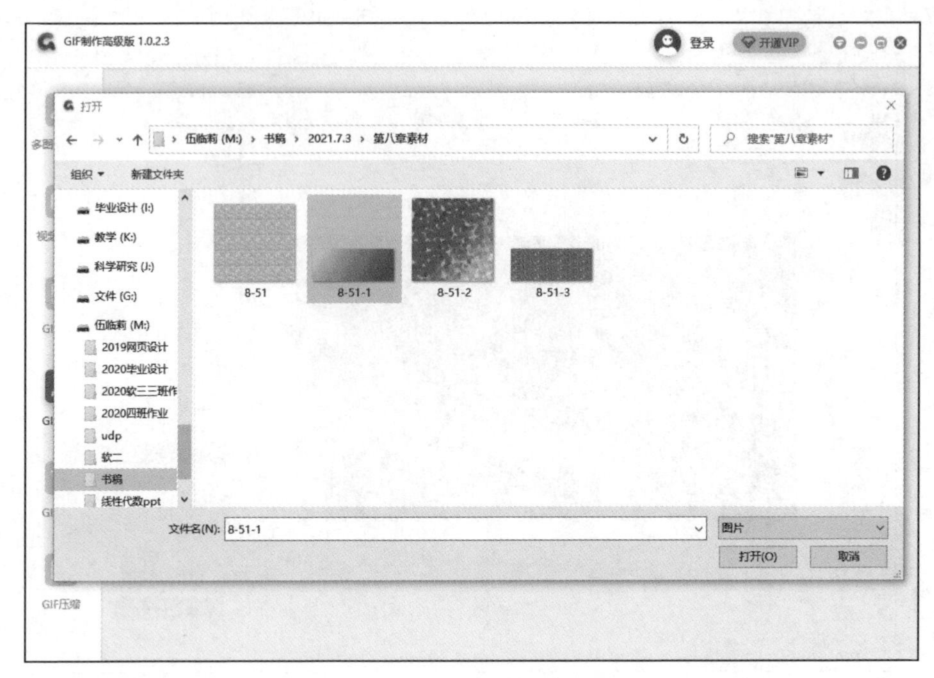

图 8-64　上传图片

图 8-65　"闪烁"文字效果

(3) 重复步骤(1)、(2)，做出最终效果图，如图 8-66 所示。

3) 用动态图片制作闪字

(1) 启动 Ulead GIF Animato，选中"GIF 编辑"，如图 8-67 所示。

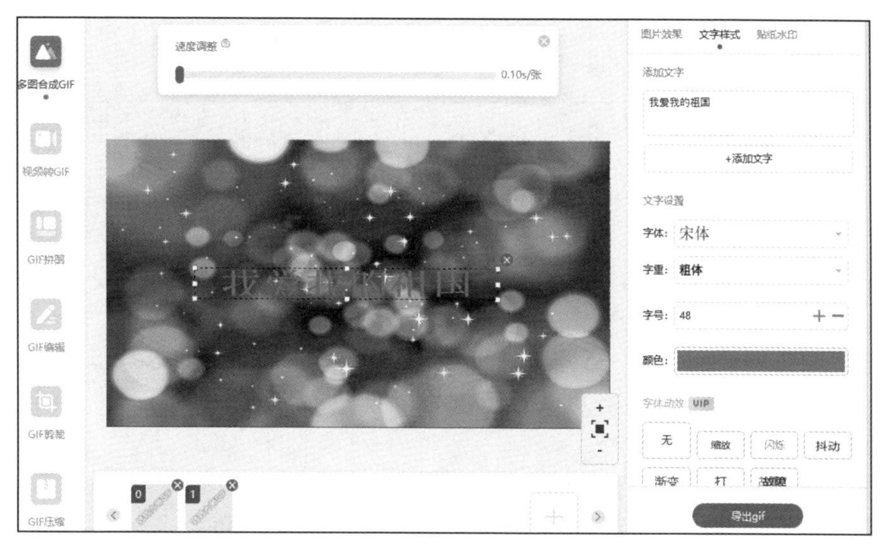

图 8-66　最终的“闪烁”文字效果

图 8-67　GIF 编辑界面

(2) 单击“选择 GIF 图片”，打开素材库中的图片，如图 8-68 所示。

(3) 在“文字样式”中，设置文字的、大小、颜色、样式等，在“文字效果”中选中“渐变”，如图 8-69 所示。

(4) 用鼠标指针拖曳“速度调整”滑块，设置动态图片和文字闪烁速度的快慢，如图 8-70 所示。

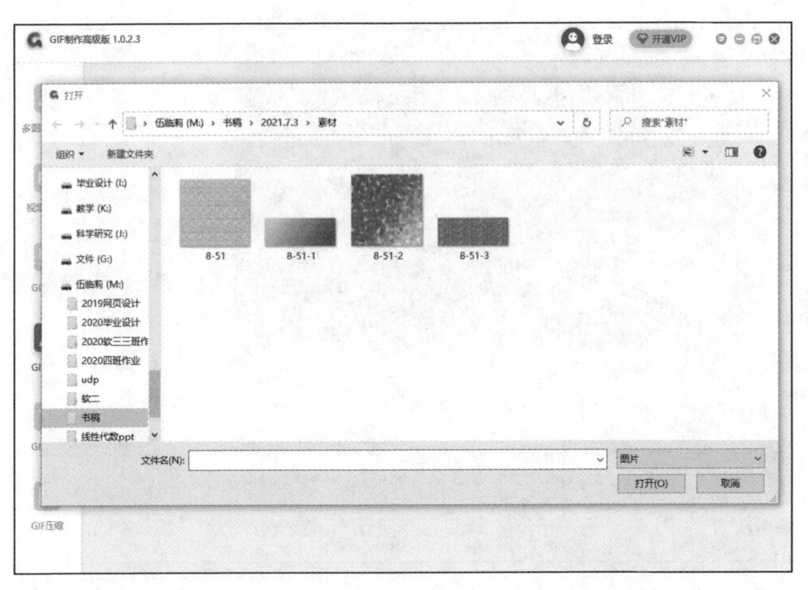

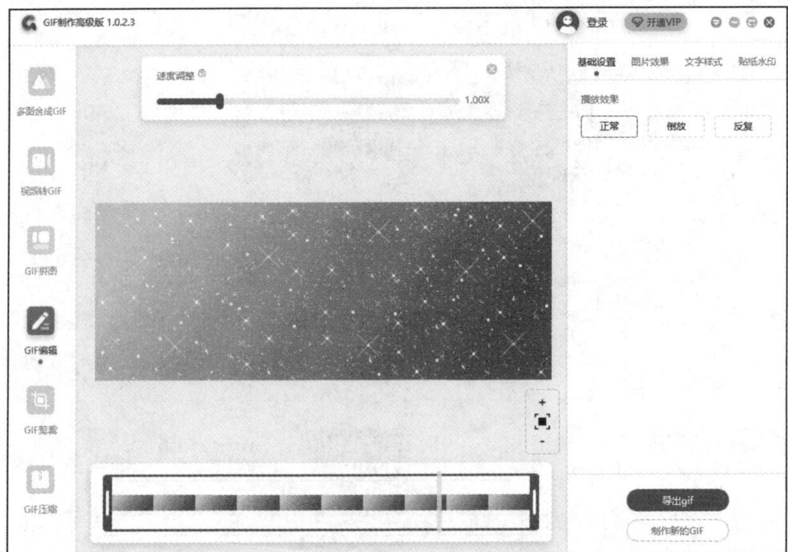

图 8-68　打开 GIF 图片

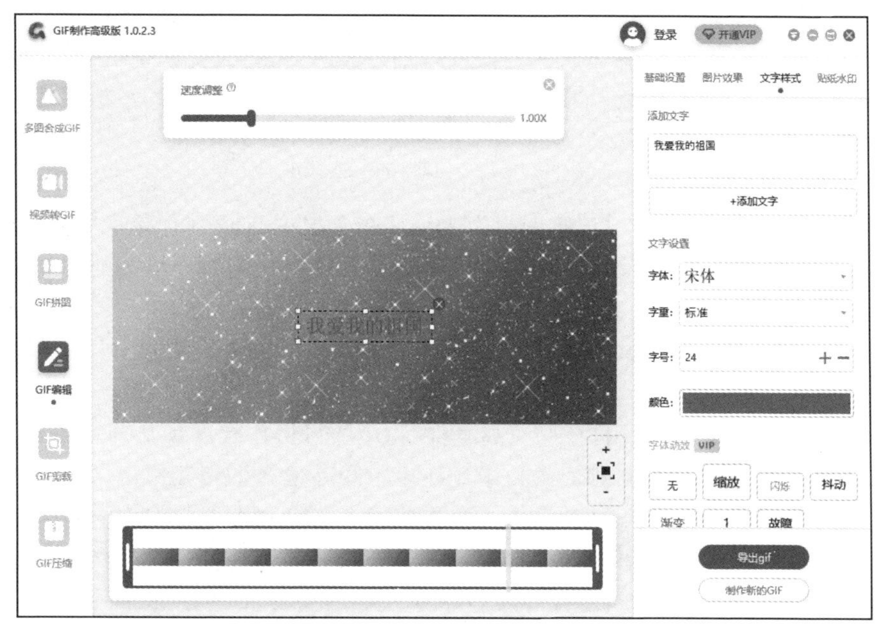

图 8-69　动态图片闪烁文字

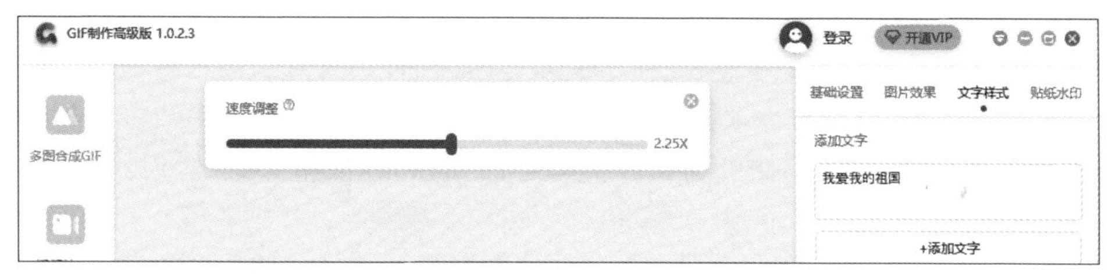

图 8-70　设置动态图片和文字闪烁速度的快慢

本章小结

本章主要讲了 Photoshop 2019、美图秀秀和 Ulead GIF Animato 这 3 种图片处理软件。Photoshop 2019 主要应用于平面设计，美图秀秀主要用于批处理图片，Ulead GIF Animato 用于制作动态图片。通过对这 3 种图片处理软件的学习，可掌握放大、缩小、旋转、倾斜、镜像、透视等图片的基本处理技能提高复制、去除斑点、修补、修饰图像的残损等基本图片修复能力。

知识拓展

虚拟现实技术

1. 虚拟现实技术的概念

虚拟现实技术(virtual reality，VR)又称为灵境技术或人工环境，是一种可以创建和体验虚拟世界的计算机仿真系统，它利用计算机生成模拟环境，使用户沉浸其中。虚拟现实技术就是利用现实生活中的数据,把计算机产生的电子信号与各种输出设备结合,生成三维模型并转化为人们能够感受的场景,这些场景可以是现实中真真切切的,也可以是人们肉眼所看不到的。因为这些场景不是人们直接看到的,而是通过计算机技术模拟出来的,故称为虚拟现实。

2. 虚拟现实技术的特征

(1) 沉浸性。沉浸性是指用户感到作为主角存在于虚拟环境中的真实程度。理想的模拟环境就是让用户难辨真假,使之感受到自己是计算机系统所创造环境中的一部分,虚拟现实技术的沉浸性取决于用户的感知系统,当使用者感知到触觉、味觉、嗅觉、运动感知等虚拟世界的刺激时,便会产生思维共鸣,造成心理沉浸,感觉如同进入真实世界。沉浸性是虚拟现实技术最主要的特征。

(2) 交互性。交互性是指用户对模拟环境内物体的可操作程度和从环境得到反馈的自然程度。使用者进入虚拟空间,相应的技术让使用者跟环境产生相互作用,当使用者进行某种操作时,周围的环境也会做出某种反应。如果使用者接触到虚拟空间中的物体,则使用者的手上可感受到反馈,若使用者对物体有所动作,物体的位置和状态也应改变。

(3) 多感知性。多感知性表示计算机技术应该拥有很多感知方式,例如听觉、触觉、嗅觉等。理想的虚拟现实技术应该具有一切人所具有的感知功能。由于相关技术特别是传感技术的限制,目前大多数虚拟现实技术所具有的感知功能仅限于视觉、听觉、触觉、运动等几种。

(4) 构想性。构想性也称想象性,使用者在虚拟空间中,可以与周围物体进行互动,可以拓宽认知范围,创造客观世界不存在的场景或不可能发生的环境。构想可以理解为使用者进入虚拟空间,根据自己的感觉与认知能力吸收知识,发散拓宽思维,创立新的概念和环境。

(5) 自主性。自主性是指虚拟环境中物体依据物理定律动作的程度。例如,当受到力的推动时,物体会沿力的方向移动、翻倒、跌落等。

3. 虚拟现实技术的关键技术

虚拟现实技术是多种技术的综合,使用计算机模拟产生一个三维空间的虚拟世界,为使用者提供视觉、听觉、触觉等感官的模拟体验,让使用者仿佛身临其境,并且能够及时、没有限制地观察三度空间内的事物。虚拟现实技术的发展,或让人们的感官体验上升一个新高度。

(1) 动态环境建模技术。虚拟环境的建立是虚拟现实技术的核心内容,目的就是获取实际环境的三维数据,并根据应用的需要,利用获取的三维数据建立相应的虚拟环境模型。

(2) 实时三维图形生成技术。三维图形的生产技术已经较为成熟,关键是如何实现实时生成。为了保证实时的目的,至少要保证图形的刷新率不低于 15 帧/秒,最好是高于 30 帧/秒。在不降低图形的质量和复杂度的前提下,如何提高刷新频率将是该技术的研究内容。

(3) 立体显示和传感器技术。虚拟现实的交互能力依赖于立体显示和传感器技术的发展。现有的虚拟现实设备还不能满足系统的需要,力学和处决传感器装置的研究也有待进一步深入,虚拟现实设备的跟踪精度和跟踪范围也有待提高。

(4) 系统开发工具应用技术。虚拟现实技术应用的关键是寻找合适的场合和对象,即如何发挥想象力和创造力。选择适当的应用对象可以大幅度地提高生产效率，减轻劳动强度，提高产品开发质量。想要达到这一目的，需要研究虚拟现实的开发工具。

（5）系统集成技术。由于虚拟现实技术系统中包括大量的感知信息和模型，因此系统集成技术起着重要的作用。集成技术包括信息的同步技术、模型的标定技术、数据转换技术、数据管理模型、识别和合成技术等。

4. 虚拟现实技术的应用

（1）虚拟现实技术在游戏娱乐方面的应用。丰富的感觉能力与三维现实环境使得虚拟现实技术成为理想的视频游戏工具。虚构现实技术使人无论怎样转动视角，其所看到的场景均为计算机预先设定的虚拟场景，从而使使用者感到身在其中，产生极强的沉浸感与参与感。尽管玩家内心清楚游戏中的人物与场景全是假的，但环绕视野与声光触觉模拟器使他的潜意识认为自己处于真实的世界。计算机能够通过运算，将准确的三维世界影像传回，达到“人在房中，心游天下”的效果。

（2）虚拟现实技术在医学方面的应用。虚拟现实技术可以进行个性化医学诊断和治疗，模拟不同的治疗方案在人体上的不同反应。与传统的主观判断相比，通过在虚拟人体上进行各种无法在真人身上进行的诊疗试验，可以根据获得的治疗数据和人体反应进行科学分析和判断，并由此给出更加理性和真实可行的诊断和治疗方案。虚拟手术仿真系统可以根据各种医学影像信息和数据创建虚拟手术环境，并在虚拟环境中建立三维模型，设计切口的位置和角度，预演手术的过程，从中可以提前预测手术过程中可能出现的问题并采取补救措施，从而提高手术的成功率。有了这个虚拟系统，医生可以更加合理地决定手术方案，减少手术给患者带来的各种伤害，更准确地找到病灶位置，对各种复杂的内科、外科手术都有很好的辅助判断效果。

（3）虚拟现实技术在教育方面的应用。在不能现场教学的情况下，可以利用互联网和虚拟现实技术进行现场教学，以弥补无法外出的缺憾。虚拟现实技术正是适应了这一要求，营造了一种满足学生探索自然奥秘、认识社会生活环境的学习环境，使课堂教学方式呈现出多样性、创造性和新颖性。虚拟现实技术改变了教材的呈现方式、学生的学习方式、教师的教学方式与师生的互动方式，极大地促进了课堂教学改革。

（4）虚拟现实技术在心理学方面的应用。虚拟现实技术最早被用于焦虑障碍的治疗，且主要集中在恐高症、飞行恐惧症、幽闭恐惧症和广场恐惧症等方面。

1994 年，Rothbaum 小组设计了一套治疗飞行恐惧症的虚拟现实系统，成功治愈了一名女性飞行恐惧症患者。该小组还对虚拟现实暴露疗法和传统疗法进行了比较，发现虚拟现实与传统暴露疗法效果相当并且可以长期保持。Muhlberger 小组将 30 名飞行恐惧症患者随机分为虚拟现实组和放松治疗组，治疗后两组都有改善，但是虚拟现实组的效果明显优于对照组。类似的研究还有很多，都证明虚拟现实的确拥有良好的治疗作用。

习　题　8

一、单项选择题

1. 对于静态图像，目前广泛采用的压缩标准是（　　）。

A. DVI　　B. JPEG　　C. MP3　　D. MPEG

2. 要将模拟图像转换为数字图像,正确的做法是(　　)。

A. 屏幕抓图　　B. 用 Photoshop 2019 加工

C. 用数字照相机拍摄　　D. 用扫描仪扫描

3. 一位同学运用 Photoshop 2019 加工自己的照片,照片未能加工完毕,他准备下次接着做,他最好将照片保存成(　　)格式。

A. bmp　　B. swf　　C. psd　　D. gif

4. 下列选项中,(　　)是矢量图文件格式。

A. WMF　　B. JPG　　C. GIF　　D. BMP

5. 一幅彩色静态图像(RGB),设分辨率为 256×512,每一种颜色用 8b 表示,则该彩色静态图像的数据量为(　　)。

A. 512×512×3×8b　　B. 256×512×3×8b

C. 256×256×3×8b　　D. 256×256×3×8b

6. 当利用扫描仪输入图像数据时,扫描仪可以把所扫描的照片转化为(　　)。

A. 位图图像　　B. 矢量图　　C. 矢量图形　　D. 三维图

7. 下列选项中,不属于矢量图形文件格式的是(　　)。

A. 3DS　　B. DXF　　C. WMF　　D. BMP

8. 可方便实现图像的移动、缩放和旋转等变换的是(　　)。

A. 模拟视频　　B. 数字视频　　C. 位图　　D. 矢量图

9. 位图与矢量图比较,可以看出(　　)。

A. 位图比矢量图占用空间更少

B. 位图与矢量图占用空间相同

C. 对于复杂图形,位图比矢量图画对象更快

D. 对于复杂图形,位图比矢量图画对象更慢

10. 显示器采用的色彩模型是(　　)。

A. HSB 模型　　B. RGB 模型　　C. YUV 模型　　D. CMYK 模型

11. 一幅图像的分辨率为 256×512,计算机的屏幕分辨率是 1024×768,该图像按 100%显示时,占据屏幕的(　　)。

A. 1/2　　B. 1/6　　C. 1/3　　D. 1/10

12. 能制作动态图片的软件是(　　)。

A. Photoshop 2019　　B. ACDSee

C. HyperSnap-DX　　D. Ulead GIF Animato

13. Photoshop 2019 是用来处理(　　)的软件。

A. 图形　　B. 图像　　C. 文字　　D. 动画

14. 构成位图图像的最基本单位是(　　)。

A. 颜色　　B. 通道　　C. 图层　　D. 像素

15. 美图秀秀的主界面中没有下面选项中的(　　)功能。

A. 美化图片　　B. 人像美容　　C. 拼图　　D. 风景处理

16. 想把几张新的图片合成一个图片,需要选取美图秀秀的(　　)功能。

A. 美化图像　　B. 图像美容　　C. 拼图　　D. 没有合适的方法

17. Ulead GIF Animato 的主界面中没有(　　)功能。

A. 多图合成 GIF　　B. 视频转 GIF

C. GIF 拼图　　D. 添加文字

18. Ulead GIF Animato 中的(　　)功能,可以调节动态图片的速度。

A. 图片效果　　B. 速度设置　　C. 速度调整　　D. GIF 编辑

二、填空题

1. Ulead GIF Animato 的最大优点是________。

2. 想要给一幅图片添加边框,可使用美图秀秀中的________。

3. RGB 中的 R、G、B 分别表示________、________和________ 3 种颜色。

4. 计算机中的数字图形可分为位图和________两种表示形式。

5. 在 Photoshop 2019 中,可以建立选区的工具有选框工具、套索工具、魔棒工具、________等。

6. 计算机屏幕上显示的画面和文字,通常有两种描述方式,一种是由线条和色块组成的,通过数学计算得到的,称为________;另一种是由像素组成的称为图像,Photoshop 2019 中处理的是________。

第三部分
网络空间安全
与职业道德

第9章　计算机信息安全

信息已经成为社会发展的重要战略资源、决策资源和控制战场的灵魂;信息化水平已成为衡量一个国家现代化程度和综合国力的重要标志。人们在享受网络信息带来的巨大利益的同时,也面临着信息安全的严峻考验。信息安全已成为世界性的现实问题,信息安全与国家安全、民族兴衰和战争胜负息息相关。

【本章要点】

- 信息安全。
- 计算机病毒及其防范。
- 信息加密及认证技术。
- 信息安全道德观。

【本章目标】

- 了解信息安全及网络安全的概念。
- 掌握计算机病毒的概念及其查杀方法。
- 了解计算机从业者及计算机使用者要遵守的道德规范。
- 掌握防止个人信息泄露的方法。
- 注重个人隐私保护。
- 掌握防止网络诈骗的方法。

9.1　信息安全概述

1. 信息安全

信息安全是防止信息系统以及其中的信息被未经授权的访问、使用、泄露、中断、修改和破坏,确保信息和信息系统的保密性、完整性、可用性、可控性和不可否认性,保证一个国家的社会信息化状态和信息技术体系不受外部的威胁与侵害。

信息安全包含6个要素:保密性、完整性、真实性、可用性、可控性和不可否认性。

(1) 保密性。保密性是指网络中的信息不被非授权实体获取与使用;保密的信息包括存储在计算机系统中的信息和网络中传输的信息。

(2) 完整性。完整性是指数据未经授权不能进行改变的特性,即信息在存储或传输过程中保持不被修改、不被破坏和丢失的特性。此外,还要求数据的来源具有正确性和可信性,数据是真实可信的。

(3) 真实性。真实性是指保证以数字身份进行操作的操作者就是这个数字身份合法拥有者,也就是说保证操作者的物理身份与数字身份相对应。

(4) 可用性。可用性也称有效性,是指信息资源可被授权实体按要求访问、正常使用或在非正常情况下能恢复使用的特性。在系统运行时正确存取所需信息,当系统遭受意外攻击或破坏时,可以迅速恢复并能投入使用。

(5) 可控性。可控性指网络系统和信息在传输范围和存放空间内的可控程度，是对网络系统和信息传输的控制能力特性。

(6) 不可否认性。不可否认性又称不可抵赖性，是指发送信息方不能否认发送过信息，信息的接收方不能否认接收过信息。

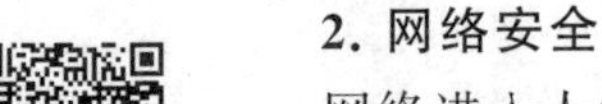

2. 网络安全

网络进入人们的日常生活后，极大地改变了人们的生活方式，是人们生活中不可或缺的部分。然而，计算机网络技术的快速发展，使得网络安全环境变得越来越复杂，网络安全问题日益突出，软件漏洞、黑客入侵、病毒、木马等已经严重危害人们的正常活动。

网络安全包含网络设备安全、网络信息安全、网络软件安全。国际标准化组织将计算机网络安全定义为“为数据处理系统建立和采用的技术和管理的安全保护，保护计算机硬件、软件和数据不因偶然和恶意的原因遭到破坏、更改和泄露”。网络安全性的含义是信息安全的引申，即网络安全是对信息安全的保密性、完整性和可用性的保护。

整体的网络安全主要表现在网络的物理安全、网络拓扑结构安全、网络系统安全、应用系统安全和网络管理的安全等方面。

网络安全是全世界面临的共同威胁，具有很多不可预测性，网络安全威胁在全世界已经提升为仅次于极端天气的重大安全风险。网络空间并不是一个自由的空间，而是一个涉及国家主权和利益的空间，世界各国都在加强网络安全的工作，我国也投入了大量的精力，在网络空间领域维护国家的主权和权益。在新形势下，供应链安全问题尤为突出，成为人们不得不面对的重大基础性、战略性问题。与此同时，我国网络技术的发展和应用并没有放慢，物联网、云计算、大数据、风控系统、区块链、5G 等新技术的发展日新月异，并没有因为安全问题而停止，新技术的不断发展和应用给网络安全带来了新问题。

目前，我国网络安全形势依然十分严峻，主要体现在以下几方面。

首先，随着网络空间地位的日益提升，网络空间主导权争夺激烈，大国纷纷加强网络防御，积极发展网络威慑能力，不断加大在网络空间的部署，爆发国家级网络冲突的风险进一步增加。

其次，云计算、物联网、5G 等新技术领域将继续在信息技术领域得到广泛应用，所带来的安全风险将继续对我国网络安全防御体系建设产生影响，关键领域网络安全保障难度有所加大。

最后，随着信息化和网络化的快速推进，经济和社会生活对信息网络的依赖程度大幅提高，各类网络安全事件的影响程度逐步加大，经济信息安全问题日益显现，网络安全保障需求快速增长。在这样的环境下，防火墙、网络加密以及安全的网络体系已成为如今互联网的热点。

为了保障网络安全，维护网络空间主权和国家安全、社会公共利益，保护公民、法人和其他组织的合法权益，促进经济社会信息化健康发展，我国制定的《中华人民共和国网络安全法》已于 2017 年正式实施，相关配套法规正在陆续出台，为此后开展的网络安全工作提供了切实的法律保障。

3. 计算机病毒

1) 计算机病毒的概念

计算机病毒是指能影响计算机软件、硬件的正常运行，破坏数据的正确与完整，具有自我复制能力的计算机程序。

在《中华人民共和国计算机信息系统安全保护条例》中，将计算机病毒明确定义为“编制或者在计算机程序中插入的破坏计算机功能，或者毁坏数据、影响计算机使用，并能自我复制的一组计算机指令或者程序代码”。

2）计算机病毒的传播途径

计算机病毒的传染性是计算机病毒最基本的特性，是计算机病毒复制和传播的条件。计算机病毒必须要搭载到计算机上才能感染计算机系统，如果缺乏传播渠道，计算机病毒的破坏性就只能局限到一台被感染的计算机上，无法在更大的范围兴风作浪。当充分了解了计算机病毒的各种传播途径以后，才可以有的放矢地采取措施，防止计算机病毒对计算机系统的侵袭。

计算机病毒的传播主要通过文件复制、文件传送等方式进行，文件复制与文件传送需要传输媒介，而计算机病毒的主要传播媒介就是优盘、硬盘、光碟和网络。

优盘作为最常用的交换媒介，在计算机病毒的传播中起到了很大的作用。在人们使用感染了计算机病毒的优盘在计算机之间进行文件交换时，计算机病毒就已经悄无声息地传播开来了。

光碟的存储容量比较大，其中可以用来存放很多可执行的文件，也就成了计算机病毒的藏身之地。由于只读光碟不能对它进行写操作，因此光碟上的病毒不能被删除，从而盗版光碟的泛滥，会给病毒的传播带来了极大的便利。

现代通信技术的巨大进步使数据、文件、电子邮件等都可以很方便地通过通信线缆在各个计算机间高速传输。这也为计算机病毒的传播提供了“高速公路”，现在这已经成为计算机病毒的第一传播途径。

随着 Internet 的不断发展，计算机病毒也出现了一种新的趋势。不法分子或好事之徒制作的个人网页，不仅直接提供了下载大批计算机病毒活样本的便利途径，而且还将制作计算机病毒的工具、向导、程序等内容写在自己的网页中，使没有编程基础和经验的人制造新病毒成为可能。

3）计算机病毒的特点

要做好计算机病毒的防治工作，首先要认清计算机病毒的特点和行为机理，为防范和清除计算机病毒提供充实可靠的依据，并对计算机病毒的产生、传染和破坏行为分析，总结出计算机病毒具有以下几个主要特点。

(1) 破坏性。任何病毒只要侵入系统，都会对系统及应用程序产生程度不同的影响。轻者会降低计算机工作效率，占用系统资源；重者可以破坏数据、删除文件、加密磁盘，对数据造成不可挽回的破坏，有的甚至会导致系统崩溃。

(2) 传染性。传染性是病毒的基本特征。它会通过各种渠道从已被感染的计算机扩散到未被感染的计算机。只要一台计算机染毒，如不及时处理，病毒就会在这台计算机上迅速扩散，其中的大量文件(一般是可执行文件)会被感染。而被感染的文件又成了新的传染源。当这台计算机再与其他计算机进行数据交换时，病毒会继续进行传染。

(3) 潜伏性。大部分的病毒感染系统之后一般不会马上发作，而是长期隐藏在系统中，只有在满足其特定条件时，才启动其表现(破坏)模块。例如，著名的“黑色星期五”病毒会在日期为 13 日的星期五发作，“上海一号”病毒会在每年 3、6、9 月的 13 日发作。这些病毒在平时会隐藏得很好，只有在发作日才会露出本来面目。

(4) 隐蔽性。病毒一般是具有很高编程技巧、短小精悍的程序。通常附在正常程序中或磁盘较隐蔽的地方，也有个别的以隐含文件形式出现。其目的是不让用户发现它的存在。如果不经过代码分析，病毒程序与正常程序是不容易区别开来的。在没有防护措施的情况下，计算机病毒程序会在取得系统控制权后的短时间里传染大量程序。受到传染的计算机系统通常仍能正常运行，用户不会感到任何异常。正是由于隐蔽性，计算机病毒得以在用户没有察觉的情况下扩散到成千上万台计算机中。

(5) 不可预见性。从对病毒的检测看，病毒具有不可预见性。由于病毒的制作技术在不断地提高，所以反病毒软件永远是滞后的。

4) 杀毒软件

杀毒软件也称反病毒软件或防毒软件，是用于消除计算机病毒、特洛伊木马、恶意软件等计算机威胁的一类软件。

杀毒软件通常集成监控识别、病毒扫描和清除、自动升级病毒库、主动防御等功能，有的杀毒软件还带有数据恢复等功能，是计算机防御系统(包含杀毒软件、防火墙、特洛伊木马和其他恶意软件的查杀程序和入侵预防系统等)的重要组成部分。典型的杀毒软件有从最早的进口软件卡巴斯基(Kaspersky)、迈克菲(McAfee)、爱维士(AVAST!)杀毒软件，到国产的江民、瑞星，再到现在的综合类杀毒软件如腾讯电脑管家、金山安全卫士、360杀毒等。现在的杀毒软件都具有在线监视功能，在操作系统启动后杀毒软件就会自动装载并运行，并时刻监视系统的运行状况。

4. 信息安全防范技术

由于计算机网络具有连接形式多样性、终端分布不均匀性和网络的开放性、互联性等特征，致使网络易受黑客、恶意软件和其他不轨行为的攻击，所以网络信息的安全和保密是至关重要的问题。无论是在单机系统、局域网还是在广域网系统中，都存在着自然和人为等诸多因素的脆弱性和潜在威胁。因此，计算机网络系统的安全措施应是能全方位地针对各种不同的威胁和脆弱性，这样才能确保网络信息的保密性、完整性和可用性。信息安全技术包括入侵检测技术、防火墙以及病毒防护技术、数字签名以及生物识别技术、信息加密处理与访问控制技术等几种技术。

1) 入侵检测技术

在使用计算机软件学习或者工作的时候，多数用户会面临程序设计不当或者配置不当的问题，若是用户没有能及时解决这些问题，他人便可轻易地入侵自己的计算机系统。例如，黑客可以利用程序漏洞入侵他人计算机，窃取或者损坏信息资源，对他人造成经济损失。因此在出现程序漏洞时，必须通过安装漏洞补丁等方式及时解决问题。此外，入侵检测技术也乐意更加有效地保障计算机网络信息的安全性，该技术是通信技术、密码技术等技术的综合体，合理利用入侵检测技术，便可及时了解计算机中存在的各种安全威胁，并采取一定的措施进行处理。

2) 防火墙以及病毒防护技术

防火墙是一种能够有效保护计算机安全的重要技术，由软硬件组合而成，可通过建立检测和监控系统来阻挡外部网络的入侵。使用防火墙，可有效控制外界因素对计算机系统的访问，确保计算机的保密性、稳定性和安全性。病毒防护技术是指通过安装杀毒软件进行安全防御，并且及时更新软件，如金山毒霸、360 安全防护中心、电脑安全管家等。病毒防护技术的主要作用是对计算机系统进行实时监控，同时防止病毒入侵计算机系统对其造成危害，将病毒进行截杀与消灭，实现对系统的安全防护。除此以外，用户还应当学习计算机安全防护的知识，在网上下载资源时尽量不选择陌生的网站，对下载的资源要进行杀毒处理，保证下载的资源不会对计算机安全运行造成负面影响。

3）数字签名以及生物识别技术

在现实世界中，文件的真实性可通过签名或盖章进行证实。数字签名是数字世界中的一种信息认证技术，是公开密钥加密技术的一种应用，根据某种协议来产生一种反映被签署文件的特征和签署人特征，以保证文件的真实性和有效性的数字技术，同时也可用来核实接收者是否有伪造、篡改行为。数字签名技术主要针对电子商务，该技术有效地保证了信息传播过程中的保密性以及安全性，同时也能够避免计算机受到恶意攻击或侵袭等问题发生。

生物识别技术是指通过对指纹、视网膜、声音等人体特征的识别来决定是否给予应用权利。这种技术能够最大限度地保证计算机互联网信息的安全性。如今应用最为广泛的生物识别技术是指纹识别技术，该技术在安全保密的基础上也有着稳定简便的特点，为人们带来了极大的便利。

4）信息加密处理与访问控制技术

信息加密技术是指用户可以对需要进行保护的文件进行加密处理，设置有一定难度的复杂密码，并牢记密码保证其有效性。密码在军事、政治、外交等领域是信息保密的一种不可或缺的技术手段，采用密码技术对信息加密是最常用、最有效的安全保护手段。密码技术与网络协议相结合可发展为认证、访问控制、电子证书技术等，因此，密码技术被认为是信息安全的核心技术。

访问控制技术是指通过用户的自定义对某些信息进行访问权限设置，或者利用控制功能实现访问限制，该技术能够使得用户信息被保护，也避免了非法访问此类情况的发生。此外，用户还应当对计算机设备进行定期的检修以及维护，加强网络安全保护，并对计算机系统进行实时监测，防范网络入侵与风险，进而保证计算机的安全稳定运行。

5. 计算机从业者应遵守的职业道德

计算机行业具有较强的专业性和特殊性，从事计算机行业相关工作的人员在职业道德方面有许多特殊的要求，合格计算机从业者，在遵守特定的计算机职业道德的同时首先要遵守一些最基本的通用职业道德规范，这些规范是计算机职业道德的基础组成部分。它们包括爱岗敬业、诚实守信、办事公道、服务群众、奉献社会。

法律是道德的底线，每一位计算机从业人员必须牢记：严格遵守法律法规是计算机从业人员职业道德的最基本要求。

世界知名的计算机道德规范组织 IEEE-CS/ACM 软件工程师道德规范和职业实践(SEEPP)联合工作组曾就此专门制定了一个规范，根据此项规范计算机职业从业人员职业道德的核心原则主要有以下两项。

原则 1：计算机从业人员应当以公众利益为最高目标。这一原则可以解释为以下 8 点。

(1) 对工作承担完全的责任。

(2) 用公益目标节制雇主、客户和用户的利益。

(3) 应在确信软件是安全的、符合规格说明的、经过合适测试的、不会降低生活品质、影响隐私权或有害环境的条件之下审批软件，一切工作以大众利益为前提。

(4) 当有理由相信有关的软件和文档可以对用户、公众或环境造成任何实际或潜在的危害时，应向适当的人或当局揭露。

(5) 通过合作，全力解决由于软件及其安装、维护、支持或文档引起的社会严重关切的各种事项。

(6) 在所有相关软件、文档、方法和工具的说明中，特别是与公众相关的，力求正直，避免欺骗。

(7) 认真考虑身体残疾、资源分配、经济缺陷等可能影响软件使用的各种因素。

(8) 应致力于将自己的专业技能用于公益事业和公共教育的发展。

原则 2：在客户和雇主的利益与公众利益一致的原则下，计算机从业人员应满足客户和雇主的最高利益。这一原则可以解释为以下 9 点。

(1) 在其胜任的领域提供服务，对其经验和教育方面的不足应持诚实和坦率的态度。

(2) 不在知情的情况下使用非法或非合理渠道获得的软件。

(3) 在客户或雇主知晓和同意的情况下，只在适当准许的范围内使用客户或雇主的资产。

(4) 保证遵循的文档按要求经过特定人员的授权批准。

(5) 只要工作中所接触的机密文件不违背公众利益和法律，就应对这些文件中的信息严格保密。

(6) 通过判断，如果一个项目存在失败的可能性、费用过高、违反知识产权法规等问题的可能性，应立即确认并通过文档进行记录，收集相关证据，然后把报告给客户或雇主。

(7) 当知道软件或文档有涉及社会关切的明显问题时，应立即确认，用文档进行记录并把详情报告给雇主或客户。

(8) 不接受损害雇主利益的外部工作。

(9) 不提倡与雇主或客户的利益冲突，除非出于符合更高道德规范的考虑，此时应通报雇主或另一位适当的相关当事人。

除了以上基础要求和核心原则外，作为一名计算机从业人员还有一些其他的职业道德规范应当遵守。具体如下。

(1) 按照有关法律、法规和有关机关团内的内部规定建立计算机信息系统。

(2) 以合法的用户身份进入计算机信息系统。

(3) 在工作中尊重各类著作权人的合法权利。

(4) 在收集、发布信息时尊重相关人员的名誉、隐私等合法权益。

计算机专业人员作为一种独立的职业拥有与众不同的职业特点、工作条件，因此其职业道德也与其他行业有所区别，作为计算机从业人员，必须牢记这些职业道德准则，在遵守职业道德准则的前提下更好的投入工作。

6. 计算机使用者应遵守的行为规范

“网络行为”和其他“社会行为”一样，需要一定的规范和原则。国外一些计算机和网络组织制定了一系列相应的规范。在这些规则和协议中，比较著名的是美国计算机伦理学会为计算机伦理学所制定的 10 条戒律，也可以说是计算机行为规范。这些规范是一个计算机用户在任何网络系统中都应遵循的基本行为准则，具体内容如下。

(1) 不应该用计算机去伤害别人。

(2) 不应该干扰别人的计算机工作。

(3) 不应该窥探别人的文件。

(4) 不应该用计算机进行偷窃。

(5) 不应该用计算机做伪证。

(6) 不应该使用或复制未付费软件。

(7) 不应该未经许可而使用别人的计算机资源。

(8) 不应该盗用别人的智力成果。

(9) 应该考虑所编程序的社会后果。

(10) 应该以深思熟虑和慎重的方式使用计算机。

我国也有自己的网络用户行为规范,具体如下。

(1) 自觉遵守有关保守国家机密的各项法律规定,不泄露党和国家机密,不传送有损国格、人格的信息;禁止在网络上从事违法犯罪活动。

(2) 自觉遵守国家有关保护知识产权的各项法律规定,不擅自复制和使用网络上未公开和未授权的文件,不在网络上擅自传播或复制享有版权的软件,不销售免费共享的软件。

(3) 不在网络上传递具有威胁性、不友好、有损他人或单位声誉的信息,不在网络散布虚假信息。

(4) 不在网络上散布反动的、不健康的、色情的信息。

(5) 不擅自转让用户账号或地址,不将口令随意告诉他人,不盗用他人用户账号或地址使用网络资源。

(6) 不得使用软件或硬件的方法窃取他人口令,盗用他人 IP 地址,不非法入侵他人计算机系统或攻击他人计算机系统,不非法阅读他人的文件或电子邮件,不滥用网络资源。

(7) 不制造和传播计算机病毒,不侵入他人计算机,不破坏他人计算机中的数据、网络资源,不偷窥他人隐私或进行恶作剧。

(8) 不利用网络窃取他人的研究成果或受法律保护的资源。

(9) 不在学习或工作时间内,利用教学、科研和管理计算机终端在网络上从事与学习、工作无关的活动。

(10) 增强自我保护意识,及时反映和举报违反网络行为规范的人和事。

计算机道德问题也在充斥着经济全球化的网络世界,人们的生活离不开计算机,为了保证个人的生活不受影响,应从每个人抓起,并呼吁身边的人,严身自律,树立正确的计算机职业道德情操,共同维护社会的稳定发展。

9.2 网络信息安全案例

信息安全本身包括的范围很大。大到国家军事、政治等的机密安全,小到如防范商业企业机密泄露、青少年对不良信息的浏览、个人信息的泄露等。

随着互联网的发展,网络信息安全问题频发,身份信息被冒用、照片被转发、社交网站信息泄露、校园网贷、网络造谣等问题威胁着人们的信息安全。

9.2.1 “生成性格标签”案例

1. 案例介绍

很多人的朋友圈都曾出现过被一张张黑底彩色字体的图片——性格测试标签图刷屏。只要关注和输入自己的姓名、生日，便可生成一份所谓的性格标签。

“孤独患者”“看似大大咧咧实则敏感”“感情上不将就”……在朋友圈发现那个图片后，张某也按指示关注了这个微信公众号。在输入自己的名字和生日后，得到了以上的性格标签。“挺准的，感觉比一些朋友都懂我……”她坦言。这让她都有些激动，立刻在朋友圈里晒图，并附言“它懂我”。

在张某晒出自己的性格测试图后，很多朋友纷纷留言。有说很准的，也有说不准的。但是不论朋友们怎么评价，张某都觉得“准”。更关键的是，张某的朋友圈稍后便被这种性格测试图片刷屏，其中也有一些之前持否定态度的朋友。在大家都刷屏后，很快又有人指出，很多测试图片雷同，尤其是同一星座的，其性格标签大都大同小异。张某是水瓶座，朋友圈里还有 3 位朋友也是同一星座，几人的标签都大同小异。当这张图片仍在朋友圈不断扩散时，突然不能测试了，前一分钟还有同事在玩，后一分钟，再关注打开进行测试，网页显示为“已停止访问该网页”……

2. 案例分析

当下，通信技术的发展使生活如此快速便捷，很多时候反而造成个人交际的盲区，所以人们内心里渴望以所谓的运势等填补内心的慌乱。这就如同有些人“依赖”算命求签一样，是一种心理暗示。这种活动娱乐尚可，不可当真。

实际上现在很多商家及互联网软件都是通过这种看似有意思的活动采集用户的真实信息，然后进行传播。这些信息会和手机的 IP、串号等进行绑定。最终将个人网络上的虚拟账号和现实的个人身份绑定，再进行有针对性的策划。个人信息可能会因此泄露，存在危害性。类似的活动其实非常多，用个人姓名测试运势、输入生日获得下半年的“签”……都是通过个人的信息获取，测试所谓的个人运势，甚至命运。要注意保护个人信息，不要轻易参与此类活动。

目前，我国个人信息保护法还未正式出台，只是在刑法、民法通则等法律中对个人信息保护做了一些规定。依据我国相关法律的规定，我国公民是具有隐私权的，公民隐私受法律保护，非法侵犯公民隐私权的，要承担相应的法律责任。尽快完善相关数据标准和有关规范，推进相关立法工作，是进一步加强个人信息保护法治保障的客观要求，也是维护网络空间良好生态的现实需要。2021 年 1 月 1 日，《中华人民共和国民法典》正式实施。《民法典》将人格权独立成编，以“隐私权和个人信息保护”专门的章节，对隐私权和个人信息的定义、保护原则、法律责任、主体权利、信息处理等问题做出规定。针对此前个人信息概念界定模糊的问题，《民法典》第一千零三十四条明确规定，个人信息是以电子或者其他方式记录的能够单独或者与其他信息结合识别特定自然人的各种信息，包括自然人的姓名、出生日期、身份证件号码、生物识别信息、住址、电话号码、电子邮箱、健康信息、行踪信息等。《民法典》第一千零三十五条明确了处理个人信息应当遵循的原则：合法、正当、必要，不得过度处理，且需符合征得该自然人或者其监护人同意等 4 项具体条件。《民法典》虽已勾勒了基础的个人信息保护框架，但其主要聚焦的是遭受侵害后的法律救济问题，若要进一步增强法律规范的系统性、针对性，依然需要对个人信息保护进行专门立法。

另外，从事这些活动的商家及软件表面上看没有问题，但是一旦它将骗取的个人信息用于电话骚扰、广告发布等，就构成侵权，甚至是犯罪。

3. 案例警示

除加强立法、加大打击力度外，守护个人信息安全，还需关口前移抓预防，压实国家机关、企业、网络主体等信息采集方的主体责任，敦促强化内部监管和自律，借助防窃密、防篡改等技术手段筑牢“防火墙”，切实解决滥用个人信息、对个人信息数据管理不力等问题，助推形成协同共治局面。

此外，个人在使用网络时也要有防备，采取各种防护措施。防止个人信息泄露的方法如下。

(1) 在公开网络平台填写信息时，避免用真名或拼写，非必要时不要在线填表，联系方式用截图方式，尽量用邮箱代替手机号码。

(2) 不知名的网站不随意浏览，来路不明的软件不要随便安装，一定要仔细阅读涉及个人隐私内容(如通讯录、短信等)的权限获取申请。

(3) 收集整理好包含个人信息的票据，集中销毁。

(4) 不要在社交媒体随意公开自己及家人隐私信息。

(5) 及时注销，解除绑定长时间不使用的账户。

(6) 使用智能手机，不要修改手机中的系统文件。

(7) 不要随便参加注册信息获赠品的网络活动。

(8) 购物最好去大型购物网站。

(9) 设置高保密强度密码。

(10) 在不必要的情况下关闭软件定位，以免泄露个人位置信息。

9.2.2 “照片泄露”案例

1. 案例介绍

2019 年 9 月 27 日，一位微博名为“求求别 P 和传播我的照片了”的女生在网上发声，表示心里很难受，希望网友不要再随意对自己的照片进行编辑和传播，引发了网友热议。

事情经过是，某位女生在朋友圈晒出穿校服的照片。有人用图像处理软件帮她去掉了脸上的痘痘，并把照片分享给朋友看。但是没想到，其朋友们没经过同意，就将女生的照片进行“P 图大赛”，甚至还组织其他朋友一起参加。之后，一传十、十传百，女生的自拍照出现在了微博、朋友圈等平台，在女生不知情的情况下，已经让大半个网络的人们都过目难忘。在传播过程中大多数人是没有恶意的，但是女生的隐私受到了侵犯。2019 年 9 月 27 日，女生在微博发出请求，希望网友删除图片并停止传播。事后，网友纷纷向女生道歉。

2. 案例分析

隐私权是指自然人享有的私人生活安宁与私人生活信息依法受到保护，不受他人侵扰、知悉、使用、披露和公开的权利。其主要内容包括个人生活安宁权，个人生活信息保密权，个人通信秘密权和个人隐私使用权。在大数据时代，在信息生产和传播效率极大提高的同时，个人信息安全面临着前所未有的挑战。

1) 个人自由权利与隐私保护之间的矛盾

隐私是人格尊严的先决条件,也是社会组织、道德伦理、法律问责机制的基石。数据主义以产业发展与人类便利等"善"为由,呼吁数据自由与分享经济,然而自由与隐私之间的矛盾滋生了信息安全隐患,过度的数据自由与分享正在挤压隐私空间。大数据技术的发展,提升了信息的生产、分发与反馈的效率,却也导致了个人信息安全难以保证,人际关系变得更加透明,个人的名誉权、姓名权、肖像权、荣誉权和隐私权等权利受侵害的风险加大。案例中女生拍照和晒照是个人的自由权利,但是面对自由与隐私模糊的边界,缺乏隐私保护意识的她也未曾料想到照片在网上被随意修改和任意扩散。

2) 相关法律尚不成熟

我国尚未规定个人信息权,也未将个人信息权认定为一项权利。大数据时代,在对信息充分合理运用的同时,如何保证个人信息合法利用、确保个人信息最低程度泄露,变得尤为重要。由于大数据技术发展尚不成熟,保护个人信息安全的相关法律规则、伦理体系尚未完全确立,在高度自由和匿名的网络世界,每个人都使用着"虚拟身份"传播信息,其应履行的责任和义务缺乏良好的监督,导致个人信息保护伦理问题的滋生。在互联网时代,用图像处理软件修图、制作表情包已经成为了一种普遍现象,也是众多网友进行娱乐的一种方式,但未经当事人许可随意修改和传播他人的照片,既是一种不道德的行为,也是一种侵犯他人合法权益的行为。

3) 个人信息保护缺乏技术支持

大数据时代,技术支持了信息共享,却也助长了隐私泄露。随着互联网与信息技术的快速发展,个人信息以数字化的形式在云端储存,极大地提高了信息传播效率,但是保护个人信息安全的相关技术仍比较缺乏。大数据记录并传播每个人的信息,个人难以控制信息空间私人信息的流动。案例中,在网络中任意修改和转发的女孩照片目前难以完全消除,即使在照片泄露事件过后仍能搜索到,给当事人带来了永久的心理伤害。由此可见,保障用户信息安全,尊重用户在信息时代"被遗忘"的权利不容忽视。

3. 案例警示

互联网技术的发展给现代社会带来的全面而深刻的变化,也给新闻伦理带来的全新的挑战。社交网络中隐私权的保护是一个系统工程,需要方方面面的努力,为保护公民个人信息安全,应该从政府管理、网络技术和个人安全意识 3 方面探索。

1) 政府管理方面

在大数据时代,个人信息的存储安全性极低,主要原因如下。

(1) 立法保护制度缺失。周汉华和齐爱民等专家、学者提出的建议草案稿早已出台,但因为立法条件和立法环境原因,个人信息保护法现仍在制定中,2021 年 4 月 26 日,个人信息保护法已提请全国人大常委会二次审议。目前个人信息保护分散规定于各种法律、法规、司法解释和规章中,但并未规定个人信息的存储安全和存储保护设备等级。

(2) 市场监管失灵。个人信息在使用的过程中随时面临泄露的危险,典型的就是浏览产品后系统自动推荐产品。因此,为提高国家法律层面的隐私保护,一方面要完善和细化现有法律条款中对隐私权的相关保障,另一方面,还要加快推进建立针对保障网络隐私权的专门法,建立健全个人隐私保护道德伦理保护机制,提升个人信息保护的自律意识和安全意识;此外,还应强化社会监督和道德评价功能,建立由多主体参与的监督体系来实时监控和预防个人隐私侵犯行为的发生。

2）网络技术方面

保护个人信息安全，还需要强大的技术支持。面对大数据时代的技术漏洞，应当采取以下措施。

（1）加强防火墙的保护，保障输入输出数据安全。

（2）注重数据备份，保留原始数据。

（3）加强反病毒技术和安全扫描技术，保障数据安全。

（4）加强隐私保护技术的研发，例如社交网络匿名保护技术、数据溯源技术、数据水印技术和身份认证技术，促进公开信息、匿名信息以及用户之间的关联性保护，识别和记录数据的来源和传播轨迹。

（5）鼓励区块链技术的发展和应用，区块链具有独特的匿名性、信息不可篡改、可追溯根源、透明安全开放等特点，是一个全员参与、维护、存储、读取可靠数据的分布式账本系统，便于网络信息追踪，保障个人信息安全。

3）个人安全意识方面

网络技术的迅速发展、移动设备的普及，使得“人人都有麦克风”，与此同时隐私的范围也逐步扩大，公共领域不断缩减也使得隐私保护越来越困难，个人信息泄露问题日益严重。互联网不是法外之地，网络用户的匿名性、数量多、分布广、存在感低、影响小并不是代表可以对自己的言行不负责，更不是保护自己肆意侵犯他人合法权益的屏障。个人应提高信息安全和隐私保护意识，在了解数据价值的同时，还应加强责任伦理意识培养，树立风险与利益相平衡的价值观，提高自我风险防范能力，使大数据技术的相关信息能被公众所理解，真正将大数据技术的“创新”与“负责任”相结合，以一种开放、包容、互动的态度来看待技术的良性发展。在日常生活中要注意个人信息保护，提高个人的辨别能力，如果发现个人隐私泄露，应及时向有关部门求助，维护自己的信息安全。

9.2.3 网络诈骗案例

1. 案例介绍

2016年，徐某某以568分的高考成绩被南京某大学录取，由于家庭困难，她向教育部门申请了助学金，后来有电话通知她领取助学金。徐某某母亲回忆道：“孩子跟我说，妈，我得上银行一趟，我说你上银行干什么？她说给我弄了2600块钱的助学金，我问哪里的？她说是教育局的。”母女俩怎么也不会想到，这个自称教育局工作人员的来电是从江西九江打来的。当天下午打出这个电话的人是郑某某。郑某某，26岁，福建省人，就读小学四年级时辍学，是电信诈骗团伙的一线人员，他在这个骗局中的角色是冒充教育局工作人员。犯罪嫌疑人郑某某回忆道：“我就跟她说有助学金，你有一笔2680的学生助学金。如果要领取的话，今天是最后一天，你要跟某位财政局工作人员联系。”当徐某某按照对方提供的财政局号码打过去时，接听电话的是这个诈骗团伙的二线人员陈某某，同样住在江西九江一间出租屋里，负责冒充财政局工作人员与徐某某对话。在那个下着大雨的下午，徐某某冒雨来到了附近的银行，在电话的另一边，陈某某开始实施整个骗术最重要的一步，以激活账号为名，诱骗徐某某汇款。陈某某要求徐某某把存有学费的银行卡全额提现，然后把这些现金存入他指定的助学金账号进行激活。自动提款机前的监控探头留下了徐某某的最后影像。当天下午17:30左右，徐某某取出了9900元学费，随后全部存入了骗子发来的银行账号。徐某某深信不疑，直到离开这个世界，这个18岁的女孩也没能知道自己的个人信息已经被人窃取并倒卖。就在她在雨中焦急等待助学汇款的时候，在福建泉州的一个自动取款机前，已经有人把她的9900元学费全部取出，陈某某电话通知了泉州的同伙，同伙安排专门负责取款的熊某取钱并分赃。迟迟没有等到回信儿，徐某某回拨了对方的电话，结果却发现对方已经关机，这时徐某某才意识到自己可能遇到了骗子，汇出的这9900元学费是父母前一天才刚刚给她凑齐的。发现被骗后，徐某某万分难过，当晚就和家人去派出所报了案。在回家的路上，徐某某突然晕厥，不省人事，虽经医院全力抢救，但仍没能挽回她18岁的生命。

2015年11月至2016年8月，被告人陈某某等7人，通过网络购买学生信息和公民购房信息，分别在江西省九江市、新余市、广西壮族自治区钦州市、海南省海口市等地租赁房屋作为诈骗场所，分别冒充教育局、财政局、房产局的工作人员，以发放贫困学生助学金、购房补贴为名，将高考学生为主要诈骗对象，拨打诈骗电话2.3万余次，骗取他人钱款共计56万余元，并造成被害人徐某某死亡。

法院认为，被告人陈某某等人以非法占有为目的，结成电信诈骗犯罪团伙，冒充国家机关工作人员，虚构事实，拨打电话骗取他人钱款，其行为均构成诈骗罪。陈某某还以非法方法获取公民个人信息，其行为又构成侵犯公民个人信息罪。陈某某在江西省九江市、新余市的诈骗犯罪中起组织、指挥作用，系主犯。陈某某冒充国家机关工作人员，骗取在校学生钱款，并造成被害人徐某某死亡，酌情从重处罚。据此，以诈骗罪、侵犯公民个人信息罪判处被告人陈某某无期徒刑，剥夺政治权利终身，并处没收个人全部财产；以诈骗罪判处被告人郑某某等人有期徒刑。

电信网络诈骗类案件近年高发、多发，严重侵害人民群众的财产安全和合法权益，破坏社会诚信，影响社会的和谐稳定。山东高考考生徐某某因家中筹措的9000余元学费被诈骗，悲愤之下引发猝死，舆论反应强烈，对电信网络诈骗犯罪案件的打击问题再次引发了社会的广泛关注。为加大打击惩处力度，2016年12月，“两高一部”共同制定出台了《关于办理电信网络诈骗等刑事案件适用法律若干问题的意见》，明确对诈骗造成被害人自杀、死亡或者精神失常等严重后果的，冒充司法机关等国家机关工作人员实施诈骗的，组织、指挥电信网络诈骗犯罪团伙的，诈骗在校学生财物的，要酌情从重处罚。

同时，被告人杜某某通过植入木马程序的方式，非法侵入山东省2016年普通高等学校招生考试信息平台网站，取得该网站管理权，非法获取2016年山东省高考考生个人信息64万余条，并向另案被告人陈某某出售上述信息10万余条，非法获利14 100元，陈某某利用从杜某某处购得的上述信息，组织多人实施电信诈骗犯罪，拨打诈骗电话共计1万余次，骗取他人钱款20余万元，并造成高考考生徐某某死亡。法院认为，被告人杜某某违反国家有关规定，非法获取公民个人信息64万余条，出售公民个人信息10万余条，其行为已构成侵犯公民个人信息罪。被告人杜某某作为从事信息技术的专业人员，应当知道维护信息网络安全和保护公民个人信息的重要性，但却利用技术专长，非法侵入高等学校招生考试信息平台的网站，窃取考生个人信息并出卖牟利，严重危害网络安全，对他人的人身财产安全造成重大隐患。据此，以侵犯公民个人信息罪判处被告人杜某某有期徒刑并处罚金。

2. 案例分析

网络环境的隐私性，让消费者无法判定，显示屏那一端究竟是谁。很多不法分子利用网络漏洞，获取消费者信息，冒充公检法执法人员、消费者本人的领导或熟人，冒充银行等金融机构取得消费者信任，骗取消费者钱财。经常使用的手段有以下几种。

(1) 使用旺旺之外的即时聊天工具。犯罪嫌疑人往往在淘宝上让受害人使用旺旺之外的即时聊天工具联系，一旦发生纠纷后支付宝无法查证双方对话内容。

(2) 利用假页面窃取买家的账号和密码。犯罪嫌疑人将页面以链接形式发送至聊天页面，仿冒淘宝真实的URL地址及页面内容，诱使受害人即使在登录状态下仍重新输入账号和密码，伺机窃取受害人的账号和密码。

(3) 偷换订单。这种“钓鱼”主要针对通过网银支付的网购买家，犯罪嫌疑人先在其他支付平台上创建一个订单，然后发购买链接给买家，受害人点了后会跳转到银行的网银支付页面，在这跳转期间订单其实已经被换了，受害人付款之后便有去无回。

(4) 植入木马。计算机被植入木马病毒后，受害人的网购行动就被木马监控了，买东西时相关订单会被病毒悄悄改成支付其他平台的其他收款人。

(5) 第三方欺诈。犯罪嫌疑人通过在线聊天工具与买卖双方联系后，引导买家付款给卖家，却让卖家发货给自己(诈骗方)。

(6) 诈骗超过3000元以上就涉嫌犯罪，公安局应当立案侦查，侦查终结移送检察院审查起诉，最后移送法院审判。

3. 案例警示

本案警示如下。

(1) 陌生电话只要一谈到银行卡，一定是骗局。即便是接收对方转账、委托中转，也不能信以为真。因为现在的转账24小时才能到位，光有短信提示并不代表交易完成，甚至有时候，提示短信都是伪造的。

(2) 凡是“中奖了”，一律是骗局。有的电信诈骗分子会以“你的QQ号(或者手机号)被抽中了×等奖”，然后联系某人，领取奖品或者奖金。这时，千万不能贪小便宜，如果打电话过去，就会步入圈套，要求缴纳手续费、个人所得税等，当把所谓的费用转过去以后，对方就会消失得无影无踪。

(3) 凡在电话中声称“公安局、检察院、法院”，一概不要相信。大家在接到这样的电话时不要感觉害怕，应马上认定为诈骗电话，因为公检法机关传唤有正规的途径，会持证上门办案，从来不会通过电话或者短信通知。

(4) 不认识的人发来的短信或微信的链接千万别打开。现在手机中会时常收到银行的、保险公司、证券机构发来的链接，声称积分换现金或者登录某链接领取奖品，这些一律不要理会。这些链接可能含有木马病毒，点击后会导致手机中毒而使个人资料被盗取。

(5) 对方在电话里提到“安全账户”，直接挂断。有的骗子会以“你的银行卡涉及洗钱或者贩毒或者其他违法活动”为名，诱导受害者把钱转到所谓的国家机关提供的安全账户上。这时千万不能转账汇款。要知道，世界上根本没有什么所谓的安全账户，这只不过是骗子杜撰出来。

(6) 熟人、朋友发来的信息，要先电话核实；若不小心上当受骗，及时向公安机关咨询或报案。

(7) 要特别注意以助学贷款、发放助学金以及办理手机贷款等名义实施的诈骗行为。

侵犯公民个人信息犯罪被称为网络犯罪的“百罪之源”，由此滋生了电信网络诈骗、敲诈勒索、绑架等一系列犯罪，社会危害十分严重，必须严厉打击。

9.2.4 “人肉搜索第一案”案例

1. 案例介绍

留学海外多年的31岁的北京女白领姜某从24层楼跳楼死亡。在自杀之前,姜某在网络上写下了自己的“死亡博客”,记录了她生命倒计时前两个月的心路历程,并在自杀当天开放了博客空间。在之后的3个月里,网络沸腾,姜某的丈夫王某成为众矢之的。网友运用“人肉搜索”将王某及其家人的姓名、照片、住址以及身份证信息和工作单位等个人信息全部披露。之后,王某不断收到恐吓邮件,被网上通缉、追杀、围攻、谩骂、威胁,被原单位辞退……之后王某以侵犯名誉权为由将张某某、北京凌云互动信息技术有限公司、海南天涯在线网络科技有限公司起诉至法院,要求赔偿7.5万元损失及6万元的精神损害抚慰金。该案被媒体冠为“人肉搜索第一案”或“网络暴力第一案”。北京市朝阳区人民法院做出一审判决,被告张某某停止对原告王某的侵害行为,删除刊登在“北飞的候鸟”网站上的《哀莫大于心死》《静静的》《心上的月光》3篇文章及原告王某与案外人东某的合影照片;在“北飞的候鸟”网站首页上刊登向原告王某的道歉函,赔偿原告王某精神损害抚慰金5000元、公证费用684元。大旗网和“北飞的候鸟”两家网站的经营者或管理者构成对原告王某名誉及隐私权的侵犯,分别判处停止侵权、公开道歉,并赔偿王某精神抚慰金3000元和5000元;天涯在线因于王某起诉前及时删除了侵权帖子,履行了监管义务,经判决认定不构成侵权。

2. 案例分析

“人肉搜索”在某种程度上也是一种公民行使监督权、批评权的体现,网民将涉嫌违法、违纪或者道德上存在严重问题的人或事件以及相关信息公布在网上,由网民自行评判,如果行使得当,也有利于社会的进步,有利于维护公共利益。但是,这种监督与批评不能过当,否则就可能侵犯他人的名誉权、隐私权。

首先,“人肉搜索”可能涉及侵犯名誉权的是诽谤。诽谤是指故意捏造并散布虚构的事实,贬损他人人格,破坏他人名誉,情节严重的可以构成诽谤罪。在本案中,当事人就对网民提到的“王某逼死贤妻”“王某由其妻包养”之类的事实能否成立进行了激烈的辩论。如果网民文章的基本事实失实,或者网民与网站不能举证,那么就应当承担责任。这种责任的承担是要求网民必须对自己的发言负责,以使公共利益与个人权益保护实现平衡。此外,诽谤还涉及网民根据帖子所做的评论,如何承担责任的问题。

其次,“人肉搜索”可能涉及侵犯名誉权的是侮辱。侮辱是指用暴力或者以其他方法,公然贬损他人人格,破坏他人名誉行为,情节严重的可能构成侮辱罪。在网络中,一些发帖者言辞激愤,肆意辱骂当事者,这就可能涉嫌用侮辱来侵犯当事人的名誉权。不是根据事实本身进行评判而是对于当事人的人格进行侮辱,这无助于公共利益实现,也容易培育社会暴戾氛围,并不是公民行使正当监督权的体现,网站对这样的帖子不及时删除,就是失职,应当承担责任。

最后,“人肉搜索”还涉及侵犯当事人隐私权的问题。“人肉搜索”当事人的信息,不仅是网民在网上对当事人的信息进行搜索,也包括一些网民将网下的当事人信息传至网上。如果这些信息在网上要通过授权才能查看,网民通过特殊技术而获取也算侵犯“隐私”。另外,网民将网下小范围知晓的他人个人信息公布在网上,这也算是侵犯个人隐私,而其他网民或者网站明知或者应当知道这些个人信息并非本人自愿公布的而进行转载,也应当视为侵犯隐私。

"人肉搜索"可怕之处在于,能够发动当事人周边的人来公布个人信息,如果仅仅因为公布在网上就可免责,"人肉搜索"大规模侵犯他人隐私的行为就可能无法制止了。所以要正视"人肉搜索"的双重效应。

人肉搜索案件发生,有些在他们看似正义的行为往往是非正义的,而且他们的行为给人肉搜索的受害者的生活带来了极大的影响——失去工作、遭受指责。

3. 案例警示

"人肉搜索第一案"的判决结果提醒着广大网民,我国民法规定自然人享有隐私权,法律保护个人的私人信息、私人活动和私人空间不受非法侵犯,网络上的个人隐私同样受到法律的保护,公民行使自己言论自由权利必须以不能侵害他人合法权利为前提,避免因自己的不当行为造成侵害他人的隐私权、名誉权的不良后果。

9.2.5 网络造谣案例

1. 案例介绍

2013 年 4 月份,一则严重诋毁雷锋形象的信息被网名为"秦火火"的人发布在互联网上并迅速传播,引发大量网民对"秦火火"不满,许多网民向北京公安机关报警,要求彻查诋毁雷锋形象的谣言制造者。北京警方迅速开展工作,通过缜密侦查,一个以"秦火火""立二拆四"为首,专门通过互联网策划制造网络事件,蓄意制造传播谣言及低俗媚俗信息,恶意侵害他人名誉,严重扰乱网络秩序并非法牟取暴利的尔玛公司进入警方视线。

警方在调查中发现,为了提高网络知名度和影响力,非法牟取利益,该公司先后策划、制造了一系列网络热点事件,包括散布谣言,挑动民众对政府的不满情绪;对我国多位军事专家、资深媒体记者、知名媒体人进行无中生有的恶意中伤,制造噱头、混淆视听,严重扰乱了网络秩序;不断突破社会道德底线,使用淫秽、手段色情包装明星,严重败坏了社会风气,造成恶劣影响。最终警方查明了尔玛公司员工"秦火火"和"立二拆四"的真实身份……

2. 案例分析

近些年来,网络信息技术快速发展,人们的意见表达空间得到了前所未有的扩展。但众声喧哗中,泥沙俱下、鱼龙混杂的网络环境也着实让人困扰。如今的互联网上,捕风捉影、无中生有的言论层出不穷,造谣生事、毁谤他人的行为屡屡发生。种种乱象,扰乱着人们的思考判断,危害着社会的正常秩序,冲击着基本的法律道德底线,必须严厉打击。网络社会也是法治社会,警方出手严查网络造谣,这也再次提醒人们,网络社会也是法治社会,只要行为越过了法律所允许的边界,就要受到法律制裁。

所谓"虚拟社会"的互联网,其实从来就不是"虚拟"的。它由真实的人构成,是现实社会在网络上的延伸。现实社会中对每位成员应有的约束和规范,在网络社会没有理由不遵守。所有维护公共场所安全的法律,在网络社会也同样适用。网络是现实社会的一部分,不会也不能有超出法律规定的绝对自由。

《刑法》第二百四十六条规定,捏造事实诽谤他人,情节严重的,构成诽谤罪。具体为故意捏造并散布虚构的事实,足以贬损他人人格,破坏他人名誉,情节严重的行为。

3. 案例警示

中国是法治社会,使用网络必须遵守底线。互联网如果成了任由谣言肆意流布的藏污纳垢之地，绝非网络之福，也绝非网民之福。保障互联网健康发展，就必须依法把那些无法无天者清除出去。作为网络空间的一分子，不仅要对网络信息认真甄别、科学理性判断，更要对那些违规违法者给以谴责、绝不纵容。只有大家都行动起来，负起责任，注意区分信息的真假，对于一些故意制造事件引起恐慌的信息要坚决抵制，别随意转发未经证实的信息，才能真正构筑起一个文明有序的网络社会。

9.2.6 校园网贷案例

1. 案例介绍

“爸，妈，我跳了……”这是2016年3月大学生郑某发给父母的最后一条短信，在发完这条短信后他结束了自己年轻的生命。

由于迷上了网络赌球，郑某在2015年9月和10月先后通过某借贷平台一共贷款6万元，但最终郑某无力偿还。

虽然借贷平台宣传贷款“无利息”，但其实他们巧立名目，偷换概念，将利息换成了所谓的手续费、违约金、迟延履约金、保证金等，加在一起，高出国家规定的银行同期利率的10倍、20倍甚至更多。

走投无路之下，郑某偷偷用同学的身份信息贷款28笔，在同学陆续收到催款电话时，才知道自己的身份信息被郑某用来贷款。

最终，欠款像滚雪球一样越滚越大，高大60多万元。郑某不仅要偿还巨额贷款，还面临着来自家庭和同学的压力。重压下，他最终选择了逃避。

2. 案例分析

1）校园网贷的特点

(1) 作案手段。通过互联网、手机发布贷款信息，以快速提供贷款、无抵押担保、给予好处费、无须还款为诱饵，利用大学生在校用钱心理，骗取大学生个人信息，利用其身份办理贷款，拿到贷款后便失去联系，或者帮大学生成功贷款后，冒用大学生的身份继续贷款，另外以提供贷款前需收取担保金、人身保证金为借口，反复要求受害人汇款。

(2) 案件特点。案件迷惑性强，大学生容易上当受骗。不法分子与受害人无过多正面接触，作案手段比较隐蔽，待受害人上当受骗后便失去联系，使案件的侦破难度较大。且此类案件作案获利快，作案又不受地域限制，不法分子可反复、大范围作案。

(3) 原因分析。大学生对银行业务、金融知识了解不够，防备心理不强，给不法分子可乘之机。一些大学生受到诱惑，希望赚取好处费或者消费攀比，未辨清真伪，便盲目相信，这是犯罪分子容易得手的关键所在。

2）校园网贷的危害

(1) 校园贷款具有高利贷性质。不法分子将目标对准高校，利用高校学生社会认知能力较差，防范心理弱的劣势，进行短期、小额的贷款活动，从表面上看这种借贷是“薄利多销”，但实际上不法分子获得的利率是银行的20～30倍，肆意赚取学生的钱。

(2) 校园贷款会滋生借款学生的恶习。高校学生的经济来源主要靠父母提供的生活费，若学生具有攀比心理或有恶习，那么父母提供的费用肯定难以满足其需求。因此，这部分学生可能会转向校园高利贷获取资金，引发更大问题，严重的可能因无法还款而逃课、辍学。

(3) 若不能及时归还贷款放贷人会采用各种手段向学生讨债。一些放贷人进行放贷时会要求提供一定价值的物品进行抵押，而且要收取学生的学生证、身份证复印件，对学生个人信息十分了解，因此一旦学生不能按时还贷，放贷人可能会采取恐吓、殴打、威胁学生甚至其父母的手段进行暴力讨债，对学生的人身安全和高校的校园秩序造成重大危害。

(4) 有不法分子利用"高利贷"进行其他犯罪。放贷人可能利用校园"高利贷"诈骗学生的抵押物、保证金，或利用学生的个人信息进行电话诈骗、骗领信用卡等。请大家要谨慎办理"网贷""小额贷"，切勿因他人劝说或被所谓的"好处费"等蒙蔽，以自己的名义办理贷款给他人使用或为他人提供担保。如需办理"网贷""小额贷"的务必咨询家长和银行，谨防被骗。

3) 网络贷款、校园贷款、分期付款的风险

(1) 这种小型借贷公司多为非法民间借贷组织，借贷手续不规范、不合法，并伴有利息高、暴力收账等性质特点。

(2) 当贷款人无法支付高额利息时，借贷公司便以不法手段去威胁甚至勒索本人、家人或者担保人。

(3) 一些借贷公司还是分期平台，并没有在用户申请分期时，主动、明确地告知逾期还款会造成怎样的后果，或者将要如何赔偿。这也让一些同学并不清楚拖延还款要负担多少，导致一些学生借贷像滚雪球一样越滚越大。

(4) 设立诸多陷阱。有些平台的利息并不低，而且学生签署的协议里有很多专业术语和法律条文，如果不认真阅读根本无法理解，稍不留神就会吃亏。

(5) 贷款前先交押金，却再无下文。

3. 案例警示

1) 防范措施

(1) 严密保管个人信息及证件。一旦个人信息被心怀不轨者利用，就会造成个人声誉、利益损失，甚至有可能吃上官司。例如在上述事件中，如果被骗个人信息被用到互联网金融平台贷款，不止蒙受现金损失，不良借贷记录还会被录入征信体系，不利于将来购房、购车贷款。

(2) 贷款一定要到正规平台。由于现阶段互联网金融监管力度不够，贷款一定要登录官网仔细查看，并搜索比较各类评价信息。

(3) 贷款一定要用于正途。大学生目前还处于消费期，还款能力非常有限，如果出现逾期，最终还是家长买单，这样会加重家庭负担，所以大学生网上贷款一定要慎重，确有需要贷款也一定要用在正途上。

2) 安全提示

(1) 当涉及个人信息时，大家一定要谨慎，切勿轻易将个人信息告诉他人。

(2) 贷款需通过正规手续、合法途径到银行去办理。

(3) 一定要提高自我保护意识，当有危险或者被不法分子威胁时，要学会用正当手段或者动用法律武器保护自己。

在校大学生应当树立健康、安全的消费理念，倡导文明、健康和理性消费，严防网贷受骗，避免出现不必要的经济损失。

本章小结

本章主要介绍了信息安全的基本知识，计算机病毒的概念及其防治方法，并通过几个重要案例使学生掌握了个人信息保护的基本方法，防止网络诈骗的方法，使学生能遵守网络法律和网络道德，合法、合理的使用网络。

知识拓展

区　块　链

1. 区块链的概念

2008 年 11 月，在一篇名为《比特币：一个对等电子货币系统》(*Bitcoin：A Peer-to-Peer Electronic Cash System*)的论文中，详细阐述了基于对等网络(peer-to-peer，P2P)、加密、时间戳等区块链技术的电子货币系统的理论，创立了去中心化的电子交易体系。2009 年 1 月，第一个序号为 0 的“创世区块”诞生，随后诞生了序号为 1 的区块，并与序号为 0 的创世区块相连接形成了链。这标志着区块链的诞生。

区块链(blockchain)是分布式数据存储、点对点传输、共识机制、加密算法等计算机技术的新型应用模式。从生活的角度看区块链，它就是一个去中心化的分布式账本数据库，一次记账行为就是一次数据库的读写；当产生一个数据时，将由在一段时间内最快拿到记账权的人记账，然后把这个账本信息发给整个系统里的其他人；所有人达成共识时，本次记账有效，最终任何人无权修改账本上的数据，在这个系统拥有永久和透明可查的交易记录，全球一个账本，每个人都可以查找。在这个数据库中记账，不是某一个人或者某个中心化的主题来控制，而是所有节点共同维护、共同记账。

2. 区块链特性

(1) 去中心化。区块链技术不依赖额外的第三方管理机构或硬件设施，不存在中心点，除了自成一体的区块链本身，通过分布式核算和存储，各个结点实现了信息自我验证、传递和管理。去中心化是区块链最突出最本质的特征。

(2) 开放性。区块链技术基础是开源的，除了交易各方的私有信息被加密外，区块链的数据对所有人开放，任何人都可以通过公开的接口查询区块链数据和开发相关应用，因此整个系统信息高度透明。

(3) 独立性。基于协商一致的规范和协议(类似比特币采用的哈希算法等各种数学算法)，整个区块链系统不依赖其他第三方，所有结点能够在系统内自动安全地验证、交换数据，不需要任何人为的干预。

(4) 安全性。只要不能掌控全部数据结点的 51%，就无法肆意操控修改网络数据，这使区块链本身变得相对安全，避免了主观人为的数据变更。

(5) 匿名性。除非有法律规范要求，单从技术上来讲，各区块结点的身份信息不需要公开或验证，信息传递可以匿名进行。

3. 区块链的分类

(1) 公有区块链(public block chains)。公有区块链是指世界上任何个体或者团体都可以发送交易，且交易能够获得该区块链的有效确认，任何人都可以参与其共识过程。公有区块链是最早的区块链，也是应用最广泛的区块链，比特币等虚拟数字货币均基于公有区块链，世界上有且仅有一条该币种对应的区块链。公有链通常被认为是完全去中心化的。它的特点是不可篡改，匿名公开，技术门槛低，是真正地去中心化。

（2）联盟区块链（consortium block chains）。联盟区块链是指在共识过程受到预选结点控制的区块链。即由某个群体内部指定多个预选的结点为记账人，每个块的生成由所有的预选结点共同决定（预选结点参与共识过程），其他接入结点可以参与交易，但不过问记账过程（本质上还是托管记账，只是变成分布式记账，预选结点的多少，如何决定每个块的记账者成为该区块链的主要风险点），其他任何人可以通过该区块链开放的API进行限定查询。

（3）私有区块链（private block chains）。私有区块链是完全私有的区块链，即写入权限仅在一个个体或团体的区块链。私有区块链仅使用区块链的总账技术进行记账，可以是一个团体或个人独享该区块链的写入权限，本链与其他的分布式存储方案没有太大区别。私有区块链的优点是交易速度快、隐私性好、交易成本低，缺点是价格可以被操作，被修改代码的风险也较大。

4. 区块链的应用

（1）数字货币。在经历了实物、贵金属、纸钞等形态之后，数字货币已经成为数字经济时代的发展方向。相比实体货币，数字货币具有易携带存储、低流通成本、使用便利、易于防伪和管理、打破地域限制，能更好整合等特点。

比特币在技术上实现了不用第三方中转或仲裁，交易双方就可直接相互转账的电子现金系统。2019年6月互联网巨头Facebook也发布了其加密货币天秤币（Libra）白皮书。无论是比特币还是Libra其依托的底层技术正是区块链技术。

我国早在2014年就开始了央行数字货币的研制。我国的数字货币DC/EP采取双层运营体系：央行不直接向社会公众发放数字货币，而是由央行把数字货币兑付给各个商业银行或其他合法运营机构，再由这些机构兑换给社会公众供其使用。2019年8月初，央行召开下半年工作电视会议，会议要求加快推进国家法定数字货币研发步伐。

（2）金融资产交易结算。区块链技术天然具有金融属性，它正对金融业产生颠覆式变革。支付结算方面，在区块链分布式账本体系下，市场多个参与者共同维护并实时同步一份“总账”，短短几分钟就可以完成现在两三天才能完成的支付、清算、结算任务，降低了跨行跨境交易的复杂性和成本。同时，区块链的底层加密技术保证了参与者无法篡改账本，确保交易记录透明安全，监管部门方便地追踪链上交易，快速定位高风险资金流向。证券发行交易方面，传统股票发行流程长、成本高、环节复杂，区块链技术能够弱化承销机构作用，帮助各方建立快速准确的信息交互共享通道，发行人通过智能合约自行办理发行，监管部门统一审查核对，投资者也可以绕过中介机构进行直接操作。数字票据和供应链金融方面，区块链技术可以有效解决中小企业融资难问题。目前的供应链金融很难惠及产业链上游的中小企业，因为他们跟核心企业往往没有直接贸易往来，金融机构难以评估其信用资质。基于区块链技术，可以建立一种联盟链网络，涵盖核心企业、上下游供应商、金融机构等，核心企业发放应收账款凭证给其供应商，票据数字化上链后可在供应商之间流转，每一级供应商可凭数字票据证明实现对应额度的融资。

（3）数字政务。区块链可以让数据跑起来，大大精简了办事流程。区块链的分布式技术可以让政府部门集中到一个链上，所有办事流程交付智能合约，办事人只要在一个部门通过身份认证以及电子签章，智能合约就可以自动处理并流转，顺序完成后续所有审批和签章。区块链发票是国内区块链技术最早落地的应用。税务部门推出区块链电子发票“税链”平台，税务部门、开票方、受票方通过独一无二的数字身份加入“税链”网络，真正实现“交易即开票”“开票即报销”——秒级开票、分钟级报销入账，大幅降低了税收征管成本，有效解决数据篡改、一票多报、偷税漏税等问题。扶贫是区块链技术的另一个落地应用。利用区块链技术的公开透明、可溯源、不可篡改等特性，实现扶贫资金的透明使用、精准投放和高效管理。

(4) 存证防伪。区块链可以通过哈希时间戳证明某个文件或者数字内容在特定时间的存在，加之其公开、不可篡改、可溯源等特性为司法鉴证、身份证明、产权保护、防伪溯源等提供了完美解决方案。在知识产权领域，通过区块链技术的数字签名和链上存证可以对文字、图片、音频视频等进行确权，通过智能合约创建执行交易，让创作者重掌定价权，实时保全数据形成证据链，同时覆盖确权、交易和维权三大场景。在防伪溯源领域，通过供应链跟踪区块链技术可以被广泛应用于食品医药、农产品、酒类、奢侈品等各领域。

(5) 数据服务。区块链技术将大大优化现有的大数据应用，在数据流通和共享上发挥巨大作用。未来互联网、人工智能、物联网都将产生海量数据，使现有的中心化数据存储(计算模式)面临巨大挑战，基于区块链技术的边缘存储(计算)有望成为未来解决方案。此外，区块链对数据的不可篡改和可追溯机制保证了数据的真实性和高质量，这成为大数据、深度学习、人工智能等一切数据应用的基础。最后，区块链可以在保护数据隐私的前提下实现多方协作的数据计算，有望解决数据垄断和数据孤岛问题，实现数据流通价值。针对当前的区块链发展阶段，为了满足一般商业用户区块链开发和应用需求，众多传统云服务商开始部署自己的 BaaS(blockchain as a service，区块链即服务)解决方案。区块链与云计算的结合将有效降低企业区块链部署成本，推动区块链应用场景落地。未来区块链技术还会在慈善公益、保险、能源、物流、物联网等诸多领域发挥重要作用。

习 题 9

一、单项选择题

1. 信息安全需求包括(　　)。

A. 保密性、完整性　　B. 可用性、可控性

C. 不可否认性　　D. 以上皆是

2. 计算机病毒是(　　)。

A. 一种程序　　B. 传染病毒病

C. 一种计算机硬件　　D. 计算机系统软件

3. 通常所说的计算机病毒是指(　　)。

A. 细菌感染　　B. 被损坏的程序

C. 生物病毒感染　　D. 特制的具有破坏性的程序

4. 计算机病毒主要破坏数据的(　　)。

A. 可审性　　B. 可靠性　　C. 完整性　　D. 可用性

5. 下面关于预防计算机病毒说法，正确的是(　　)。

A. 仅通过技术手段预防病毒

B. 仅通过管理手段预防病毒

C. 管理手段与技术手段相结合预防病毒

D. 仅通过，杀毒软件预防病毒

6. 下面说法，正确的是(　　)。

A. 信息的泄露只在信息的传输过程中发生

B. 信息的泄露只在信息的存储过程中发生

C. 信息的泄露在信息的传输和存储过程中发生

D. 上面 3 个都不对

7. 下面关于计算机病毒描述，错误的是(　　)。

A. 计算机病毒具有传染性

B. 通过网络传染计算机病毒，其破坏性大大高于单机系统

C. 如果染上计算机病毒，一般很难发现

D. 计算机病毒主要破坏数据的完整性

8. 网络道德的特点是(　　)。

A. 自主性　　B. 多元性　　C. 开放性　　D. 以上皆是

9. 以下不属于计算机安全措施的是(　　)。

A. 下载并安装操作系统漏洞补丁程序

B. 安装并定时升级正版杀毒软件

C. 安装软件防火墙

D. 不将计算机连入互联网

10. 下列属于信息安全技术的是(　　)。

A. 入侵检测技术　　B. 防火墙技术

C. 加密技术　　D. 以上都是

二、简答题

1. 简述信息安全的定义。

2. 简述计算机病毒的概念、特点以及如何防止计算机病毒。

参考文献

[1] 教育部高等学校大学计算机课程教学指导委员会. 大学计算机基础课程教学基本要求[M]. 北京：高等教育出版社，2016.
[2] 张永新. 大学计算机基础[M]. 北京：清华大学出版社，2020.
[3] 甘勇，尚展垒，王伟，等. 大学计算机基础[M]. 微课版. 4 版. 北京：人民邮电出版社，2020.
[4] 赵晓波，尹明锂，喻衣鑫，等. 计算机应用基础实践教程[M]. 成都：电子科技大学出版社，2019.
[5] 徐栋，等. Office 2016 办公应用立体化教程[M]. 微课版. 北京：人民邮电出版社，2020.
[6] 刘志成，等. 大学计算机基础[M]. 3 版. 北京：人民邮电出版社，2020.
[7] 包空军，王鹏远，等. 大学计算机基础[M]. 北京：中国铁道出版社，2019.
[8] 高继梅，等. 计算机应用基础[M]. 上海：上海交通大学出版社，2018.
[9] 杜春涛，等. 新编大学计算机基础教程[M]. 慕课版. 北京：中国铁道出版社，2018.
[10] 王建忠. 大学计算机基础[M]. 北京：科学出版社，2018.
[11] 吴雪飞，王铮钧，赵艳红，等. 大学计算机基础[M]. 2 版. 北京：中国铁道出版社，2017.
[12] 陈贵兵，张小红，等. 大学计算机应用基础[M]. 武汉：华中科技大学出版社，2016.
[13] 尹荣章. 大学计算机基础[M]. 北京：高等教育出版社，2016.
[14] 林子雨. 大数据技术原理与应用[M]. 北京：人民邮电出版社，2015.
[15] 龚静. 计算机应用基础案例教程[M]. 西安：电子科技大学出版社，2015.
[16] 顾沈明. 大学计算机基础[M]. 北京：清华大学出版社，2014.
[17] 石永福. 大学计算机基础教程[M]. 北京：清华大学出版社，2014.
[18] 孙其博，刘杰，黎羴，等. 构与关键技术研究综述[J]. 北京邮电大学学报，2010，33(03)：1-9.
[19] 沈苏彬，范曲立，宗平，等. 结构与相关技术研究[J]. 南京邮电大学学报(自然科学版)，2009，29(06)：1-11.
[20] 林子雨. 数据技术原理与应用[M]. 北京：人民邮电出版社，2015.
[21] HanJiawei，KAMBER M，Peijian，等，数据挖掘概念与技术[M]. 北京：机械工业出版社，2012.
[22] 郭上铜，王瑞锦，张凤荔. 区块链技术原理与应用综述[J]. 计算机科学，2021，48(02)：271-281.
[23] 曾诗钦，霍如，黄韬，等. 块链技术研究综述：原理、进展与应用[J]. 通信学报，2020，41(1)：134-151.
[24] 姚忠将，葛敬国. 于区块链原理及应用的综述[J]. 科研信息化技术与应用，2017，008(002)：P. 3-17.
[25] 汤朋，张晖. 谈虚拟现实技术[J]. 求知导刊，2018，000(036)：50-51.
[26] 郑晗，苑思明，李宗凯，等. 谈虚拟现实技术[J]. 数码世界，2018，000(003)：16-17.
[27] 王涌天，陈靖，程德文. 强现实技术导论[M]. 北京：科学出版社，2015.
[28] 郑毅. 强现实技术导论[M]. 北京：国防工业出版社，2014.
[29] 侯颖，许威威. 强现实技术综述[J]. 计算机测量与控制，2017，25(2)：1-7，22.
[30] 焦泽宇. 析增强现实技术及其应用[J]. 通讯世界，2019，26(1)：287-288.
[31] 顾长海. 强现实(AR)技术应用与发展趋势[J]. 中国安防，2018(8)：81-85.

图书资源支持

感谢您一直以来对清华版图书的支持和爱护。为了配合本书的使用，本书提供配套的资源，有需求的读者请扫描下方的“书圈”微信公众号二维码，在图书专区下载，也可以拨打电话或发送电子邮件咨询。

如果您在使用本书的过程中遇到了什么问题，或者有相关图书出版计划，也请您发邮件告诉我们，以便我们更好地为您服务。

我们的联系方式：

地　　址：北京市海淀区双清路学研大厦 A 座 714

邮　　编：100084

电　　话：010-83470236　010-83470237

客服邮箱：2301891038@qq.com

QQ：2301891038（请写明您的单位和姓名）

资源下载：关注公众号“书圈”下载配套资源。

资源下载、样书申请

书圈

图书案例

清华计算机学堂

观看课程直播